Canadian Special Publication of
Fisheries and Aquatic Sciences 58

Publication spéciale canadienne des
sciences halieutiques et aquatiques 58

Bottom Trawl Surveys

Relevés au chalut de fond

Proceedings of a Workshop held at
Ottawa, November 12–14, 1980

Compte-rendu d'un atelier tenu à
Ottawa, du 12 au 14 novembre 1980

Edited by

W.G. Doubleday and D. Rivard

Édité par

W.G. Doubleday et D. Rivard

Department of Fisheries and Oceans
Ottawa 1981

Ministère des Pêches et des Océans
Ottawa 1981

Published by

Government of Canada
Fisheries and Oceans

Scientific Information
and Publications Branch

Publié par

Gouvernement du Canada
Pêches et Océans

Direction de l'information
et des publications scientifiques

Ottawa K1A 0E6

Available from authorized bookstore agents, other bookstores, or you may send your prepaid order to the Canadian Government Publishing Centre Supply and Service Canada, Hull, Que. K1A 0S9

Make cheques or money orders payable in Canadian funds to the Receiver General for Canada

A deposit copy of this publication is also available for reference in public libraries across Canada.

En vente dans les librairies autorisées, les autres librairies, ou encore par commande payable à l'avance, au Centre d'édition du gouvernement du Canada, Approvisionnements et Services Canada, Hull, Qué. K1A 0S9.

Les chèques ou mandats-postes, payables en monnaie canadienne doivent être faits à l'ordre du Receveur général du Canada.

Un exemplaire de cette publication a été déposé. pour référence, dans les bibliothèques partout au Canada

Catalogue No. FS 41-31/58 Canada: $14.95
ISBN 0-660-50973-3 Other countries: $17.95
ISSN 0706-6481

Nº de catalogue FS41-31/58 Canada: $14.95
ISBN 0-660-50973-3 Hors Canada: $17.95
ISSN 0706-6481

Price subject to change without notice

Printed in Canada
by
Campbell Printing

Prix sujet à changement sans avis préalable

Imprimé au Canada
par
Imprimerie Campbell

Correct citation for this publication:

Doubleday, W.G., and D. Rivard [ed.]. 1981. Bottom trawl surveys. Can. Spec. Publ. Fish. Aquat. Sci. 58: 273 p.

On devra référer comme suit à cette publication :

Doubleday, W.G., et D. Rivard [éd.]. 1981. Relevés au chalut de fond. Publ. spéc. can. sci. halieut. aquat. 58: 273 p.

Preface

This volume contains the proceedings and collected papers of a workshop held at Ottawa, Nov. 12-14, 1980 to review and advise DFO on research vessel bottom trawl surveys. The editors wish to acknowledge the contributions of session chairmen who led discussions as well as providing summary remarks for the proceedings. The authors of the many papers deserve credit for responding to specific requests from the organizing committee (composed of W.G. Doubleday, S.J. Smith and P. Koeller). There were also many informal but valuable contributions to the debates from participants at the Workshop. Special thanks are due to the referees whose suggestions clarified and improved original manuscripts.

Thanks to support from all concerned, the workshop was successful and constitutes a significant evolution in bottom trawl survey theory and analysis. Specific recommendations to improve various aspects of survey design, trawl technique and abundance estimation are provided with a view to increasing the accuracy and efficiency of future surveys.

Préface

Le présent document contient le compte rendu des débats et une série d'articles distribués au cours du colloque tenu du 12 au 14 novembre 1980 à Ottawa, colloque qui portait sur l'examen des relevés de fond effectués par les chalutiers de recherche et visait à apporter des recommandations au MPO à ce sujet. Les éditeurs aimeraient remercier les présidents des séances qui, non seulement ont mené les débats, mais ont également fourni des observations récapitulatives pour le compte rendu. Il faut également mentionner l'excellent travail accompli par les auteurs des nombreux documents qui ont répondu aux demandes précises du comité organisateur (composé de W.G. Doubleday, S.J. Smith et P. Koeller). Par ailleurs, le concours apporté à titre officieux par les participants au colloque a été tout aussi précieux. Nous remercions tout spécialement l'équipe de réviseurs dont les suggestions ont permis de clarifier et d'améliorer les manuscrits originaux.

Nous sommes très reconnaissants à tous ceux qui ont contribué à la réussite de ce colloque qui marque en tournant décisif pour les principes et l'analyse des relevés au chalut de fond. Ce colloque a permis d'élaborer des recommandations visant à améliorer divers aspects de la conception du relevé, de la technique de chalutage et de l'estimation d'abondance de façon à augmenter la précision et l'efficacité des futurs relevés.

TABLE OF CONTENTS/TABLE DES MATIÈRES

Abstract

Doubleday, W.G., and D. Rivard [ed.]. 1981. Bottom trawl surveys.Can. Spec. Publ. Fish. Aquat. Sci. 58: 273 p.

This publication contains the proceedings of a Workshop on bottom trawl surveys, as applied to the assessment of groundfish and shrimp stocks. The Workshop reviewed the history of trawl surveys in the Northwest Atlantic and discussed problems associated with survey design, abundance estimation and sampling techniques. The value of research survey data has been clearly demonstrated and the benefits of improved accuracy and efficiency are now evident. Finally, the proceedings contain specific recommendations on various aspects of survey design, abundance estimation and trawl technique to form a basis for improved surveys in future.

Key words: abundance estimation, biological surveys, bottom trawl, catch projections, estimators, fish abundance, fish distribution, fishing gear, fish stock assessment, gamma distribution, geographical distribution, groundfish, mean square error, Monte-Carlo simulation, otter trawl, research surveys, sampling design, sampling error, sampling methods, shrimp, skewed distribution, stock abundance, stratification, stratified-random surveys, survey design, trawl surveys, variance, vertical distribution, virtual population analysis.

Résumé

Doubleday, W.G., et D. Rivard [éd.]. 1981. Relevés au chalut de fond. Publ. spéc. can. sci. halieut. aquat. 58: 273 p.

On rapporte ici les résultats d'un atelier sur les relevés au chalut de fond, tel qu'appliqués à l'évaluation des stocks de poissons de fond et de crevettes. L'atelier a couvert l'historique des relevés au chalut dans l'Atlantique Nord-Ouest et a abordé les problèmes associés aux schémas d'échantillonnage, à l'estimation de l'abondance et aux techniques d'échantillonnage. Ce rapport souliquc l'importance des données tirées des relevés scientifiques et précise les avantages émanant d'une amélioration de la précision et de l'utilisation d'estimateurs efficaces. Finalement, ce rapport apporte des recommandations précises quant à certains aspects des schémas d'échantillonnage, de l'estimation de l'abondance et des techniques d'échantillonnage au chalut, le tout formant un plan pour l'amélioration des relevés futurs.

Opening Remarks

Allocution d'ouverture

OPENING REMARKS
by
M.C. Mercer, Director
Fisheries Research Branch
240 Sparks Street
Ottawa, Ontario, Canada
K1A 0E6

On behalf of the Department and the Fisheries Research Branch, I would like to welcome you to Ottawa, especially those of you who are more occasional than regular visitors to our Capital. It is a pleasure to see so many contributions and participants; this I take to be an indication that the topic is seen to be a timely and important one.

Canada has carried out research vessel surveys of fish abundance for many years. I will not attempt to review the history now since contributed papers examine the topic in depth. However, I do want to draw attention to the increasing role of research vessel groundfish surveys.

The 1970's have seen the standardization of trawl survey methods in Atlantic Canada to the stratified random design. While data series accumulated from these standard surveys, increasing regulation of commercial fishing, first under ICNAF and later by Canada in our zone of extended fisheries jurisdiction, reduced the scientific value of commercial fishery-based stock abundance indices. Over the past few years, there has been a steady increase in the use of survey abundance indices in CAFSAC* stock assessments and survey data have sometimes been the determining factor in estimating stock abundance.

The extension of Canadian fisheries jurisdiction has resulted in allocation of greater resources to research vessel surveys, on both the Atlantic and Pacific coasts. Before 1977, Canada had three fishery research trawlers capable of work offshore - the G.B. REED, the A.T. CAMERON, and E.E. PRINCE. Now long-term charters of the GADUS ATLANTICA and LADY HAMMOND and various short-term charters have greatly increased departmental research vessel resources. In 1981, we will commission two new research vessels, the ALFRED NEEDLER and the WILFRED TEMPLEMAN, while retiring the aging A.T. CAMERON from service.

* Canadian Atlantic Fisheries Scientific Advisory Committee

ALLOCUTION D'OUVERTURE
de
M.C. Mercer, Directeur
Recherche sur les Pêches
240 rue Sparks
Ottawa, Ontario, Canada
K1A 0E6

Au nom du Ministère et de la Direction de la recherche sur les pêches, j'aimerais vous souhaiter la bienvenue à Ottawa, en particulier à ceux d'entre vous qui ne visitez notre Capitale qu'à l'occasion. C'est un plaisir de constater que les contributions et les participants sont si nombreux; cela me porte à croire que le sujet est considéré comme important et opportun.

Depuis de nombreuses années, le Canada fait des relevés sur l'abondance du poisson, au moyen de navires de recherche. Je n'essaierai pas d'en faire ici l'historique, puisque les documents préparés pour l'occasion traitent le sujet en profondeur. Néanmoins, je tiens à attirer votre attention sur le rôle de plus en plus important joué par les relevés de poisson de fond réalisés par les navires de recherche.

Au cours des années soixante-dix, on a normalisé les méthodes de relevés par chalutage dans l'Atlantique canadien pour en arriver à un patron d'échantillonnage aléatoire-stratifié. Pendant qu'on accumulait les séries de données obtenues par ces relevés normalisés, une réglementation plus sévère de la pêche commerciale, par l'ICNAF d'abord et par le Canada ensuite dans sa zone de pêche de 200 milles, a réduit la valeur scientifique des indices d'abondance des stocks basés sur la pêche commerciale. Depuis quelques années, le CCSPCA* s'est servi de plus en plus souvent des indices d'abondance basés sur les relevés afin d'évaluer les stocks,et les données fournies par les relevés ont parfois été le facteur déterminant pour les prévisions de l'abondance des stocks.

À la suite de l'extension de la compétence du Canada en matière de pêche, des ressources plus importantes ont été affectées aux relevés effectués par les navires de recherche sur la côte du Pacifique comme sur la côte de l'Atlantique. Avant 1977, le Canada possédait trois chalutiers de recherche halieutique pouvant être utilisés en haute mer, le G.B. REED, le A.T. CAMERON et le E.E. PRINCE. Actuellement, grâce à l'affrètement à long terme du GADUS ATLANTICA et du LADY HAMMOND et l'affrètement à court terme de divers autres bateaux, le Ministère a sensiblement accru ses ressources en navires de recherche. En 1981, deux nouveaux navires, le ALFRED NEEDLER et le WILFRED TEMPLEMAN, seront mis en service, tandis que le vieux A.T. CAMERON sera retiré de la flottille.

* Comité consultatif scientifique des pêches du Canada dans l'Atlantique

Research vessel operating expenditures, justified primarily by needs for abundance surveys, exceed $10,000,000 annually and thus represent a substantial percentage of our fisheries research expenditures. Large numbers of person-years are devoted to vessel crews and survey-related scientific staff. In view of the magnitude of research vessel expenditures, it is crucially important that research vessel surveys be efficiently designed and that the maximum of information is extracted from data collected. Efficiency of the data collection program must be balanced with accurate appraisal of the impact of survey data on fishery management advice and regulatory measures; this is critical as we plan research vessel acquisition and deployment for the 1980's.

I note that the Workshop agenda addresses a wide range of topics relevant to planning needs. Sessions range from sampling techniques, to estimation, to impact of surveys on management advice. There are many contributed papers which I am sure will stimulate constructive debate and conclusions which will aid us all in program planning.

I wish you a very successful Workshop.

Les dépenses de fonctionnement des navires de recherche, justifiées essentiellement par la nécessité des relevés d'abondance, dépassent $10,000,000 par année, ce qui représente un pourcentage appréciable de nos dépenses de recherche sur les pêches. De nombreuses années-personnes sont consacrées aux équipages des navires et au personnel scientifique attaché aux relevés. Étant donné l'ampleur des dépenses liées aux navires de recherche, il est très important que les relevés soient bien préparés et que l'on tire des données recueillies le maximum de renseignements. L'efficacité du programme de collecte des données doit être renforcée par une évaluation précise de l'incidence des données fournies par les relevés sur les conseils en matière de gestion des pêches et sur les mesures de réglementation; cela est crucial pour la planification de l'acquisition et du déploiement des navires de recherche pour les années quatre-vingt.

Je remarque qu'une grande variété de sujets inscrits à l'ordre du jour de l'atelier sont liés aux besoins d'une telle planification. Les sujets à l'étude vont des techniques d'échantillonnage à l'évaluation, puis à l'incidence des relevés sur les conseils de gestion. Je suis convaincu que de nombreux documents amèneront des discussions et des propositions constructives qui nous aideront à planifier le programme.

Mes meilleurs voeux de succès à tous.

Workshop Report

Rapport de l'atelier

WORKSHOP REPORT

INTRODUCTION

Current practice in managing marine fisheries in the NAFO area involves setting annual total allowable catches. In theory, these correspond to the catch in live weight resulting from a target fishing mortality rate being applied to each of many fish stocks. In practice, these catches differ from the theoretical ideal due to uncertainties in various quantities, especially estimated abundance of the fish populations.

During the 1970's, annual stratified random bottom trawl surveys were carried out, using consistent methods, over much of the ICNAF (now NAFO) area. As this time series accumulated, so did confidence in the interpretation of the survey data, especially when survey abundance indices were found to be consistent with independent estimates of abundance such as virtual population analyses. To some degree commercial catch rates and research vessel abundance indices are substitutes, one for the other, but commercial fishing is not designed to be an information gathering process so that care must be taken in interpreting resulting data. Increasing regulation during the 1970s has reduced the usefulness of abundance indices derived from commercial fisheries by forcing changes in fishing patterns and fleet composition. The accuracy of canadian domestic statistics has also deteriorated since 1976 in some cases due to increased incentives to misreport. Both commercial fishery catch rates and research vessel survey abundance indices lead to estimates of abundance of age-groups recruited to the commercial fisheries. However, research vessel surveys alone provide estimates of abundance of pre-recruits.

In view of the availability of survey abundance indices spanning ten years or more for many groundfish stocks and the increased use of survey abundance indices in resource assessment, the Department of Fisheries and Oceans considered it worthwhile to examine bottom trawl surveys closely through a workshop, with three main objectives:

1) To review and evaluate bottom trawl surveys.

2) To present the results of recent research.

3) To consider directions for future research survey planning.

RAPPORT DE L'ATELIER

INTRODUCTION

Les méthodes actuelles de gestion des pêches maritimes dans la zone de l'OPANO se fondent sur l'établissement d'un total annuel des prises admissibles. En théorie, ce total correspond aux prises en poids vif résultant de l'application, à chacun des nombreux stocks de poisson, du taux de mortalité par pêche désiré. En pratique, le total des prises diffère de l'idéal théorique à cause de l'incertitude qui entoure les diverses variables, notamment les estimations de l'abondance des populations de poisson.

Au cours des années 1970 ont eu lieu dans la plus grande partie de la zone de l'ICNAF (devenue maintenant l'OPANO) des relevés annuels à l'aide de chaluts de fond suivant des méthodes standard d'échantillonnage aléatoire-stratifié. A mesure que s'allongeait cette série chronologique, la confiance augmentait dans l'interprétation des données, surtout lorsque les indices d'abondance ainsi obtenus correspondaient à des estimations indépendantes de l'abondance, comme celles obtenues à partir des analyses de populations virtuelles. Dans une certaine mesure, les taux de capture commerciale et les indices d'abondance obtenus au moyen des relevés scientifiques sont équivalents, mais la pêche commerciale n'étant pas axée sur la collecte de données, il faut user de prudence dans l'interprétation des données ainsi obtenues. Par ailleurs, le resserrement de la réglementation au cours des années 1970 a réduit l'utilité des indices d'abondance provenant de la pêche commerciale en modifiant les modalités de pêche et la composition des flottilles. Depuis 1976, les déclarations des captures commerciales ont parfois été faussées, ce qui a diminué l'exactitude des statistiques canadiennes pour la flotte domestique. Les taux de capture de la pêche commerciale tout comme les indices d'abondance obtenus grâce aux navires de recherche permettent d'estimer l'abondance des groupes d'âge entrant dans la classe exploitable; toutefois, seuls les relevés des navires de recherche donnent des estimations de l'abondance des pré-recrues.

Puisque des indices d'abondance sont disponibles depuis dix ans ou plus pour de nombreux stocks de poisson de fond, et que ces indices sont de plus en plus utilisés dans l'évaluation des ressources, le Ministère des Pêches et des Océans a jugé utile d'étudier de près les relevés au chalut de fond à l'occasion d'un atelier pour lequel étaient fixés trois objectifs principaux:

1) examiner et évaluer les relevés effectués au chalut de fond;
2) présenter les résultats des recherches récentes;
3) étudier les orientations dans la planification des futurs relevés scientifiques.

A Workshop was convened at Ottawa from November 12-14, 1980, with participants from the U.S.A., and France, as well as from the Province of Québec, DFO Regions, and NORDCO Ltd. Eighteen research and review papers were presented, of which seventeen appear in this volume.

The Workshop was divided into five sessions, consisting of presented papers followed by discussion and a final summary discussion session. Session Chairmen have summarized the content of discussions.

HISTORICAL REVIEW AND IMPACT OF SURVEYS ON MANAGEMENT ADVICE.
Chairman's Remarks (L.M. Dickie)

It has long been accepted that the tool best suited to the estimation of abundance and distribution of fish stocks is the commercial fishery itself. Trawl surveys were originally conceived as sources of biological information which could improve the quality of judgement necessary in interpreting calculations based on commercial data. Since commercial fishing is effectively concentrated on the higher densities, surveys could provide weighting factors for the commercially "unsampled area". If fishing were size-selective for large fish, surveys might provide better indices of pre-recruit year-class strength. If fishing analyses only provide retrospective estimates of population change, surveys may afford "early-warning" glimpses into significant trends. Surveys might also yield valuable information on migration routes, or such vital biological parameters as age-at-maturity, fecundity, feeding rates and preferences.

The papers of this session indicate the degree to which this initial view of the utility of trawl surveys has changed. They also suggest something of the as yet untested potential for the use of survey information. On the way, they suggest the nature of studies that still need to be undertaken in the changing context of fisheries management methods and criteria if we are to reap the full benefit of what is recognized as a costly operation.

As pointed out in three of the following papers, a major "water-shed" in the use of trawl surveys for management advice was the introduction of the random-stratified survey design. While this was a logical step towards increasing the efficiency of information collection, the reclassification of the total survey area into sub-areas containing less heterogenous stock units, implied, at the same time, a distinct shift of emphasis from one which expected only general information to one which saw the possibility of independent

Un atelier a eu lieu à Ottawa du 12 au 14 novembre 1980; il réunissait des représentants des États-Unis, de la France, de la province de Québec, des bureaux régionaux du MPO et de NORDCO Ltd. Le présent volume contient dix-sept des dix-huit exposés de recherche et d'étude qui ont été présentés.

L'atelier était composé de cinq sessions consistant en exposés suivis de débats puis d'une session finale de discussion. Les présidents des sessions ont résumé la teneur des débats.

REVUE HISTORIQUE DES RELEVÉS ET LEUR INCIDENCE SUR LES AVIS DE GESTION
Remarques du président (L.M. Dickie)

Il est admis depuis longtemps que le meilleur outil permettant d'estimer l'abondance et la distribution des stocks de poisson est la pêche commerciale elle-même. Au départ, les relevés effectués à l'aide du chalut étaient plutôt considérés comme une source de données biologiques qui pouvait améliorer la qualité de l'interprétation des calculs fondés sur les données de la pêche commerciale. Puisque la pêche commerciale se concentre sur les densités les plus fortes, les relevés peuvent fournir des facteurs de pondération pour les zones "non échantillonnées". De plus, si la pêche sélectionne les poissons de grande taille, les relevés peuvent donner de meilleurs indices de l'effectif des classes d'âge antérieures au recrutement. Si les analyses de la pêche commerciale donnent uniquement des estimations rétrospectives de l'évolution des populations, les relevés peuvent fournir des indications permettant de prévoir les tendances importantes. Ils peuvent aussi apporter des informations intéressantes sur les schémas migratoires ou sur des paramètres biologiques vitaux comme l'âge de maturité, la fécondité, les taux d'alimentation et les préférences alimentaires.

Les exposés de cette session montrent dans quelle mesure a évolué cette idée première de l'utilité des relevés au chalut. Ils donnent aussi des indications sur le potentiel encore inexploité de l'utilisation des données récoltées. En même temps, ils suggèrent la nature des études à entreprendre sur les méthodes et les critères de gestion des pêches de façon à tirer tout le bénéfice possible de ces opérations coûteuses.

Comme le montrent trois des exposés qui suivent, une nouvelle utilisation des relevés au chalut, pour les avis de gestion, a été rendue possible par l'introduction d'un schéma d'échantillonnage aléatoire-stratifié. Cette démarche logique était destinée à améliorer l'efficacité de la collecte d'informations, en partageant l'ensemble de la zone d'étude en sous-zones contenant des unités de stocks moins hétérogènes. Il y a donc eu une évolution nette, d'une méthode destinée à récolter uniquement une information générale, à specific data on distribution and abundance. Biologists controlling the sampling recognized that data within certain geographical strata could reveal patterns of variance which may reflect fine-scale distributions of species and so might offer the possibility of distinguishing between the nearly equivalent effects on catch of changes in "availability" and "abundance".

The papers themselves, and the accompanying discussions, suggest how fruitful this reorganization has been. In the case of several species we have, since the early 1960's, accumulated data which show surprisingly strong correlations between changes in abundance estimated from the retrospective Virtual Population Analyses, and average densities of year-classes calculated from research vessel surveys. Such results make the study of the indices potentially rewarding in terms of management information.

The papers address a number of problems which suggest that interpretation of the results is far from a simple matter. Experience shows that a significant fraction of the variance can be attributed to our present lack of control over the deployment and operation of the trawls themselves. Prominent factors are speed and path of towing. Serious problems also arise in standardization of results among different research vessels. The measurement of such errors requires special study for which it is hard to find time from the scanty total survey effort available for all areas.

The estimate of the variance within strata shows significant differences among species, suggesting that the precision of abundance estimates and the catchability coefficients vary among species. At present, the amount of survey information per stratum is undesirably, in some cases unacceptably, low. It is also clear that reconsideration of the basis for stratification and definition of strata including the utilization of hydroacoustic data, will give measurable improvement of the estimates. Experience to date is clearly sufficient to permit estimates of the cost of improvement in the precision of estimation of both the mean catch and its variance. However, it is equally clear that the existing data are insufficient to provide reliable measures of the relative contribution of factors of operation, survey design and parameters of fish distribution and abundance to the total variance.

une autre orientée vers la possibilité de collecte de données spécifiques et indépendantes sur la distribution et l'abondance. Les biologistes qui dirigent l'échantillonnage ont observé que les données recueillies dans certaines strates géographiques pouvaient révéler des variances reflétant la distribution des espèces à petite échelle. Ceci permet donc de distinguer entre les effets, presque équivalents sur les captures, des changements dans la "disponibilité" et "l'abondance".

Les exposés eux-mêmes ainsi que les débats qui les ont suivis ont montré à quel point cette réorganisation a été fructueuse. Dans le cas de plusieurs espèces, nous avons accumulé depuis le début des années '60 des données qui révèlent des corrélations remarquables entre des changements d'abondance, estimés rétrospectivement grâce aux analyses de populations virtuelles, et les densités moyennes des classes d'âge, calculées grâce aux relevés réalisés par les navires de recherche. Ces résultats assurent à l'étude des indices un intérêt potentiel en termes d'information pour la gestion.

Les exposés portent sur un certain nombre de problèmes qui montrent que l'interprétation des résultats est loin d'être simple. L'expérience montre qu'une fraction importante de la variabilité peut être attribuée au fait que nous ne maîtrisons pas parfaitement le déploiement et le fonctionnement des chaluts eux-mêmes. Les facteurs principaux sont la vitesse et la trajectoire du trait de chalut. On voit surgir de graves problèmes dans la normalisation des résultats obtenus par les différents navires de recherche. La mesure de ces erreurs nécessite une étude spéciale pour laquelle il est difficile de trouver le temps nécessaire étant donné le faible "effort" d'échantillonnage dont on dispose pour toutes les zones.

L'estimation de la variance de chaque strate montre d'importantes différences entre les espèces. Ceci permet de penser que la précision des estimations de l'abondance et les coefficients de capturabilité varient d'une espèce à l'autre. Actuellement, la quantité de données obtenues par strate est faible et, dans certains cas, nettement insuffisante. Il apparaît aussi qu'en reconsidérant la base de la stratification et la définition des strates, notamment à l'aide de données hydroacoustiques, il sera possible d'améliorer sensiblement les estimations. L'expérience acquise jusqu'ici est suffisante pour permettre d'estimer combien coûterait une amélioration de la précision de la moyenne estimée des prises, et de sa variance. Cependant, il semble que les données actuelles ne sont pas suffisamment complètes pour déterminer de façon certaine l'importance relative des facteurs de fonctionnement, des schémas d'échantillonnage et des paramètres de distribution et d'abondance du poisson dans l'estimation de la variance totale.

A particularly important evaluation of the trawl survey utility has been undertaken in the pilot study reported by D. Rivard. In his paper, he suggests a mode for the routine use of trawl survey data in conjunction with commercial catch data for estimating the annual catch resulting from a specific fishing mortality rate. In this larger concept, the model permits an analysis of the sensitivity of the catch estimate to the various data inputs, hence a method for evaluating the relative worth of improving the precision of a given input. Application to one particular case suggests that the cost/benefit ratios may be quite different than would be expected on a priori grounds. It is clear that this kind of analysis should be extended to consider other species and areas, as well as to the examination of the input data to alternative management-oriented outputs.

There now seems to be little doubt that, despite the remarkably small number of samples available at present, research surveys are a remarkably attractive potential source of information on abundance and distribution. The only major discordant note identified in the Workshop is the relatively high frequency of unexplained "outlier" points which result from the calibration of the aggregate survey estimates against those from VPA. In some cases, the explanation may appear in a closer study of disaggregated data. In other cases, it may require more extensive information, particularly in the seasonal cycle. Such analyses have to be undertaken if we are to have confidence in the use of trawl data in management advice, either in conjunction with commercial stastistics, or as a real-time index of stock changes. There is some sense of urgency in the solution of this problem because of the growing recognition of the decreasing usefulness of statistics from commercial fisheries whose activities are closely regulated.

SURVEY DESIGN.
Chairman's Remarks (S.J. Smith)

How one intends to survey a population is dependent upon what is being sampled, what one is sampling with, logistic and cost restraints and what one expects the results to be used for. The survey design which is chosen to be appropriate must meet the above considerations. The current design which is being used, a stratified random scheme, was originally chosen to meet the above requirements in the following ways. The primary outputs of the trawl surveys are estimates of the population numbers and population biomass.

Une évaluation particulièrement importante de l'utilité des relevés au chalut a été entreprise dans l'étude pilote présentée par D. Rivard. Dans cet exposé, l'auteur recommande, pour l'estimation des prises annuelles resultant d'un taux de mortalité par pêche particulier, une méthode considérant à la fois les données fournies par les relevés au chalut et les données sur les prises commerciales. Dans cette perspective élargie, le modèle permet d'analyser la sensibilité de la prise estimée relativement aux diverses sources de données utilisées, et fournit donc une méthode permettant de mesurer la valeur relative de l'amélioration de la précision d'une source particulière. L'application de cette étude à un cas particulier montre que le rapport de rentabilité peut être très différent de ce qui pouvait être prévu au départ. Il est évident que ce type d'analyse devrait être étendu à d'autres espèces et d'autres zones, et être appliqué à d'autres options de gestion.

Il fait peu de doute que, malgré la densité d'échantillonnage remarquablement faible dont on dispose actuellement, les relevés de recherche présentent un potentiel remarquable en tant que source d'information sur l'abondance et la distribution. La seule note discordante importante qu'aient relevée les participants à l'atelier est la fréquence relativement élevée de points "discordants" inexpliqués qui apparaissent lors de l'étalonnage des estimés regroupés, obtenus au moyen des relevés, par rapport à celles qui proviennent des analyses de populations virtuelles. Dans certains cas, l'explication peut apparaître lorsqu'on étudie de plus près les données non regroupées. Dans d'autres cas, il peut être nécessaire de posséder des informations plus étendues, notamment en ce qui concerne le cycle saisonnier. Nous devrons entreprendre ces analyses si nous voulons utiliser avec confiance les données obtenues grâce au chalut pour fournir des avis de gestion, soit en conjonction avec les statistiques commerciales soit en tant qu'indices en temps réel de l'évolution des stocks. La résolution de ce problème présente un certain caractère d'urgence à cause de la baisse évidente de l'utilité des statistiques commerciales. De fait, les activités des pêches commerciales sont fortement réglementées, et non pas aléatoires ou "optimales".

SCHÉMAS D'ÉCHANTILLONNAGE
Remarques du président (S.J. Smith)

Avant d'étudier une population, on doit décider de l'échantillon, du moyen d'échantillonnage, des limites logistiques et financières et de l'utilisation des résultats. Le schéma d'échantillonnage choisi doit être fonction de ces facteurs. Le plan actuellement utilisé, qui fait appel à un schéma aléatoire-stratifié, répond de la façon suivante aux exigences mentionnées plus haut. Les relevés effectués au chalut permettent d'évaluer la population elle-même et sa biomasse. Qu'elles soient considérées comme

Whether these estimates are considered to be absolute or relative estimates of the population size, one would like the estimates to be as precise as possible. It is also necessary to obtain samples from all areas of the range of the population in order to determine gross distributional information. Subdividing the study area into strata is an attempt to provide these outputs a) by spreading out the sampling effort so that all areas receive some sampling effort; and b) as a variance-reduction technique, stratified random sampling shows an improvement over simple random sampling when strata are defined such that the population is more homogeneous (with respect to variance) within strata than between and samples are allocated to the strata by some optimum rule (e.g. proportional to the area of the strata). The assumption of homogeneity within strata, of course depends upon what is being sampled, that is, the structure of the target population in time and space. The strata boundaries being used at present are determined at the first stage by depth intervals (generally 30-50 fms, 50-100 fms, 100-150 fms, 150-200 fms). Because of the large size of the areas enclosed in these intervals, a further subdivision may occur. This secondary division may be arbitrary or reflect past experience with the distribution of a specific species in the area.

The strata boundaries as defined are not optimum for all species studied and are too rigid to allow for temporal or spatial changes. Surveys in a specific area are generally carried out at the same time each year in order to avoid gross temporal changes but a minor change in the movements of a migratory species (e.g. cod) could seriously confound the results. Most researchers agree that fish are aggregated in space. Little is known about the spatial and/or temporal distribution of the fish species that have been studied which can be used to determine an optimum stratification. As a further complication, if any factor or combination of factors could be used to determine a stratification scheme, these factors may not be optimal for all of the species which are caught.

The first paper presented in this session dealt with the experience obtained by France in surveying NAFO Division 3Ps. The problems that were encountered by the authors are much the same as those experienced by the other researchers present at this workshop. It was felt that differences in catchability due to the spatial and seasonal changes in distribution affected the reliance one could put on the results. A positive linear relationship between the within stratum mean and variance was shown to exist for three of the species studied.

Prior stratification based on depth intervals imperfectly allows for the

étant absolues ou relatives, ces évaluations devraient être le plus précises possible. Par ailleurs, il est nécessaire d'obtenir des échantillons de toutes les zones de l'aire fréquentée par la population, si l'on veut déterminer la distribution globale. La stratification de la région étudiée peut permettre d'obtenir ces données si l'on veille à recueillir des échantillons dans toutes les zones étudiées; par ailleurs, l'échantillonnage aléatoire-stratifié, qui peut être vu comme une technique de réduction des variances, est plus précis qu'un simple échantillonnage aléatoire lorsque la population est plus homogène (du point de vue de la variance) à l'intérieur des strates plutôt qu'entre elles, et lorsque les échantillons sont répartis de façon optimum dans les strates (par exemple, proportionnellement à la zone couverte par la strate). Bien entendu, l'homogénéité de la strate est fonction de ce qui est échantillonné, c'est-à-dire la structure de la population-cible dans le temps et l'espace. À l'heure actuelle, les strates sont tout d'abord délimitées par des intervalles de profondeur (généralement de 30 à 50 brasses, de 50 à 100 brasses, de 100 à 150 brasses, de 150 à 200 brasses). Vu la grandeur des zones ainsi formées, il est possible de procéder à une subdivision qui peut être arbitraire ou être fondée sur des données historiques concernant la distribution d'une espèce donnée dans la zone.

Telles que définies, les limites des strates ne sont pas optimales pour l'ensemble des espèces étudiées, et elles sont trop rigides pour permettre des modifications temporelles ou spatiales. Habituellement, les relevés dans une zone donnée sont effectués à la même période chaque année pour éviter des écarts temporels importants; cependant, un léger changement dans les mouvements d'une espèce migratoire (comme par exemple la morue) pourrait gravement altérer les résultats. La majorité des chercheurs reconnaissent que les poissons sont regroupés dans l'espace. On ne connaît pas assez la distribution spatiale ou temporelle des espèces étudiées pour déterminer une stratification optimale. De plus, même si on utilisait un ou plusieurs facteurs pour déterminer un schéma de stratification, ces facteurs ne seraient peut-être pas optimaux pour toutes les espèces capturées.

Le premier document présenté portait sur l'expérience française d'échantillonnage dans la sous-division 3Ps (OPANO). Les problèmes rencontrés par la France sont en grande partie similaires aux difficultés qu'ont dû affronter les autres chercheurs présents à l'Atelier. Il semble que les différences dans les prises, dues à des écarts de distribution spatiaux et saisonniers, nuisent à la fiabilité des résultats. Pour trois des espèces étudiées, on a établi qu'il existe une relation linéaire positive entre la moyenne d'une strate et sa variance.

Une stratification fondée <u>a priori</u> sur des intervalles de profondeur ne correspond distribution of fish populations in time and space. The second paper presented focussed the session's attention onto alternative sampling systems which would interact with the observed distribution of the fish.

qu'imparfaitement, dans le temps et dans l'espace, à la distribution des populations de poisson. Le deuxième document présenté concernait dont d'autres systèmes d'échantillonnage pouvant fonctionner en interaction avec la distribution observée des poissons.

Systematic sampling in two dimensions was suggested as a preliminary means of determining the spatial structure. This method suffers from the drawback that additional assumptions must be made if the variance of estimators is to be obtained from survey data. Another approach suggested was the application of "Encounter - Response" surveys. In this case, when a sizeable aggregation of fish is encountered, extra sampling is done in order to map out the aggregations. This method has some of the characteristics of sequential sampling and as such would require determination of a stopping rule, so that the survey could remain manageable. This type of sampling could be coupled with acoustic surveys where the acoustic gear is used for the encounter phase. As yet, estimation theory has not been worked out for this type of approach.

On a alors indiqué qu'un échantillonnage systématique en deux dimensions pouvait constituer une étape préliminaire dans l'établissement d'une structure spatiale. Cette méthode comporte cependant l'inconvénient suivant: si la variance de l'estimateur doit être obtenue à partir des données du relevé, on doit émettre des hypothèses additionnelles. Une autre approche a été proposée: chaque fois qu'un important groupement de poissons serait rencontré, on prélèverait des échantillons supplémentaires afin de mieux évaluer ces groupements. Cette méthode présente certaines caractéristiques de l'échantillonnage cumulatif et, pour être applicable, exigerait l'établissement d'une règle d'arrêt. On pourrait combiner ce type d'échantillonnage à des relevés acoustiques, où le matériel acoustique sert tout d'abord à déterminer la présence d'un groupement. Jusqu'à maintenant, on n'a pas encore mis au point la théorie pour l'évaluation de ce type d'approche.

There is considerable scope for improving the efficiency of survey designs by thorough analysis of existing data series. Current stratum boundaries are somewhat arbitrary and it is possible that more homogeneity would result by retaining sloping areas in single strata instead of splitting them into adjacent strata as now occurs, by allowing for water temperatures, and by taking bottom types into consideration. In some instances, improved bathymetric charts are needed to carry out existing designs more accurately. The possibility of using rotational sampling designs with a proportion of stations retained for two or more surveys should also be examined.

Il est maintenant important d'améliorer l'efficacité des schémas d'échantillonnage en soumettant les séries de données actuelles à une analyse approfondie. Les limites actuelles des strates sont quelque peu arbitraires; on pourrait possiblement améliorer l'homogénéité des strates en concentrant les régions déclives dans des strates uniques au lieu de les diviser en strates adjacentes, comme on le fait présentement, ou en considérant la température de l'eau et les types de fond. Dans certains cas, on doit améliorer les cartes bathymétriques afin de pouvoir appliquer avec plus de précision les patrons actuels. La possibilité d'utiliser un schéma d'échantillonnage rotatoire qui permettrait de conserver une partie des stations pour plus d'un relevé doit aussi être examinée.

ESTIMATION
Chairman's Remarks (R. Mohn)

The estimation problems that were considered during this session could be classified into three degrees of abstraction in the assessment process. At the most fundamental level, there is the estimation of the population within a stratum. The next level is the compilation of these estimates into an overall indication of the stock abundance. The last estimation problem discussed was the co-ordination of research data with commercial data usually via a virtual population technique.

ESTIMATION
Remarques du président (R. Mohn)

Les problèmes d'estimation étudiés au cours de la session peuvent être vus à trois niveaux d'abstraction au cours du processus d'évaluation. Au niveau le plus simple, on trouve l'estimation de la population au sein d'une strate. Au niveau suivant, la compilation de ces estimations en une estimation globale de l'abondance du stock. Le dernier problème d'estimation concerne la coordination des données de recherche avec les données commerciales, ce qui se fait habituellement grâce à une analyse de populations virtuelles.

The problem of obtaining the best estimators at the stratum level is complicated by the non-normal nature of the catch distribution and the low number of sets per stratum. As pointed by S.J. Smith, the heavily

La question de l'obtention des meilleurs estimateurs au niveau de la strate est compliquée par la nature non normale de la distribution des prises et par le faible nombre de traits de chalut par strate. Comme l'a fait skewed distributions observed can be handled by transformation or by estimators other than the mean. Also the strata can be redefined into larger areas which would allow more sets per stratum with sampling rates more closely proportionate to stratum area but would potentially decrease the homogeneity of a given stratum. The participants discussed a method which would allow a redefinition of the strata after a survey based on observed variances and an example merging existing strata into larger units. It would be worthwhile to compare post-stratified areas based on the minimization of variance with hydrological and biological features in the vicinity. Most of the discussion seemed to favor amalgamation of existing strata into larger units rather than breaking them into smaller areas.

Combining stratum estimates into an overall biomass estimate was considered in two of the presentations. One study showed that as the skewness of the distribution within a stratum increased it becomes more efficient to use estimators other than the simple mean. The other examined methods of combining the estimates and addressed changes in catchability over time. It was generally felt that this topic deserves more study.

Finally, the merging of research trawl data with commercial catch data via VPA's was considered. New methodology was presented by W.G. Doubleday to combine these sources of information which has the added attribute of not requiring the "tuning" phase of VPA's which is often criticized. This presentation should stimulate more work in this important facet of the assessment process.

Given the high cost of gathering research trawl data every effort should be made to fully utilize it. The papers presented and the resultant discussion imply that research trawl data is coming of age and that research in this area should produce valuable contributions to fisheries management.

DISTRIBUTION
Chairman's Remarks (P. Koeller).

A thorough understanding of groundfish distribution is necessary before the variability and biases associated with trawl survey abundance estimates can be reduced. Two papers dealt with the geographical distribution of groundfish from surveys on the Scotian Shelf and in the Gulf of St. Lawrence. Both showed consistencies from year to year in the

remarquer S.J. Smith, les distributions fortement asymétriques observées peuvent être résolues par transformation ou par des estimateurs autres que la moyenne. On peut aussi redéfinir les strates en zones plus grandes, ce qui permettrait d'avoir un plus grand nombre de traits par strate et un taux d'échantillonnage à peu près proportionnel à la surface de chaque strate mais risquerait de réduire l'homogénéité d'une strate donnée. Une methode permettant de redéfinir les strates en fonction des variances observées après un relevé, et un exemple combinant les strates existantes en unités plus grandes ont été discutés. Il serait intéressant de comparer les zones stratifiées après coup en fonction d'une minimisation de la variance avec les caractéristiques hydrologiques et biologiques de la région. La plupart des participants semblaient en faveur d'un regroupement des strates existantes en ensembles plus grands plutôt que d'une subdivision en zones plus petites.

La combinaison des estimés obtenus dans chaque strate en une estimation globale de la biomasse a été envisagée dans deux des exposés. L'une des études montrait que si l'asymétrie de la distribution dans une strate augmentait, il devenait plus efficace d'utiliser des estimateurs autres que la simple moyenne. Les autres études examinaient des méthodes combinant les estimations et traitaient des changements dans la capturabilité avec le temps. L'ensemble des participants pensaient que le sujet mérite d'être étudié plus à fond.

Enfin, on a considéré la combinaison des données de recherche avec les données sur les prises commerciales à l'aide de l'analyse de populations virtuelles. W.G. Doubleday a présenté une nouvelle méthodologie combinant ces sources d'information et présentant l'avantage de ne pas nécessiter la "phase d'ajustement" de l'analyse de populations virtuelles, qui est souvent critiquée. Cette étude devrait stimuler la recherche sur cet aspect important du processus d'évaluation.

Étant donné le coût élevé de la collecte de données provenant de relevés effectués au moyen du chalut, il faut viser l'utilisation maximale des résultats. Les études présentées et le débat qui a suivi montrent que l'échantillonnage au chalut sort de sa phase initiale et que la recherche dans ce domaine devrait apporter une contribution intéressante à la gestion des pêches.

DISTRIBUTION
Remarques du président (P. Koeller)

Il est nécessaire de comprendre parfaitement la distribution du poisson de fond avant de pouvoir réduire la variabilité et les distorsions associées aux estimations de l'abondance fournies par les relevés effectués au chalut. Deux études concernaient la distribution géographique du poisson de fond à partir de relevés réalisés sur le plateau distribution patterns of individual species. This raised the question of whether existing stratification schemes might be refined to provide more precise estimates of abundance for some species, without major design changes that would compromise the multi-species approach of depth stratified surveys. In the Gulf, localizations of many species re-occur from year to year within one depth stratum and similar patterns may occur elsewhere. In such cases, a simple subdivision of a stratum may improve the precision of estimates for some species. It was pointed out that at water temperature fronts, especially at the edge of the Scotian Shelf, concentrations are found that may be localized within a stratum. Sampling effort in such areas might be allocated on the basis of temperature information obtained at the time of the survey. Large scale warm water incursions and eddies were identified as possibly important influences on distribution, particularly of squid. There is some evidence that fish concentrate on the slopes leading to the banks and basins of the Scotian Shelf, suggesting that more sampling be conducted in these areas. It was pointed out, however, that concentrations at the edge of the bank often maintain the same depth in the water column as they taper off over the slope. This means that fish may be less available to groundfish gear in these areas.

Understanding changes in distribution associated with changing abundance is important to interpreting survey results. Actual changes in abundance could affect fish distribution on the local, as well as the broad geographical sense. The effect of abundance on the size, density, and number of fish aggregations must be known before the relationship between true abundance and abundance estimates can be evaluated. It is probable that full use of the available information on geographical and seasonal distribution is not made when calculating abundance estimates. A study of the near bottom vertical distribution of shrimp was able to re-define an existing catchability coefficient of 0.75 to 0.5. Such detailed information on catchability has not been obtained for groundfish and the paper stimulated much comment. Although some information exists concerning the effects of diurnal vertical migration on groundfish trawl catches, catchability coefficients are not applied routinely. The migration pattern of many species probably varies at least with season, depth, weather, temperature stratification and life history stage, so that one coefficient

néo-écossais et dans le golfe du Saint-Laurent. Les deux études montraient des similarités d'une année à l'autre dans les schémas de distribution des espèces. Ce problème a soulevé la question de savoir s'il serait possible d'améliorer les schémas de stratification existants pour obtenir des estimations plus précises de l'abondance de certaines espèces sans compromettre l'approche multispécifique des relevés stratifiés selon la profondeur. Dans le Golfe, on note une récurrence d'une année à l'autre de la localisation de nombreuses espèces au sein d'une strate de profondeur, et des patrons semblables peuvent se produire ailleurs. Dans de tels cas, une simple subdivision de la strate peut améliorer la précision des estimations pour des espèces données. Certains ont souligné qu'aux endroits de forts gradients de température, et notamment à la limite du plateau néo-écossais, on trouve des concentrations qui peuvent être localisées au sein d'une strate. Dans ces régions, on pourrait répartir l'effort d'échantillonnage en fonction des données sur la température obtenues au moment du relevé. Il semblerait que des incursions de masses d'eaux plus chaudes ainsi que des tourbillons pourraient avoir une influence importante sur la distribution de certaines espèces, notamment l'encornet. Il apparaît que les poissons se concentrent sur les accores des bancs et dans les dépressions du plateau néo-écossais, ce qui inciterait à procéder à des échantillonnages plus complets dans ces régions. Par ailleurs, il apparaît que des concentrations de poissons présentes à la limite du banc se maintiennent souvent à la même profondeur dans la colonne d'eau à mesure que l'on s'éloigne des accores. Ceci signifie que les poissons se trouveraient moins à la portée des engins destinés au poisson de fond dans ces régions.

Pour interpréter les résultats des relevés, il est important de comprendre les modifications de la distribution qui sont liées aux changements dans l'abondance. Les modifications réelles de l'abondance pourraient affecter la distribution du poisson au niveau local aussi bien qu'à grande échelle. Les effets de l'abondance sur la taille, la densité et les concentrations de poissons doivent être élucidés afin de pouvoir comprendre la relation qui existe entre l'abondance réelle et son estimation. Il est toutefois probable que l'on n'utilise pas au maximum les données existantes sur la distribution géographique et saisonnière lors de l'estimation de l'abondance. Une étude de la distribution verticale des crevettes près du fond a permis de redéfinir le coefficient de capturabilité qui est passé de 0,75 à 0,5. On ne possède pas d'informations aussi détaillées sur les possibilités de capture du poisson de fond, et l'étude a donné lieu à beaucoup de commentaires. Bien que l'on possède quelques données sur les effets de la migration verticale journalière sur les prises de poisson de fond réalisées au chalut, on n'utilise pas cannot be applied universally. There is some information on the differential distribution of sizes in the water column. The general pattern observed is that younger fish are found higher in the water column than older fish, but one example was given in which the reverse was true. Such distribution could lead to biases in determining the relative importance of year-classes as well as in the overall abundance estimates. Acoustics was put forward as one method of addressing the problem since it is possible to resolve individual fish sizes from acoustic signals. A 24-hour fishing experiment on shrimp showed a predictable variation in catch attributed to a semi-diurnal tidal cycle. These results suggest that environmental information could eventually be used to adjust for diurnal changes in groundfish catches, once the relationships have been defined.

de façon habituelle les coefficients de capturabilité. Le patron migratoire de nombreuses espèces varie probablement en fonction de la saison, de la profondeur, du temps, de la stratification thermique et du stade biologique; aussi n'est-il pas possible d'utiliser un coefficient universel. On possède quelques données sur la distribution vertical en fonction de la taille. Le patron général observé montre que les jeunes poissons se trouvent plus haut dans la colonne d'eau que les poissons plus âgés; on a cependant démontré, par un exemple, que le contraire pouvait exister. Une telle distribution peut conduire à des biais dans la détermination de l'importance relative des classes d'âge et dans les estimations globales de l'abondance. Certains ont proposé la méthode acoustique pour régler le problème puisqu'il est possible de déterminer la taille des spécimens à partir des signaux acoustiques. Une expérience de pêche de 24-heures réalisée sur les crevettes a montré une variation très visible des captures attribuée à un cycle semi-diurne lié à la marée. Ces résultats suggèrent que, si l'influence du milieu sur les changements diurnes est connue, cette information pourrait être utilisée éventuellement afin d'ajuster les prises de poissons de fond.

SAMPLING TECHNIQUES
Chairman's Remarks (T.R. Azarovitz)

Papers presented in this session dealt with real and perceived problems in the use of data generated by the sampling tool of most concern to this workshop - the otter trawl.

The three papers presented in the session complemented each other in several respects. The first by J.J. Foster, C.M. Campbell and G.C.W. Sabin briefly discussed the history of trawl development, especially as related to fisheries research. They summarized in some detail what we know of behavioural responses of fish to trawls. At this point some extremely interesting videotapes were shown that illustrated the response of fishes to the trawl or its associated gear (doors, warps, etc.) during the towing process. The authors then described, in principle, a mathematical model of a trawl catching fish. They pointed out that the model incorporated the effects of gear design and environment. The sensitivity of estimates of catching efficiency by the model to minor variations in critical geometric factors draws attention to the fact that such minor variations occurring during deployment of otter trawls in routine survey work could indeed account for a significant part of the variability found in groundfish trawl surveys. Although the development of a model of this type is very important if we are to know the efficiency of our gear, it also highlights one of our biggest problems, that is, the difficulty in achieving a reproducible "standard tow". So many subtle factors such as gear, vessels, sea

TECHNIQUES D'ÉCHANTILLONNAGE
Remarques du président (T.R. Azarovitz)

Les exposés présentés au cours de cette session concernaient les problèmes observés et soupçonnés que pose l'utilisation des données obtenues au moyen de l'instrument d'échantillonnage, c'est-à-dire au moyen du chalut de fond.

Les trois exposés présentés au cours de la session se complétaient sur plusieurs aspects. La première étude, réalisée par J.J. Foster, C.M. Campbell et G.C.W. Sabin, présentait de façon brève l'évolution du chalut, surtout dans le domaine de la recherche sur les pêches. Elle résumait ensuite de façon assez détaillée les connaissances que nous possédons sur le comportement du poisson face au chalut. Une présentation au magnétoscope, extrêmement intéressante, a montré la réaction des poissons au chalut ou à son gréement (panneaux, funes, etc.) au cours du trait. Les auteurs ont alors décrit les éléments d'un modèle mathématique correspondant à un chalut capturant du poisson. Il a souligné que ce modèle tenait compte des effets du dessin des engins et du milieu ambiant. Le modèle suggère que l'estimation de l'efficacité de capture est très sensible à des variations mineures dans la géométrie du chalut. Ceci indique que de faibles variations se produisant au cours du déploiement des chaluts dans les relevés réguliers peuvent être à l'origine d'une proportion importante de la variabilité que l'on note dans les relevés au chalut de fond. Bien que la mise au point d'un tel modèle soit très importante pour connaître l'efficacité de nos engins, elle souligne aussi l'un de nos state and currents, in myriads of combinations can introduce significant variations and perhaps, in time, bias.

problèmes principaux, c'est-à-dire les difficultés qu'il y a à réaliser un trait de chalut standard reproductible. De nombreux facteurs difficilement mesurables touchant aux engins, aux navires, à l'état de la mer et aux courants, se combinant d'une multitude de façons, peuvent introduire des variations importantes et même, avec le temps, des biais.

This led to the second paper presented by P.J.G. Carrothers. This presentation dealt with some of the specific potential sources of variability or bias and discussed an instrument system that could be used to monitor and quantify trawl performance. Also discussed in some detail was the concept of trying to standardize trawl components and trawl construction.

Cela nous mène à la seconde étude, présentée par P.J.G. Carrothers, qui traite de certaines sources potentielles de variabilité ou de biais et analyse un ensemble d'instruments qui permettrait de contrôler et de quantifier le comportement d'un chalut. L'auteur étudie aussi de façon assez détaillée les possibilités de standardiser les parties composantes du chalut et sa construction.

The third paper by C.J. Byrne, T.R. Azarovitz, and M.P. Sissenwine described some specific examples of the apparent problems in time series trawl data that are related to the gear, vessels, or sampling methodology discussed in the first two papers. The presentation stressed the importance of temporal variability which may result in apparently anomalous survey results.

La troisième étude, réalisée par C.J. Byrne, T.R. Azarovitz et M.P. Sissenwine, décrit certains problèmes-types qui sont perceptibles dans les séries chronologiques de données recueillies grâce au chalut, et qui sont en rapport avec les engins, les bateaux ou la méthode d'échantillonnage, comme le suggèrent les deux premières études. L'exposé souligne l'importance de la variabilité temporelle qui peut conduire à des résultats aberrants.

Discussion concerned many of the general data handling and analysis problems discussed frequently throughout the workshop. Some questions were asked and points raised that did highlight some problems directly related to this session. One interesting question raised was: What are the most important parameters to measure in order to standardize a tow? The general consensus was that wing or door spread and trawl speed through the water were very desirable and critical parameters to know. The discussion did not conclude just how to apply these measurements in a practical way to survey data. It was suggested that we monitor net performance during surveys. The net should perform within certain specifications, when this does not occur that particular tow or data point should be rejected.

Le débat a porté sur nombre de problèmes généraux de manipulation et d'analyse des données qui ont été évoqués fréquemment tout au long de l'atelier. Parmi les points soulevés, certains mettent en relief des problèmes directement reliés à cette session. L'une des questions intéressantes qui ont été soulevées est: quels sont les paramètres les plus importants à mesurer pour standardiser un trait de chalut? Les participants s'entendent sur le fait que l'écartement des ailes ou des panneaux et la vitesse de déplacement du chalut dans l'eau sont des paramètres qu'il est très souhaitable et important de connaître. Le débat ne permet pas de conclure sur une méthode pratique permettant d'appliquer ces mesures aux données recueillies. Il est proposé de surveiller le rendement du filet pendant les relevés. Si le filet ne fonctionne pas selon certaines spécifications, il faut éliminer le trait en question ou les données ainsi recueillies.

Sources of variability were constantly mentioned during this and the previous sessions. During this session the question was posed as to how much variability was from trawl performance compared to behavioural aspects of the fish - as yet, there is no quantitative answer.

Au cours de la session comme au cours des sessions antérieures, on relève de façon constante la question de l'origine de la variabilité. On se demande quelle proportion de la variabilité provient du fonctionnement du chalut par rapport à celle provenant du comportement du poisson; à ce point, aucune réponse quantitative n'a encore été apportée.

SUMMARY AND CONCLUSION

Review of the history of research bottom trawl surveys at the Workshop revealed that survey data have been widely used in resource assessment and that usage has increased

RÉSUMÉ ET CONCLUSION

L'historique des relevés scientifiques révèle que les données recueillies ont surtout servi à l'évaluation des ressources, et que cette utilisation a augmenté régulièrement steadily in recent years. Surveys have provided valuable distributional and vital parameter information as well as abundance indices for adults and young fish. Reliability of survey indices is not uniform. Frequently, existing survey indices appear to estimate overall stock abundance within ±50% at 95% confidence, but some estimates are more precise and others less precise. Large scale anomalies occasionally lead to major distortions in annual indices. The magnitude and frequency of these anomalies are greater than would be expected given the confidence intervals noted above. Thus, the sample variances of a single survey apparently fails to account for all sources of error.

ces dernières années. Les relevés scientifiques ont fourni des données importantes sur la distribution et les paramètres biologiques, ainsi que des indices d'abondance pour les poissons adultes et juvéniles. La fiabilité des indices n'est pas uniforme. Les indices actuels semblent fréquemment estimer l'abondance du stock global avec une marge de ±50% pour un degré de confiance de 95%, mais certaines estimations sont plus précises que d'autres. Les anomalies à grande échelle occasionnent parfois des distorsions importantes des indices annuels. Puisque la fréquence et l'importance de ces anomalies excèdent souvent les valeurs suggérées par les intervalles de confiance rapportées ci-haut, il semble que la variance calculée à partir d'un seul relevé sous-estime l'impact de certaines sources d'erreur.

Experience with stratified random station selection has revealed its strengths and weaknesses. This system spreads sampling over the whole area of bottom surveyed and permits aggregation of strata to form domains of study corresponding to habitats of species stocks. Although strata have been delineated so as to minimize internal variation in fish distribution and abundance, historical catches from surveys often show almost as much variation within strata as between strata. It is possible that the criterion of depth range used for stratification should be modified to consider slopes and that survey designs should be balanced in a statistical sense with respect to combinations of depths and time of day. Wide variation in the size of strata has meant very uneven sampling rates between strata in some cases. This has sometimes led to inefficient estimation of abundance.

Notre expérience a révélé les points forts et les faiblesses de la sélection des stations au moyen d'un patron aléatoire-stratifié. Cette technique répartit l'échantillonnage sur la superficie totale du fond étudié et permet un regroupement des strates pour former des domaines d'étude correspondant aux habitats ou aux stocks. Bien que les strates aient été définies de façon à minimiser la variation de la distribution et de l'abondance des poissons au sein d'une strate, les captures réalisées au cours des relevés montrent souvent presque autant de variations au sein des strates qu'entre les strates. Il est possible que le critère de profondeur utilisé pour la stratification doive être modifié pour tenir compte des accores et que la conception des relevés doive être équilibrée sur le plan statistique en considérant la profondeur et la période de la journée. L'importante variation de la taille des strates a produit des taux d'échantillonnage très inégaux d'une strate à l'autre dans certains cas. Ceci a parfois donné lieu à une estimation peu efficace, du point de vue statistique, de l'abondance.

Recent practice in analysis of survey data has emphasized standard stratified means with or without a logarithmic transformation. Alternative estimators were put forward at this meeting. There was a consensus that sensitivity of survey estimates to single, large catches could be reduced by adopting more sophisticated statistical methods. Application of sensitivity analysis methods to catch projections, whose starting population was calibrated using a survey index, showed how contributions to the variance of projected catches could be assigned to various estimated parameters. This promises to be a valuable tool for program planning.

Les méthodes utilisées ces derniers temps pour analyser les données recueillies ont mis l'accent sur les moyennes calculées d'après les relevés aléatoires-stratifiés avec ou sans transformation logarithmique. De nouveaux estimateurs ont été proposés au cours de la réunion. Les participants ont reconnu qu'il serait possible de réduire la sensibilité des méthodes d'estimation à ces quelques traits de chalut qui apparaissent anormaux en adoptant des méthodes statistiques plus raffinées. L'application d'une analyse de sensibilité à un modèle de projection de prises où la population initiale est étalonnée à l'aide d'un indice établi au moyen de relevés scientifiques, a révélé le rôle de divers paramètres dans le calcul de la variance des projections. Cet élément promet d'être un instrument intéressant pour la planification.

Experience has shown that the catchability of a trawl is sensitive to small changes in rigging and operating procedures. While the need to standardize equipment and procedures has been emphasized for many years, direct observation of research trawl performance

L'expérience montre que la capturabilité d'un chalut est sensible à de faibles modifications dans le gréement et dans son utilisation. Si l'on met l'accent depuis de nombreuses années sur la nécessité de normaliser l'équipement et les procédures, has been limited. Evidence of the importance of currents, in particular, is convincing, although indirect.

The papers and discussion at this workshop show an evolution and maturation in scientific thought about research vessel bottom trawl surveys. The accumulation of multi-year survey time-series now permits rigorous analysis of technical and statistical aspects of survey design and analysis which formerly required assumptions or arbitrary conventions. This trend should be welcomed and encouraged. Direct observation of the trawl in action and of events near the trawl is needed to complete the change from a mysterious "black box" to a controlled sampling procedure. The value of bottom trawl survey data has been clearly demonstrated and the benefits of improved accuracy and efficiency are now evident. Resources allocated to improving survey methods would undoubtedly be well invested.

In order to take full advantage of accumulated information and to form a basis for improved surveys in future, the Workshop recommended:

1) That available data series should be thoroughly analyzed to determine an improved basis for survey design, relative to the existing stratified random schemes.

2) That experiments be carried out with low light television to determine more accurately factors influencing the performance of research trawls and that instrumentation be developed to routinely monitor trawl performance.

3) That research continue on improved statistical estimators and on the statistics of aggregated stocks, including the choice of timing for surveys.

4) That the feasibility of developing acoustic means to estimate directly the vertical distribution of fish near a trawl be studied.

5) That some attention be directed towards the possible use of covariates, such as water temperature information, in estimating abundance.

l'observation directe du fonctionnement des chaluts de recherche a été limitée. La preuve de l'importance des courants, en particulier, est convaincante, bien qu'indirecte.

Les exposés présentés et les débats qui ont eu lieu au cours de l'atelier ont montré une évolution et un mûrissement de la pensée scientifique en ce qui concerne les relevés réalisés au chalut de fond à l'aide de navires de recherche. L'accumulation sur plusieurs années d'une série chronologique de données scientifiques permet maintenant d'analyser de façon rigoureuse les aspects techniques et statistiques du patron d'échantillonnage et d'effectuer des analyses qui autrefois faisaient appel à des hypothèses ou à des conventions arbitraires. Il faut reconnaître et encourager cette tendance. Il est nécessaire d'observer le chalut en action ainsi que les événements qui ont lieu dans son entourage immédiat pour que cette mystérieuse "boîte noire" laisse la place à un meilleur contrôle de la méthode d'échantillonnage. L'intérêt des données recueillies grâce au chalut de fond est maintenant clairement démontré, et les avantages d'une amélioration de leur précision et de leur efficacité sont évidents. L'affectation de ressources à l'amélioration des méthodes de relevé serait sans aucun doute un bon investissement.

Pour tirer le maximum de profits des informations accumulées et pour établir la base de futurs relevés améliorés, les participants à l'atelier recommandent:

1) que les séries de données existantes soient analysées de façon complète, afin d'améliorer la conception des relevés par rapport aux schémas de stratification actuels;

2) que l'on procède à des expériences avec des cameras de télévision ultra-sensibles pour déterminer plus précisément quels sont les facteurs qui influent sur le fonctionnement des chaluts expérimentaux, et que l'on mette au point des instruments permettant de surveiller régulièrement le fonctionnement des chaluts;

3) que l'on poursuive les recherches sur l'amélioration des estimateurs statistiques et sur la statistique des stocks qui montrent une distribution contagieuse, y compris le choix de la période des relevés;

4) que l'on étudie la faisabilité de méthodes acoustiques permettant d'estimer directement la distribution verticale du poisson près d'un chalut.

5) que l'on accorde une certaine attention à l'utilisation possible des covariables, comme les données sur la température de l'eau, pour estimer l'abondance;

6) That sensitivity analyses relating management advice to the quality of input data be further developed.

7) That abundance indices from commercial fisheries be examined by a workshop similar to this.

6) que l'on développe des méthodes d'analyse de sensibilité qui mettent en évidence l'influence de la qualité des données sur les avis de gestion;

7) qu'un colloque du type de cet atelier soit organisé pour étudier les indices d'abondance fournis par les pêches commerciales;

List of Participants

Liste des participants

List of Participants/Liste des Participants

Federal Government/Gouvernement fédéral

Maritimes:	Carrothers, P.J.G. Halliday, R.G. King, B.F. Koeller, P.A. Misra, R.K. Mohn, R.A. Randall, R.G. Scott, J.S.
Marine Ecology Laboratory/ Laboratoire d'écologie marine:	Dickie, L.M. Shotton, R. Ware, D.M.
Newfoundland/Terre-Neuve:	McKone, W.D. Pinhorn, A.T. Pitt, T. Sandeman, E.J. Smith, S.J. Wells, R.
Pacific/Pacifique:	Lapi, L. Leaman, B.M. McFarlane, G.A. Thompson, J.A.
Québec:	Cleary, L.
Ottawa:	Doubleday, W.G. Mercer, M.C. Rivard, D.

Non-Governmental/Participation extérieure

NORDCO Ltd:	Campbell, C.M. Foster, J.J. Sabin, G.
Québec Province/ Province de Québec:	Lussiaa-Berdou, J.P. Pilote, S. Poirier, L.
St. Pierre:	Forest, A.
Wood's Hole:	Azarovitz, T.R. Pennington, M. Sissenwine, M.P.

Historical Review and Impact of Surveys on Management Advice

Revue historique des relevés et leur incidence sur les avis de gestion

A HISTORY OF CANADIAN GROUNDFISH TRAWLING SURVEYS AND DATA USAGE IN ICNAF DIVISIONS 4TVWX

by

R.G. Halliday

Department of Fisheries and Oceans
Marine Fish Division
Dartmouth, Nova Scotia B2Y 4A2

and

P.A. Koeller

Department of Fisheries and Oceans
St. Andrews Biological Station
St. Andrews, New Brunswick E0G 2X0

ABSTRACT

The historical development of groundfish surveys on the Scotian Shelf and in the Bay of Fundy (ICNAF/NAFO Divisions 4TVWX) and changes in data usage from 1950 to 1980 are outlined. Trawling surveys prior to 1970 were primarily used to collect basic biological information on important commercial species. Surveys began to have considerable impact on fisheries management decisions soon after standardized random-stratified surveys began in 1970. They continue to play a major role in the assessment of many stocks in the area.

Key words: biological surveys, groundfish.

RÉSUMÉ

On présente un historique de l'échantillonnage de poisson de fond sur le plateau continental Scotian et dans la baie de Fundy (divisions 4TVWX de l'ICNAF et de l'OPANO) et on explique les changements survenus dans l'utilisation des données, de 1950 à 1980. Avant 1970, les échantillonnages au chalut étaient principalement destinés à la collecte de données biologiques sur les principales espèces commerciales. Les relevés ont commencé à influer considérablement sur les décisions gestionnelles halieutiques peu après 1970, lorsqu'on a commencé à uniformiser les échantillonnages stratifiés aléatoires. Ils revêtent encore aujourd'hui une importance capitale dans l'évaluation de nombreux stocks de ce secteur.

Mots-clès: relevés biologiques, poissons de fond.

INTRODUCTION

The history of trawling surveys in the Bay of Fundy, on the Scotian Shelf and in the southern Gulf of St. Lawrence can be divided into two periods, the first beginning shortly after the inception of ICNAF (International Commission for the Northwest Atlantic Fisheries) in 1950. The purpose and objectives of surveys in those areas have generally parallelled the research requirements and recommendations of the Commission. The main thrust of the early surveys was exploratory, to obtain basic biological information, particularly on the distribution and stock boundaries of exploited species. By the late 1960s the limitations of using commercial data to determine the effect of fishing and fishing regulations on stocks and in predicting fishing trends had become apparent. It was recognized that, for many species, survey data provided the only means of accurate assessments. The value and feasibility of using research vessel data for management purposes was discussed at length by the assessment subcommittee of STACRES (Standing Committee on Research and Statistics) during the 1970 annual meeting of ICNAF. This body reviewed, among other things, a series of stratified-random trawling surveys which had been conducted by the United States in subareas 4, 5 and 6 since 1963. These surveys had provided seasonal estimates of haddock abundance which had led to recruitment predictions two years in advance, independent estimates of natural and fishing mortality, and a generally increased confidence in the application of regulatory measures.

An ad hoc working group endorsed the stratified-random design and set out to establish standardized and coordinated ICNAF-wide surveys, thus beginning the second period.

CANADIAN SURVEYS FROM 1950 TO 1970

Between 1950 and 1970, most of the survey work in Divisions 4T, V, and W was conducted by Canada. Canadian surveys in 4X were fewer during this period partly because, beginning in 1955, the U.S. research trawlers ALBATROSS III and DELAWARE began to cover some of this area at least once a year; this date coincided with the beginning of a cooperative U.S.-Canada study of subarea 4 haddock.

In 1950, the groundfish research program at the Biological Station in St. Andrews, New Brunswick, underwent extensive revision and expansion to meet the needs of ICNAF in subarea 4. In fact, the station acted as a temporary headquarters for the Commission until 1953 and station scientists held the positions of executive secretary and chairman of STACRES. Almost all Canadian groundfish surveys in Divisions 4TVWX have been conducted from St.

Table 1. Trawling Surveys Conducted by Canada in ICNAF Divisions 4TVWX between 1951 and 1972. Mall. - MALLOTUS, J.J.C. - J.J. COWIE; H. - HARENGUS; A. - A.T. CAMERON; P. - E.E. PRINCE.

Year	Div.	Vessel & Cruise	Dates	No. sets*	Purpose
1951	T	Mall.	Aug.-Nov.	50+	Expl., dist., abun., groundfish, Northumberland Strait to St. Georges Bay.
	W	J.J.C.	19 Nov.-4 Dec.	12	Expl., Redfish, Canso
1952	X	J.J.C.	26 Feb.-29 Mar.	?	Expl., groundfish, Digby Neck
1953	S,T	J.J.C.	18 June-20 Oct.	?	Redfish, seasonal, geogr. & vertical dist., biology, Gaspé to Anticosti
1954	S,T	J.J.C.	17 May-30 Sept.	?	Redfish, dist., biology, Gaspé to Anticosti
1957	T	J.J.C.	22 May-24 Oct.	245(?)	Cod, seasonal, geogr. dist., population structure, pre-recruit abun., S.W. Gulf
1958	T	J.J.C.	24 May-28 Nov.	156(?)	"
	W	H8	13-28 Aug.	48(?)	Haddock, dist., pop. structure, pre-recruit abun., Emerald and Sable I. Banks
1959	T	H12	4-12 June	29(15)	Cod, dist., abun., S.W. Gulf
		H15	21 Aug.-1 Sept.	28(14)	"
		H17	8 Oct.-15 Oct.	26(14)	"
	T,Vn	H9	6-22 May	61(31)	Cod, dist., abun., Cape Breton coast
		H18	7 Nov.-4 Dec.	49(25)	"
	Vs,W	A5-7	22 Feb.-27 Mar.	102	Haddock, cod, plaice, expl., dist., abun. Banquereau, Sable I., Emerald Banks
		H13	3-29 July	96(73)	"
	W,X	A15	4-30 Nov.	29	Redfish, dist., abun., Shelf edge
1960	T	A16	18 Jan.-24 Jan.	26	Cod, plaice, dist., abun., S.W. Gulf
		A21	19-28 May	17	Plaice, dist., abun., Magdalens
		H22	2 June-9 June	39(19)	Cod, dist., abun., S.W. Gulf
		H27	23 Sept.-29 Sept.	41(21)	"
	T,Vn	H20	6-16 May	37(25)	Cod, dist., abun., Laurentian Channel
		A17	28 Jan.-9 Feb.	21	"
	W	A19	29 Feb.-7 Mar.	31	Haddock, dist., abun., Middle & Misaine
		A21	24 Mar.-30 Mar.	32(20)	" Sable I., Western Emerald
		H24	5-20 July	55(44)	" Sable I., Emerald
		H25 was comp. fishing with Cowie.			
1961	T	A32	14-20 Jan.	24	Plaice, cod, dist., S.W. Gulf
		H34	30 May-9 June	56(16)	Plaice, cod, dist., abun., S.W. Gulf
		H35	19-21 June	9(5)	Haddock, dist., abun., Cape Breton
		H38	2-12 Oct.	50(21)	Cod, dist., abun., S.W. Gulf
	T,Vn	H32	8-11 May	18(9)	Plaice, cod, dist., abun., Gulf and Cape Breton
	Vn	A33	29 Jan.-1 Feb.	13	Cod, dist., abun., Cape Breton
	W	A37	29 Apr.-10 May	78	Haddock, dist., abun., Sable I Western, Emerald
1962	T	H42	28 May-5 June	34(31)	Cod, dist., abun., Gulf, L. Channel
		H46	1-25 Oct.	77(43)	Cod, dist., abun., L. Channel & Magdalens
	T,Vs	A54	18-26 Apr.	54	Cod, dist., abun., Laurentian Channel
	VsW	A52	17-27 Mar.	89	Halibut, groundfish, dist., abun., Gully
	W	A53	4-12 Apr.	85	Haddock, cod, abun., Sable I, Western Emerald
1963	T	H52	24-29 Sept.	25(13)	Cod, dist., abun., S.W. Gulf
	T,Vn	H53	7-16 Oct.	28(23)	Witch, dist., abun., Cape Breton shore
	Vn, VsW	A65	23 Feb.-4 Mar.	30	Cod, dist., Scatari, Banquereau, Western
	W	A66	8-14 Mar.	22	Haddock, groundfish, dist., abun., Western, Emerald
	X	A67	19-27 Mar.	54	Haddock, groundfish, dist., abun., Browns, LaHave, S.W. Nova Scotia
	X	A73	6-11 Aug.	30	Haddock, groundfish, dist., abun., Browns, Bay of Fundy mouth
1964	T	H63	15-25 Sept.	40(24)	Cod, dist., abun., S.W. Gulf
	Vn	A80	19-25 Jan.	25	Cod, dist., Sydney Bight, L. Channel
	Vn,Vs	H64	5-14 Oct.	19	Witch, dist., abun.
	Vn,W	A81	30 Jan.-6 Feb.	26	Witch, dist., biology, Scatari, Middle, Emerald
		H61	20-29 July	41	Witch, dist., abun., E. Cape Breton

Table 1. (cont'd.)

Year	Div.	Vessel & Cruise	Dates	No. sets*	Purpose
1965	T	H71	21-28 Sept.	25(13)	Cod, abun., S.W. Gulf
	Vs,W	A99	16-24 Mar.	32	Witch, dist., biol., Canso-Gully
		A100	19 Mar.-4 Apr.	34	Haddock, unutilized groundfish, dist., abun., Western Emerald
	W	H69	24-28 June	22	Silver hake, argentine, dist., abun., Sable I
1966	T	H75	6-15 June	48	Hake, dist., abun., S.W. Gulf
		H81	23-29 Aug.	22	Yellowtail, dist., abun., Magdalens
		H83	13-22 Sept.	29(15)	Cod, abun., S.W. Gulf
	Vs,W,X	A122	31 Aug.-7 Sept.	45	Yellowtail, dist., abun., Browns-Banquereau
	V,W,X	A126	7 Nov.-6 Dec.	?	Redfish, dist., abun.
	W	A113	24 Feb.-1 Mar.	32	Haddock, cod, dist., abun., Sable I., Emerald
	W	H77	6-13 Jul.	52	Groundfish, dist., abun.
1967	T	P14	27 Sept.-1 Oct.	24(13)	Cod, abun., S.W. Gulf
	Vs,W	A127	20-26 Jan.	32	Yellowtail, groundfish, dist., abun., Banquereau Sable I.
	W	P8	11-19 July	45	Haddock, dist., abun., Emerald-Banquereau
1968	T	P35	12-25 Sept.	70(19)	Cod, abun., S.W. Gulf, comp. fish
	Vs,W	P26	10-17 May	37	Silver hake, sand lance, groundfish, dist., abun.
	Vs,W,X	P36	24-30 Oct.	36	"
	WX	A142	13-17 Feb.	25	Argentine, silver hake, sand lance, haddock groundfish, dist., abun., N.S. Banks
	X	P30	4-13 July	59	
1969	T	P53	12-18 Sept.	30(17)	Cod, abun., S.W. Gulf
	T,Vn	A155	14-23 Jan.	42	Cod, abun., acoustic, trawling, Laurentian Channel
	Vs,W,X	A156	28 Jan -3 Feb.	71	Groundfish dist., Banquereau-Browns
	W,X	P49	3-16 July	59	Groundfish, strata 54-59, 62-65, 81
		P54	25 Sept.-3 Oct.	149	Groundfish, dist., abun., Browns
1970	T	P79	15-24 Sept.	39	Groundfish, strata 15-24, 26-28
	V,WX	A175-176	6-30 July	143	Groundfish, strat. random
	W,X	P73	18-23 June	31	Sand lance, groundfish, dist., abun.
		A170	14-21 Mar.	36	Haddock, spawning survey, strata 62-65, 80, 81, 83
1971	T	P91	7-30 Sept.	67	Cod abun., strat., random and fixed stations
	T,V,W,X	A188-189	29 June-22 July	126	Groundfish, strat. random
	W,X	A184	23-30 Mar.	32	Haddock spawning, strat. 61-65
1972	T	P106	6-25 Sept.	73	Groundfish, strat. random and fixed stations
	V,W,X	A200-201	23 June-19 July	150	Groundfish, strat. random
		A196	5-11 Mar.	29	Haddock spawning, groundfish dist., and biology

* Numbers in parentheses represent the number of locations fished on surveys where more than one set was made at a location.

Andrews, while Divisions 4RS have traditionally been covered by the biological station in St. John's, Nfld. Table 1 documents Canadian trawling surveys in Divisions 4TVWX between 1951 and 1972 and is restricted to those surveys whose main purpose was groundfish distribution and abundance. The table excludes numerous other ventures whose main objectives were tagging, studies of behaviour, mesh selectivity and performance of fishing gear. It also excludes exploratory fishing charter cruises and comparative fishing between research vessels. The vessels used by the Canadian survey program in Divisions 4TVWX and their specifications are given in Table 2.

Surveys after World War II to the mid-1950s were minimal, with most efforts concentrated on collecting Canadian commercial catch statistics and commercial sampling. Much of the research vessel time was devoted to improving the efficiency of the fishing industry and exploring underutilized stocks. Work on the smaller research vessels MALLOTUS, PANDALUS and J.J. COWIE led to the introduction of Danish seining, power hauling of long lines, a better understanding of bait selectivity and the development of an inshore flounder fishery by small draggers. The discard problem created by the expansion of the Canadian and foreign trawler fishery in the early 1950s and the possibility of mesh regulations to control the problem led to the study of selectivity of codend meshes and chaffing gear on research vessels. These studies, together with tagging, occupied much of the vessel time during the decade.

When mesh regulations in subarea 4 became effective in March 1957, the need for an independent means of assessing the effect of fishing increased. From May to October 1957, J.J. COWIE conducted the first of a continuing series of trawling surveys in the southwestern Gulf of St. Lawrence. The "Gulf Census" was designed to determine recruitment and the effects of environment on abundance, distribution and movements of cod and plaice. It began with seasonal (spring to fall) coverage of 26 fixed stations, each station being occupied at least twice during each circuit. HARENGUS replaced J.J. COWIE in 1959. Seasonal coverage continued for several years and the surveyed area was extended at times to other parts of the Gulf. By the mid 1960s, however, the census had become a fall survey covering only 13 of the original stations. Between 1960 and 1964 seasonal coverage was extended into winter and Division 4V by A.T. CAMERON, a side trawler designed for offshore work. These early surveys provided information on growth and on the distribution of cod and plaice in relation to depth, season and temperature. They supplemented evidence from tagging and meristics to clarify the relationship between cod in 4T and 4VW. Collections of stomachs, bottom fauna, and plankton also contributed to a knowledge of groundfish biology. The Gulf census is the only Canadian survey which spans the two periods. From 1967 on, it was conducted by E.E. PRINCE,

Table 2. Research Vessels Used for Canadian Groundfish Surveys in ICNAF Subarea 4.

Period	1957-58	1959-66	1959-	1967-	1978-
Vessel	J.J. COWIE	HARENGUS	A.T. CAMERON	E.E. PRINCE	LADY HAMMOND
Length (m)	21	26	53	40	58
H.P.	100	270	1000	600	2500
Tonnage	49	109	753	406	897
Trawl	3/4 Yankee 35	Yankee 36	Yankee 36	Yankee 36	Western IIA
Towing Speed (knots)	2.5	3.0	3.5	3.5	3.5
Duration of Tow (min)	45	30	30	30	30
Approx. cost/ vessel day	< $100	≃ $100	$6000	$2600	$6000

and when stratified sampling began in 1970, the 13 fixed stations continued to be occupied. These stations are excluded from the abundance and variance calculations by the STRAT programs described below since they assume random sampling.

Two other series of cruises, both on the Nova Scotia Banks, can be identified during the first period, but neither was as consistent in objective and coverage as was the Gulf census. These series began as a seasonal survey of the Banquereau, Sable Island and Emerald Banks area, having objectives, methods and results similar to those of the Gulf census, but with the emphasis placed on haddock. Haddock surveys in this general area were conducted by M.V. HARENGUS in the summers of 1958 to 1960 and, with the exception of 1964, by A.T. CAMERON in the winter-spring from 1959 to 1966. Winter cruises by A.T. CAMERON continued to 1979; since 1966, however, their objectives and coverage have varied widely. Between 1966 and 1970 emphasis was placed on exploratory surveys for underexploited species, and data was collected on a wider range of species, particularly silver hake, sand lance and argentine. This work was supplemented by the charter vessels LOUISE P. and P.J. LAWRENCE which completed over 400 exploratory sets during 1965 and 1966. During the 1970s, the winter surveys were used primarily for haddock spawning and parasite studies. Summer surveys, again with varying objectives and coverage, were continued by HARENGUS (1965-1966), A.T. CAMERON (1963, 1966) and E.E. PRINCE (1967-1969).

During the 1960s, a considerable amount of vessel time was used for groundfish research other than distribution and abundance surveys. This research included studies of diurnal migration and behaviour, species associations, feeding, trawl engineering and hydro-acoustics development. Although it was apparent from the beginning that trawling survey results could be used to make short-term predictions of cod and haddock year-class strength before recruitment and to monitor change in population structure and dynamics, Canadian survey data during the first period seldom played more than a secondary role in assessment reports, if any at all. Some of the data were eventually used in assessments when serious depletion of some stocks in the early '70s indicated immediate regulatory action. Standarized surveys in 4W had begun only in 1969, and a sufficient overlap in survey and commercial data was not available to allow calibration of the relative year-class strength of prerecruits with their later performance in the fishery. In 4W haddock, for example, the relationship between abundance of one to three-year-olds in the 1958-60 HARENGUS summer surveys and the abundance of four-year-olds from commercial data was applied to the abundance of prerecruits in the first Canadian stratified survey, conducted by E.E. PRINCE in the summer of 1969 (Halliday, MS 1970).

CANADIAN SURVEYS AND DATA USE FROM 1970-79

During 1969 and 1970, the groundfish survey program in St. Andrews was reorganized to accommodate the call for coordinated surveys by ICNAF. A stratification scheme, base on depth, was developed for Divisions 4T, V, W and X by Canadian, U.S. and U.S.S.R. scientists (Fig. 1). The justification and advantages of the stratified-random method have been considered elsewhere (Grosslein 1969). Subarea 4 had been partially covered, using essentially the same stratification scheme, by the U.S. (Strata 73-92) at least once, and as often as three times, a year since 1963. Also, beginning in 1967, a series of cooperative U.S.-U.S.S.R. stratified surveys had covered much of the Scotian Shelf from Browns to Banquereau Bank. The U.S.S.R. continued these surveys until 1972, after which coverage was limited and focused on silver hake.

The first Canadian stratified-random survey was conducted by E.E. PRINCE in the summer of 1969 and covered strata 54-59, 62-65 and 81. In 1970, the summer survey was expanded to include all strata on the Scotian Shelf (40-95) and was conducted by A.T. CAMERON. In the fall of the same year, E.E. PRINCE covered strata 16-24 and 26-28 in addition to the original 13 fixed stations in the Gulf of St. Lawrence. All Gulf strata were covered for the first time in 1971. Since then, the summer and fall surveys have been conducted every year using the same sampling methods, gear and vessels. Station allocation (Table 3) has remained essentially unchanged and coverage of all strata was achieved every year.

Beginning in the fall of 1978, additional fall (Oct.-Nov.) and winter (March) surveys have been conducted on the Scotian Shelf by LADY HAMMOND, a chartered stern trawler. Coverage, station allocation and methods for these surveys are essentially the same as for the summer survey.

DATA PROCESSING

New data processing methods were introduced as part of the survey program begun in 1970 (see Halliday and Kohler, 1971). These methods and computer programs which produce output routinely used by staff responsible for assessments have remained basically unchanged. After coding of field data sheets, card punching and auditing, a series of programs (AGLEN and STRAT) are executed whose output is in a usable form. In general, all data have been used untransformed and calculations are arithmetic. The standard formulas for calculating stratified means and variances are used (e.g., Cochran, 1953).

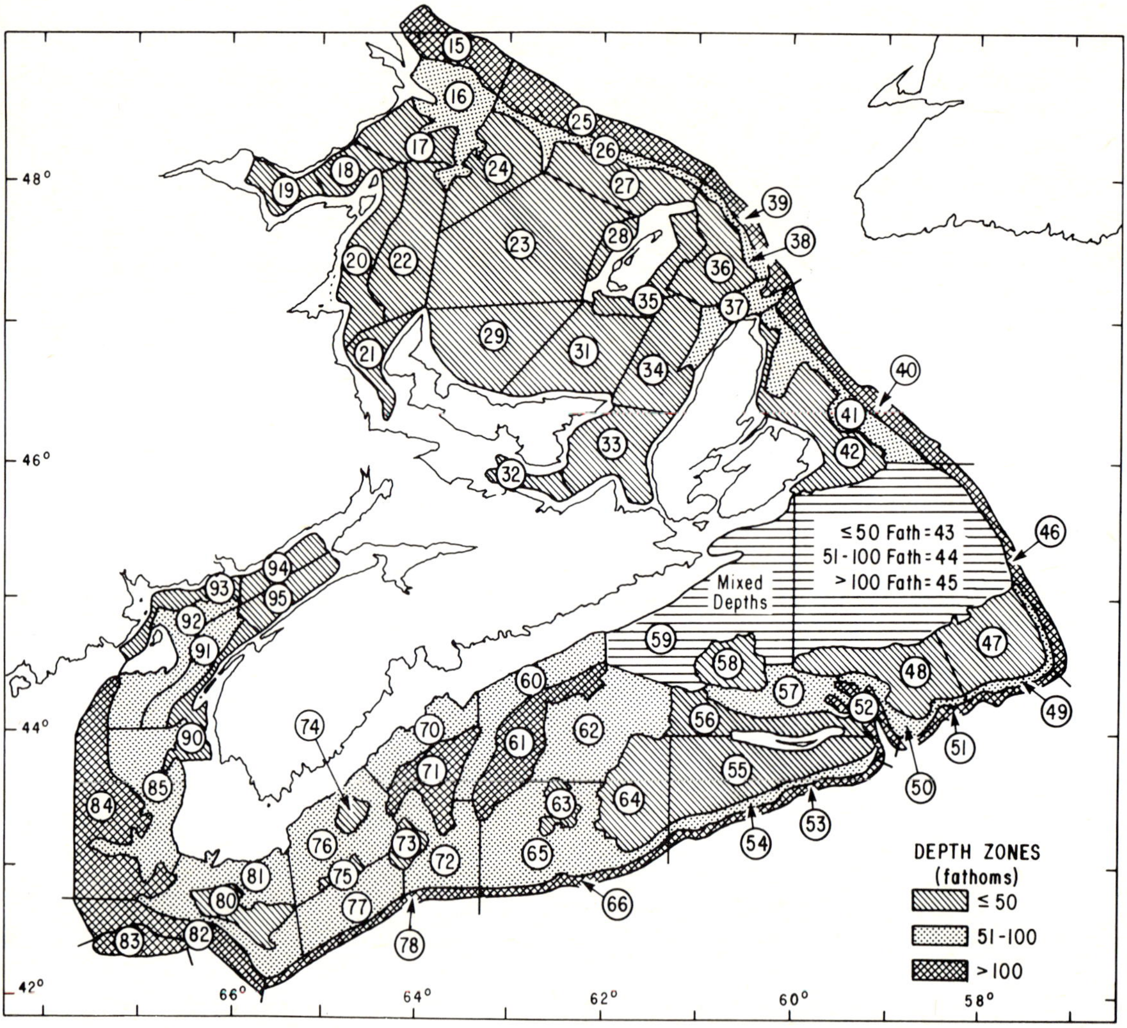

Fig. 1. Stratification and numbering system of ICNAF Divisions 4T-V-W-X adopted January 1970.

TABLE 3. Sampling schedule for strata on the Scotian Shelf, Bay of Fundy, and southern Gulf of St. Lawrence, giving the number of random stations occupied in each stratum (n), and the number of alternate stations available (used when primary stations are unfishable).

	Stratum No.	Depth range (fath)	Area (NM)^2	n	ALTERNATES
	15	>100	764	2	1
	16	51-100	1,067	2	1
	17	<50	525	2	1
	18	<50	394	2	1
	19	<50	443	2	1
	20	<50	773	2	1
	21	<50	329	2	1
	22	<50	1,244	3	1
	23	<50	3,211	4	1
	24	<50	1,050	3	1
	25	>100	630	2	1
4T	26	51-100	388	2	1
	27	<50	951	2	1
	28	<50	202	2	1
	29	<50	1,696	3	1
	31	<50	1,419	3	1
	32	<50	301	2	1
	33	<50	1,188	3	1
	34	<50	1,211	3	1
	35	<50	639	2	1
	36	<50	958	2	1
	37	51-100	495	3	1
	38	51-100	168	2	2
	39	>100	353	2	1
	*40	>100	924	3	2
4Vn	41	51-100	1,000	3	2
	42	<50	1,437	3	2
	43	<50	1,318	4	2
	44	51-100	3,925	4	2
	45	>100	1,023	4	2
4Vs	*46	>100	491	3	2
	47	<50	1,616	4	2
	48	<50	1,449	4	2
	49	51-100	144	2	2
	50	51-100	383	3	2
	*51	>100	147	2	2
	52	>100	345	2	2
	*53	>100	259	3	2
	54	51-100	499	3	2
	55	<50	2,122	7	2
	56	<50	955	6	2
	57	51-100	811	2	2
	58	<50	658	3	2
4W	**59	<50- >100	3,148	4	2
	60	51-100	1,344	2	2
	61	>100	1,154	2	2
	62	51-100	2,116	4	2
	63	<50	302	2	2
	64	<50	1,297	5	2

	Stratum No.	Depth range (fath)	Area (NM)^2	n	ALTERNATES
	65	51-100	2,383	5	2
	*66	>100	226	3	2
	70	51-100	920	2	2
	71	>100	1,004	2	2
	72	51-100	1,249	2	2
	73	<50	265	2	2
	74	<50	161	2	2
	75	<50	156	2	2
4X	76	51-100	1,478	2	2
	77	51-100	1,232	2	2
	*78	>100	233	3	2
	80	<50	655	4	2
	81	51-100	1,875	4	2
	82	>100	1,042	2	2
	83	>100	532	2	2
	84	>100	2,264	3	2
	85	51-100	1,582	3	2
	90	<50	601	3	2
	91	51-100	687	3	2
	92	51-100	1,086	3	2
	93	<50	533	3	2
	94	<50	417	2	2
	95	<50	584	2	2
		Total	70,432		

* Sampling depth range is chosen randomly
** Mixed depths

ALGEN produces age-length keys from survey data by ICNAF division or combination of divisions, depending on the species and stock under consideration. The program also calculates the age composition (per cent at age and length) of all fish caught in the area, i.e.:

$$P_{al} = P_l \cdot K_{al} \qquad (1)$$

where: P_{al} = percent composition at age a and length l,

P_l = percent of fish caught at length l in the area,

K_{al} = percent of age a at length l from age-length key.

The mean length at age is calculated as:

$$\bar{l}_a = \frac{\sum^{l}[l \times P_{al}]}{\sum_{l} P_{al}} \qquad (2)$$

and the mean weight at age is calculated using the length-weight relationship from individual fish weights taken during the cruise from the area under consideration.

For each species in any specified group of strata, the computer programs STRAT 1 & 3 calculate and print out the number of fish at age in each set by applying the age-length key of the strata group to the length frequency of all fish caught in the set and adjusting the number to a standard tow:

$$N'_a = \frac{1.75}{d} \cdot N_a \qquad (3)$$

where: d= actual geographical distance travelled in the set,

1.75= distance travelled during a standard tow of 30 minutes at 3.5 knots,

N_a= calculated number of fish caught at age a in a set,

N'_a= number of fish at age a per standard tow.

It then calculates the stratum mean number at age and applies an areal expansion factor to obtain the total at age in the stratum:

$$N_{ah} = \bar{Y}_{ah} \cdot A_h \qquad (4)$$

where: N_{ah} = number at age a in stratum h,

$\bar{Y}_{ah}$ = mean number per standard tow at age a in stratum h,

A_h = stratum area in standard units,

Standard unit = distance of 1 standard tow x effective trawl width (area swept clear).

Finally, a stratified mean number at age is calculated as:

$$\text{stratified } \bar{Y}_a = \frac{\sum^{h}[A_h \cdot \bar{Y}_{ah}]}{\sum_{h} A_h} \qquad (5)$$

and the total population at age in the strata group as:

$$\text{total } N_a = \sum^{h} N_{ah} \qquad (6)$$

Variance for stratified $\bar{Y}_a$ and total N_a are calculated and 95% confidence limits applied under the assumption that the estimates have a Students-t distribution.

STRAT 1 performs these calculations for species grouped in 2 or 3 cm groups (e.g., haddock, and cod, respectively) and STRAT 3 does the same for species grouped into 1 cm groups and treats the sexes separately (e.g., most flatfish species).

For each species, STRAT 2 outputs the number and weight caught per standard tow in each set, the mean number and weight per stratum, the stratified mean number and weight, and the total number and weight for the strata group, along with associated confidence limits. Calculations are essentially the same as for STRAT 1 except that the statistics are not calculated by age, and weights are also considered.

STRAT 4 produces population estimates by length and stratum, and by length for the stratum group. It also calculates the population mean length and weight per stratum.

CANADA (MAR.) SURVEYS, 1970 TO THE PRESENT - THEIR USAGE AND IMPACT ON MANAGEMENT ADVICE.

Stratified-random bottom trawl surveys on the Scotian Shelf and southern Gulf of St. Lawrence had, as a primary objective, the provision of groundfish stock abundance and recruitment estimates independent from the commercial fisheries. It was also an original intent that they provide distributional and other general biological and hydrographic information.

The primary use of these surveys to date relates to development of stock abundance and recruitment estimators and measures of mortality rates of particular groundfish stocks. They have also been examined to determine if they provide measures of these same parameters for pelagic fish stocks and squid. Distributional and hydrographic data have occasionally been utilized in provision of stock management advice, as have small parts of the biological data generated by these surveys. Distributional data, in particular, have been of substantial interest to those involved in environmental impact assessment in relation to offshore industrial development. Most of the "ancillary" data collected on surveys, however, has not yet been adequately examined for its value to be assessed. This review concentrates on those survey usages which have had a direct impact on stock management advice.

Several papers describe the surveys and estimates of finfish biomass derived from them (Halliday and Kohler,, MS 1971; Grosslein and Halliday, MS 1972; Halliday, MS 1974a; Koeller, MS 1979, MS 1980a), and these are essentially overviews of general biomass trends. Others describe species distribution and the hydrographic regime (Scott, MS 1976a, b). These papers played an important role in devising the location of the "small mesh gear line" on the Scotian Shelf, an important regulatory measure reducing the bycatches of juvenile cod and haddock. An investigation of age at sexual maturity for silver hake from survey data (Doubleday and Halliday, MS 1975; Doubleday et al., MS 1976), which showed the first maturity for 75% of females (on average) occurred at age 2 and for the remainder at age 3, strengthened arguments for an increase in mesh size for this fishery which depended heavily on age 2 fish.

Abundance estimates utilized have almost exclusively been in the form of biomass and population number (or the directly proportional stratified mean catch-per-standard-tow calculation on the basis of the equation 5) without any sort of transformation of the data. Occasionally, the stratification has been discarded and unstratified mean catch per tow utilized (e.g., Winters and Moores, MS 1979; Maguire, MS 1979; Metuzals, MS 1979, MS 1980a and b). On rare occasion, the $\ln(x + 1)$ transformation has been used (Winters and Moores, MS 1979, MS 1980; Maguire, MS 1979). It may be noteworthy that it was herring and mackerel data which were treated this way. Hare and Kohler (MS 1974) utilized a logarithmic transformation in developing a recruitment index for 4T cod from fixed station surveys. Later work by Lett (MS 1977) discarded the transformation as unnecessary. Clay (MS 1980a) developed a method whereby observations were removed and replaced by 3-year stratum means when that observation generated 90% or more of the stratum biomass estimate and over 20% of the NAFO Subdivision total estimate. Application to Division 4VWX redfish data for 1970-79 greatly reduced annual variability of estimates and showed trends not obvious in the "uncorrected" estimates. There has been no critical examination to determine "best estimators" from these data.

Variability in the data has quite frequently been addressed by smoothing, usually with a 3-year running average (e.g., Gray, MS 1979a; Beacham et al., MS 1980), although a 2-year running average gave the best correlation with population biomass from cohort analysis for mackerel (Maguire, MS 1979). The first and last points when calculating 3-year running averages have usually been calculated by averaging the last and second last (or first and second) points. Sometimes each point is given equal weight but some analysts prefer to give a one-third, two-thirds weighting to the second last and last point, respectively. In cases of extreme variability, points have been dropped from the analysis (e.g., Maguire, MS 1980) or some tows on which the estimate from a particular survey is based have been deleted to give a revised estimate (Gray, MS 1979a).

Smoothing techniques have frequently been used in deriving recruitment estimators. One method has been an extension of the 3-year averaging technique which is first applied to the total population estimate and the adjusted estimate for each year is then prorated over the age-group estimates within that year (e.g., O'Boyle, MS 1980). Averaging estimates of year-class size in adjacent years (e.g., mean numbers of year-class x at age 1 in year t and at age 2 in year t+1) has been a fairly common practice (e.g., Cleary, MS 1978, MS 1979; Metuzals, MS 1979, MS 1980b; Waldron, MS 1980). Beacham (MS 1980) standardized abundance estimates at ages 1, 2 and 3 to the mean for that age, then averaged these relative abundance estimates at age for ages one to three for each year-class. Where these techniques have failed, ratios of mean year-class size estimates from surveys to the mean year-class size estimated by cohort (or virtual population) analysis for the same year-classes have been calculated for some early period in the data series and this ratio has been used to adjust current survey indices of year-class size to absolute estimates (Gray, MS 1979a; Maguire, MS 1980).

Historical agreement between survey abundance estimates and independent estimates, such as commercial catch rates and population estimates from cohort or virtual population analysis, could be taken as validation that surveys provide estimates of real population abundance with some (variable) degree of reliability. A number of statistically good relationships have been demonstrated, particularly between survey estimates and cohort analysis estimates of abundance. These, however, represent short time series (10 years) and most of the major changes in abundance estimates have occurred in the latter part of the data series - the period for which the cohort analysis is most sensitive to input parameters. While these high correlations are encouraging, analysts are essentially assuming that surveys give valid estimators of abundance. Possibly because of the limitations of the data, most analysts have considered only linear relationships between survey and other abundance measures and there is only one example where the data have not been made to conform to this relationship satisfactorily (Schweigert, MS 1978). Analysts have been prepared to accept, however, that the ratio of survey to "real" population abundance, varies as a function of stock abundance, as few of the regressions fitted have an intercept of zero. Only Waldron (MS 1980) has utilized the additional constraint of direct proportionality independent of abundance in a situation where the relationship of survey to cohort analysis abundance estimates was very insensitive to cohort input parameters. Maguire (MS 1980) places enphasis on the survey versus VPA abundance relationship passing through or near the origin while others have accepted intercepts far from zero (e.g., Cleary, MS 1978).

In fitting relationships between survey and cohort abundance estimates, it has been most common to regress survey abundance against the cohort estimate for the beginning of the year in which the survey has been conducted. Refinements, to take into account the effects of fishing between the beginning of the year and the time of the survey, have occasionally been introduced. Maguire (MS 1980), for example, regressed summer survey estimates in year t with mean VPA estimates from the beginning of years t and t+1. O'Boyle (MS 1980) regressed the normalized mean of Canadian summer and U.S. fall survey estimates in year t with cohort estimates at the beginning of year t+1.

In summary, there has been little variability in calculating the estimators derived from the basic data, and a fairly standard assumption regarding the underlying relationship between survey abundance estimators and "real" population size has been employed. However, the ways of adjusting, smoothing and "correcting" the data to provide good statistical relationships with other estimators are legion.

The impact of survey results on management advice has varied greatly among stocks. The impact has been greatest for cod and haddock stocks, the most important resources to the Canadian groundfish fishery. Impact on some other species, such as redfish and silver hake, has not been great. A description of how the surveys affected the stock assessments and resultant management advice on a species basis follows.

Haddock - The first utilization of surveys in the assessment of Scotian Shelf haddock stocks occurred when Halliday (MS 1970) post-stratified R.V. HARENGUS cruises conducted in 1958-1960 in Division 4W and developed a relationship between survey abundance of the 1954-1959 year-classes and their abundance estimates from commercial fishery data. He then utilized the 1969 R.V. E.E. PRINCE pilot stratified-random survey, and this relationship, to predict the size of the 1966-1968 year-classes. The results of the 1970 survey, using the same relationship, gave remarkably comparable results (Halliday, MS 1971a) and predicted the 1969 year-class to be as poor as those of 1966-1968. As the stratified survey series became longer, the relationship based on 1958-1960 data was dropped and the surveys from 1969 were used to categorize the 1970 and 1971 year-classes as also poor (Halliday, MS 1972a, 1973a). By this stage, it was quite clear that the stock was experiencing a period of very low recruitment and resulting low adult stock size and stock status was monitored using surveys alone (e.g., Halliday, MS 1976a). In 1979, survey data, reinforced by anecdotal information from the commercial fishery, indicated that significant population changes were occurring and a comprehensive assessment was conducted (Waldron, MS 1980). In this assessment, survey data had an overriding influence in determining the degree of stock recovery and on the advice provided.

For Division 4X haddock, it was U.S. surveys which were first used to describe population trends (Heyerdahl, MS 1972) and although Halliday (MS 1973a, MS 1974b) introduced Canadian survey results, most weight continued to be put on U.S. surveys. The first comprehensive stock assessment in 1974 used U.S. surveys to predict recruitment and to estimate the current mortality rate in the fishery, and this continued through 1977 (e.g., Halliday, MS 1976b). O'Boyle (MS 1978) thoroughly reviewed both commercial and survey abundance indices and found that the U.S. fall survey provided the only index which did not show a substantial increase in abundance between 1973 and 1977. Concluding that previous faith in this index had been unwarranted, he adopted Canadian commercial catch rates to determine current fishing mortality and assumed an average recruitment for prediction of stock status. The U.S. fall survey, however, did show the population increase when 1978 and 1979 data were added and another review in early 1980 (O'Boyle, MS 1980) showed that all four abundance indices agreed well, the lowest estimated correlation coefficient being 0.90. O'Boyle developed combined indices from U.S. and Canadian survey data which were used to calibrate cohort analysis and to predict recruitment. Thus, surveys have again come to the fore and play a major role in the assessment of this stock.

Cod - Although surveys were not used in the first assessment of Division 4X cod (Halliday, MS 1971b), they were used to indicate continuing declines in stock size and recruitment in 1973 (Halliday, MS 1973a) and to give general indications of recruitment in 1974 (Halliday, MS 1974c). Subsequently, surveys alone have been used to comment on stock status and this continues to be the case (e.g., Sinclair, MS 1980).

Surveys in 1970 and 1971 were used to give general inferences on recruitment but had little impact on the first Division 4VsW cod assessment (Halliday, MS 1972b). Halliday (MS 1973a) found survey results too variable to interpret and surveys were not used in any significant way in subsequent assessments (Halliday, MS 1975; Doubleday, MS 1976; Gray, MS 1978). However, with acquisition of 1978 survey data and by adjusting the anomalous 1973 point and smoothing with three-year running averages, Gray (MS 1979a) detected a clear decline in the index to the mid-1970's and a subsequent substantial increase. This corresponded to available commercial catch rate trends fairly well and to anecdotal information from the fishing industry. Cohort analysis was therefore calibrated with survey data and recruitment predicted from surveys. Maguire (MS 1980) used the same basis for assessment with some modifications in techniques. Thus, management advice for the 1979 fishing season and subsequent ones has depended heavily on survey results.

Surveys have been referred to in the provision of advice on management of the summer cod fishery in Subdivision 4Vn (Gray et al., MS 1979; Beacham et al, MS 1980) but this small resource has not been the subject of much analytical work. The situation is quite the reverse for the much larger fishery on the Division 4Vn (Jan.-Apr.) 4T cod stock. Survey data were not used extensively in earlier work but Hare and Kohler (MS 1974) derived a recruitment index from fixed station survey data in Division 4T for the period 1960-1971 and these were used in the assessment by Lett et al. (MS 1975). Lett (MS 1977) developed this index further, calibrating fixed station data to stratified-random surveys based on the 1971-1972 overlap period, correlated the index with virtual population estimates of year-class size and predicted the size of the 1972-1974 year-classes from the relationship. With some further development, Lett (MS 1978) used the same approach a year later. Gray (MS 1979b), however, used the stratified-random surveys from 1971-78 to develop a recruitment index and also used adult population estimates to calibrate his cohort analysis, as well as using commercial catch rate data for this purpose. Beacham (MS 1980) adopted essentially the same approach but depended entirely on surveys to calibrate cohort analysis. Thus, surveys have played an increasing role in assessment over the last five years and current advice depends very heavily on them.

Pollock - The management area for pollock includes both the Scotian Shelf and Georges Bank, and the first assessments gave most weight to U.S. survey data. Clark et al. (MS 1976) used U.S. surveys to interpret stock trends and determine current mortality rates. They played a rather lesser role in Clarke et al. (MS 1977). Both Canadian and U.S. surveys were thoroughly scrutinized by Cleary (MS 1978) but provided little information for use in assessment. The short data series of commercial removals-at-age placed limitations on the correlative approach between survey and cohort analysis estimates, but a recruitment index was developed from Canadian surveys. As the data series built up, it was possible to calibrate cohort analysis based on survey versus cohort adult populations and fishing mortality versus "manufactured" fishing effort. This fishing effort was obtained by dividing total landings by stratified mean survey catch rate. The recruitment index still held (Cleary, MS 1980). Although survey data were extensively utilized in the calculations of stock status, pollock catches in surveys are sporadic and generally low and, this, combined with the still short commercial data series, places limitations on the analyses possible. This has resulted in most recent advice being based as much on commercial catch trends as on formal calculations.

Flatfish - Halliday (MS 1973b) drew fairly extensively on early survey data (1970-1972) for the first assessment of flatfish stocks (American plaice, witch and yellowtail flounder) on the Scotian Shelf. These stocks were monitored based on survey and commercial catch rate trends (e.g., Halliday, MS 1976c) until Cleary (MS 1979) conducted an extensive review on available data. Cleary, however, found commercial data inadequate to apply the standard assessment techniques, and survey and commercial abundance indices continue to play the major role in monitoring stock trends (Metuzals, MS 1980a). The extent to which survey indices of abundance reflect actual abundance has not been ascertained. Agreement with commercial indices and catch trends has not been particularly good.

In the first detailed assessment of Division 4T American plaice, Schweigert (MS 1978) used a curvilinear relationship between survey and VPA biomass and a linear relationship between a survey recruitment index and VPA year-class strength, as a partial validation of his population model. In the more orthodox approach taken by Metuzals (MS 1979), commercial catch rates were used to calibrate cohort analysis although a regression between age 6+7 survey catch/tow and cohort numbers was used as a validation. In 1980, Metuzals (MS 1980b) dropped the commercial catch rates and calibrated the cohort analysis on survey age 6+ numbers. Thus, surveys are currently of substantial importance in the Div. 4T plaice assessment.

Redfish - Early regulation of redfish was based largely on historical commercial catch and catch rate trends and no great weight was placed on survey data (Halliday, MS 1973c; Mayo and Miller, MS 1975; Halliday, MS 1976d; Mohn, MS 1978) although they were reviewed each year along with other available data. Clay (MS 1979a) did not refer to survey data but, in 1980, (Clay, MS 1980a) he examined it in detail, developed alternate methods of analysing it, drew general conclusions on recruitment prospects, and concluded that the present surveys are not well designed for redfish.

Silver hake - Surveys played a minor role in the first silver hake assessments (Halliday, MS 1973d), although Doubleday and Halliday (MS 1975) examined survey temperature data in relation to year-class size; the relationship, however, was poor. This was dropped by Doubleday et al. (MS 1976) but resuscitated in Doubleday and Hunt (MS 1976). Although no regression was fitted, the relationship looked promising. In this latter paper, a wide variety of abundance indicators from Canadian and U.S.S.R. research vessel surveys, VPA and U.S.S.R. commercial catch rates were examined, but the relationships were poor and the authors discard surveys as useful measures of silver hake abundance. Subsequent assessments (Doubleday and Hunt, MS 1977; Halliday et al., MS 1978) did not refer to surveys until Clay (MS 1976b) developed an inverse relationship between the natural logarithm of squid numbers estimated from surveys in year t and silver hake year-class size at age 1 from VPA at the beginning of year t+1. This relationship was very sensitive to input parameters for the VPA and was not used to predict recruitment. This relationship was updated using preliminary 1979 commercial data and, on this occasion, was used to predict recruitment (Clay, MS 1980b); however, it did not hold when final 1979 data were used (Clay and Beanlands, MS 1980). Thus, surveys have had essentially no impact on silver hake assessment.

Illex illecebrosus - Scott (MS 1977) described squid distribution on the Scotian Shelf between 1970 and 1974 and suggested that there may be a relationship between survey catch rate and bottom temperature. Dufour (MS 1979) updated Scott's work and demonstrated statistically that both squid biomass and mean size estimated from surveys are positively correlated with temperature and the relationships held with addition of another year's data (Koeller, MS 1980b). The implications of these relationships and their value to management, if any, remains to be established. Scotian Shelf squid biomass estimates were used by the NAFO Scientific Council (Anon., MS 1980) to evaluate the likely impact of fixed catch levels on exploitation rates and the probability of over-exploitation. Although this required acceptance of the surveys as providing a reliable abundance index, a fairly arbitrary catchability coefficient (10%) and an assumption on the proportion of the squid population in the survey area (50%), the Council, in desperation, placed substantial weight on this calculation in providing advice for management in 1980 and 1981.

Herring - Winters and Moores (MS 1979, MS 1980) give an index of abundance for southern Gulf of St. Lawrence herring developed by Stobo (unpublished) from fall bottom trawl survey cruises. This index involved logarithmic transformation of unstratified catch/tow data. The index correlated very well with commercial purse seine catch rates and it was interpreted as supporting the validity of commercial indices but it was not used directly in assessment. The survey index, however, requires further analysis as the high correlation is heavily dependent on the 1969-70 points which are based on a different survey design than were later points.

Mackerel - Maguire (MS 1979) examined Canadian and U.S. bottom trawl surveys and Canadian mackerel egg surveys to determine abundance trends. Canadian Scotian Shelf data were discarded as they did not agree well with VPA abundance estimates. Mackerel catch-per-tow in the Gulf of St. Lawrence surveys, however, transformed by ln(x+1) and taking a two-year running average weighted by the number of fish caught each year, correlated well ($r^2 = 0.92$) with age 4+ biomass from VPA . This provided one of three estimates used to determine fishing mortality in the last year of the VPA. Given the low numbers of mackerel caught in any one survey (3-91 fish in 1971-78) a high variance in annual estimates could be expected and the high correlation cited above may well prove fortuitous, particularly given the amount of data manipulation required to obtain it.

SUMMARY

For haddock and cod, stratified-random groundfish surveys have become the primary basis for stock assessment and management advice. Although pollock and flatfish assessments depend heavily on surveys, these assessments are taken more as general guidance in giving management advice rather than its basis. The surveys have also been given some legitimacy as squid abundance indicators but their value remains to be established. Among pelagic fish stocks, encouraging results have been obtained for a survey index of southern Gulf of St. Lawrence herring but this and the mackerel index require further examination. To date, the survey has been found to be of no value in the assessment of silver hake. Survey data have not been examined to determine their usefulness for other, commercially less important, species with the exception of 4T white hake (Beacham and Schweigert, MS 1980) for which survey abundance trends were described but could not be evaluated as commercial catch rate data were not available.

REFERENCES

Anon. MS 1980. Provisional Report of the Scientific Council. Special Meeting of Scientific Council - February 1980. NAFO SCS Doc. 80/11/1.

Beacham, T.D. MS 1980. 1980 assessment of cod in Division 4T and 4Vn (Jan.-Apr.). CAFSAC Res. Doc. 80/22.

Beacham, T.D. and J. Schweigert, MS 1980. An analysis of white hake (Urophycis tenuis) groundfish, ichthyoplankton, and commercial sampling data in the southern Gulf of St. Lawrence. CAFSAC Res. Doc. 80/19.

Beacham, T.D., B.A. Fowler and A.H. Vromans. MS 1980. 1980 analyses of inshore cod stock in Subdivision 4Vn (May-Dec.). CAFSAC Res. Doc. 80/16.

Clark, S.H., T.S. Burns and R.G. Halliday. MS 1976. A preliminary assessment of the pollock fishery in ICNAF Division 4VWX and Subarea 5. ICNAF Res. Doc. 76/VI/47 + addendum.

Clark, S.H., T.S. Burns and R.G. Halliday. MS 1977. Pollock in Divisions 4VWX and Subarea 5. CAFSAC Res. Doc. 77/9.

Clay, D. MS 1979b. Atlantic redfish (Sebastes mantella) in ICNAF Divisions 4VWX: a stock assessment and an estimate of the total allowable catch (TAC) for 1980. CAFSAC Res. Doc. 79/41.

Clay, D. MS 1979b. Silver hake (Merluccius bilinearis) in Div. 4VWX: a stock assessment and an estimate of the total allowable catch for 1980. ICNAF Res. Doc. 79/VI/48 (Revised).

Clay, D. MS 1980a. Variability in abundance of Atlantic redfish derived from Canadian summer groundfish surveys on the Scotian Shelf (1970-79). CAFSAC Res. Doc. 80/31.

Clay, D. MS 1980b. Assessment of the silver hake (Merluccius bilinearis) stock in Divisions 4VWX, using provisional 1979 data. NAFO SCR Doc. 80/11/21.

Clay, D. and D. Beanlands. MS 1980. Silver hake (Merluccius bilinearis) in Division 4VWX: a stock assessment and estimate of total allowable catch (TAC) for 1981. NAFO SCR Doc. 80/VI/8 (Revised).

Cleary, L. MS 1978. An assessment of 4VWX+5 pollock. CAFSAC Res. Doc. 78/24.

Cleary, L. MS 1979. Flatfish on the Scotian Shelf. CAFSAC Res. Doc. 79/27.

Cleary, L. MS 1980. Assessment of 4VWX+5 pollock. CAFSAC Res. Doc. 80/1.

Cochran, W.G. 1953. Sampling Techniques. John Whiley and Sons Inc., N.Y., 330 p.

Doubleday, W.G. MS 1976. Recent developments in the 4VsW cod fishery. ICNAF Res. Doc. 76/VI/46.

Doubleday, W.G. and R.G. Halliday. MS 1975. An analysis of the silver hake fishery on the Scotian Shelf. ICNAF Res. Doc. 75/104.

Doubleday. W.G. and J.J. Hunt. MS 1976. A revised assessment of the 4VWX silver hake fishery incorporating preliminary 1976 data. ICNAF Res. Doc. 76/X11/160.

Doubleday, W.G. and J.J. Hunt. MS 1977. An assessment of the Div. 4VWX silver hake fishery incorporating 1976 provisional nominal catch statistics reported to 18 April 1977. ICNAF Res. Doc. 77/VI/44.

Doubleday, W.G., J.J. Hunt and R.G. Halliday. MS 1976. The 4VWX silver hake fishery. ICNAF Res. Doc. 76/VI/59.

Dufour, R. MS 1979. Update of the distribution, biomass estimate, and length frequency of Illex illecebrosus from Canadian research cruises, 1970-78. ICNAF Res. Doc. 79/11/14.

Gray, D.F. MS 1978. 4VsW cod assessment for 1978. CAFSAC Res. Doc. 78/13.

Gray, D.F. MS 1979a. 4VsW cod: background to the 1979 assessment. CAFSAC Res. Doc. 79/30.

Gray, D.F. MS 1979b. 1979 assessment of cod in Divisions 4T and 4Vn (Jan-Apr.). CAFSAC Res. Doc. 79/21.

Gray, D.F., B.A. Fowler, and O.V. Maessen. MS 1979. 1979 review of inshore cod stock in Subdivision 4Vn (May-Dec.). CAFSAC Res. Doc. 79/49.

Grosslein, M.D. MS 1969. Groundfish survey methods. Bur. Comm. Fish., Biol. Lab., Woods Hole, Mass. Lab. Ref. 69/3.

Grosslein, M.D. and R.G. Halliday. MS 1972. Preliminary evaluation of trawls used for research vessel surveys by Canada, USA and USSR on the Nova Scotia Shelf, and some observations of the resulting biomass estimates. ICNAF Res. Doc. 72/134.

Halliday, R.G. MS 1970. 4T-V-W haddock: recruitment and stock abundance in 1970-72. ICNAF Res. Doc. 70/75.

Halliday, R.G. MS 1971a. Recruitment and stock abundance estimates to 1973 for 4T-V-W haddock. ICNAF Res. Doc. 71/13.

Halliday, R.G. MS 1971b. A preliminary report on an assessment of the offshore cod stock in ICNAF Div. 4X. ICNAF Res. Doc. 71/12 + addendum.

Halliday, R.G. MS 1972a. Div. 4VW haddock: some implications of research vessel survey results. ICNAF Res. Doc. 72/17.

Halliday, R.G. MS 1972b. An assessment of the Div. 4VsW cod stock complex. ICNAF Res. Doc. 72/111.

Halliday, R.G. MS 1973a. Notes on the status of cod and haddock stocks of the Scotian Shelf. ICNAF Res. Doc. 73/7.

Halliday, R.G. MS 1973b. The flatfish fisheries of the Scotian Shelf. ICNAF Res. Doc. 73/102.

Halliday, R.G. MS 1973c. The redfish fishery on the Scotian Shelf. ICNAF Res. Doc. 73/100.

Halliday. R.G. MS 1973d. The silver hake fishery on the Scotian Shelf. ICNAF Res. Doc. 73/103.

Halliday, R.G. MS 1974a. A note on research vessel survey biomass estimates for the Scotian Shelf. ICNAF Res. Doc. 74/66.

Halliday, R.G. MS 1974b. Current status of the ICNAF Div. 4X haddock stock. ICNAF Res. Doc. 74/91.

Halliday, R.G. MS 1974c. A virtual population assessment of the Div. 4X offshore cod stock. ICNAF Res. Doc. 74/25.

Halliday, R.G. MS 1975. Eastern Scotian Shelf cod (ICNAF Div. 4VsW) - a reconstruction of possible events in the fishery in 1958 to 1974 and a re-estimation of potential yield. ICNAF Res. Doc. 75/1X/136.

Halliday, R.G. MS 1976a. Div. 4VW haddock - Canadian research vessel survey results. ICNAF Res. Doc. 76/VI/26.

Halliday, R.G. MS 1976b. ICNAF Div. 4X haddock - implications of 1975 data. ICNAF Res. Doc. 76/VI/60.

Halliday, R.G. MS 1976c. Scotian Shelf flatfish stocks - implications of 1975 data. ICNAF Res. Doc. 76/VI/24.

Halliday, R.G. MS 1976d. The Scotian Shelf redfish fishery in 1975. ICNAF Res. Doc. 76/VI/25.

Halliday, R.G. and A.C. Kohler, 1971. Groundfish survey programmes of the St. Andrews Biological Station, Fisheries Research Board of Canada - objectives and charateristics. ICNAF Res. Doc. 71/35.

Halliday, R.G., P.F. Lett and D. Clay. MS 1978. Silver hake (Merluccius bilinearis) in ICNAF Div. 4VWX: a stock assessment and estimate of the total allowable catch (TAC) for 1979. ICNAF Res. Doc. 78/VI/62.

Hare, G.M. and A.C. Kohler. MS 1974. Pre-recruit indices of abundance and predicted numbers of recruits in the southern Gulf of St. Lawrence cod stock. ICNAF Res. Doc. 74/92.

Heyerdahl, E.G. MS 1972. Division 4X haddock stocks - status report, 1972. ICNAF Res. Doc. 72/21.

Koeller, P.A. MS 1979. Biomass estimates from Canadian vessel surveys, Div. 4VWX, 1970-78. CAFSAC Res. Doc. 79/14.

Koeller, P.A. MS 1980a. Biomass estimates from Canadian research vessel surveys on the Scotian Shelf and in the Gulf of St. Lawrence from 1970 to 1979. CAFSAC Res. Doc. 80/18.

Koeller, P.A. 1980b. Distribution, biomass and length frequencies of squid (Illex illecebrosus) in Div. 4TVWX from Canadian research vessel surveys: an update for 1979. NAFO SCR Doc. 80/11/17.

Lett, P.F. MS 1977. A preliminary discussion of the relationship between population energetics and the management of southern Gulf of St. Lawrence cod. CAFSAC Res. Doc. 77/8.

Lett, P.F. MS 1978. A multispecies simulation for the management of the southern Gulf of St. Lawrence cod stock. CAFSAC Res. Doc. 78/21.

Lett, P.F., A.C. Kohler and D.N. Fitzgerald. MS 1975. A model of the interactions of temperature with the recruitment mechanism for the Gulf of St. Lawrence cod stock. ICNAF Res. Doc. 75/10.

Maguire, J.J. MS 1979. An analytical assessment of SA3-6 mackerel with information from egg and larval survey. CAFSAC Res. Doc. 79/46.

Maguire, J.J. MS 1980. 4VsW cod assessment. CAFSAC Res. Doc. 80/138.

Mayo, R.K. and D.S. Miller MS 1975. A preliminary assessment of the redfish, Sebastes marinus (Linnaeus) in ICNAF Divisions 4V-4W-4X. ICNAF Res. Doc. 75/1X/135.

Metuzals, K. MS 1979. Stock assessment of American plaice (Hippoglossoides platessoides F.) in ICNAF Division 4T. CAFSAC Res. Doc. 79/51.

Metuzals, K. MS 1980a. Flatfish 4VWX. Update of the status in 1979 of: American plaice, yellowtail flounder, witch flounder, winter flounder, Atlantic halibut and Greenland halibut. CAFSAC Res. Doc. 80/36.

Metuzals, K. MS 1980b. 1979 assessment of American plaice (Hippoglossoides platesoides F.) in NAFO Division 4T. CAFSAC Res. Doc. 80/41.

Mohn, R.K. MS 1978. Division 4VWX redfish. CAFSAC Res. Doc. 78/23.

O'Boyle, R.N. MS 1978. ICNAF Div. 4X - haddock spring 1978 status report. CAFSAC Res. Doc. 78/19.

O'Boyle, R.N. MS 1980. ICNAF Division 4X haddock. January 1980 status report. CAFSAC Res. Doc. 80/2.

Schweigert, J. MS 1978. Simulation and assessment of the dynamics of American plaice stocks in the Gulf of St. Lawrence (4T). CAFSAC Res. Doc. 78/14.

Scott, J.S. MS 1976a. Summer distribution of groundfish on the Scotian Shelf 1970-74. ICNAF Res. Doc. 76/X11/163.

Scott, J.S. MS 1976b. Distribution of squid (*Illex illecebrosus*) on the Scotian Shelf 1970-74. ICNAF Res. Doc. 76/X11/169.

Scott, J.S. MS 1977. Distribution of squid (*Illex illecebrosus*) on the Scotian Shelf 1970-76. CAFSAC Res. Doc. 77/19.

Sinclair, A. MS 1980. Research survey population estimates for 4X offshore cod. CAFSAC Res. Doc. 80/46.

Waldron, D.E. MS 1980. Assessment of the eastern Scotian Shelf (4VW) haddock stock. CAFSAC Res. Doc. 80/13.

Winters, G.H. and J.A. Moores. MS 1979. An evaluation of recent changes in the population dynamics of southern Gulf herring. CAFSAC Res. Doc. 79/28.

Winters, G.H. and J.A. Moores. MS 1980. An evaluation of the current status of southern Gulf herring. CAFSAC Res. Doc. 80/54.

A CRITIQUE OF RESEARCH VESSEL OTTER TRAWL SURVEYS BY THE ST. JOHN'S RESEARCH AND RESOURCE SERVICES

by

T.K. Pitt, R. Wells and W.D. McKone

Department of Fisheries and Oceans
P.O. Box 5667
St. John's, Newfoundland, Canada
A1C 5X1

ABSTRACT

The emphasis in the Newfoundland region changed from the use of fixed station transects to a stratified random system of research vessel surveys in 1971.

Survey data were used in stock assessments as follows: 1) a relationship between estimates of abundance from survey data and corresponding data from Virtual Population Analysis (V.P.A.) for yellowtail flounder (NAFO Div. 3LNO) was used to determine fishing mortality for the current year; 2) mean biomass estimates of redfish in the Gulf of St. Lawrence for research vessel surveys were used to determine population size in 1979 to initiate the V.P.A.; however, the wide variability between the catches of the three research vessels used made the results somewhat suspect; 3) partial recruitment values were derived for Flemish Cap Cod (NAFO Div. 3M) from a comparison of numbers at age from the V.P.A. and corresponding data from research vessel surveys.

Key words: biological surveys, geographical distribution, groundfish, stratified random surveys.

RÉSUMÉ

En 1971, on a cessé d'utiliser les stations fixes dans la Région de Terre-Neuve pour recourir à un système aléatoire de stratification des relevés effectués par les navires de recherche.

Les données des relevés ont été utilisées pour l'évaluation des stocks comme suit: 1) on a établi une relation entre les volumes estimatifs fournis par les relevés et les données correspondantes provenant de l'analyse des populations virtuelles (APV) pour la limande à queue jaune (div. 3LNO de l'OPANO) en vue de déterminer la mortalité due à la pêche pour l'année courante; 2) on s'est servi des estimations de la biomasse moyenne de sébaste dans le golfe Saint-Laurent obtenues à partir des relevés des navires de recherche, en vue de déterminer la taille de la population en 1979 et de procéder à l'APV. Cependant, du fait de la fluctuation importante des prises pour les trois navires de recherche utilisés, les résutats sont quelque peu douteux; 3) on a établi les valeurs du recrutement partiel pour la morue du Bonnet flamand (div. 3M de l'OPANO), en comparant les chiffres pour les groupes d'âge obtenus par l'APV et les données correspondantes provenant des relevés des navires de recherche.

Mots clés: distribution géographique, échantillonnage aléatoire stratifié, poissons de fond, relevés biologiques.

INTRODUCTION

In this paper, some information on the history of survey activity by the St. John's Station and a description of the stratification schemes for a part of the area of responsibility are presented. Additionally, information is included on the manner in which survey data has been utilized in stock assessments. To illustrate this, data are presented for yellowtail flounder from Divisions 3LNO, cod from Division 3M and redfish from Divisions 4RST.

HISTORICAL INFORMATION

In the early 1950s, a series of fishing stations was established on the south-west slope of the Grand Bank (NAFO Division 3O) which were aimed at determining the relative abundance of the year classes entering the haddock fishery. Later, these stations were organized into a series of lines or transects with fixed stations 10 miles apart from the centre of the bank out to the 50-fathom contour and then stations at 60, 80, 100, 125 and 150 fathoms. Usually only every second transect shown in Division 3O of Fig. 1 was occupied, but the extra positions were available to do a more intensive survey.

Since one of the early mandates of the research program at the St. John's station was locating commercial concentrations of various species, most of the cruises in the 1940s and 1950s were exploratory in nature with transects across the slope being established on an ad hoc basis. Later in the late 1950s and early 1960s, especially when the A.T. Cameron came on stream, cruises were planned to do biological surveys of the whole area and a series of lines were established across the slope of the banks with station location determined by fixed depth intervals, as indicated above for the south-west slope (Fig. 1).

These were used on an irregular basis up to the time that stratification schemes were established. For the Grand Bank, random stratified surveys began in 1971 and for the St. Pierre Bank, in 1972. For the Gulf of St. Lawrence, the change to random stratified surveys occurred in 1977. For Divisions 3M, 3K and 2J, stratification schemes were also available in 1977. Stratification schemes were prepared for statistical area 0 by the Federal Republic of Germany and the St. Pierre laboratory; and for Divisions 2G and 2H, by the Federal Republic of Germany. However, this stratification is not complete yet because the charts used contain an inadequate number of depth records.

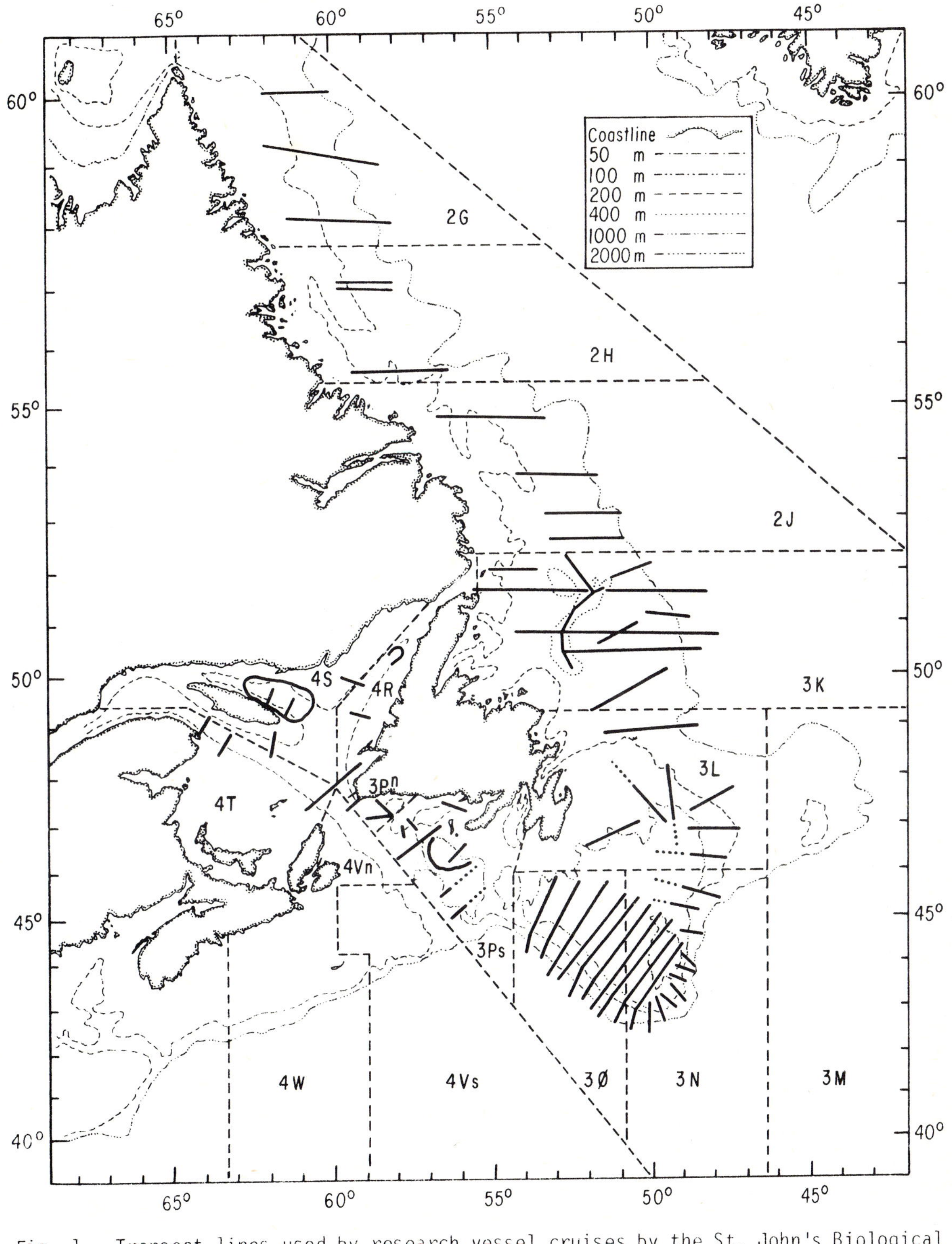

Fig. 1. Transect lines used by research vessel cruises by the St. John's Biological Station prior to the establishment of random stratified schemes.

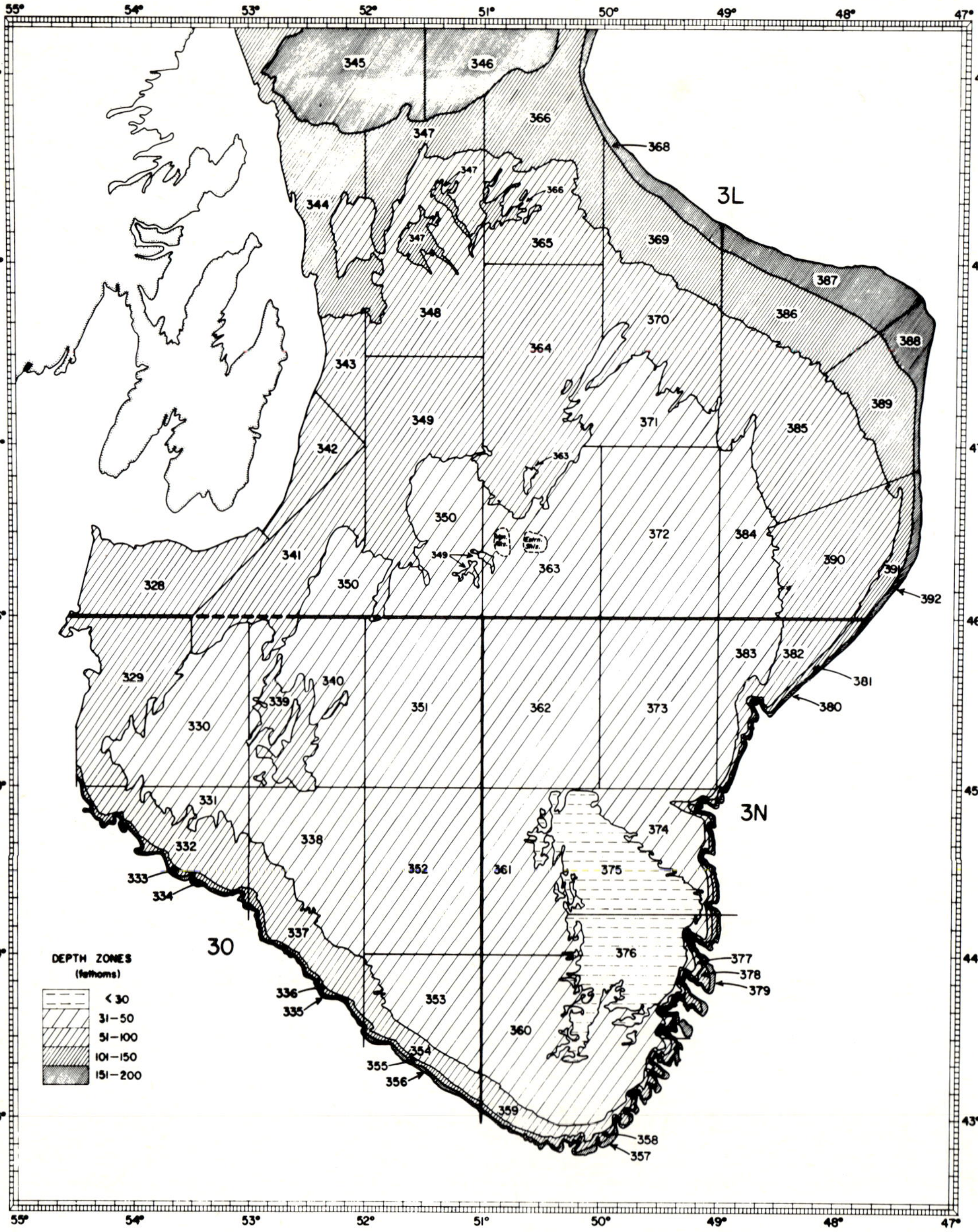

Fig. 2. Strata map of the Grand Bank (NAFO Div. 3LNO) showing stratification down to 200 fm.

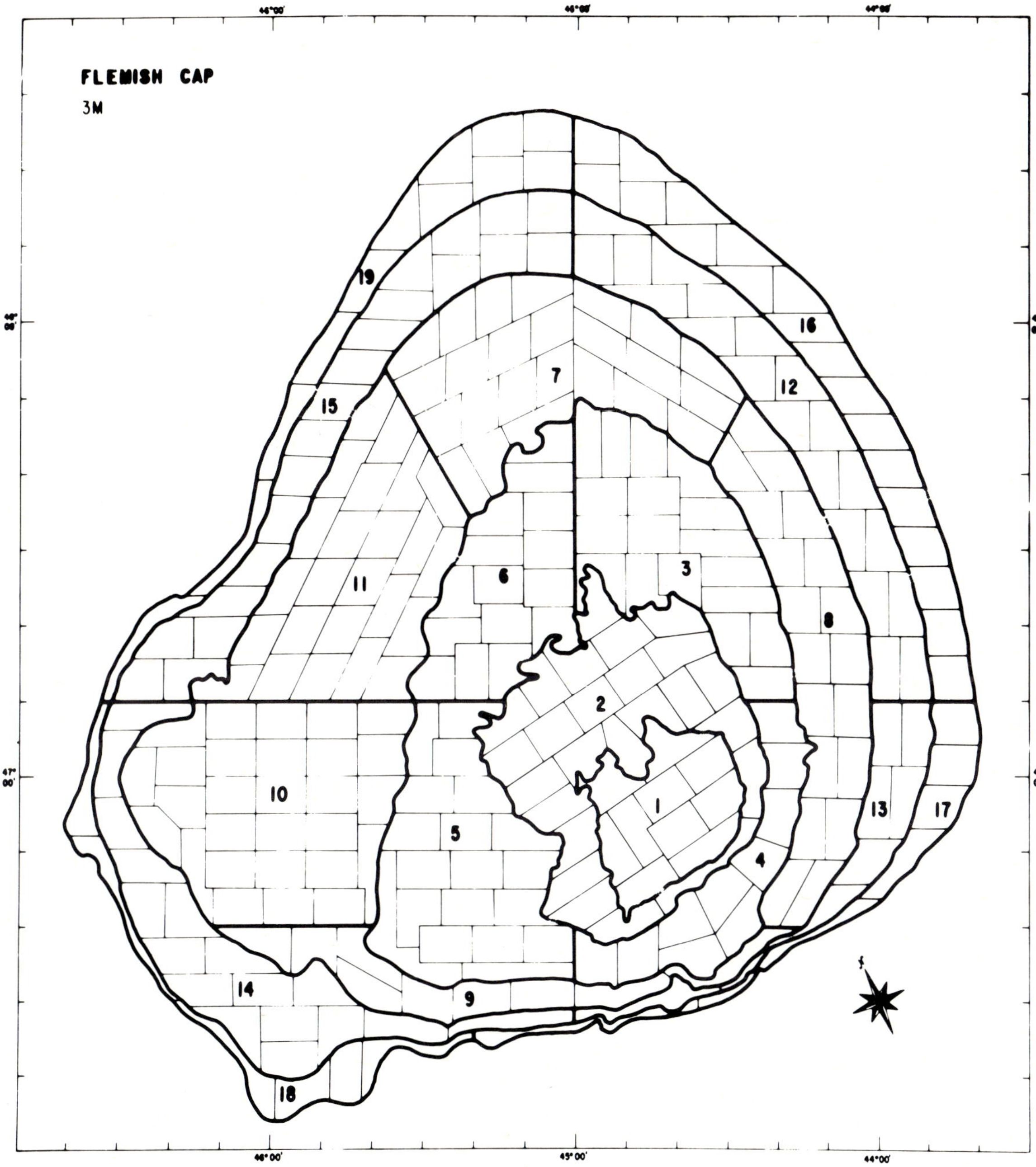

Fig. 3. Strata map of Flemish Cap (NAFO DIV. 3M)

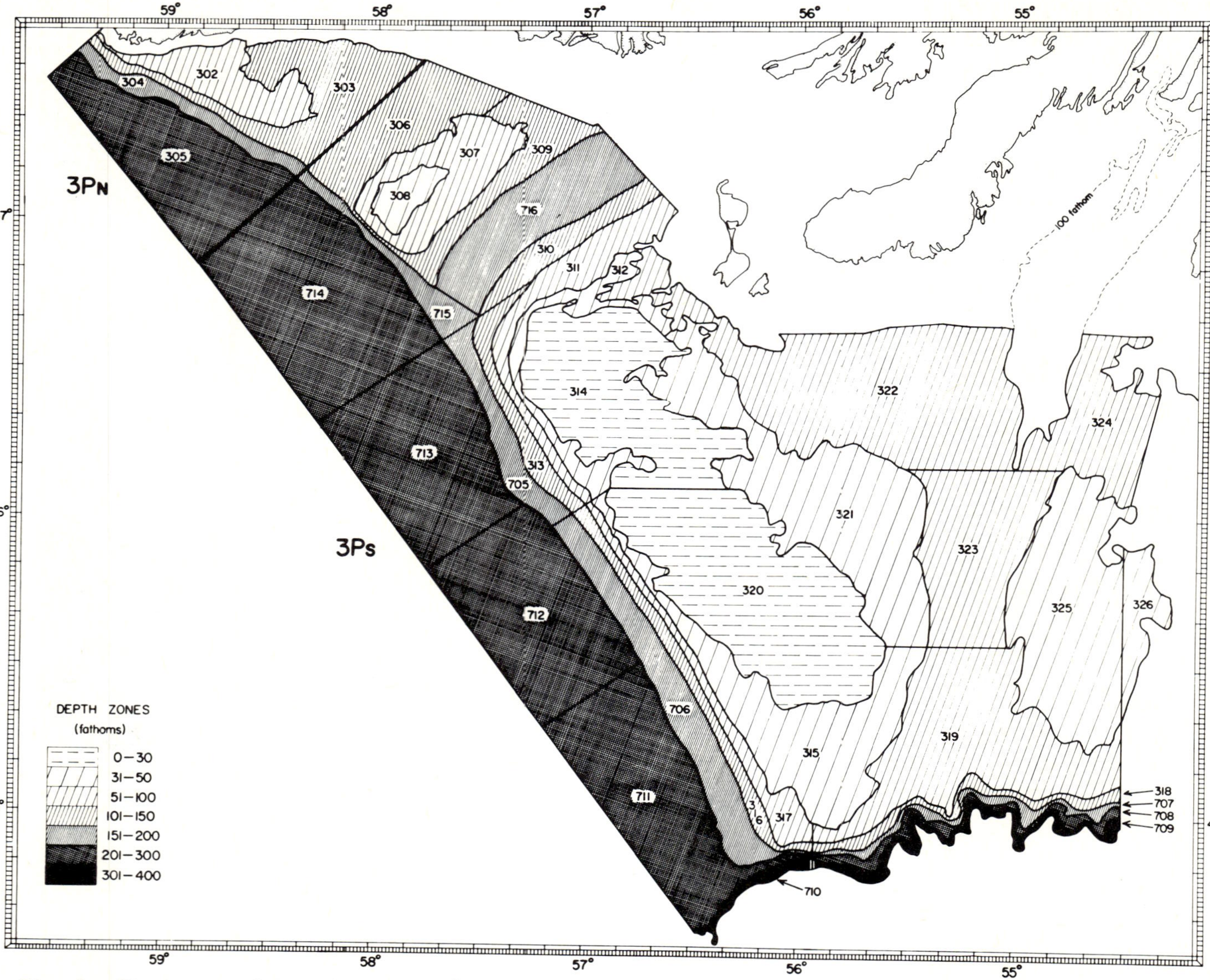

Fig. 4. Strata map of St. Pierre Bank (NAFO Subdivision 3Ps)

Table 1. List of strata with depth range, area and the minimum number of sets at one set per 350 sq. nautical miles and a record of the number of sets made in each year for Divisions 3Ps(all depths) 3O, 3N, and 3L (Depths to 200 fm) and in Division 3M (all depths).

Strat. No.	Depth Range Fm .	Strat. Area Sq. N. Mi.	Area/350	1971	1972	1973	1974	1975	1976	1977	1978	1979	1980
Subdivision 3Ps													
306	101-150	419	2	-	-	-	8	6	*6	6	*9	5	2
307	51-100	395	2	-	3	5	7	4	4	4	7	4	2
308	31- 50	112	2	-	-	2	2	4	2	4	2	4	2
309	101-150	296	2	-	4	3	8	6	7	6	9	6	2
310	101-150	170	2	-	3	3	4	6	4	6	9	6	2
311	51-100	317	2	-	4	9	8	4	6	4	8	4	2
312	31- 50	272	2	-	2	-	2	3	5	4	2	3	-
313	101-150	165	2	-	4	4	5	3	6	10	5	5	2
314	0- 30	974	3	-	2	-	2	-	2	4	3	-	2
315	31- 50	827	2	-	2	2	2	-	2	4	-	3	4
316	101-150	189	2	-	4	5	6	2	4	6	6	3	2
317	51-100	193	2	-	4	7	8	4	4	4	4	3	2
318	101-150	123	2	-	3	2	2	4	7	6	2	2	2
319	51-100	984	3	-	4	5	2	4	4	6	4	2	4
320	0- 30	1320	4	-	-	2	-	-	3	-	-	-	6
321	31- 51	1189	3	-	2	2	-	-	2	-	3	-	5
322	51-100	1567	6	-	-	-	-	-	4	-	2	2	8
323	51-100	696	2	-	3	-	-	-	4	-	3	-	3
324	51-100	494	2	-	-	-	-	-	2	-	2	2	2
325	31- 50	944	3	-	-	-	-	-	2	-	2	2	4
326	31- 50	166	2	-	-	-	-	-	-	-	-	2	2
705	151-200	195	2	-	-	-	4	2	4	4	5	4	2
706	151-200	476	2	-	-	-	7	-	3	4	2	3	2
707	151-200	93	2	-	-	-	2	4	6	4	2	2	2
708	201-300	117	2	-	-	-	-	3	3	4	-	2	2
709	301-400	96	2	-	-	-	-	-	2	-	-	-	-
710	301-400	36	2	-	-	-	-	-	-	-	-	-	-
711	201-300	961	3	-	-	-	-	-	2	-	-	-	2
712	201-300	973	3	-	-	-	-	-	-	-	-	2	2
713	201-300	950	3	-	-	-	-	3	-	-	-	-	2
714	201-300	1195	3	-	-	-	-	-	2	-	2	-	2
715	151-200	132	2	-	-	-	-	2	5	4	6	3	2
716	151-200	539	2	-	-	-	-	-	2	6	6	4	2
TOTAL AREA		17,575											

* Two cruises

Table 1. continued --

Strat. No.	Depth Range Fm	Strat. Area Sq. N. Mi.	Area/350	1971	1972	1973	1974	1975	1976	1977	1978	1979	1980
Division 3Ø													
329	51-100	1721	5	-	-	2	-	-	2	3	5	6	2
330	31- 50	2089	6	-	-	6	-	3	3	3	6	7	2
331	31- 50	456	2	-	-	2	-	2	2	-	2	3	2
332	51-100	1047	3	-	-	-	-	2	3	3	3	4	2
333	101-150	151	2	-	-	-	-	2	2	2	3	2	2
334	151-200	92	2	-	-	-	-	-	2	2	3	3	2
335	151-200	58	2	-	-	2	-	-	3	-	2	2	3
336	101-150	121	2	-	-	3	-	2	2	2	2	4	2
337	51-100	948	3	-	-	3	-	3	2	2	2	4	3
338	31- 50	1898	5	-	-	5	-	2	3	4	5	7	5
339	51-100	585	2	-	-	2	-	2	-	-	2	3	-
340	31- 50	1716	5	-	-	-	-	3	6	3	2	7	2
351	31- 50	2520	7	-	-	-	-	4	4	5	5	11	10
352	31- 50	2580	7	-	-	-	-	4	4	5	4	6	11
353	31- 50	1282	4	-	-	-	-	3	2	3	3	5	4
354	51-100	474	2	-	-	-	-	-	3	2	-	4	3
355	101-150	103	2	-	-	-	-	2	2	-	-	4	2
356	151-200	61	2	-	-	-	-	2	-	-	-	2	2
TOTAL AREA		17,902											
Division 3N													
357	151-200	164	2	-	-	2	-	-	-	2	-	3	3
358	101-150	225	2	-	4	3	-	-	-	2	-	2	3
359	51-100	421	2	-	3	3	-	-	3	2	-	4	4
360	31- 50	2992	9	-	4	-	-	4	4	4	4	9	11
361	31- 50	1853	5	2	3	4	4	4	5	3	4	8	7
362	31- 50	2520	7	2	4	5	4	3	5	5	3	12	11
373	31- 50	2520	7	4	4	4	4	-	5	4	4	11	8
374	31- 50	931	3	2	2	4	2	2	-	3	4	4	3
375	30	1593	5	3	3	3	3	3	-	4	5	5	4
376	30	1499	4	-	2	3	-	2	3	3	2	4	3
377	51-100	100	2	-	2	2	3	2	-	2	2	3	4
378	101-150	139	2	2	2	2	3	-	-	2	2	3	2
379	151-200	106	2	-	-	2	3	-	-	2	2	3	3
380	151-200	116	2	-	2	3	2	-	-	2	-	2	3
381	101-150	182	2	3	4	3	4	2	-	2	3	3	4
382	51-100	647	2	3	4	3	3	-	2	3	3	3	4
383	31-50	674	2	2	2	2	2	-	3	3	2	3	4
TOTAL AREA		16,682											

Table 1. continued--

Strat. No.	Depth Range Fm	Strat. Area Sq. N. Mi.	Area/350	1971	1972	1973	1974	1975	1976	1977	1978	1979	1980
Division 3L													
328	51-100	1519	4	-	-	-	-	-	-	3	-	5	-
341	51-100	1574	4	-	-	2	-	-	-	4	4	6	6
342	51-100	585	2	-	-	-	-	-	-	2	2	4	4
343	51-100	525	2	-	-	-	-	-	-	2	3	4	4
344	101-150	1494	4	-	-	-	-	-	4	4	4	2	3
345	151-200	1432	4	-	-	-	-	-	4	4	2	4	5
346	151-200	865	3	-	-	-	-	2	2	3	-	4	3
347	101-150	983	3	2	3	-	2	2	3	3	4	4	5
348	51-100	2120	6	3	3	-	6	4	6	6	6	6	7
349	51-100	2114	6	3	4	-	4	2	3	6	6	7	9
350	31-50	2070	6	3	2	4	3	3	4	4	6	9	10
363	31-50	1780	5	3	3	4	4	3	4	5	5	8	5
364	51-100	2817	8	4	3	-	4	2	3	7	6	8	6
365	51-100	1041	3	3	2	-	3	2	3	3	2	4	4
366	101-150	1394	4	3	-	-	3	4	4	4	-	4	4
368	151-200	334	2	2	-	-	2	2	3	3	-	4	2
369	101-150	961	3	3	-	-	3	3	4	3	2	4	3
370	51-100	1320	4	2	3	-	3	3	3	3	3	4	3
371	31-50	1121	3	3	2	-	3	-	-	3	3	3	3
372	31-50	2460	7	4	3	3	3	3	3	6	7	9	6
384	31-50	1120	3	3	2	3	3	-	-	2	3	4	2
385	51-100	2356	7	4	4	3	2	4	2	6	6	7	4
386	101-150	718	2	3	-	-	3	2	3	2	3	4	2
388	151-200	361	2	2	-	2	3	2	2	2	2	3	2
389	101-150	821	2	3	2	2	3	2	2	3	3	4	3
390	51-100	1481	4	3	3	3	3	3	-	2	4	5	3
391	101-150	282	2	-	2	2	3	2	-	2	2	4	2
392	151-200	145	2	-	-	3	4	2	-	2	3	3	2
Total Area		36,776											
Division 3M										A.T.C.	Gadus		
501	70-80	342	2	-	-	-	-	-	-	-	4	4	4
502	81-100	838	2	-	-	-	-	-	-	5	11	6	11
503	101-140	628	2	-	-	-	-	-	-	4	10	6	8
504	101-140	348	2	-	-	-	-	-	-	2	6	4	4
505	101-140	703	2	-	-	-	-	-	-	3	10	6	8
506	101-140	496	2	-	-	-	-	-	-	3	8	6	6
507	141-200	822	2	-	-	-	-	-	-	2	8	6	10
508	141-200	646	2	-	-	-	-	-	-	4	9	6	8
509	141-200	314	2	-	-	-	-	-	-	2	4	4	4
510	141-200	951	3	-	-	-	-	-	-	4	14	6	12
511	141-200	806	2	-	-	-	-	-	-	4	11	6	10
512	201-300	670	2	-	-	-	-	-	-	-	5	6	8
513	201-300	249	2	-	-	-	-	-	-	-	4	4	3
514	201-300	602	2	-	-	-	-	-	-	2	8	6	7
515	201-300	666	2	-	-	-	-	-	-	-	7	4	8
516	301-400	634	2	-	-	-	-	-	-	-	4	6	8
517	301-400	216	2	-	-	-	-	-	-	-	4	3	3
518	301-400	210	2	-	-	-	-	-	-	-	2	3	3
519	301-400	414	2	-	-	-	-	-	-	-	5	3	5
Total Area		10,555											

In preparing the stratification scheme, there was a considerable amount of information available on distribution of groundfish species in surveys referred to in the previous section. No attempt was made to incorporate information from line surveys into precise distributional patterns, but rather general limits on area and depth distribution was set. Depth zonation was important in delineating distributional patterns of particular species. Thus on the Grand Bank, the 50-fathom contour effectively delineates the maximum depth for yellowtail, and 150 fathoms, for all practical purposes, is the maximum limit for plaice. Cod has a relatively wide depth range, and on the Grand Banks are included in depths to at least 200 fathoms in Divisions 3L and 3N and somewhat shallower, usually in Division 3O. Redfish on the other hand are distributed somewhat deeper, and 150 fathoms is effectively the upper limit in Divisions 3L and 3N; however, the range is considerably shallower on the south-west slope of the Bank in Division 3O where redfish are encountered in depths less than 100 fathoms.

The depth stratification for the Grand Bank and St. Pierre Bank was 30 fathoms, 31 to 50 fathoms, then by 50-fathom intervals to 200 fathoms and by 100-fathom intervals beyond 200 fathoms (St. Pierre Bank). Depth stratification for the Flemish Cap was as follows: one station in depth zone 70 to 80 fathoms on top of the Cap, one station in 81 to 100 fathoms and a series of circular bands of strata in depths ranges 101 to 140 fathoms, 141 to 200 fathoms, 201 to 300 fathoms and 301 to 400 fathoms (Table 1 and Figs. 2 & 3). In the Gulf of St. Lawrence (4R and 4S only), the depth stratification for the regular survey (Fig. 5 and Table 2A) was as follows: less than 50 fathoms, then by 50-fathom intervals to 200 fathoms with depths beyond 200 fathoms grouped. Depth stratification on the steep slopes resulted in very narrow strata, especially on the south-east (3N) and south-west (3O) slopes of the Grand Bank (Fig. 2).

Areal division of strata was to a large extent arbitrary and strata were made to correspond to NAFO (ICNAF) Division boundaries. On the top of the banks, the strata boundaries were generally drawn on latitude and longitude lines. On the slopes, also, the boundaries were somewhat arbitrary; however, in such localities as the south-east and south-west slopes of the Grand Bank which come under the influence of the Gulf Stream to result in large temperature fluctuations over relatively short periods, the strata on the slopes need to be small enough to permit, if necessary, detailed analysis.

Stratification schemes for the Grand Bank (Fig. 2), Flemish Cap (Fig. 3), St. Pierre Bank (Fig. 4) and a major portion of the Gulf of St. Lawrence (Fig. 5) are presented here. The map for the Grand Bank (Fig. 2) shows depths down to 200 fathoms, but the complete range is shown for the other areas. Tables 1 and 2 list the details of the various strata and indicate the intensity of coverage as compared to the arbitrary minimum value of one set per 350 square nautical miles for the time series presently available for the various locations. Table 2 gives two sets of strata for the Gulf of St. Lawrence. The strata given in Table 2A are shown in Fig. 5. Table 2B is a listing of strata originally designed to survey for

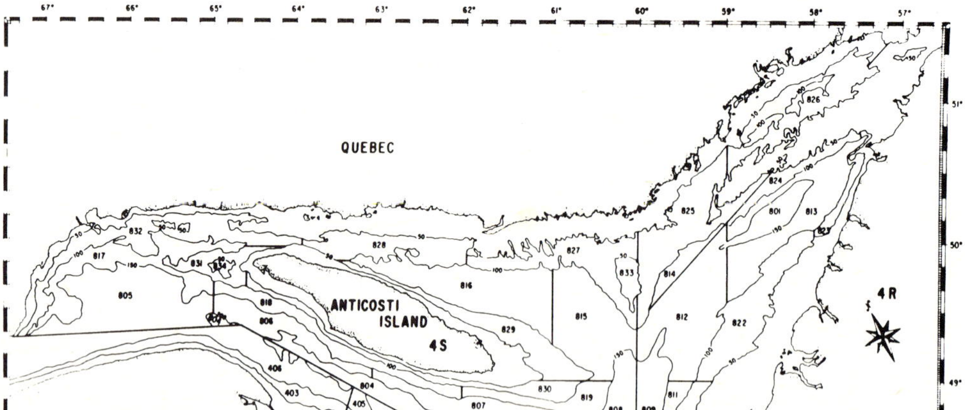

Fig. 5. Strata map of Gulf of St. Lawrence (NAFO Divs. 4R, 4S and part of 4T).

Table 2. List of strata, etc. (as indicated in Table 1) for the Gulf of St. Lawrence. A. Strata fished by the A.T.CAMERON, GADUS ATLANTICA and B. by the BEOTHIC VENTURE.

A.	Strata No.	Depth Range (fms)	Strata Area (Sq.N.Mi)	Area / 350	1977	1978	1979	1980
4R	820	51-100	396	2	3	6	6	6
	821	51-100	371	2	-	6	7	6
	822	51-100	946	3	4	7	6	7
	823	51-100	162	2	-	4	5	4
	824	51-100	244	2	-	2	4	4
	811	101-150	439	2	-	8	8	6
	812	101-150	1355	4	2	9	9	6
	813	101-150	1154	3	2	7	8	7
	801	151-200	354	2	4	5	5	4
	809	151-200	451	2	3	5	6	5
	810	151-200	223	2	-	5	5	6
	802	201+	399	2	-	5	4	5
4S	833	50	163	2	4	5	-	2
	834	50	56	2	-	4	-	2
	825	51-100	1156	3	2	4	-	5
	826	51-100	902	3	-	-	-	2
	827	51-100	942	3	-	6	2	2
	828	51-100	710	2	-	2	-	2
	829	51-100	785	2	4	5	2	5
	830	51-100	559	2	2	5	2	3
	831	51-100	351	2	-	6	2	3
	832	51-100	1155	3	-	-	-	2
	814	101-150	300	2	-	5	2	5
	815	101-150	1285	4	3	7	8	6
	816	101-150	1467	4	-	11	8	6
	817	101-150	1063	3	-	4	-	2
	818	101-150	630	2	-	4	2	3
	819	101-150	420	2	-	4	2	5
	805	151-200	1680	5	-	4	-	3
	806	151-200	620	2	-	7	2	3
	807	151-200	691	2	-	5	2	5
	808	151-200	708	2	3	6	6	3
	803	201+	2034	6	-	8	-	9
	804	201+	726	2	-	5	2	2
4T	401	101-150	159	2	-	2	-	2
	402	101-150	265	2	-	-	2	2
	403	101-150	347	2	-	2	2	-
	404	151-200	231	2	-	2	-	2
	405	151-200	431	2	-	-	2	2
	406	151-200	752	2	-	2	2	-
	407	201+	681	2	-	2	-	2
	408	201+	797	2	-	-	2	2

B. Strata No.	Depth Range (fms)	Strata Area (Sq.N.Mi)	Area / 350	1977	1978	1979	1980
506	77-98	394	2	3	2	2	3
510	77-98	847	2	2	2	6	5
501	77-120	1164	3	5	8	4	6
502	77-120	704	2	5	4	3	5
503	99-120	823	2	6	4	4	6
507	99-120	448	2	4	4	2	6
112	99-120	264	2	3	4	4	5
122	99-120	784	2	2	5	7	5
508	121-142	464	2	7	3	5	6
113	121-142	523	2	3	8	6	7
123	121-142	848	2	3	4	4	5
213	121-142	534	2	6	7	2	5
223	121-142	388	2	6	6	3	7
313	121-142	316	2	5	4	2	5
323	121-142	205	2	3	2	4	6
504	121-164	357	2	2	4	4	6
511	121-164	689	2	4	7	3	5
114	143-164	267	2	4	3	4	5
124	143-164	458	2	4	3	5	6
224	143-164	1110	3	5	5	4	7
314	143-164	243	2	5	3	2	6
324	143-164	207	2	3	3	3	5
424	143-164	300	2	3	2	2	4
434	143-164	86	2	2	3	3	4
444	143-164	243	2	4	2	3	3
500	165-186	224	2	3	3	6	6
505	165-186	1788	5	4	4	7	10
509	165-186	1236	4	3	4	4	6

shrimp. These were used in surveys by the M.V. BEOTHIC VENTURE and were combined shrimp and redfish cruises. These strata were designed to allow more detailed analyses of the area by relatively small depth zones.

Survey coverage up to at least 1977 was rather poor (Tables 1 & 2). For some Divisions, coverage was incomplete and even one set per 350 square nautical miles was not attained in most years. Flemish Cap has had excellent coverage 1978 to 1980, and on the Grand Bank, the survey intensity was much improved in 1979 and 1980. In the Gulf, the surveys by the M.V. BEOTHIC VENTURE (Table 2B) have given fairly intensive coverage.

DIURNAL VARIABILITY OF CATCHES

To obtain maximum utilization of research vessel time, surveys are normally conducted on a 24-hour basis. This naturally raises the question of the reliability of catch data from species that make vertical diurnal migrations. Attempting to plan surveys to produce equal numbers of day and night sets in each stratum is practically impossible mainly because of the very large area to be surveyed in usually a very restricted time frame.

To highlight the possibility of diurnal variability in catches being a complicating factor in biological surveys, a brief review of published information and a small amount of unpublished data are presented.

REDFISH

Templeman (1959) indicated Newfoundland-based otter trawlers produced considerably larger catches during daylight hours than at night. Sandeman (1969), in studying the diurnal variability in the availability of different sizes of redfish on the eastern slope of the Grand Bank, indicated statistically significant differences in availability between time periods. For all sizes of fish, the best catches were during daylight periods. Parsons & Parsons (1976) showed that in standard replicated day and night sets in Division 3P, three times as many redfish were caught per day than at night, and for weights, the factor was four times. They also indicated that proportionately fewer intermediate-sized (20 to 30 cm) redfish were caught at night than during the day. It was their conclusion that estimates of population and biomass should only be made from daylight sets.

FLATFISH

Data on replicated day and night sets for plaice on the eastern slope of the Grand Bank (Pitt 1967) showed that more plaice were caught during the day than at night (Fig. 6A). The difference between day and night catches increased with increasing depth. A later group of sets on the northern slope of the Grand Bank (Fig. 7) at 110M (60 fathoms) indicated catch trends similar to the 100M data in Fig. 6A). An analysis of commercial catch by otter trawlers 1960 to 1963 suggests strong diurnal difference in catch rates (Fig. 6B).

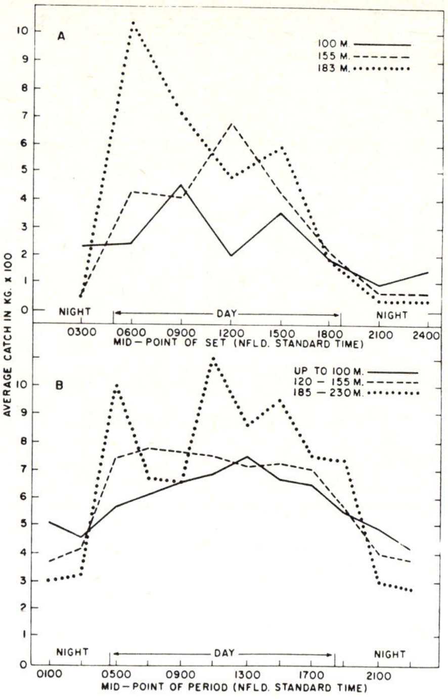

Fig. 6 . (A) Average catch per hour for 24 hr. fishing by the A.T. CAMERON at three fishing depths and (B) Average catch per hour by selected commercial trawlers April-September 1960-63 over a 24-hour period for three depth ranges on the eastern slope of the Grand Bank.

Bowering (1979) indicated different patterns in the diurnal variations in catchability of witch flounder for three different areas, and although different approaches were taken in studying diurnal differences, it was generally concluded that there was no reason for segregating day and night catches during surveys aimed at estimating biomass of this species.

There is no definitive information on diurnal differences in catches of yellowtail flounder on the Grand Bank. Personal communication with commercial fishing captains suggested that yellowtail are more abundant in catches during the night. Beamish (1965), for the Scotian Shelf, generally indicated the same trend.

For Greenland halibut, again there is no direct experimental evidence of diurnal vertical migration; however, Lear and Pitt (1971) indicated that information from commercial operations suggests periodical vertical migrations possibly in search of prey species.

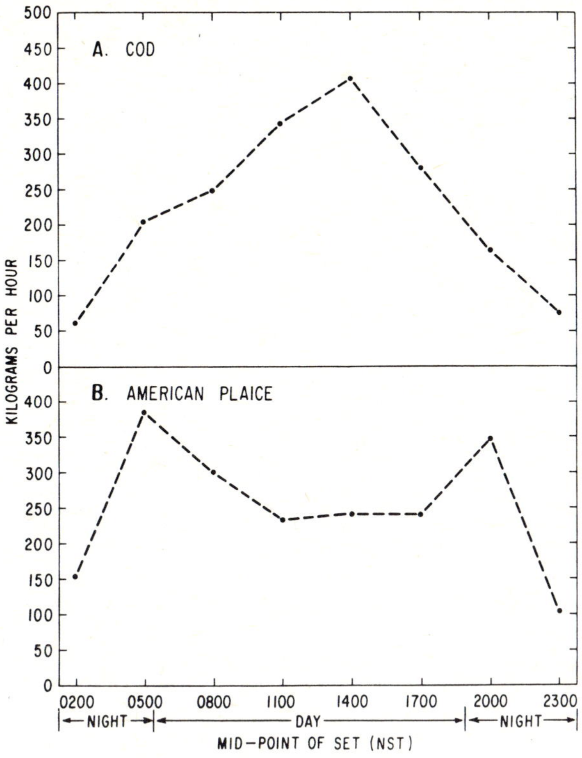

Fig. 7 . A) Average catch per hour for cod; B) Plaice on the Northeast slope of the Grand Banks for a series of 5 sets at each time period.

COD

Beamish (1965) indicated that for the Gulf of St. Lawrence and the Scotian Banks, echo soundings suggest that cod move off the bottom by night and return to the seabed at daybreak. The data presented in Fig. 7A were recorded in June 1976 and clearly demonstrate a vertical diurnal movement. Cod caught in these sets were feeding primarily on capelin. Brunel (1964) for the Bay of Chaleur and Templeman (1964) for the Newfoundland area report cod off the bottom during daylight periods. Furthermore, there are numerous references in the scientific literature to similar behaviour from the eastern Atlantic.

SUMMARY

It is doubtful if the search for food can entirely account for the differences in day and night catches. Most groundfish, especially the flatfish, are normally bottom dwellers; but changes in light conditions, in addition to affecting food supply, may also result in behavioural changes and thus affect catchability. Regardless of the reason for diurnal differences in catchability, it is apparent that the time of day of a particular set is possibly another source of variability in catches from random stratified surveys as now conducted.

COMPARISON OF ABUNDANCE ESTIMATES FROM RESEARCH VESSEL SURVEY AND FROM V.P.A. FOR YELLOWTAIL FLOUNDER

Yellowtail flounder on the Grand Bank are normally distributed in depths not greater than 50 fathoms. In Fig. 2, the stratification map, and Table 1, about 36,000 square nautical miles with depths less than 50 fathoms are represented. A series of strata making up only about 34 per cent of the Grand Bank but consistently sampled in the period 1971 to 1980 is available. All these strata were in Divisions 3L and 3N and are as follows: strata 350, 363, 372, 361, 362, 373 and 375. From a knowledge of the commercial fishery for yellowtail, it is known that the greatest concentrations probably occur in strata 361, 362 and 375 (Fig. 2); hence, the selected stata perhaps cover a substantial proportion of the stock habitat.

Table 3 gives a listing of the calculated abundance (nos x 10^{-3}) at age of yellowtail from the selected strata (1971 to 1980). These were calculated from the mean number-per-tow expanded to the total possible tows in the combined strata. The total abundance for all ages and the abundance of ages seven years and older are also given together with population numbers from a V.P.A. (Brodie and Pitt 1980). The latter values are plotted on the values in each year from the surveys (Fig. 8). Age seven and older were chosen because seven appeared to be the age when the fish were fully recruited to the fishery. Below this age, there may be considerable discarding in the commercial fishery and hence V.P.A. population estimates below age seven are possibly minimal.

The abundance estimates from the survey have relatively large variances as the following text table indicates for the total numbers in Table 3 (number of fish x 10^{-6}).

Year	Number	95% Confidence Upper Limit	95% Confidence Lower Limit
1971	227.2	295.0	159.0
1972	208.9	322.5	95.3
1973	113.4	150.6	76.1
1974	103.6	139.2	67.9
1975	72.2	96.0	48.4
1976	95.3	148.6	42.1
1977	143.9	207.5	80.4
1978	98.0	151.2	44.8
1979	84.3	113.0	55.7
1980	103.3	135.1	71.5

There are at least two important points that can be made from the data plotted in Fig. 8 and given in Table 3. First, it appears that there is a good relationship between the population estimates from the V.P.A. and the survey data; and second, the surveys, for yellowtail at least, do not give minimal estimates of biomass since, in the data presented here, the abundance estimates from the surveys and those from the V.P.A. are fairly close in spite of the fact that not all of the probable area of distribution of this species was surveyed.

The obvious use of this type of survey data is in the estimation of the population size in the current year for stock assessments. However, the use of such regression to calculate fixed-point estimates has its problems. For example, in this case, should the terminal F in 1979 be increased in the V.P.A. so as to put the 1979 point on the line, or should one use the relationship giving the highest R^2? What would one do with the 1977 point? Questions such as these are important; however, they are perhaps beyond the scope of this paper and it may be necessary here merely to point out that research data at least are quite variable and that caution should be exercised in using the method suggested here.

APPLICATION OF STRATIFIED RANDOM SURVEYS TO REDFISH STOCK ASSESSMENT

The Gulf of St. Lawrence redfish stock frequents waters deeper than 70 fathoms. The greatest abundance of the fishable stock is found in 151 to 200 fathoms, but large catches of small non commercial-size redfish are found at depths less than 151 fathoms.

For the 1980 assessment of the stocks, the CAFSAC groundfish committee decided to estimate the fishable biomass from random stratified cruises as a minimum estimate of the condition of the stock. The procedure used was calculation of the arithmetic average of the 10-

Table 3. Abundance of Yellowtail ($X10^{-3}$) from research vessel surveys for selected strata in Divisions 3L & 3N and population numbers from V.P.A.* X 10^{-3}

AGE	1971	1972	1973	1974	1975	1976	1977	1978	1979	1980
1										
2				88				76	24	15
3	1599	3965	264	895	174	1212	93	1180	287	1525
4	18797	29756	3844	7966	3015	5134	1383	4111	1889	3355
5	42304	58604	25409	25567	15104	22921	8383	15788	3957	11491
6	79562	67380	32789	43865	21794	31345	20425	29167	15737	29669
7	72076	36341	33541	22134	25186	28750	54476	30258	40589	42454
8	9691	11556	12804	2663	6174	5824	44686	15786	19334	13788
9	3090	1222	4355	391	688	120	12437	1640	2261	950
10	42	71	360		46	0	1889	17	269	30
11						16	143			
12							21			
TOTAL	227,161	208,895	113,366	103,569	72,181	95,322	143,936	98,023	84,347	103,277
AGE 7 & OLDER	84,667	49,190	51,060	25,188	32,094	34,710	113,652	47,701	62,453	57,222
V.P.A. AGE 7 & OLDER	61,274	50,362	31,516	21,728	22,673	16,764	23,717	41,099	70,362	-

* Brodie & Pitt 1980

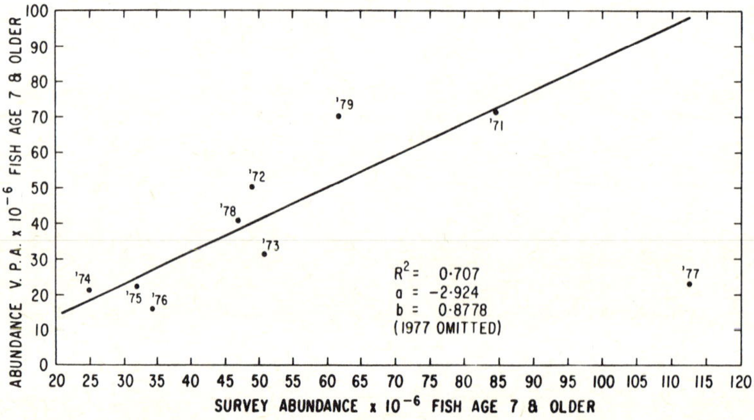

Fig. 8. Plot of population numbers from virtual population analysis on abundance estimates from selected strata in NAFO Divisions 3L and 3N.

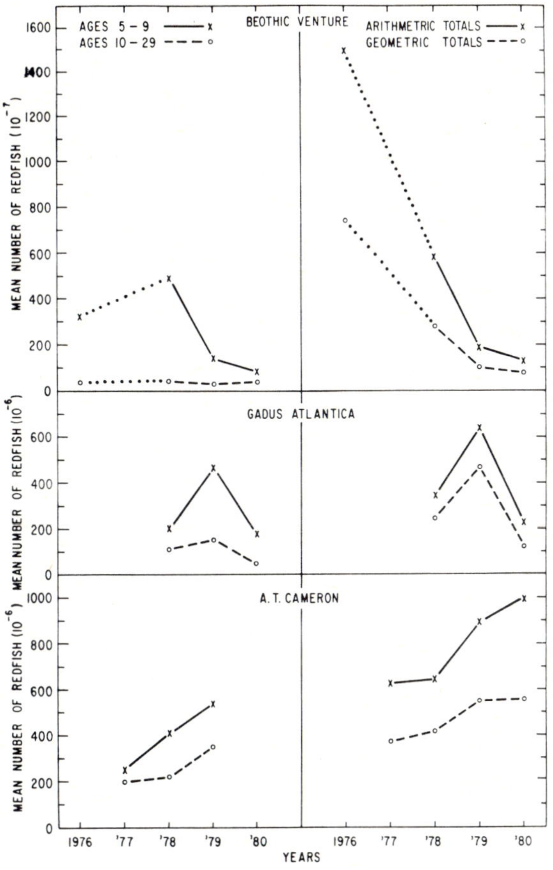

Fig. 9 . Trends in abundance of Mentella redfish from the Gulf of St. Lawrence from 3 different vessels for 1976-1980. BEOTHIC VENTURE is interpolated between 1976 and 1978.

to 29-year-old fish from the data from three vessels for 1978 to 1979, (Fig. 9, Table 5). The survey estimate of abundance was then used to determine the cohort run with a terminal fishing mortality which indicated an equivalent abundance estimate.

There were a number of inconsistencies within the data which still remain unsolved, such as the use of arithmetic means to estimate the abundance when catches appear to be contagiously distributed. A reduction of about 50 per cent in the abundance estimates (Table 5) can be achieved by using the ln + 1 transformation (Fig. 9). The fall A.T. CAMERON and the winter GADUS ATLANTICA cruises varied in the area covered, and the stratum surveyed from year to year, thus, could result in different segments of the population being sampled from year to year. In the important depth range of

Table 4. The variation in the percentage of the area covered in Gulf of St. Lawrence by the A.T. CAMERON, GADUS ATLATNICA and BEOTHIC VENTURE for a variety of years.

	A.T. CAMERON				GADUS ATLANTICA		
Depth(fms)	1977	1978	1979	1980	1978	1979	1980
50	0	26	0	0	0	0	26
51-100	44	68	48	47	73	33	83
101-150	43	95	79	72	81	75	96
151-200	25	89	51	28	53	44	88
201+	0	68	24	52	68	9	100
TOTAL:	32	81	54	51	70	44	90
% stratum covered	26	76	57	48	71	52	90

Note: BEOTHIC VENTURE covered 100% of the stratum and area each year.

151 to 200 fathoms, A.T. CAMERON covered only 25 per cent of the depth zone in 1976, but 89 per cent in 1978 and the same strata were not necessarily surveyed each year (Table 4). The change in coverage between depth zones was particularly important in estimating year-class abundance since redfish are larger and older in deeper waters. Nevertheless, abundance estimates from the A.T. CAMERON surveys have increased each year from 1977 to 1980 (Table 5).

For the GADUS ATLANTICA, abundance estimates increased between 1978 and 1979 and decreased in 1980; however, the same problems indicated for the A.T. CAMERON data were encountered. The M.V. BEOTHIC VENTURE surveys which consistently covered all strata indicated an exponential decline in abundance between 1976 and 1980.

Total mortalities at age (especially 1978 to 1979) calculated from arithmetic means of abundance between years appear to be excessively high. With such wide variability within and between vessels and between years, the use of the average abundance from the three vessels as a minimum estimate of abundance is questionable. Using abundance estimates from any one of the vessels would lead to totally different conclusions as to the status of the stock. It would appear that if the survey data were used as indices of abundance instead of minimum estimates of abundance, then, depending on the vessel selected, the stock might be considered to be increasing in abundance or undergoing a decline. Thus, perception of the condition of the stock would be completely different depending on the data set used.

Table 5. The arithmetic and geometric mean number (10^{-3}) and weight from stratified random cruises-Gulf of St.Lawrence A.T. Cameron, Gadus Atlantica and Beothic Venture

Ages	1977 Arithm.	1977 ln+1	1978 Arithm.	1978 ln+1	1979 Arithm.	1979 ln+1	1980 Arithm	1980 ln+1
			A.T. Cameron					
			Numbers (10^{-3})					
5-9	250150	(55)*	402115	(66)	532916	(61)		
10-29	203216	(45)	211106	(34)	345959	(39)		
Total	625691	373192	642020	415637	893975	543036	993150	556027
			Weight (tons)					
Total	142597	63597	164475	103128	298251	167911	323604	202582
			Gadus Atlantica					
			Numbers (10^{-3})					
5-9			197063	(64)	464563	(75)	175983	(79)
10-29			111696	(36)	152860	(25)	47552	(21)
Total			347790	249451	639236	461276	230712	117513
			Weight (tons)					
Total			144243	42290	144243	166583	53301	24209
			Beothic Venture					
			Numbers (10^{-3})					
	1976							
5-9	3229943	(90)	4904271	(92)	1417022	(83)	861003	(68)
10-29	367863	(10)	446307	(8)	290127	(17)	409455	(32)
Total	15044258	7440683	5855796	2788008	1929638	1117684	1309197	742026
			Weight (tons)					
Total	647104	455836	674147	422406	413566	272919	384134	243921

*The values in brackets are a percent of the total mean number caught for ages 5-29 inclusive.

Until methods which have been established are known to give consistent results with stock condition, it would seem prudent to use research survey data in assessing the condition of this stock with caution. We have not had much experience in the use of stratified random surveys for redfish abundance estimates, but these surveys should continue to be explored for their usefulness. In some areas, there are no other indicators of stock status and hence research vessel survey data must be used. In areas where these survey methods have been applied, a maximum of six consecutive years of data are available on one stock and less on others. Problems associated with applying the random stratified methods to redfish are just beginning to become evident. In the future, assessing the data with the view to improving the reliability and precision of estimates will be required.

USE OF RESEARCH VESSEL DATA TO DETERMINE DISTRIBUTION AND ABUNDANCE OF COD ON THE FLEMISH CAP

Centred at about 47°15'N and 45°W, the Flemish Cap is a roughly circular bank with a radius of 58 nautical miles to the 400-fathom contour (Fig. 3). The shallowest part (70 fathoms) of the bank is in the south-west sector. The bank slopes more gently to the north and west than to the south and east. Except for a small area in deep water in the south, the bottom is sufficiently regular for successful bottom trawling at constant depth.

Regular surveys of distribution and abundance of fish species by means of otter trawls towed on bottom have been made by the Soviet Union since 1972 and by Canada since 1977. The Canadian surveys have been of the random stratified design (Table 1) while Soviet surveys have been of a fixed-station pattern.

From the Canadian surveys, the catch-per-30-minute-tow shows considerable variation between strata within the same year. It is clear that the distribution of cod over the bank is not homogeneous (Table 6). The variation within strata is considerable with coefficients of variation averaging about 1. It is perhaps inevitable that the variation be large where stratum boundaries are fixed and distributions vary with time (Fig. 10 to 12).

Estimates of abundance of cod for the bank as a whole were derived by weighting the average catch-per-stratum by the respective areas (square miles) per stratum. Numbers of cod taken per tow on the Flemish Cap in 1977 to 1980 were apparently not normally distributed but skewed to the right (Table 7). In fact the values are not significantly different from logarithmic normal distributions (S. Gavaris, pers. comm.). For this reason, abundance estimates have been derived not only from arithmetic mean catch values but also from logarithmically transformed values of catch. For logarithmic transformations, the individual catches have been increased by one fish to avoid zero values.

Table 6. Coefficient of variation at each stratum with respect to numbers caught of cod in Division 3M.

COEFFICIENT OF VARIATION

Stratum	1977	1978	1979	1980
1	-	0.5513	0.6744	1.0540
2	1.010	0.7486	0.8774	1.0960
3	0.7921	0.7147	1.7540	0.3655
4	0.1463	0.4254	0.7031	0.6491
5	0.5661	0.6679	0.6871	2.4770
6	0.3766	0.9184	1.3250	1.1020
7	0.9038	0.5016	1.1240	1.0660
8	0.9639	0.7428	0.7550	1.4460
9	0.8654	0.8365	0.4752	0.5058
10	0.2064	0.6774	0.9493	1.6210
11	1.739	0.7445	0.6688	0.9476
12	-	0.4894	1.3190	1.1720
13	-	0.9469	1.0700	0.4319
14	1.3267	1.0480	1.0230	0.7071
15	-	0.8845	0.5376	1.7730
16	-	1.0540	0	0
17	-	1.1270	1.7210	0
18	-	1.4140	0	0
19	-	2.2360	1.1480	2.2360

NUMBER OF SETS

Stratum	1977	1978	1979	1980
1	-	4	4	4
2	5	11	6	11
3	4	10	6	8
4	2	6	4	4
5	3	10	6	8
6	3	8	6	6
7	2	8	6	10
8	4	9	6	8
9	2	4	4	4
10	4	14	6	12
11	4	11	6	10
12	-	5	6	8
13	-	4	4	3
14	2	8	6	7
15	-	7	4	8
16	-	4	6	8
17	-	4	3	3
18	-	2	3	3
19	-	5	3	5

AVERAGE NUMBER PER SET

Stratum	1977	1978	1979	1980
1	-	141.90	53.50	72.25
2	72.60	53.82	20.50	50.64
3	118.75	56.60	29.60	18.25
4	43.50	49.33	21.00	76.00
5	33.00	99.60	56.67	273.37
6	67.67	225.25	191.00	45.67
7	66.50	137.75	36.17	14.80
8	50.00	172.44	25.50	12.25
9	33.50	426.65	26.75	13.25
10	50.25	103.64	27.33	72.00
11	299.50	112.64	41.50	18.40
12	-	47.00	14.33	3.25
13	-	57.50	6.50	1.33
14	48.50	77.38	14.50	2.00
15	-	122.29	16.00	7.50
16	-	3.00	0	0
17	-	10.20	0.67	0
18	-	1.00	0	0
19	-	1.60	1.33	0.20

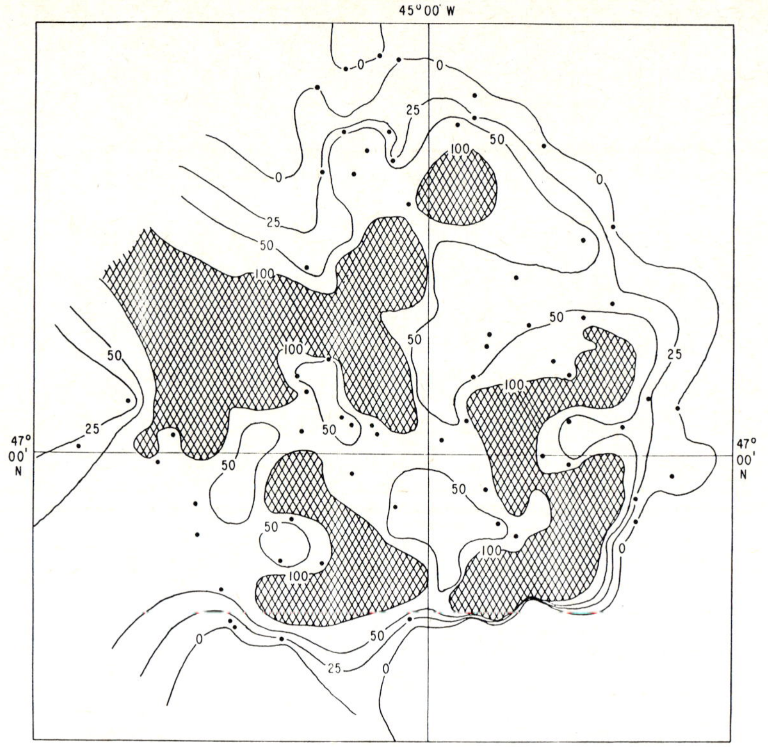

Fig. 10. Contour diagram of number of cod taken per thirty-minute tow on the Flemish Cap in winter 1978 by the research vessel Gadus Atlantica. The positions fished are shown as points.

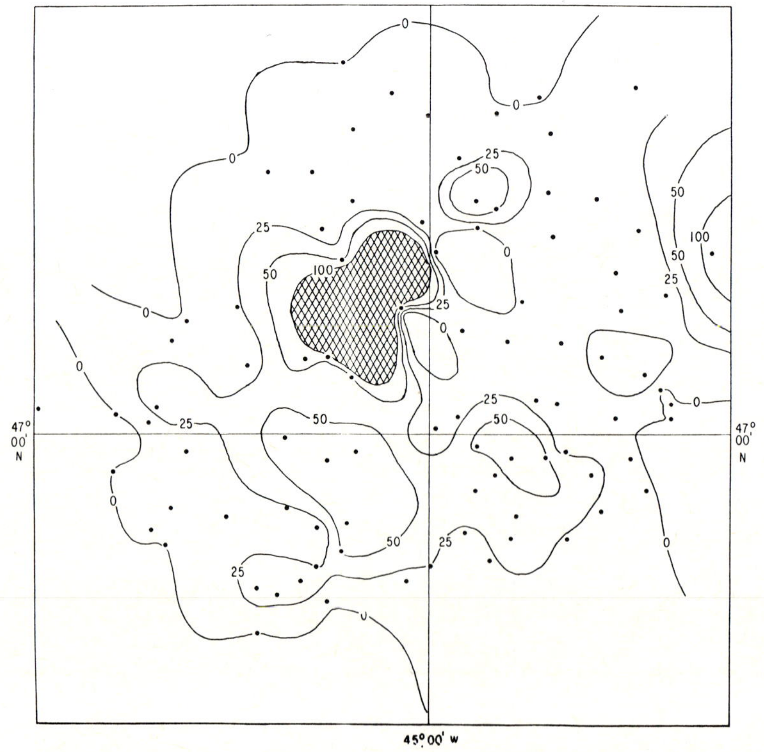

Fig. 11. Contour diagram of number of cod taken per thirty-minute tow on the Flemish Cap in winter 1979 by the research vessel Gadus Atlantica. The positions fished are shown as points.

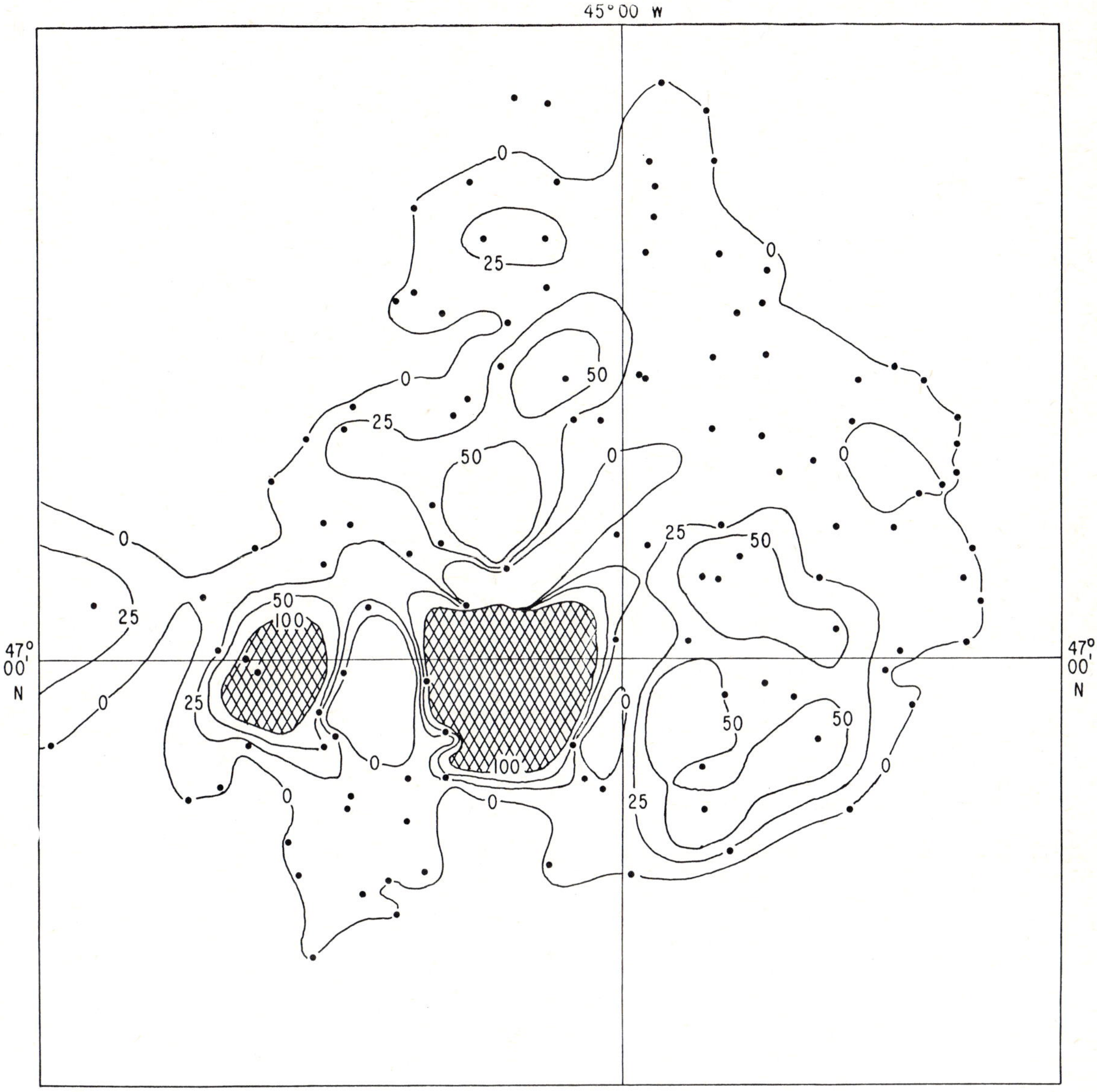

Fig. 12. Contour diagram of number of cod taken per thirty-minute tow on the Flemish Cap in winter 1980 by the research vessel Gadus Atlantica. The positions fished are shown as points.

Table 7. Frequencies of ranges of catch numbers of cod in Div. 3M.

Catch Range Numbers	1977	1978	1979	1980
0		8	14	26
1-25	9	21	53	74
26-50	10	26	12	13
51-75	7	19	9	3
76-100	3	16	3	4
101-125	3	10	1	2
126-150		5	1	2
151-175		8		3
176-200	1	3		1
201-225		3		
226-250		3		
251-275	1	1		
276-300		3		
300-325				
326-350		1		
351-375		2		
376-400				
401-425		2	1	1
551-575		1		
576-600			1	
676-700		1		
751-775		1		
1076-1100	1			
1926-1950				1
Total Sets	35	134	95	130

The arithmetic mean catch-per-tow was always higher than the transformed logarithmic estimate (Table 8). The trends in the two series are similar for the 1977 to 1979 period but opposite in 1980. The relative variations about the mean catch-per-tow are similar for the 1977 to 1979 period, but in 1980, the variation about the transformed estimate is much less. For 1978 to 1980, where the number of sets were adequate (Table 1), the variation about the logarithmically transformed mean is about 20 per cent.

Table 8. Estimates of abundance of cod on the Flemish Cap with 95 percent confidence limits.

Year	Est.	Arith. mean catch/tow	Rel. var.	Log trans. mean catch tow	Rel. var.
1977	Lower	-4.22	-	24.84	0.54
	Mean	87.11	1.00	45.63	1.00
	Upper	178.44	2.05	83.15	1.82
1978	Lower	82.92	0.83	39.21	0.85
	Mean	99.94	1.00	46.17	1.00
	Upper	116.95	1.17	54.34	1.18
1979	Lower	21.19	0.66	9.49	0.79
	Mean	32.33	1.00	12.07	1.00
	Upper	43.47	1.34	15.29	1.27
1980	Lower	3.44	0.08	6.76	0.81
	Mean	41.33	1.00	8.31	1.00
	Upper	79.21	1.92	10.16	1.22

In the assessment of the numerical status of this stock, Wells (1980) derived a partial recruitment pattern for use in the last year of his cohort analysis as follows:

1979 Age Compositions

AGE	RESEARCH	COMMERCIAL CATCH	RELATIVE EXPLOITATION RATE	PATTERN RELATIVE TO AGE (7-11)
3	1067	167	.157	.67
4	5610	2616	.466	1.98
5	5437	5599	1.030	4.38
6	6703	5882	.878	3.74
7	1713	316	.184	1.00
8	108	63	.583	1.00
9	55	19	.345 .235	1.00
10	20	27	1.350	1.00
11	30	27	.900	1.00

In the same paper, a comparison of the per mille age compositions of stock sizes from cohort analysis and abundance estimates for the period 1977 to 1979 are as follows:

AGE	1977 COHORT	1977 SURVEY	1978 COHORT	1978 SURVEY	1979 COHORT	1979 SURVEY
3	194	230	159	60	41	51
4	607	609	230	196	247	268
5	168	133	497	577	294	260
6	15	17	90	153	342	320
7	6	4	12	6	54	82
8	4	+	3	2	11	5
9	5	4	4	1	3	3
10	1	1	4	2	5	1
11	1	+	+	1	5	1
12	+	1	1	1	+	9
Total	1001	999	1000	999	1002	1000

Results for 1977 are encouragingly close.

A relationship between Soviet research vessel catches-per-hour (Chekhova, Chumakov and Postolsky, 1978, 1980) and stock biomasses for the period 1972 to 1976 was used (Wells 1980) to estimate the biomass and subsequently the fishing mortality in 1979 from observed research catches-per-hour in that year. The fishing mortality so calculated for 1979 was not inconsistent with that derived from the comparison of estimates of abundance by age from the Canadian surveys conducted in 1979 and 1980.

DISCUSSION AND CONCLUSION

The aim of the random stratified survey method is to obtain estimates of trawlable biomass with statistical confidence limits. It is likely that not all fish within the area swept by the gear are actually caught and some in fact may be in midwater above the gear. The biomass estimates obtained may therefore be considered minimum estimates. Surveys done by the St. John's station have usually produced abundance estimates with very high variances. Perhaps some of this was because sufficient vessel time was unavailable to provide adequate survey intensity. Factors such as diurnal migration are a source of variance. The distribution of bottom fishing sets with respect to the fish distribution in the water column may vary from cruise to cruise. Strata boundaries were drawn somewhat arbitrarily and do not necessarily represent distributional patterns of all species. Seasonal migration presents another problem since both the distributional patterns and the timing of the cruises may vary annually.

Apart from these, the numbers and allocation of sets, etc., are also sources of variance. Manipulations of the data by such means as logarithmic transformation can reduce variances; however, for a substantial part of the research vessel survey data presently available, biomass estimates can best be used as indices or trends in abundance. With better survey coverage and improved mathematical handling of the data, it seems likely that surveys will form an important part of stock assessments.

REFERENCES

Beamish. 1966. Vertical migrations by demersal fish in the Northwest Atlantic. J. Fish Res. Bd. Can. 23(1): 109-139.

Bowering, W.R. 1979. Diurnal variation in availability of witch flounder Glyptocephalus cynoglossus and its effect upon estimates of biomass. ICNAF Res. Bull. No. 4: 73-76.

Brodie, W.B. & T.K. Pitt. 1980. Assessment of yellowtail flounder in Division 3LNO. NAFO SCR Doc. 80/VI/94, Ser. No. 4149: 10 p.

Brunel, P. 1964. Food as a factor or indication of vertical migrations of cod in the Western Gulf of St. Lawrence. ICNAF Environmental Symposium, Rome 1964. Contr. No. C-2p: 1-16.

Chekhova, V.A , A.K. Chumakov and A.I. Postolaky. 1978. Preliminary assessment of abundance and biomass of cod on Flemish Cap based on data from trawl surveys in 1972-77. ICNAF Res. Doc. 78/VI/27, Ser. No. 5188.

Chekhova, V.A., A.K. Chumakov, and A.I. Postolaky. 1980. Cod abundance and biomass in Divisions 3NO and 3M according to data from groundfish trawl surveys during 1977-79. ICNAF Res. Doc. 80/II/41, Ser. No. N073.

Lear, W.H. & T.K. Pitt. 1971. Distribution of Greenland halibut in the Newfoundland-Labrador area in relation to depth and temperature. Fish. Res. Bd. Can. Tech. Rept. No. 274: 34 p.

Parsons, L.S. and D.G. Parsons. 1976. Effects of diurnal variation in availability upon estimation of redfish numbers and biomass from stratified-random bottom trawl surveys. ICNAF Selected Papers No. 1: 19-29.

Pitt, T.K. 1967. Diurnal variation in the catches of American plaice, Hippoglossoides platessoides from the Grand Bank. ICNAF Res. Bull. No. 4: 53-58.

Sandeman, E.J. 1969. Diurnal variation in availability of different sizes of redfish, Sebastes mentella. ICNAF Res. Bull. No. 6: 33-46.

Templeman, W. 1959. Redfish distribution in the North Atlantic. Bull. Fish Res. Bd. Can. No. 120: 173 p.

Templeman, W. 1964. Some instances of cod and haddock behavior and concentrations in the Newfoundland and Labrador areas in relation to food. ICNAF Environmental Symposium Rome 1964. Contr. No. C-3: 1-21.

Wells, R. 1973. Virtual population assessment of the cod stock in ICNAF Divisions 3M during the period 1959-79. NAFO SCR 80/11/28, Ser. No. 60.

A BRIEF HISTORICAL REVIEW OF THE WOODS HOLE LABORATORY TRAWL SURVEY TIME SERIES

by

Thomas R. Azarovitz

National Marine Fisheries Service
Woods Hole Laboratory
Woods Hole, Massachusetts 02543

ABSTRACT

The history, scope and methodology of bottom trawl surveys conducted by the Northeast Fisheries Center of the National Marine Fisheries Service are reviewed herein. The surveys were designed to establish a time series of abundance and distribution data for an ecosystem approach to the study of fishery resources. The surveys, which began in 1963, have been conducted in a standard format with only minor but necessary modifications or improvements. Current plans call for the indefinite continuation of the survey series.

Key words: Biological surveys, fish abundance, fish distribution.

RÉSUMÉ

L'histoire, la portée des relevés par chalutage sur le fond et les méthodes utilisées par le "Northeast Fisheries Center" du "National Marine Fisheries Service" sont examinées. Au départ, les relevés visaient à établir une série chronologique de données sur l'abondance et la répartition de façon à étudier les ressources halieutiques sous l'angle de l'écosystème. Les relevés, qui ont commencé en 1963, ont toujours été menés de la même manière et seules quelques modifications ou améliorations mineures mais nécessaires leur ont été apportées. Conformément aux plans actuels, les relevés devraient se poursuivre indéfiniment.

Mots-clés: Abondance des poissons, distribution, relevés biologiques.

INTRODUCTION

Otter trawl surveys had been conducted at the Woods Hole Laboratory for many years but, in 1963, with the arrival of the newly built research vessel ALBATROSS IV, a platform was available that permitted the development of an extensive time series. Coincidental with the arrival of the ship was the realization by the staff at the then Bureau of Commercial Fisheries Laboratory that our finfish resources in the New England area were going to be heavily exploited by other than North American fishermen. Distant water fleets were being developed by many European countries; the large stocks of fishes found on the Atlantic Shelf in the New England area were some of the first to be sought. With the knowledge of the need for management of these stocks in mind and as the next step in the development of an ecosystem assessment approach, the Woods Hole biologists renewed their commitment to conduct a comprehensive bottom trawl survey program. A major objective was to provide an annual quantitative inventory of fish populations on the continental shelf off the northeast coast. These data, used primarily for management purposes, were especially valuable in establishing fishery regulations under the auspices of ICNAF (International Commission for the Northwest Atlantic Fisheries).

With the enactment of the Fishery Management and Conservation Act of 1976, the staff at the now National Marine Fisheries Service (NMFS) - Northeast Fisheries Center (NEFC) Laboratory was faced with a new challenge. The intent of the act was not only the management of our fishery resources but a rebuilding of the stocks to historic levels. The role of the researchers at Woods Hole was defined as one of an advisor to the newly established Regional Councils.

The Councils were to develop management plans; the NEFC would provide the Councils with information to assist in this effort. NMFS responsibilities included summarizing the harvest statistics from commercial catches, collecting data on resource surveys and using these data to assess the important stocks. The historic time series, as well as data generated by ongoing resource surveys, is a critical requisite in the production of the resource assessments.

This paper reviews the history of these resource surveys and the recent changes and improvements in the data collection and handling process.

TIME SERIES HISTORY

The first survey in the autumn of 1963 and subsequent fall surveys for four years covered the Atlantic Shelf from western Nova Scotia to just north of Hudson Canyon in depths ranging from 27 to 365 metres (15-200 fathoms). In 1967, the fall survey was expanded southward to Cape Hatteras, North Carolina. In 1968, a new time series of spring surveys, in the same area, began. The year 1967 also marked the advent of foreign participation in our survey program. The U.S.S.R. began surveying the mid-Atlantic area that year after an agreement to a USA-USSR Bilateral Treaty on Fisheries. Since then, other nations have participated in cooperative surveys oriented toward critical resource species or toward specific ecological considerations. Participating countries, in addition to the Soviet Union, have included the Federal Republic of Germany, France, the German Democratic Republic, Japan, Poland and Spain. Canada, of course, has cooperated from the beginning since we quite often share interests in the same population of fishes. An analysis of some of the earlier cooperative work with the

Soviets was done by Sissenwine and Bowman (1978).

In the fall of 1972, the surveys were again expanded. Previously, the 27 m (15 fm) contour marked the innermost limits of the trawl sampling; to fill this gap in our coverage, the NMFS Sandy Hook Laboratory in New Jersey began an inshore survey from waters of 27 m (15 fm) to 9 m (5 fm). At the same time, the Sandy Hook Laboratory initiated a survey south of Cape Hatteras to Cape Canaveral, Florida. The southern coverage continued until the autumn of 1974 when the NMFS provided funds to the State of South Carolina to survey the area from Cape Fear, North Carolina to Jacksonville, Florida. This created a small gap in the coastal coverage between Cape Fear and Cape Hatteras which has been filled with our (Woods Hole) survey coverage which has extended to Cape Fear since 1979. So, for the present, we have continuous and generally synoptic spring and autumn coverage from Jacksonville to Nova Scotia.

In 1977, we began a new time series of summer surveys in an effort to increase our comprehensive data base, as well as obtain more information on species of recreational interest. Coverage in the first year was from Cape Hatteras to Maine. In 1978, the survey was expanded south to Cape Fear. Coverage of inshore <110 m (60 fm) areas is stressed on summer surveys since more species of ecological concern are concentrated there during the summer months. This winter (1981), we plan to begin the first in a series of winter cruises. Table 1 is a list of cruises and areas covered during the routine time series.

METHODS - SAMPLING DESIGN

The rationale and methods for the adopted survey approach were discussed in detail by Grosslein (1969, 1974); the following briefly reviews some of those procedures and changes made since that publication. An obvious objective of our survey effort was to obtain a statistically valid sample, one that would provide valid estimates of sampling error (variance). We also wanted a method that assured a fairly uniform distribution of stations throughout all the possible ecological zones of the survey area. To satisfy these statistical and biological considerations, a stratified-random sampling design was chosen for the surveys.

The entire survey area, from Nova Scotia to Cape Canaveral, has been stratified with the major stratum boundaries determined by depth (Figure 1). The stratum depth limits are: <9 m (5 fm), 9-18 m (5-10 fm), 18-27 m (10-15 fm), 27-55 m (15-30 fm), 55-110 m (30-60 fm), 110-185 m (60-100 fm), and 185-365 m (100-200 fm).

Stations are selected randomly within each sampling stratum. Each of the larger stratum is divided into areas equivalent to 5 minutes latitude by 10 minutes longitude. Each rectangle is considered a homogenous sampling unit; this means only one trawl haul is necessary to characterize that unit. Each unit is further subdivided into 10 units $2\frac{1}{2}$' x 2' and all of these smaller units in a stratum are numbered consecutively. Numbers are drawn from a random number table or generated on a computer by a random number generator and the stations are so selected. Only one station in each of the 5' x 10' squares is selected, ensuring a dispersion of stations and ensuring that every possible trawling site within a stratum has an equal chance of being selected. The smaller, narrower inshore and offshore strata cannot be divided into the 5' x 10' rectangles; in this case, the smaller $2\frac{1}{2}$' x 2' rectangles are used.

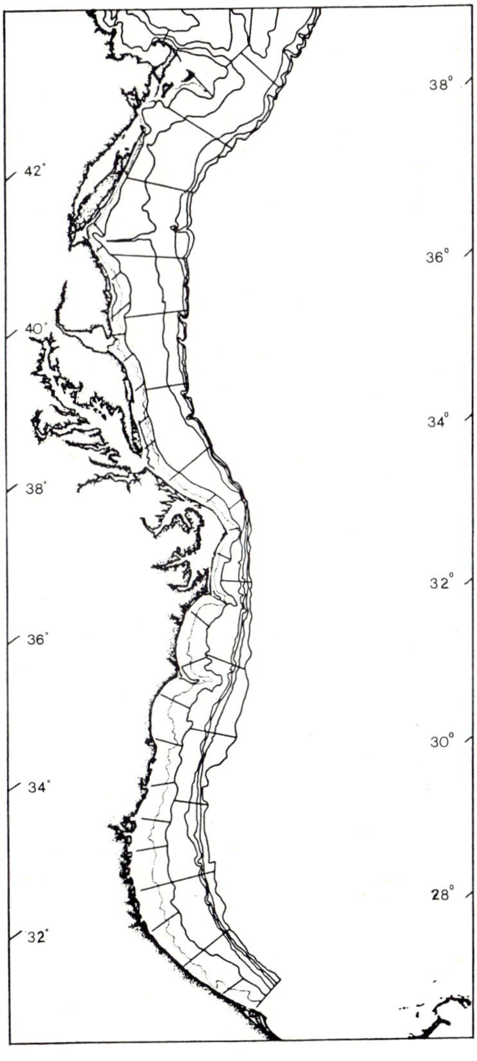

Fig. 1 . Sampling strata for bottom Trawl surveys on U.S. east coast.

Table 1. A list of trawl survey cruises for the NMFS/NEFC, Woods Hole Laboratory time series

OFFSHORE CRUISES (>28 m water depth)

DATE	VESSEL	TRAWL TYPE	AREA*
SPRING			
7 Mar-15 May, 1968	ALBATROSS IV	#36 Yankee	NS-CH
5 Mar-10 Apr, 1969	ALBATROSS IV	#36 Yankee	NS-CH
12 Mar-29 Apr, 1970	ALBATROSS IV	#36 Yankee	NS-CH
9 Mar- 1 May, 1971	ALBATROSS IV	#36 Yankee	NS-CH
8 Mar-24 Apr, 1972	ALBATROSS IV	#36 Yankee	NS-CH
16 Mar-15 May, 1973	ALBATROSS IV & DELAWARE II	#41 Yankee	NS-CH
12 Mar- 4 May, 1974	ALBATROSS IV	#41 Yankee	NS-CH
4 Mar-12 May, 1975	ALBATROSS IV	#41 Yankee	NS-CH
4 Mar- 8 May, 1976	ALBATROSS IV & DELAWARE II	#41 Yankee	NS-CH
19 Mar-20 May, 1977	ALBATROSS IV & DELAWARE II	#41 Yankee	NS-CH
20 Mar-23 May, 1978	ALBATROSS IV	#41 Yankee	NS-CH
21 Mar-12 May, 1979	ALBATROSS IV & DELAWARE II	#41 Yankee	NS-CH, CH-CF
SUMMER			
18 Jul-19 Aug, 1963	ALBATROSS IV	#36 Yankee	NS-HC
27 Jul-22 Aug, 1964	ALBATROSS IV	#36 Yankee	NS-HC
7 Jul-10 Aug, 1965	ALBATROSS IV	#36 Yankee	NS-HC
14 Jul-28 Aug, 1969	ALBATROSS IV	#36 Yankee	NS-CH
27 Jul-31 Aug, 1977	ALBATROSS IV & DELAWARE II	#36 Yankee	GM-CH
28 Jul-31 Jul, 1978	DELEWARE II	#36 Yankee	CH-CF
25 Jul-20 Aug, 1978	ALBATROSS IV & DELAWARE II	#36 Yankee	GM-CH
25 Jul- 1 Sep, 1979	ALBATROSS IV & DELAWARE II	#36 Yankee	GM-CH
27 Jul-30 Jul, 1979	DELAWARE II	#36 Yankee	CH-CF
AUTUMN			
13 Nov-16 Dec, 1963	ALBATROSS IV	#36 Yankee	NS-HC
22 Oct-25 Nov, 1964	ALBATROSS IV	#36 Yankee	NS-HC
6 Oct- 9 Nov, 1965	ALBATROSS IV	#36 Yankee	NS-HC
12 Oct-13 Nov, 1966	ALBATROSS IV	#36 Yankee	NS-HC
17 Oct- 9 Dec, 1967	ALBATROSS IV	#36 Yankee	NS-CH
10 Oct-26 Nov, 1968	ALBATROSS IV	#36 Yankee	NS-CH
8 Oct-23 Nov, 1969	ALBATROSS IV	#36 Yankee	NS-CH
3 Sep-20 Nov, 1970	ALBATROSS IV & DELAWARE II	#36 Yankee	NS-CH
30 Sep-19 Nov, 1971	ALBATROSS IV	#36 Yankee	NS-CH
27 Sep-20 Nov, 1972	ALBATROSS IV	#36 Yankee	NS-CH
26 Sep-20 Nov, 1973	ALBATROSS IV	#36 Yankee	NS-CH
20 Sep-14 Nov, 1974	ALBATROSS IV	#36 Yankee	NS-CH
15 Oct-18 Nov, 1975	ALBATROSS IV & DELAWARE II	#36 Yankee	NS-CH
28 Sep-23 Nov, 1976	ALBATROSS IV	#36 Yankee	NS-CH
26 Sep-15 Dec, 1977	DELAWARE II	#36 Yankee	NS-CH
5 Sep-22 Nov, 1978	DELAWARE II	#36 Yankee	NS-CH
12 Sep-19 Nov, 1979	ALBATROSS IV & DELAWARE II	#36 Yankee	NS-CH, CH-CF

INSHORE CRUISES (<28 m water depth)

DATE	VESSEL	TRAWL TYPE	AREA*
SPRING			
8 May- 4 Jun, 1973	ATLANTIC TWIN	3/4 Yankee	BI-CH
1 Apr- 2 May, 1974	ATLANTIC TWIN	3/4 Yankee	NT-JF
18 Mar-24 Mar, 1975	ATLANTIC TWIN	3/4 Yankee	BI-DB
3 Mar-26 Mar, 1976	DELAWARE II	#41 Yankee	BI-CH
19 Mar-14 Apr, 1977	DELAWARE II	#41 Yankee	BI-CH
20 Mar-23 May, 1978	ALBATROSS IV	#41 Yankee	BI-CH
21 Mar-12 May, 1979	ALBATROSS IV & DELAWARE II	#41 Yankee	GM-CH, CH-CF
SUMMER			
27 Jul-31 Aug, 1977	ALBATROSS IV & DELAWARE	#36 Yankee	GM-CH
25 Jul-11 Aug, 1978	ALBATROSS IV & DELAWARE II	#36 Yankee	GM-CH
30 Jul- 1 Aug, 1978	DELAWARE II	#36 Yankee	CH-CF
2 Aug-31 Aug, 1979	ALBATROSS IV & DELAWARE II	#36 Yankee	GM-CH
29 Jul- 2 Aug, 1979	DELAWARE II	#36 Yankee	CH-CF
AUTUMN			
26 Oct-13 Nov, 1972	DELAWARE II	#36 Yankee	CH-CA
31 Oct- 5 Dec, 1972	ATLANTIC TWIN	3/4 Yankee	BI-CN
1 Oct- 7 Nov, 1973	ATLANTIC TWIN	3/4 Yankee	BI-CF
23 Sep- 4 Oct, 1974	ALBATROSS IV & DELAWARE II	#36 Yankee	BI-DB
15 Oct- 7 Nov, 1975	DELAWARE II	#36 Yankee	CC-CH
28 Sep-17 Oct, 1976	ALBATROSS IV	#36 Yankee	BI-CH
26 Sep-15 Dec, 1977	DELAWARE II	#36 Yankee	BI-CH
5 Sep-22 Nov, 1978	DELAWARE II	#36 Yankee	GM-CH, CH, CF
18 Sep- 9 Nov, 1979	DELAWARE II	#36 Yankee	CC-CH, CH-CF

* NS=Nova Scotia; CH=Cape Hatteras; BI=Block Island; GM=Gulf of Maine; CC=Cape Cod; DB=Delaware Bay; JF=Jacksonville, Fla.; CN-Charleston, SC; CB=Cape Canaveral; CF=Cape Fear; HC-Hudson Canyon; NT-Nantucket Shoals.

The number of stations occupied within a stratum is roughly proportional to its area. This is desirable in case it becomes necessary to post-stratify certain strata. Priority areas, such as Georges Bank, and some of the inshore areas threatened with pollution are sampled more heavily. Some of the very small inshore and offshore strata are also sampled more heavily because of the need for at least two stations to permit variance computation. This disproportionate sampling would be considered in any post-stratification process.

About 440 to 450 stations are occupied in a complete survey between Cape Hatteras and Nova Scotia. This gives us one station for every 200 square nautical miles; sampling allocation south of Cape Hatteras is about the same. Stations occupied during a recent survey are shown in Figure 2.

The bulk of the surveys conducted since 1963 have been on ALBATROSS IV, a 57 m (187 ft) long stern trawler designed to do this type of work. Recently, the majority of survey work has been on DELAWARE II, 47 m (155 ft) long and, also a stern trawler.

Historically, three trawls have been used to collect the data. Today, there are two standard survey trawls: a #36 Yankee trawl and a #41 Yankee trawl. The #36 was used on spring and fall offshore surveys until 1971 and on all fall and summer surveys since then. The #41 has been used on spring surveys since 1972. Initially, the #36 trawl was adequate to provide the abundance indices needed for most commercially important species. In the late 1960s and the early 1970s, however, the abundance of fish dropped so much that the #36 was no longer adequate during spring surveys, especially when herring and mackerel abundance is critically low. The #41 trawl opens to 5 m, 2 m higher than the #36. The sweep on both trawls is rigged with rollers. Ground cables are not used because they increase the risk of trawl damage on rough bottom. During the inshore survey conducted by the Sandy Hook Laboratory from the fall of 1972 until the spring of 1975, a 3/4 size #36 trawl rigged with a chain sweep and ground cables was used. The 3/4 #36 trawl is the one currently used on the surveys conducted south of Cape Fear by South Carolina. In the area south of Cape Cod, trawl damage resulting from rough bottom is less likely; thus, rollers are not necessary. All trawls used have a 1.25 cm stretched mesh liner in the codend and upper belly. Table 2 contains the major specifications of the three trawls used during the time series.

In the past, all trawls and otter doors used on a survey had been tested and measured during special gear mensuration cruises. During these cruises, each trawl was towed in several directions relative to the surface current, at several different speeds and at different ratios (scope) of wire out to depth. During these tows, the opening of the trawl was monitored acoustically with trawl-mounted transducers (wingspread and headrope height) connected to the ship by an electrical cable. Each trawl and set of doors were adjusted to perform within certain specifications before being used on a survey.

Since the autumn of 1979, we monitor trawl performance with a headrope transducer during survey operations. Initially, this was done sporadically during the surveys and only in shallower water. Use of the third wire package was more routine this autumn and by the spring of 1981 will be used routinely on all but the deepest tows. A benefit of this approach is that the vessel time that was used for routine mensuration cruises is now used for needed trawl testing experiments or other survey operations.

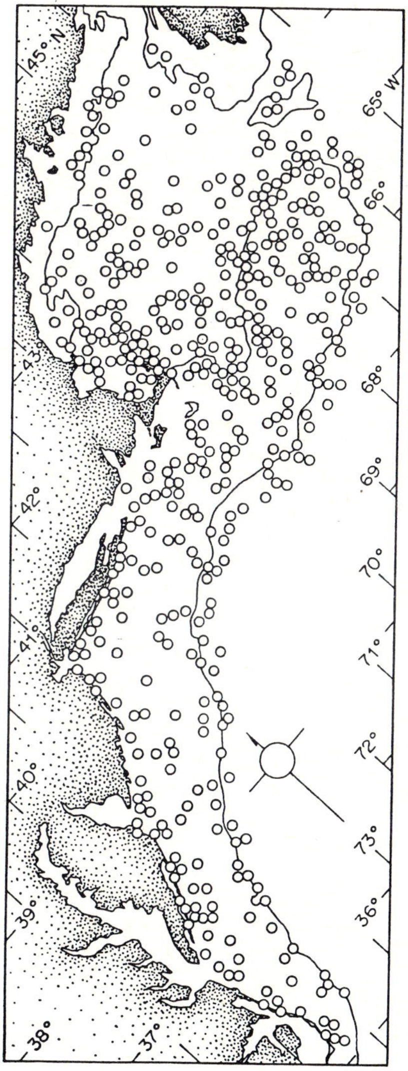

Fig. 2 . Trawl stations occupied during the autumn 1979 NMFS, Northeast Fisheries Centre bottom trawl survey.

When departing on a survey, each vessel carries at least three complete trawls, two sets of trawl doors, spare net sections, twine, spare wires (backstraps, legs, etc.), floats, rollers and assorted hardware. Since each ship carries skilled fishermen as part of the crew, all but extreme net damage is repaired while at sea. If required, the crew could construct a complete new trawl with the components and twine onboard.

When arriving on a preselected station, a temperature profile is obtained using an expendable bathythermograph system; a surface bucket temperature is taken and a surface water sample is collected for subsequent salinity measurement. In inshore areas, a bottom salinity may also be taken along with oxygen determinations. Observations on weather, sea state and position are recorded. After this is completed, the otter trawl is set. Trawl stations are occupied on a 24-hour basis, with scientific watches on a 6-hour-on/6-hour-off schedule.

A standard trawl haul starts when the predetermined amount of wire is let out and the winch drums are locked. The haulback process begins 30 minutes later. The scope of wire out to depth varies from 5:1 in the shallow nearshore areas to $2\frac{1}{2}$:1 in the offshore areas in depths greater than 185 m (100 fm). The trawl is towed at 3.5 knots relative to the bottom. The tow direction is generally toward the next station. This is not always the case, especially in very rough weather or in areas where the bottom is steeply graded (under this condition a depth contour is followed). A fathometer trace is also recorded during each tow.

Once the catch is dumped onto the checker table, it is sorted according to species. All the sorted fish and invertebrates are then weighed by species to the nearest 0.1 kilogram and measured to the nearest centimetre (to the end of the centre caudal fin ray). Large catches, which are impractical or impossible to sort, weigh and measure, are sampled and subsampled by weight or volume and later expanded to represent the entire catch. After weighing and measuring have been completed, sample collections are then made.

Routine collections include scales, otoliths or other hard parts for age and growth studies, and stomachs for food habit studies. Tissue samples are taken for pathology or contaminate samples. Gonadal conditions are noted and ovaries removed for fecundity studies from selected species.

For each station, all pertinent data are recorded on a single two-sided, waterproof paper log. This log serves as an original written record of all data obtained on a station. The logs are coded at sea and ready for keypunching within one or two days following a cruise.

The initial aspects of data processing deal with the completed trawl log. After the log is coded for machine processing, all information is scanned for errors of omission, inconsistencies or mistakes in calculations. The most frequent sources of error deal with expanded length frequencies from subsampled catches.

Machine processing involves the production of several record types that facilitate computer analysis of the data. Today, disc storage systems have eliminated the use of actual cards. There are five different record types; some contain station data and others contain catch data, including length frequencies. Length frequencies are punched on a separate record, preferably by a different keypunch operator. Total weights and numbers are then calculated by computer from length-weight functions applied to the observed length frequencies. These are then compared to actual counts or measurements; any significant differences result in an error flag. Audit run results are displayed on a CRT terminal and corrections are made directly. Some minor errors, however, may not be detected. Several columns on all of the standard records contain the same information; these too are all cross-checked to find, in this case, possible keypunch errors.

After audits are completed and errors corrected, the data are then stored on magnetic tapes for future use.

SUMMARY

The use and value of catch data generated by the Woods Hole trawl survey time series in population assessments are well known and documented (see Clark this report). The assessment application has been a primary motivator in continuing the survey over the years. The importance of the data to the entire biological scientific community, however, cannot be overemphasized. The extensive multi-species collections over the long series are proving to be invaluable in a host of ecological studies. This is especially true now when potential impacts of exploration of the Atlantic Shelf for mineral resources are being studied so intensively.

The continuation of the time series is planned for as long as possible. Changes and improvements will be made as long as they don't disrupt the continuity of the data in the series. The addition of surveys during the summer and winter will help fill some of the gaps we now have in the biological understanding of many finfish species. These surveys will also provide more experimental data, leading to a reduction in variability, eliminating some bias and, we hope, improving the accuracy and precision of our population estimates.

Table 2. NMFS, Northeast Fisheries Center Standard Trawl Gear Specification

	Gear Code Units	#36 Yankee with rollers 11	#36 Yankee with chain sweep 16	3/4 #36 Yankee with chain sweep 12	Mod. #41 Yankee with rollers 41 or 45
Opening Height of Trawl	metres	3.2	1.9	1.4	4.6
Opening Width of Trawl	metres	10.4	10.9	9.2	11.8
Overall Length of Trawl	metres	28.4	28.4	20.8	28.6
Codend Length	metres	5.7	5.7	7.1	5.7
Foot Rope Length	metres	24.4	24.4	16.5	30.5
Head Rope Length	metres	18.3	18.3	11.9	24.4
Opening Mesh	centimetres, stretched	12.7	12.7	11 4	12.7
Average Body Mesh	centimetres, stretched	12.7	12.7	11.4	12.7
Codend Mesh	centimetres, stretched	11.4	11.4	5.1	11 4
Codend Liner	centimetres, stretched	1.3	1.3	1.3	1.3
Number of Floats		36	21	11	53
Float Diameter	centimetres	20	20	20	20
Ground Cables	metres	0	0	16.5	0
Roller Gear		Yes	No	No	Yes
Length of Bridles	metres	9.1	9.1	11.6	18.3
Length of Doors	metres	2.4	2.4	2.1	2.5
Width of Doors	metres	1.3	1.3	1.1	1.4
Weight of Doors	kilograms	545	545	227	682
Type of Doors		BMV Oval	BMV Oval	New England Rectangular	BMV Oval

REFERENCES

Grosslein, M. D. 1969. Groundfish survey program of BCF Woods Hole. Commer. Fish. Rev. 31(8-9):22-35.

________. MS 1969a Groundfish survey methods. NMFS, Woods Hole, Lab. Ref. Doc. No. 69-2, 34 p.

________. MS 1969b. Data processing methods for groundfish surveys. NMFS, Woods Hole, Lab. Ref. Doc. No. 69-3, 60 p.

________. 1974. Bottom trawl survey methods of the Northeast Fisheries Center, Woods Hole MA USA. ICNAF Res. Doc. 74/96.

Sissenwine, M. P., and E. W. Bowman. 1978. An analysis of some factors affecting the catchability of fish by bottom trawls. Int. Comm. Northw. Atl. Fish., Res. Bull. 13:81-87.

ABUNDANCE ESTIMATES OF THE TRAWLABLE RESOURCES AROUND THE ISLANDS OF SAINT-PIERRE AND MIQUELON (NAFO SUBDIV. 3Ps): METHODS USED DURING THE FRENCH RESEARCH SURVEYS AND DISCUSSION OF SOME RESULTS

by

A. Forest and J.P. Minet

Institut Scientifique et Technique
des Pêches Maritimes
Centre de Recherches de Saint-Pierre et Miquelon
97500 Saint-Pierre et Miquelon

ABSTRACT

Since 1971 the "Centre de Recherches de l'Institut Scientifique et Technique des Pêches maritimes" has carried out surveys on groundfish stocks of N.A.F.O. subdivision 3Ps.

Since March 1977, two surveys have been carried out each year (spring and fall) on board the R/V CRYOS (stern trawler). These consisted of 30-minute hauls, using a standard bottom trawl, randomly distributed over the stratified study area.

Observations on catch data (yield, length and age composition, maturity stages ...) and on environmental conditions were systematically made and abundance indices were thus obtained for each sampled stock.

The analysis of data shows that the coefficients of variation of the stratified mean yields have an average value close to 0.30 and that the variance increases faster than the mean; this is due to the aggregation of individuals on the bottom.

The different factors which can affect the accuracy of the coefficients found are discussed and it appears that in practice, a decrease in the variability can be obtained only by better control of fishing gear performance.

Key words: biological surveys, trawl surveys.

RÉSUMÉ

Dès 1971, le Centre de Recherches de l'Institut Scientifique et Technique des Pêches maritimes à Saint-Pierre et Miquelon a entrepris des recherches sur les stocks de poissons de fond de la subdivision 3Ps de la N.A.F.O.

Depuis mars 1977, deux campagnes sont réalisées chaque année (Printemps et Automne) à bord du N/O CRYOS (chalutier pêche arrière). Elles consistent en des chalutages de 30 minutes effectués à des positions réparties au hasard dans la zone d'étude selon un processus aléatoire-stratifié en utilisant un chalut de fond standard. Des observations sur les captures (rendements, compositions en taille et en âge, stades de maturité...) ainsi que sur les conditions de milieu sont systématiquement effectuées et des indices d'abondance sont ainsi obtenus pour chaque stock échantillonné.

L'analyse des résultats montre que les coefficients de variation des rendements moyens stratifiés sont voisins de 0.30, et que la variance augmente beaucoup plus vite que la moyenne; ceci est dû au type de répartition des individus sur le fond (répartition agrégative).

Les différents facteurs qui peuvent affecter la précision des indices obtenus sont discutés et il apparaît qu'en pratique une diminution de la variabilité ne pourrait être obtenue que par un meilleur contrôle des performances de l'engin de pêche.

Mots-clés: relevés biologiques, relevés au chalut.

INTRODUCTION

Among the research activities carried out by France in the Northwest Atlantic since the establishment of the "Centre de Recherches ISTPM" in the department of St. Pierre et Miquelon in 1969, one important program is devoted to the evaluation of the trawlable resources around the archipelago. This area consists mainly of the St. Pierre Bank, the Burgeo Bank and a part of the Green Bank as well as the channels between these banks and the Laurentian Channel, i.e. the major part of the actual NAFO Subdivision 3Ps.

In 1971 and 1972, four research trawl surveys were carried out in this area (Minet, 1975) using standard transect and trawling stations since, at that time, no stratification scheme was yet available for the region.

Once the stratification scheme in Subdiv. 3Ps was set up (Pinhorn, 1972; Pitt, 1976) and adopted by ICNAF, the random-stratified method described by Grosslein (1969) was used during the French research surveys. Since 1977, two annual research surveys have been systematically carried out, one in the spring and another in the autumn.

The methods used during these surveys are described in this paper and some of our results are discussed, particularly with respect to some possible sources of bias.

METHODS

The standardization of the research vessel and of the fishing gear is the basis of the methods.

1. RESEARCH VESSEL

These surveys are always carried out on board the R/V "CRYOS", a stern-trawler of 1400 HP and 48.70 m long based in St. Pierre. Detailed specifications concerning the capacities of this vessel, laboratories and working space, propulsion, fishing gear, winches, radio, navigation and scientific equipments are given in Annex I.

2. TRAWL GEAR

The fishing gear used during the research surveys on board the "CRYOS" is the standard trawl "Lofoten" with 31.20 m headline and 17.70 m footrope, 140 mm stretched mesh in the wings and body and 50 mm stretched mesh in the codend. A detailed diagram of this gear is provided in Fig. 1.

The design of the rigging as well as details of floats, sweepline, boards and opening of the trawl are given in Fig. 2. More precise details of the groundrope and steel-bobbins used can be obtained from Fig. 3.

3. SAMPLING DESIGN

STRATIFICATION - The scheme used is described by Pinhorn (1972) and Pitt (1976) and shown in Fig. 4.

The stratified portion of NAFO Subdiv. 3Ps represents 17.575 square nautical miles divided into 33 strata.

SELECTION PROCEDURE - Positions of the trawling stations are determined by selecting, for each stratum, the sampling units of the master chart using a random number table. In case of rough bottom, as observed on the shelf of St. Pierre Bank at depths inferior to 30 fathoms in strata No. 314 and 320, the location of the tow is chosen to be as close as possible to the originally selected position.

Two to five sets are chosen for each stratum, depending on its surface.

TRAWLING OPERATIONS - Stations are visited on a twelve-hour basis, during daylight. Duration of the tow is 30 minutes on the bottom (measured between the application and the release of the winch brakes), at a speed of 4 knots. The length of wire varies with depth by a ratio of 3 to 4 in these shallow waters, as illustrated by Fig. 5.

To gain information on the nature of the bottom, a special device is fixed on the groundrope to collect a sample of sediments during the tow. Also a systematic XBT cast is made during or after trawling.

When the gear grips on the bottom, the tow may be interrupted before the 30 minutes have elapsed. If the tow lasts at least 15 minutes, the results are considered valid and weighted for a 30-minute duration. When it lasts for less than 15 minutes, the results of the tow are not taken into account.

In cases of serious damage to the gear or rigging, after a 30-minute duration tow, the results are systematically discarded.

All this field information as well as that on meteorology, gear, catches and water temperature are recorded on the form shown in Fig. 6A.

SAMPLING OF CATCHES - All catches are sorted by species. Each species of fish is weighed; the totality of each species sampled (or a random sub-sample in the case of large catches) is numbered. Thus, for each species, the number and weight per 30-minute tow is obtained. Among the invertebrates (mainly crustaceans and molluscs) the non-commercial species are noted, their abundance estimated and observations on communities and other pertinent ecological factors recorded. The commercial species of invertebrates are weighted and numbered using the same method as for fish.

The main commercial species (cod, redfish, American plaice, witch, yellowtail, haddock, halibut, anglerfish, squid, scallops, ...) are measured in totality, or after sampling (random or stratified according to the size of species). All measurements are made, after sex determination, in order to obtain length frequencies of sexes separately and sex-ratio. Measurements are made on standard boards (or with a calliper-square) and recorded on the data sheet (Fig. 6B). For fish, total length is measured to the nearest centimeter (or half-centimeter) below. Squid mantles are measured to the nearest half-centimeter below and height of shells to the nearest millimeter below. For crustaceans, carapace lengths are measured from the hiatus of the eye to the posterior edge.

For each commercial fish (mostly gadoids, redfish and flatfishes) a stratified sample of otoliths is progressively obtained at each station during the whole survey. For cod, 4 pairs are sampled per 1 cm class for fish measuring less than 60 cm, or 8 pairs for fish larger than 60 cm. For redfish, 10 pairs are sampled per 1 cm class and for flatfishes, 5 pairs are sampled per 1 cm class.

For length-weight keys, individual weights are obtained on small precise scales.

Also, when sexing fish, maturity stages are observed using a standard maturity scale for each species and recorded on the forms.

Observations on repletion and stomach contents are also roughly noted for the main commercial fish, unless a special feeding study justifies collection of frozen stomachs.

Miscellaneous observations on catches are also made and reported on forms (necrosis, parasites,...). Samples of 6 kg of each species are also collected during each survey, for pollution studies (hydrocarbons, radio-activity, etc...).

ABUNDANCE ESTIMATES

The following formulae (Pennington and Grosslein, 1978) are used for the calculation of the stratified mean $\bar{Y}_{st}$ (weight or number per tow and its variance $V(\bar{Y}_{st})$:

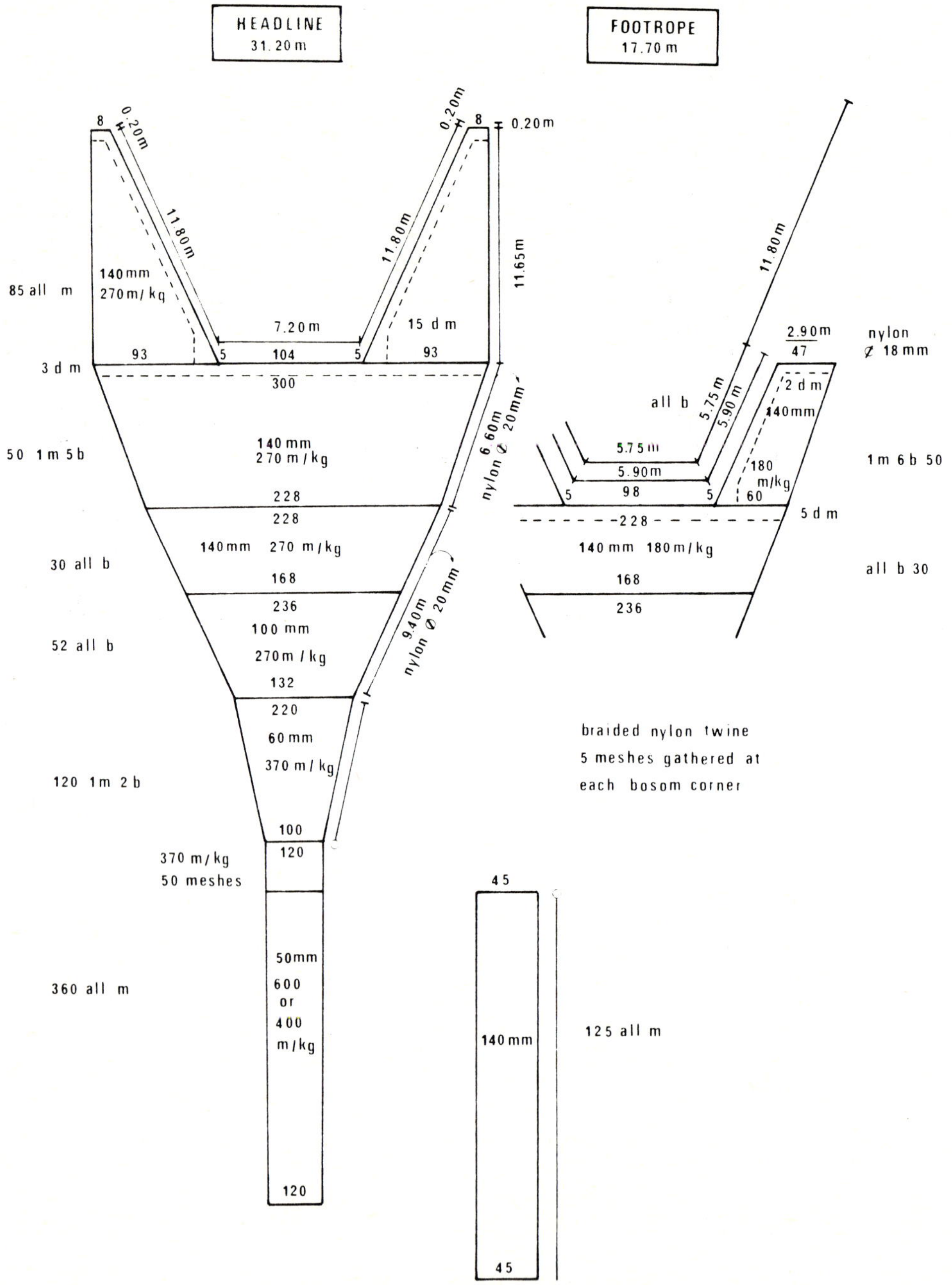

Fig 1 - Diagram of the standard trawl gear "Lofoten" used during the French research surveys on board the R/V CRYOS

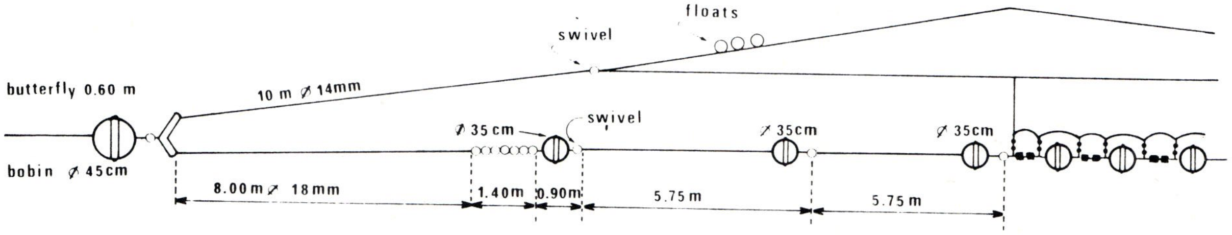

50 floats

opening : 5 m at 2.5 knts
3.20 m at 4 knts

plane oval trawl boards 3.10 × 1.80 m 1100 kg

sweepline 50 m ⌀ 18 mm

Fig 2 – Rigging of the standard trawl gear "Lofoten" used during the French research surveys on board the R/V CRYOS

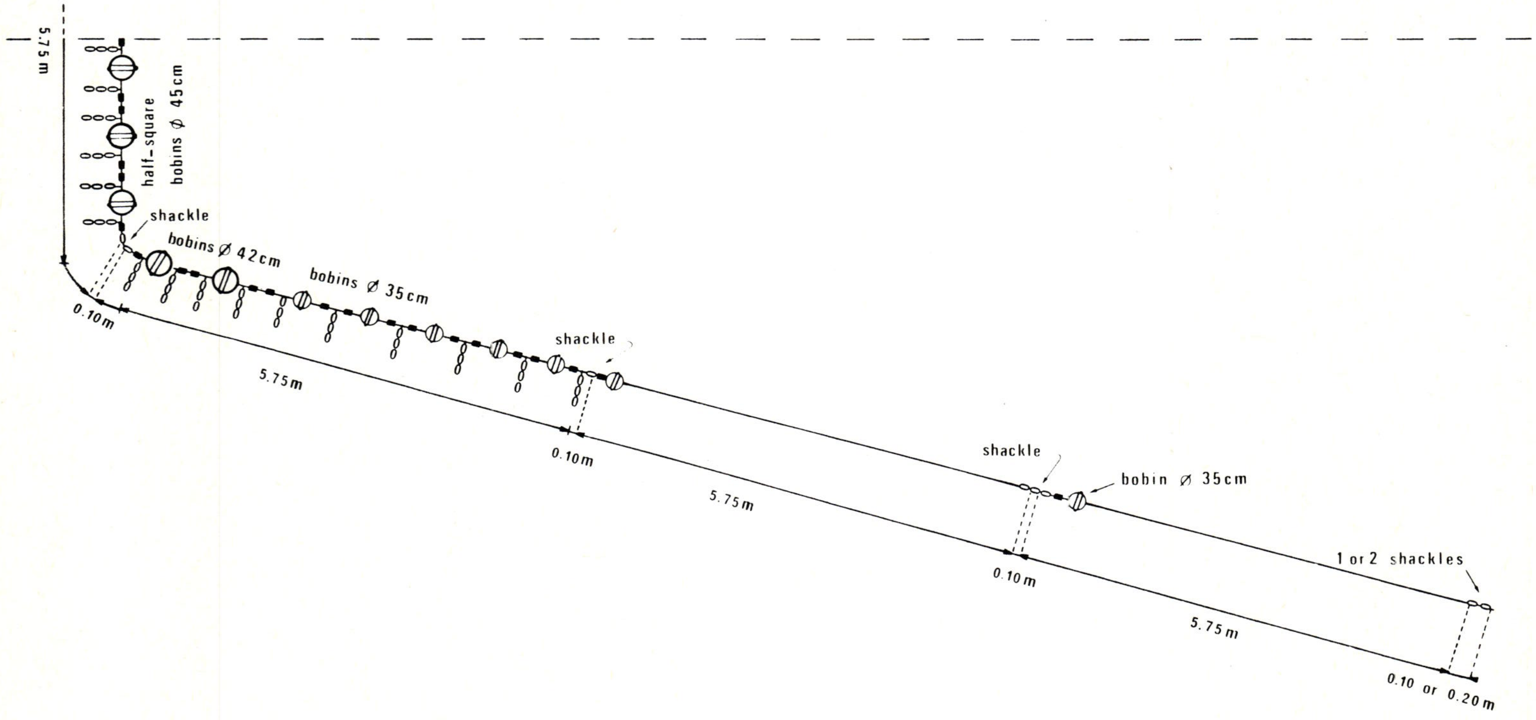

Fig. 3 _ Groundrope of the standard trawl gear "Lofoten" used during the French research surveys on board the R/V CRYOS

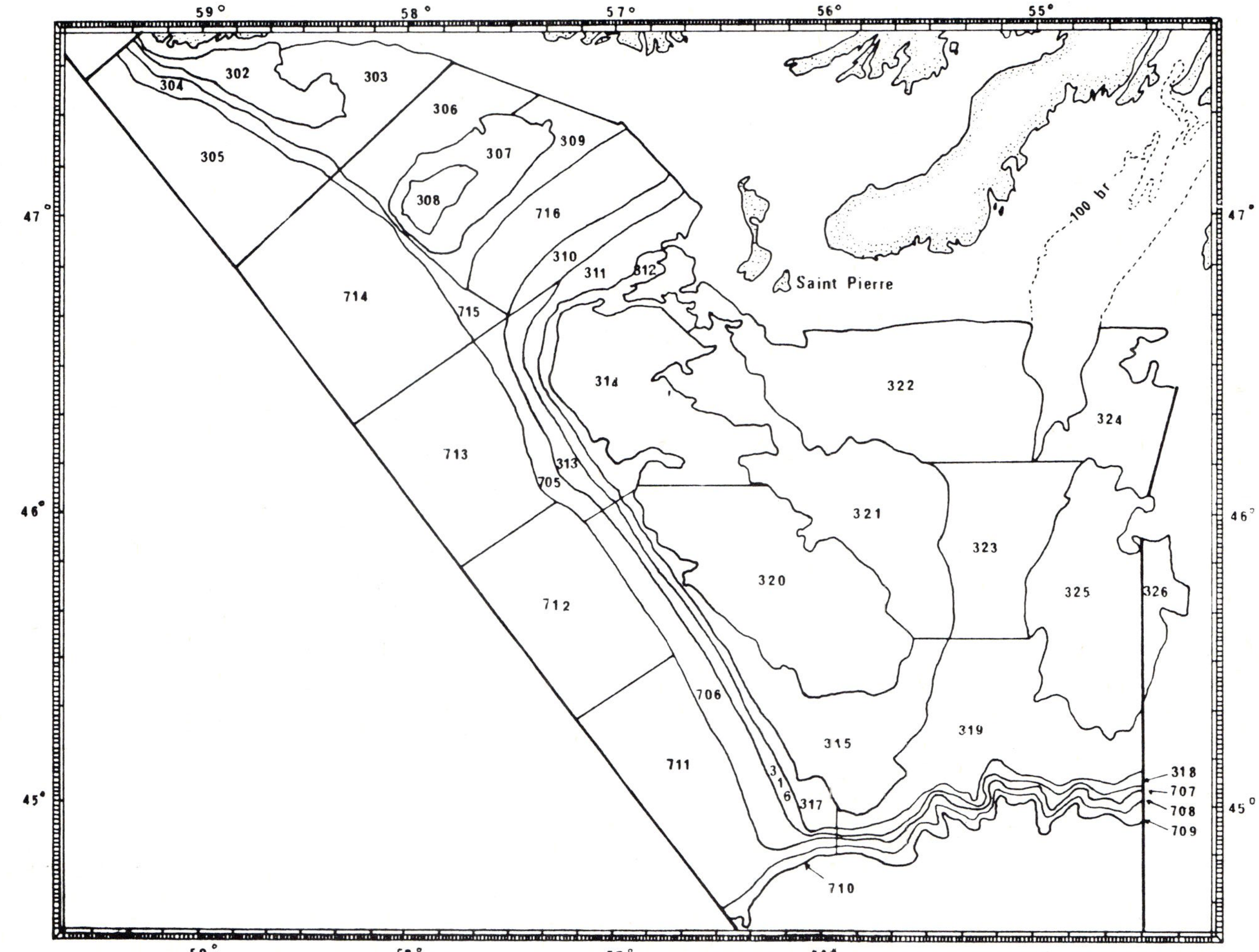

Fig. 4 _ Stratification scheme for NAFO subdivisions 3Pn and 3Ps

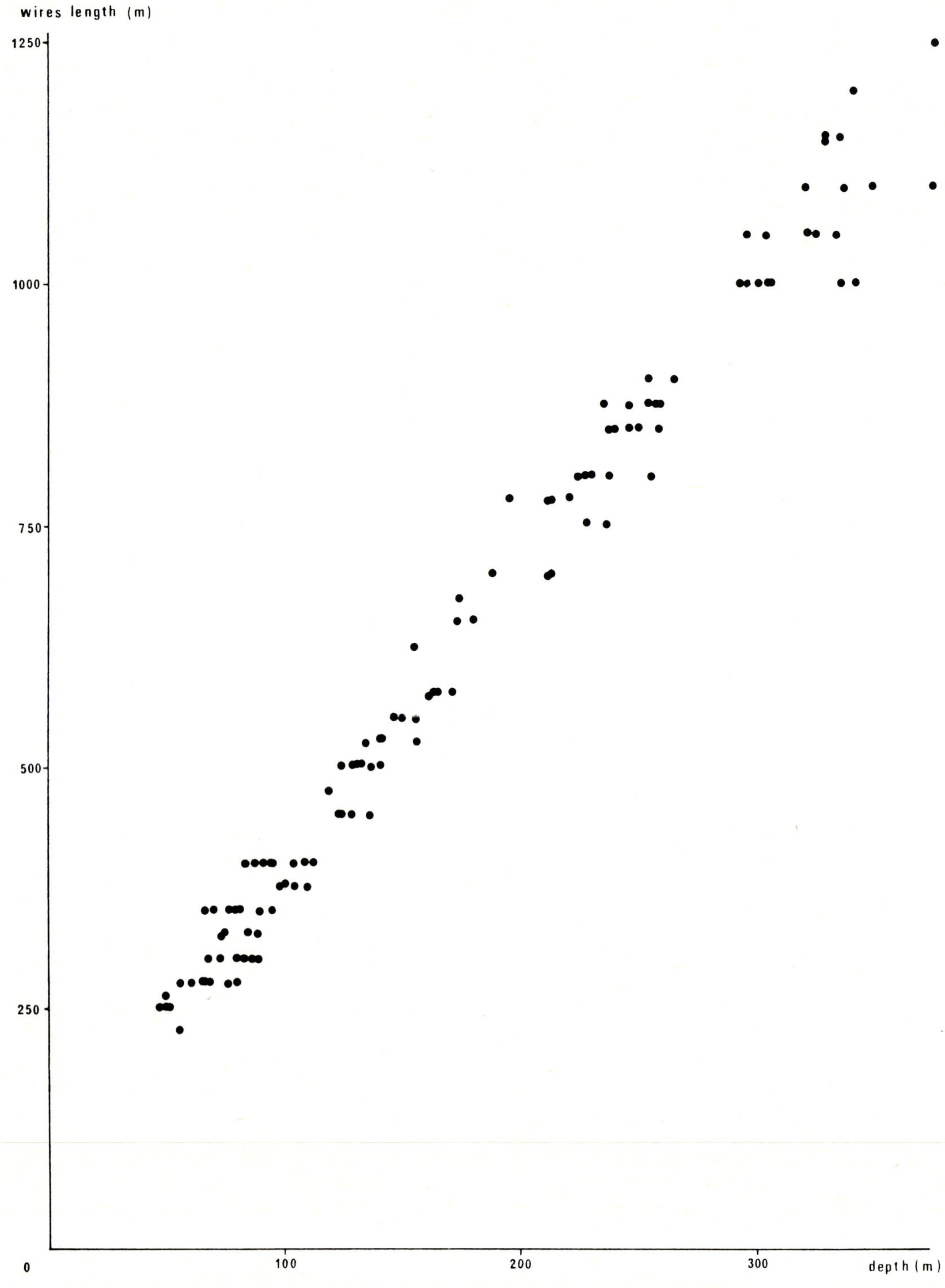

Fig.5 _ Wires length in relation to the trawling depth on board the R/V CRYOS

An | Mois | Jour | Campagne | Numéro | Navire | Secteur

Strate

Lieu :

Rédacteur

METEO : Direction et force du vent | Mer | Ciel | Précipitation | Courant

CHALUTAGE / DRAGAGE

N° Station

Engin | Cap | Vitesse | Fune

Autres caractéristiques :

	Heure . Minute	Q	Latitude	Longitude	Sonde
Filé	.		.	.	
Viré	.		.	.	

Observations :

Espèces	PT	NT	Espèces	PT	NT	Espèces	PT	NT

COLLECTEUR 1 | 2 | 3 | 4 | 5 | 6

HYDROLOGIE N° Station | Engin

	Heure . Minute	Q	Latitude	Longitude	Sonde
Début	.		.	.	
Fin	.		.	.	

Observations :

Sonde	t° C	Sonde	t° C	Sonde	t° C
	.		.		.
	.		.		.
	.		.		.
	.		.		.
	.		.		.
	.		.		.
	.		.		.

ISTPM Saint-Pierre Réf. 8011

FIG. 6A

RECAPITULATION DES MENSURATIONS

N° Station | | | | | |

Strate | | | | |

Sonde mini | | | | |

maxi | | | | |

ECHELLE DES UNITES

0	1	2	3	4	5	6	7	8	9
0,0	0,5	1,0	1,5	2,0	2,5	3,0	3,5	4,0	4,5

0	1	2	3	4	5	6	7	8	9
5,0	5,5	6,0	6,5	7,0	7,5	8,0	8,5	9,0	9,5

FIG. 6B

Fig. 6.- Date sheet used during the French research surveys.

$$\bar{Y}_{st} = \frac{1}{A} \cdot \sum_h A_h . \bar{Y}_h$$

$$V(\bar{Y}_{st}) = \frac{1}{A^2} \cdot \sum_h A_h^2 . S_h^2 / N_h$$

where: A_h = area of the hth stratum

A = the total area

$\bar{Y}_h$ = sample mean catch per tow in the hth stratum

N_h = number of tows in the hth stratum

S_h^2 = sample variance in the hth stratum.

The minimum trawlable biomass B is calculated by summing the biomass values obtained in each individual stratum by the swept-area method:

$$B = \sum_h B_h = \sum_h \frac{\bar{Y}_h . A_h}{b}$$

where: B_h = minimum trawlable biomass in the hth stratum

b = mean area swept per tow

The variance V_B of this estimate is given by:

$$V_B = \sum_h \frac{A_h^2 . S_h^2}{b^2 . N_h}$$

The precision of the abundance indices ($\bar{Y}_{st}$) can be tested by deriving the coefficients of variation C.V. of the weight and number means (ratio of standard deviation to the mean).

For each species, a particular group of strata corresponding to its distribution area has been selected and is used for the calculation of abundance indices.

SOME RESULTS: A DISCUSSION

The analysis of our results, in spite of the lack of long series, indicates that the stratum variance increases faster than the mean. It appears also that the standard deviation of the catch per tow is proportional to the mean for the main commercial species (Fig. 7a, 7b, 7c). As mentioned by Taylor (1953), this is due to the fact that fish are not randomly distributed on the grounds but tend to congregate in schools.

However, the fitting is not good for all species and, for instance, in the case of redfish (Fig. 7c), the scattering of the plots indicates important fluctuations in the C.V. of the mean weights calculated for each stratum.

The results also indicate that, on an arithmetic scale, the C.V. of the stratified mean for all main commercial species range from 0.11 to 0.96, with an average value around 0.30. The maximum value (0.96) is observed for cod during the autumn of 1978 (cruise 782) and is due to one exceptionally large catch.

The values of C.V. of the stratified mean vary from one species to another. For the most common commercial species (skates, cod, flatfish ...) the values are distributed around 0.20 but for others (haddock, hake ...) they are higher (0.59 and 0.49 respectively).

On a logarithmic scale, the C.V. of the stratified mean range from 0.07 to 0.10 for the main commercial species.

For a number of reasons, these calculations provide only an approximation of the population size. While some factors can be controlled and results be corrected (for instance, selectivity of gear), most factors remain uncontrolled, or difficult to control. For instance, the swept-area is assumed to be constant and equal to 0.015 square nautical mile (trawled distance: 2 nautical miles, distance from wing to wing: 13.50 m). But the trawling speed has an effect on the horizontal opening of the trawl and it is known that the two parameters vary in the same way, introducing large variations in the swept-area. In the same way, physical factors (depth-wire length relationship, type of bottom, current strength and direction in relation to towing direction...) may influence the behaviour of the gear. Furthermore, due to the herding effect of the sweepline and of the trawl boards, the actual swept area is probably wider than the distance from wing to wing.

The variability in the catchability coefficient (q) is another important cause of variation in the results. For our biomass calculations the value of q is assumed to be equal to 1.0, and these computations provide the lowest limit of the trawlable biomass.

For the same trawl, the value of q varies from one species to another due to differences in distribution patterns, behaviour towards the trawl and escapement. For instance, echo-sounding records show that large segments of some populations (redfish, cod, ...) may be unavailable to the trawl because of their distribution above the headline. The variations in trawling speed which also induce variations in the vertical opening, may also strongly influence the available proportion of the populations.

In some cases, seasonal variations in the value of q are observed. So, during the autumn season, the abundance of prey (mostly sand launce) and the presence of a strong thermal gradient induce cod concentrations near the bottom and thus a larger availability to the trawl.

All these variations in the value of q may serve to explain the greater tow-to-tow variability observed for some species having a

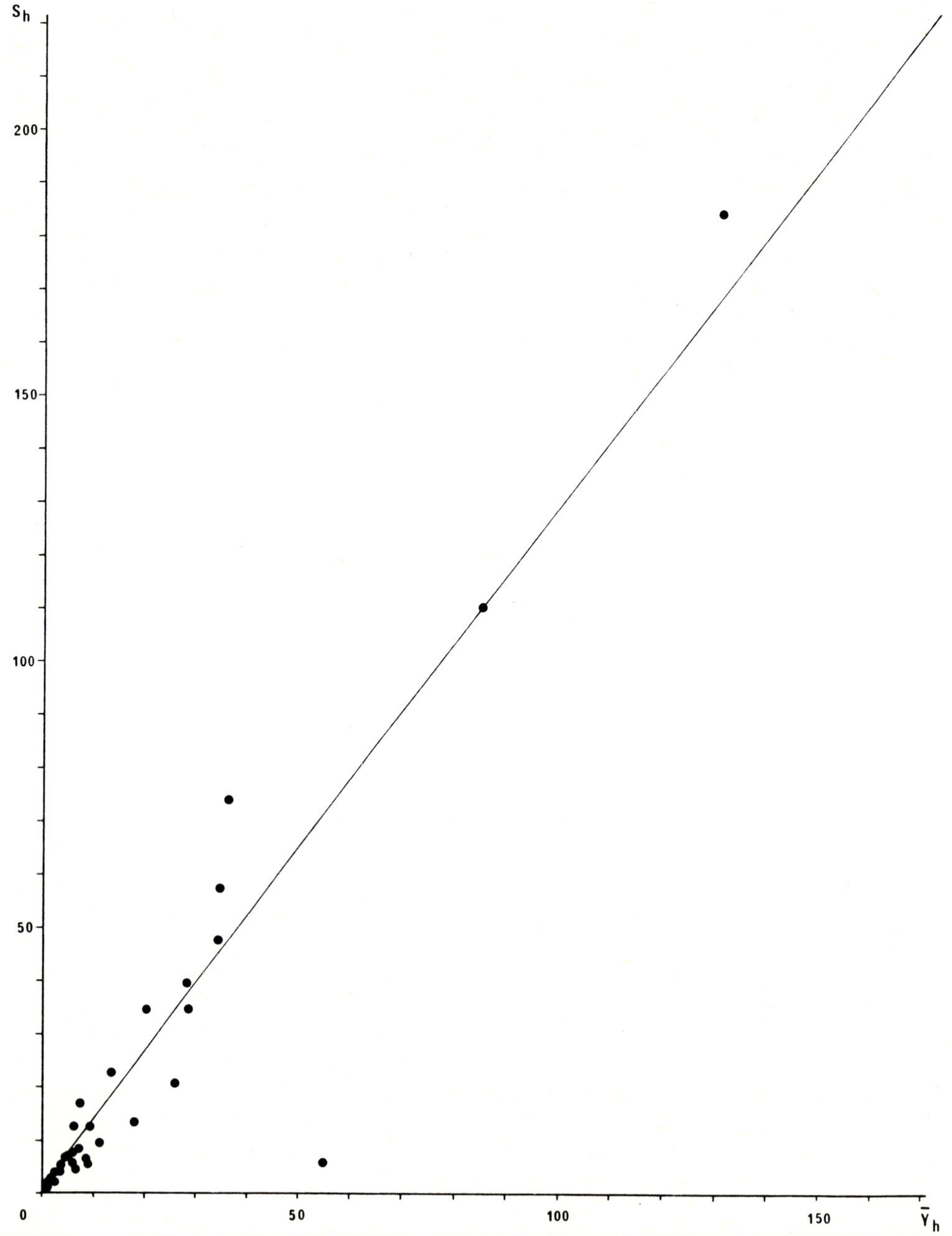

Fig. 7a – Stratum mean ($\bar{Y}_h$ kg/30mn) versus standard deviation (S_h) for haddock in subdivision 3Ps

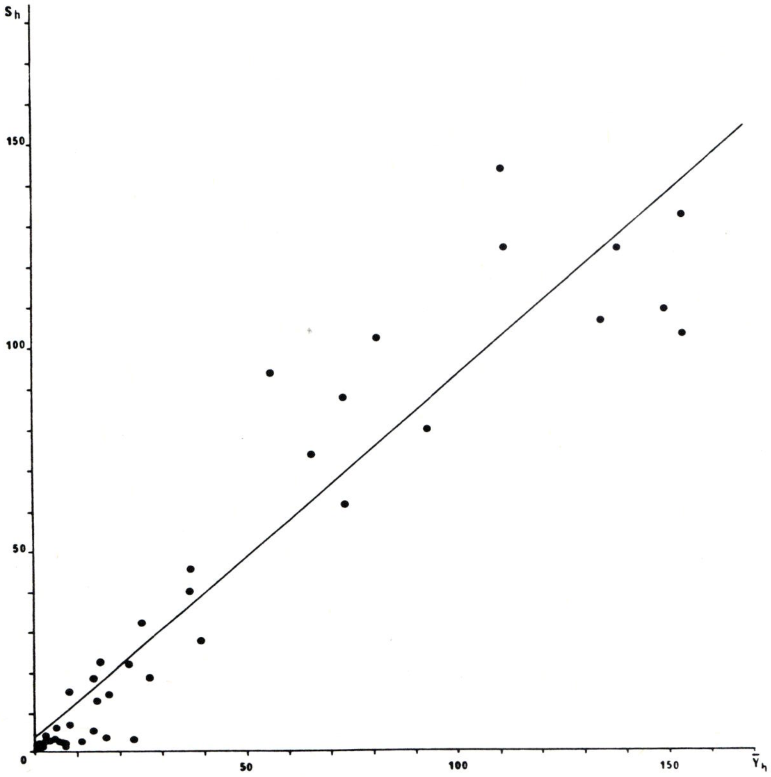

Fig. 7b – Stratum mean ($\bar{Y}_h$ kg/30 mn) versus standard deviation (S_h) for squid in subdivision 3Ps

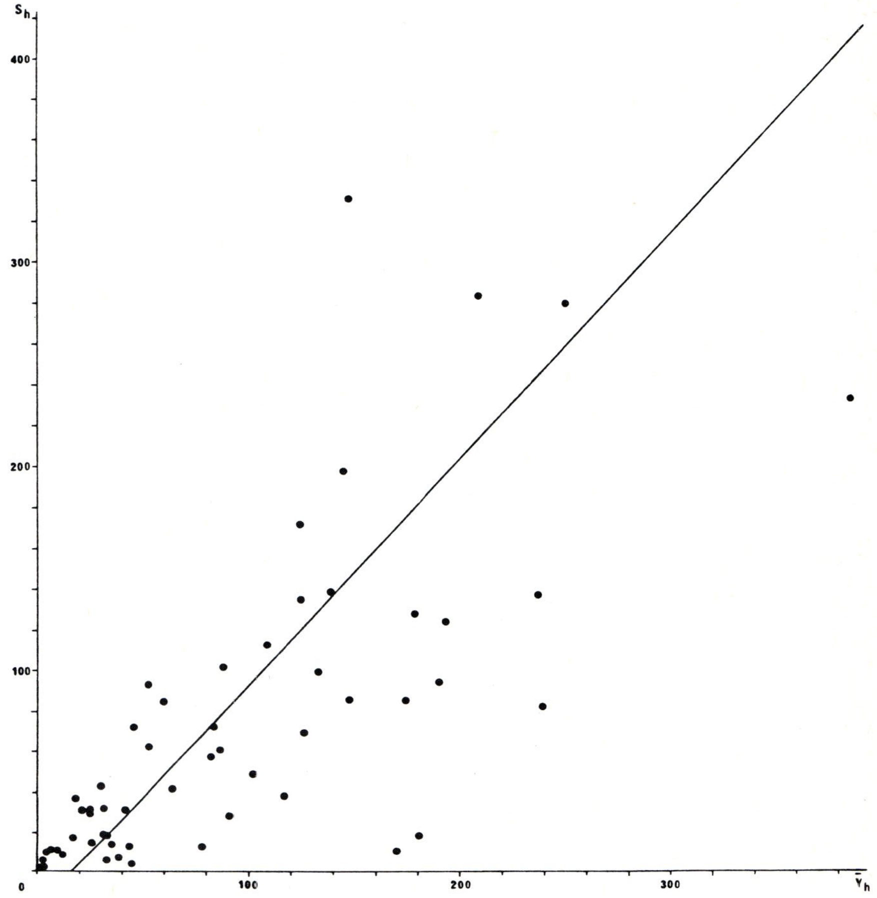

Fig. 7c – Stratum mean ($\bar{Y}_h$ kg/30 mn) versus standard deviation (S_h) for redfish in subdivision 3Ps

rather pelagic behaviour (redfish, for instance), our results for other species living on or near the bottom being more homogeneous. However, for squid (Illex) which has a rather pelagic behaviour, the tow-to-tow variations are not very important (Fig. 7b).

CONCLUSION

The tow-to-tow catch variations observed in sampling fish populations with a bottom-trawl are generally important. They introduce difficulties in obtaining abundance indices accurate enough to be used in stock assessments.

These variations are of two types:

- those due to the distribution patterns of fish populations on the bottom (schooling behaviour)

- those due to the utilization of a trawl as a sampling gear.

The variance of catches obtained by sampling this type of congregated populations is always large and increases faster than the value of the mean. So, a reduction of the size of samples (for instance in reducing the tow duration or in using smaller gear) or an increase in the number of sets, would allow a decrease in this variance. However, as mentioned by Pennington and Grosslein (1978), the optimum tow duration varies according to the species, and the standard value of 30 minutes seems to be a good compromise. Also, the use of a too small sampling gear could introduce an important bias due to an increase in the avoidance phenomenons. On the other hand, an increase in the number of sets, even if it was practicable, would involve higher costs and a lower accuracy-cost ratio. Thus, it appears that an improvement in the accuracy of the results can only be obtained by a decrease in the variation due to sampling gear. An examination of our methods and results indicates that an improvement in accuracy can be obtained by a better knowledge of the actual trawl opening. This knowledge could lead to a better estimate of the sampled surface (or sampled volume) and to a reduction in the variation of the catchability coefficient caused by changes in the trawl opening. Such improvements could be realized by using relatively simple devices (net sounders, speed control systems,...) or more sophisticated techniques (underwater photography, diving observations, acoustic methods,...). It must be noted however that the effects of the numerous parameters affecting the gear behaviour and species reaction to it (bottom sediments, condition of sea, currents, luminosity, weight of catch in the codend,...) remain difficult to monitor during a routine groundfish survey. Indeed, it seems difficult to carry out systematically such expensive, sophisticated and long experiments at sea during the groundfish surveys themselves. However, these problems are important enough to justify special research programs (including special cruises) in each country which undertakes this type of groundfish surveys.

REFERENCES

Grosslein M.D., 1971. - Some observations on accuracy of abundance indices derived from research vessel surveys. - Int. Comm. Northw. Atlant. Fish, Redbook 1981, part III: 246-266.

Grosslein M.D., 1974. - Bottom trawl survey methods of the Northeast Fisheries Centre Woods Hole, Mass. U.S.A. - Int. Comm. Northw. Atlant. Fish Res. Doc.. 74/96: 27 p.

Minet J.P., 1975. - Seasonal variations in the biomass of the main commercial species from surveys in Saint-Pierre Bank, 1971-1972. Int. Comm. Northw. Atlant. Fish. Res. Doc. 75/12: 8 p.

Pennington M.R. and Grosslein M.D., 1978. - Accuracy of abundance indices based on stratified random trawl surveys. - Int. Comm. Northw. Atlant. Fish. Res. Doc. 78/IV/77: 42 p.

Pinhorn A.T., 1972. - Proposed stratification scheme for ICNAF Division 3Ps. Int. Comm. Northw. Atlant. Fish. Res. Doc. 72/60: 2 p.

Pitt T.K., 1976. -Contributions to a manual on ICNAF groundfish surveys. - Int. Comm. Northw. Atlant. Fish. Res. Doc. 76/VI/119: 14 p.

Taylor C.C., 1953. - Nature of variability in trawl catches. Fish. Bull. 54 (83): 143-166.

Annex I

Main Characteristics of the Research Vessel "CRYOS"

Built in Arcachon (France), the research vessel "CRYOS" was launched on February 7, 1970. She belong to CNEXO and is assigned since April 1970 to the fishery research carried out in the Northwest Atlantic by the Laboratory ISTPM of St. Pierre et Miquelon.

. Radio call sign	: F N B A
. Length overall	: 48.70 m
. Moulded beam	: 10.00 m
. Average draught	: 4.55 m
. Loaded displacement	: 800 tons
. Gross tonnage	: 598 tonneaux
. Max speed	: 13 knots
. Cruise speed	: 11 knots
. Propulsion autonomy	: 30 days at 11 knots (7 500 milles)
. Fresh water reserve	: 30 m^3
. Fuel capacity	: 188 m^3
. Fish holds volume	: one 30 m^3 (0°C) hold one 30 m^3 (-28°C) hold one (-40°C) freezing tunnel one 15 m^3 fish well
. Laboratories and working surface	: one fish sorting room one biological laboratory one physical laboratory one hydrology room one plancton room
. Crew on board	: crew of 22 including 8 officers : 9 scientists

- ENERGY

. Main propulsion :

Diesel type including two 690 HP type 6 VOM Duvant twin engines each driving 1 controllable pitch propeller.

. Electricity production :

2 auxiliary engines, one 85 KVA, one 220 KVA, one 330 KVA generator set.

. Auxiliary propulsion :

one 75 HP active rudder.

- EQUIPMENT

. Fishing installations and means of hoisting :

- ramps and stern gantry for trawling;
- two 3 tons beams on this stern gantry;
- 2 side gallows for hydrology and plancton

. Winches :

- 1 fishing winch, capacity : 2 x 3 000 m, 0 22 mm wire rope driven by one WARD LEONARD electric motor 240 HP;
- 1 net drum;
- 1 NET Z SONDE winch;
- two 3 tons winches;
- 1 hydrology winch : 5 000 m, 0 4 mm wire rope;
- 1 plancton winch : 5 000 m, 0 6 mm wire rope.

. Radio and navigation :

- 1 radiostation with :
  - 1 OM, OC 400 W graphic transmitter
  - 1 CRM 3855 universal receiver
  - 1 radio telephone SSB 400 WCRM 1453 receiver transmitter CLIPPER
  - 1 VHF 941M receiver transmitter
- 1 radar DECCA AC 626
- 1 radar DECCA RM 314
- 1 GFB6 radiogoniometer
- 1 MK 12 DECCA NAVIGATOR
- 1 LORAN A/C
- 1 OMEGA SERCEL RFX 2A receiver
- 1 MAGNAVOX SATELLITE NAVIGATOR
- 1 TAYOFAX TF 783 meteo facsimile
- 1 ARMA BROXN gyro-compass with AOIP auto-pilot
- 1 SAL 64 log
- 1 BEN MK 6 electromagnetic log

. Stationary scientific equipment

- 1 SIMRAD SB 3 SONAR
- 1 SIMRAD EH2E fishing echo sounder
- 1 SIMRAD "scientific" 10 200 m echo sounder
- 1 meteorological measures center
- 1 NET Z SONDE

USE OF TRAWL SURVEY DATA IN ASSESSMENTS

by

Stephen H. Clark
National Marine Fisheries Service
Woods Hole Laboratory
Woods Hole, Massachusetts 02543

ABSTRACT

Applications of bottom trawl survey data to fish stock assessment are reviewed. Techniques developed at the Northeast Fisheries Center (NEFC) of the US National Marine Fisheries Service (NMFS) to estimate recruiting year-class strength, trends in stock abundance and instantaneous fishing mortality (F), "terminal" or "starting" F for use in virtual population analysis or VPA and other parameters from commercial and survey data are also presented and evaluated, using examples from previous assessments.

Keywords: biological surveys, fish stock assessment, stock abundance, trawl surveys, virtual population analysis.

RÉSUMÉ

Le présent rapport est un survol des applications des données recueillies par chalut de fond à l'évaluation des stocks de poissons. On y présente et évalue les techniques mises au point au Northeast Fisheries Center du US National Marine Fisheries Service pour estimer, à l'aide d'exemples d'évaluations antérieures, le recrutement annuel, les tendances de l'abondance des stocks et de la mortalité instantanée due à la pêche (F), F terminale ou initiale, utilisée pour l'analyse des populations virtuelles, et d'autres paramètres obtenus à partir des prises commerciales ou d'études.

INTRODUCTION

The 1970s have proven to be pivotal in the assessment and management of finfish and invertebrate stocks in the northwest Atlantic. Withdrawal of the United States (U.S.) from the International Commission for the Northwest Atlantic Fisheries (ICNAF) at the end of 1976 and the subsequent implementation on March 1, 1977 of the Fishery Conservation and Management Act of 1976 (FCMA) have resulted in significant changes in assessment needs. Assessment advice is now routinely requested by U.S. regional fishery management councils, both for stocks with adequate commercial data bases for analytical assessment needs and for stocks for which commercial data bases are meagre. At the Northeast Fisheries Center (NEFC), these demands have led to increased use of research vessel bottom trawl survey data in assessments and to the development and refinement of analytical techniques employing these data.

The need for such data and techniques has recently been underscored by problems associated with increased fishing intensity and increased abundance of key demersal stocks (cod, *Gadus morhua*; haddock, *Melanogrammus aeglefinus*; and yellowtail flounder, *Limanda ferruginea*). Management of these species on an individual species-stock basis under a variety of allocation schemes (e.g., daily, weekly and per-trip limits by vessel class and area) has resulted in significant discarding and/or misreporting by species and area to circumvent landings restrictions, thus largely invalidating the post-ICNAF commercial landings and catch-effort data bases for these stocks. At the same time, optimum yield (OY) has been repeatedly raised for these species as effort has increased and abundance has improved, resulting in the need for additional monitoring of the effects of recent increases in exploitation. The importance attached to NEFC surveys by the New England Regional Fishery Management Council can be best appreciated by considering that groundfish management has been structured, at least in part, to permit timely use of NEFC autumn survey data; i.e., these data may be incorporated into winter assessments for setting OYs for the subsequent "fishing" year (October 1 - September 30).

In response to the above problems and requirements, recent attempts have been made both to augment the existing research vessel survey data base and to devise new approaches and applications for use of such data in assessments. Since 1963, the NEFC has conducted an autumn survey in continental shelf waters between 27 and 365 m in depth; a spring survey was initiated in 1968 and a regular summer survey was initiated in 1977 (several additional winter and summer cruises were completed since 1963 which were not part of a regularly scheduled time series). Inshore areas (27 m) have also been surveyed from Cape Cod to Cape Hatteras since 1972, and coverage was extended northward to the Bay of Fundy in 1977. Coverage has also been increased in key areas beginning in 1977 in an attempt to improve precision; Serchuk et al. (MS 1980) present evidence that precision in catch-per-tow indices for cod was increased by as much as 50 per cent by additional sampling during 1977-1979. Detailed information relative to NEFC survey design and procedures has been presented in earlier papers (Grosslein 1969; MS 1969a; MS 1969b); Grosslein (1971) and Pennington and Grosslein (MS 1978) have reviewed the statistical basis for the survey design and have considered the accuracy and precision of the results obtained. Also see papers by Azarovitz and by Pennington and Brown (this workshop).

The most sophisticated or analytical assessments performed by NEFC scientists have included application of virtual population analysis or VPA (Gulland 1965) or cohort analysis (Pope 1972) to catch-at-age data to estimate past levels of stock size and instantaneous fishing mortality (F); these estimates are then compared and/or correlated with an independent data set (usually NEFC survey data) to provide a basis for evaluating current stock size, mortality rates and year-class strength. These and other applications of research vessel survey data to fish stock assessment by NEFC scientists have been reviewed by Clark (1979). Recent deficiencies in the fishery data base and council requirements have led to other applications as well.

This present paper updates Clark's (1979) review, with particular reference to recent problem areas and requirements mentioned above. As in that paper, the intent of this update is to provide information to researchers working on similar problems in other areas and to stimulate criticism and suggestions for improvement.

USE OF SURVEY DATA IN ASSESSMENTS

The usefulness of the NEFC survey data base in monitoring trends in abundance and mortality and in measuring year-class size has been demonstrated in a number of recent assessments (Clark 1979). Trends in NEFC survey abundance indices[1] have agreed very closely with trends in commercial catch-per-unit-effort data and/or stock size estimates calculated by VPA for a number of demersal stocks, e.g., Georges Bank haddock (Clark et al. MS 1980) and yellowtail flounder (McBride and Sissenwine MS 1979); also, length-frequency distributions of survey catches have generally agreed closely with those obtained from commercial sampling if allowance is made for differences in gear selectivity. In spite of lower catchability, similar patterns appear to hold for pelagic stocks. NEFC spring and autumn survey indices have monitored gross changes in abundance of Atlantic mackerel (Scomber scombrus) since 1963 (Anderson MS 1980a) and have also proven to be reliable in monitoring abundance of the Georges Bank herring (Clupea harengus) stock (Anthony[2]). Certain invertebrate stocks have also been monitored successfully by these surveys; Burns and Clark (1980) present evidence that NEFC survey indices have been representative of trends in abundance of offshore lobster (Homarus americanus) stocks, and Clark et al. (MS 1979) have found close agreement between trends in NEFC autumn survey indices and stock size estimates obtained from commercial landings and Maine summer survey data for northern shrimp (Pandalus borealis). As a rule, however, special surveys have been used at NEFC to monitor invertebrate stocks, e.g., scallops (Placopecten magellanicus) and surf clams (Spisula solidissima).

The NEFC survey data base has been used for a number of assessment-related applications, e.g., determination of growth and mortality rates for yellowtail flounder (Penttila and Brown 1973), cod (Penttila and Gifford 1976), pollock, Pollachius virens (Clark et al. 1977), butterfish, Peprilus triacanthus (Murawski and Waring 1979), redfish, Sebastes marinus (Mayo 1980) and other species. Resulting parameter estimates have been used directly in routine assessment modelling or for more specific applications, such as referencing mortality levels for catch predictions, as done by McBride and Sissenwine (MS 1979) for southern New England yellowtail (discussed below). A number of comprehensive food habits studies have also been conducted at NEFC, based on research vessel survey data, to identify foods eaten, to describe prey biomass utilized and to determine feeding chronology, digestion rate, consumption and growth efficiency (Edwards and Bowman 1979); see also papers by Langton and Bowman (1980, in press), Bowman and Bowman (1980), and Bowman (in press). Such studies are providing much of the basis for current multi-species modelling work at NEFC and are assuming increased importance as this work continues. The reader is referred to the above papers for additional information.

This paper reviews assessment techniques developed and applied by NEFC scientists to estimate recruiting year-class strength, stock abundance, catch levels corresponding to specified levels of F, estimation of F for the most recent year of a fishery, trends in F by reference to relative levels of exploitation and maximum sustainable yield (MSY). Although these techniques were devised to address specific assessment needs under ICNAF or later under FCMA, they do appear to have wider applicability to a variety of situations, provided that comparable data bases are available.

PREDICTION OF RECRUITMENT

Prediction of recruiting year-class size is an important component of an assessment. At NEFC, this has primarily involved development of empirical relationships between estimated stock sizes at age calculated from VPA or cohort analysis and survey catch-per-tow-at-age data.

To estimate year-class size for Northwest Atlantic mackerel (Fig. 1), Anderson (MS 1980a) used a power curve relationship, fitted by least squares, between year-class size at age 1 estimated from VPA and NEFC autumn survey catch per tow at age 0 (numbers) for 1963-1975. He also developed similar relationships between VPA year-class size at age 1 and NEFC spring survey catch per tow at age 1 and between VPA year-class size at age 2 and NEFC spring survey catch per tow at age 2. (There is no conceptual basis for assuming a curvilinear relationship here; however, the technique does insure a zero intercept and provides better fits to these data sets). Some of the effects of extreme values in the survey data were eliminated by a ln (x+1) transformation of the individual catch-per-tow-at-age values and by retransforming back to the

---

[1]Calculated in terms of stratified mean catch per tow in numbers or weight (Cochran 1953); individual stratum areas are used for weighting purposes.

[2]Anthony, V.C. 1980. The management and demise of Georges Bank herring. Paper presented at the 110th Annual Meeting, American Fisheries Society, Louisville, KY, September 21-24.

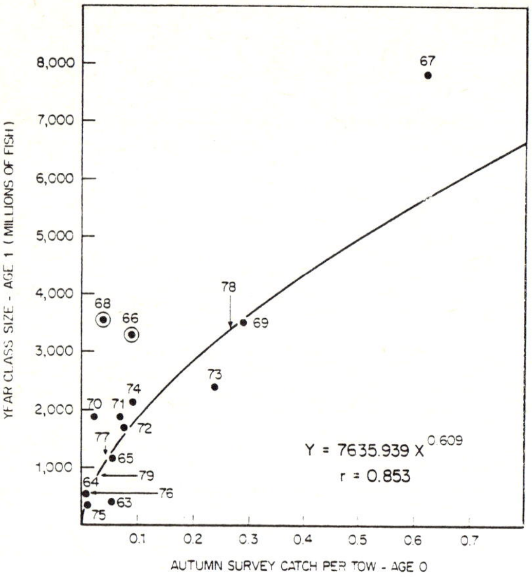

Fig. 1 . Power curve relationship between year-class size at age 1 estimated from virtual population analysis or VPA and NEFC autumn survey catch per tow at age 0, for northwest Atlantic mackerel, 1963-1975 (1966 and 1968 points were not used in calculating the curve).

linear scale as suggested by Bliss (1967:128), according to the relation:

$$(1)\quad E(\bar{x}) = \exp\left(\bar{x} + \frac{S^2}{2}\right) - 1$$

where $E(\bar{x})$ = the expected stratified mean catch-per-tow-at-age value in original units and $\bar{x}$ and S^2 are the stratified mean catch per tow and estimated population variance, respectively, on a logarithmic scale. This approach is used as a smoothing function to de-emphasize the relative importance of large catches (and if the data are lognormally distributed, (1) is more efficient than the untransformed mean). Estimates of year-class size at age 1 (N_1) were then obtained directly or back-calculated from the age 2 estimates (given the known catch at age 1) according to

$$(2)\quad \frac{N_2}{C_1} = \frac{Z_1\, e^{-Z_1}}{F_1(1-e^{-Z_1})}$$

and

$$(3)\quad \frac{N_2}{N_1} = e^{-(F_1 + M)}$$

where N_2 = stock size at age 2, C_1 = catch at age 1, F_1 = instantaneous fishing mortality at age 1, and $Z_1 = F_1 + M$ (the instantaneous natural mortality rate). Resulting estimates for the 1976 year class ranged from 246 to 668 million fish at age 1, with a mean of 477 million fish. Estimates for the 1977 year class at age 1 were 1,154 million fish from the age 0 index, 594 million fish from the age 1 index and 72 million fish from the age 2 index, back-calculated. The latter estimate was considered unrealistic, resulting from anomalously low survey catches of mackerel in the spring of 1979, associated at least in part with hydrographic conditions (Anderson and Overholtz MS 1979). Therefore, the size of the 1977 year class was determined by averaging the remaining estimates. The estimates of the size of the 1978 year class at age 1 obtained in the same assessment were 3,391 million fish from the age 0 index, 1,654 million fish from the age 1 index, adjusted for environmental differences in the spring of 1979, and 1,028 million fish from the age 2 index, back-calculated. These techniques were useful and necessary in this assessment, although the lack of an appropriate theoretical basis for use of power functions and occasional anomalous survey index values (Fig. 1) imply that results should be interpreted with caution.

A longer time series of commercial and survey catch-at-age data will be required to evaluate the accuracy of these estimates; however, it might be noted that previous estimates of the strength of the 1974 year class at age 1 obtained by Anderson (MS 1977) using the same approaches (2,516 million fish, 2,104 million fish and 2,477 million fish) agree very well with the most recent estimate (2,124 million fish) obtained from VPA (Anderson MS 1980a). The most recent VPA estimate for the 1975 year class was also consistent with earlier (Anderson MS 1977) estimates indicating it to be relatively weak.

Other empirical relationships of this type are obviously possible. Almeida and Anderson (MS 1979) developed a linear relationship betweeen VPA year-class size at age 1 and NEFC autumn survey catch per tow at age 0 for 1963-1974 for Gulf of Maine silver hake (Fig. 2). Clark et al. (MS 1980) developed a similar linear relationship between VPA year-class size at age 2 and NEFC autumn survey catch per tow at age 0 and age 1 combined for 1963-1974 for Georges Bank haddock; survey catch-per-tow values were combined by year class in an attempt to utilize all available information, but logarithmic transformations were not employed.

STOCK ABUNDANCE AND TOTAL BIOMASS LEVELS

Stock abundance has been predicted from recruiting year-class size estimates for Georges Bank haddock (Hennemuth MS 1969; Clark and Palmer MS 1978). Recruitment estimates (see previous section), catches from the fishery and the assumed value of M for this stock were used to obtain annual stock size estimates (N_i) in numbers (age 2 and older) for 1968-1979, using Baranov's (1918) catch equation:

$$(4)\quad C_i = N_i \frac{F_i}{Z_i} (1 - e^{-Z_i})$$

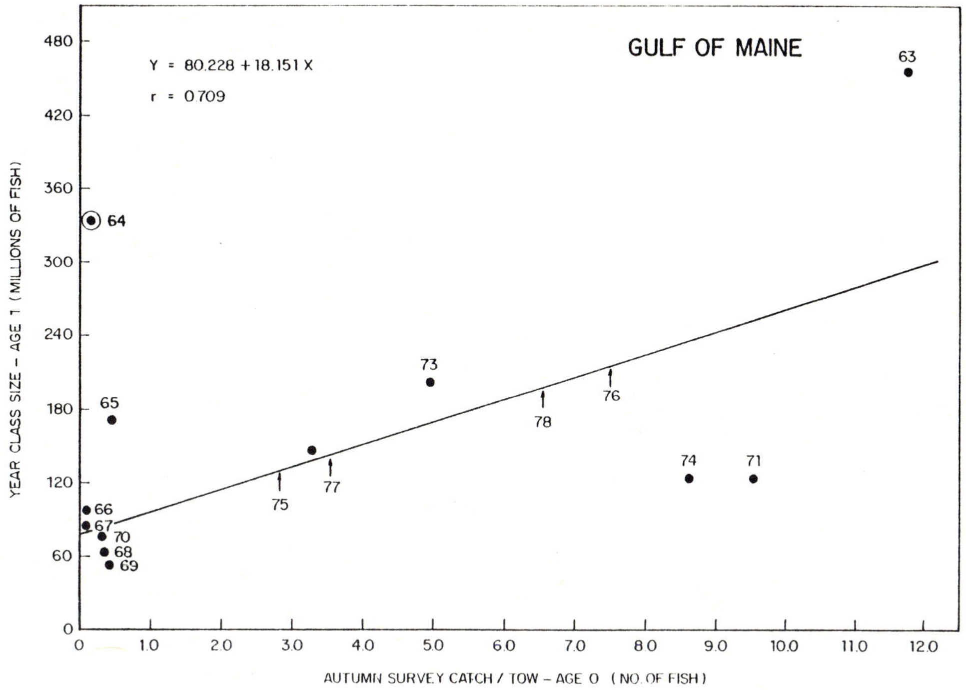

Fig. 2 . Relationship between year-class size at age 1 estimated from virtual population analysis or VPA and NEFC autumn survey catch per tow at age 0 for the Gulf of Maine silver hake stock, 1963-1974 (1964 point was not used in calculating the curve).

where C_i = catch in numbers of age 2 and older fish in year i and F_i and Z_i are defined as above, referenced to year i. The known C_i value and the corresponding N_i estimate are entered into (4) to determine Z_i and the rate of survival S_i ($=e^{-Z_i}$), which is then used to determine the remnant of N_i alive at the beginning of year i+1. This number, combined with the appropriate recruitment estimate, provides an estimate of N_{i+1}, etc. Forward projections in time, based on (4), obviously imply the potential for exaggeration of error associated with original year-class size estimates, particularly in the case of long-lived species; nevertheless, such a method would appear justifiable for representation of trends in stock size during periods of low abundance and poor recruitment, as was the case for Georges Bank haddock during the early 1970s.

Calculations can readily be performed if an initial estimate of N_i is available (Clark and Palmer obtained an estimate for 1968 from a VPA of 1968-1972 catch-at-age data). Resulting stock size estimates are consistent with survey data indicating a pronounced decline in abundance in the early 1970s, followed by a sharp increase. Estimated stock size values declined from 69 million fish in 1968 to 6 million fish in 1972 but then increased to 196 million fish at the beginning of 1977; the autumn survey index declined from 11.4 fish per tow in 1967 to 2.8 fish per tow in 1971 but then increased to 47.7 fish per tow in 1976. Alternatively, Clark and Essig (MS 1980) predicted stock size in numbers for fully recruited (age 3 and older) haddock on Georges Bank for 1980, based on an empirical relationship between survey catch-per-tow-at-age data and annual VPA stock size estimates (Fig. 3), apportioned the result according to observed age composition of the survey catches, and used resulting values with estimates of recruiting year-class size and mean weight-at-age data to project catch and stock size values for different options of F. Obviously, results are strongly dependent upon index values used for the base year in question.

An analogous procedure was developed by Brown and Hennemuth (1971) for the Southern New England yellowtail flounder stock which entails calculation of a "survey population index". This is based on the assumptions that yellowtail flounder: (1) first enter the commercial fishery in significant numbers at age 2; (2) are almost fully recruited by age 3; and (3) contribute primarily to the commercial catch at ages 2-5. Stratified mean catch per tow of pre-recruit (age 1) yellowtail flounder in autumn surveys is assumed to represent the relative abundance of the year class in question at the beginning of the following year (at age 2). The abundance index of this year class at the beginning of the next year (age 3) is calculated by multiplying the pre-recruit (age 2) index by the survival rate during the first year of exploitation; the age 4 abundance index of this year class is calculated by multiplying the age 3 index by the survival rate during the second year of exploitation, etc. Survival rates may be determined from commercial catch-

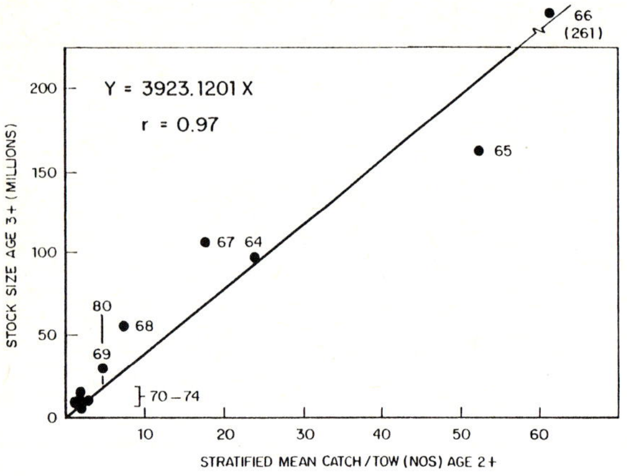

Fig. 3 . Relationship between stock size age 3 and older (millions) and stratified mean catch per tow (numbers, age 2 and older) in NEFC autumn surveys for Georges Bank haddock, 1964-1974.

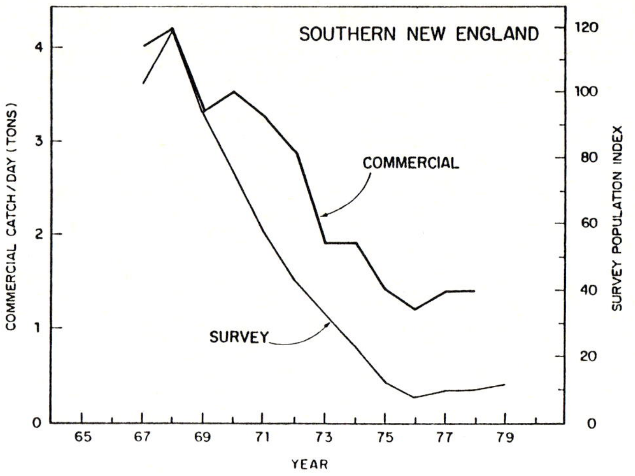

Fig. 4 . Comparison between survey population index values derived from USA autumn survey catch-per-tow-at-age data and commercial abundance index values for southern New England yellowtail flounder, 1967-1979.

effort data. The survey population index for a given year is then calculated by summing indices at age over all year classes in the fishery:

$$(5) \quad N_i = n_{i,j} + e^{-Z_1}(n_{i-1,j} + n_{i-2,j}e^{-Z_2} + n_{i-3,j}e^{-2Z_2})$$

where N_i = relative abundance at the beginning of year i, $n_{i,j}$ = relative abundance of age group j in year i, and Z_1 and Z_2 are defined as above and referenced to the first year and to the remaining years in the fishery, respectively. An index in terms of weight can be calculated by multiplying each year-class contribution by the appropriate mean weight-at-age value. (Note that strong emphasis on age 1 catch-per-tow data is appropriate for this particular index as survey data for this age group appear to have been most reliable for estimating trends in abundance for Southern New England yellowtail.)

With this procedure, if survival rates over time are known with reasonable accuracy and the age 2 contribution is assumed to be equal to that for the preceding year, the index for the following year can be calculated (and stock size estimated) before the autumn survey. Survey population index trends are in agreement with trends evidenced by commercial catch-per-unit-effort data (McBride and Sissenwine MS 1979; Fig. 4).

In addition to providing a basis for evaluating trends in abundance for individual species-stocks, survey data have also been used to calculate trends in total biomass. Clark and Brown (1977, 1979) derived total biomass estimates by adjusting survey data for individual species-stocks in terms of catchability (obviously necessary as individual species vary greatly in vulnerability to the survey gear). To compensate for these differences, Clark and Brown calculated "catchability coefficients" by dividing survey abundance index values for the autumn of year i by the corresponding stock size estimates at the beginning of year i+1 (stock size estimates were calculated by VPA or cohort analysis or from commercial catch in weight and available mortality estimates). Resulting catchability coefficients were then averaged over all years to obtain weighting coefficients, namely,

$$(6) \quad W_j = \frac{\sum_{i=1}^{n} (\bar{x}_i/S_{i+1})}{n}$$

where $\bar{x}_i$ = stratified mean catch per tow in autumn of year i and S_{i+1} = stock size at the beginning of year i+1. Annual biomass estimates were then calculated by applying these coefficients to survey data for each stock and summing over all stocks, namely,

(7) $B_{i+1} = \sum_{j=1}^{k} \frac{(\bar{x}_{i,j})}{W_j}$

where B_{i+1} refers to total biomass at the beginning of year i+1, $\bar{x}_{i,j}$ refers to stratified mean catch per tow for the jth stock in autumn of year i, and W_j refers to the weighting coefficient for the jth stock, summation being over k stocks (note that total biomass at the beginning of any year can thus be estimated from autumn survey abundance index values from the preceding year and the calculated weighting coefficients). Again, some of the effects of non-normality in the survey data were eliminated by a ln (x + 1) transformation and retransforming according to (1) prior to calculation of the catchability and weighting coefficients and stock biomass estimates. Results (Fig. 5) are consistent with observed trends in fishing effort and results of individual species-stock assessments in indicating declines to very low levels of abundance in the mid-1970s followed by some degree of recovery.

PREDICTION OF CATCH LEVELS

For management purposes, it is often necessary to predict future catch levels associated with varying levels of fishing mortality. Brown and Hennemuth (1971) estimated catch levels corresponding to predetermined levels of F for the Southern New England yellowtail flounder stock, based on the survey population index described in the previous section, commercial catches and past levels of F. The necessary data for 1979 are summarized in Fig. 6 (McBride and Sissenwine MS 1979). The vertical line represents the locus of possible points for 1979; the slope of the line from any point through the origin indicates fishing mortality relative to other years and relative to the reference lines provided.

The level of Z for Southern New England yellowtail flounder for 1963-1969 was estimated as 1.25 by Penttila and Brown (1973); assuming M = 0.2, then F was equal to 1.05. By fitting a straight line through the origin to the data points in Fig. 6 contained within this time interval, the line corresponding to F = 1.05 was obtained. The slope of the line corresponding to any other F value can be determined by substituting a point from the line of known F into an equation that relates catch to the survey population index (U) and solving for an unknown constant (q), namely,

(8) $C_i = \frac{F_i}{Z_i} \cdot \frac{U}{q} \quad (1 - e^{-Z_i})$

Once obtained, q is then substituted back into (8) together with the appropriate survey population index value and the desired F value to obtain the corresponding catch. This technique has been used to predict catches corresponding to the F_{max} and $F_{0.1}$ levels for this stock in a number of assessments, e.g., McBride and Sissenwine (MS 1979).

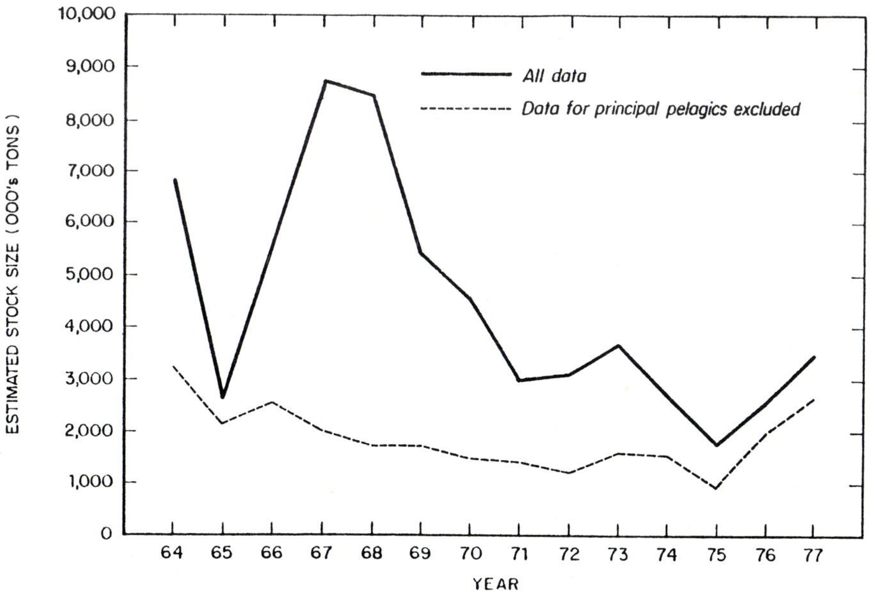

Fig. 5. Trends in total biomass estimates from the Gulf of Maine to Cape Hatteras derived from NEFC autumn survey indices and catchability coefficients obtained from analysis of commercial and survey data, 1964-1977. The low value for "all data" in 1965 resulted from an anomalous survey catch of herring in the preceding autumn (Clark and Brown 1977).

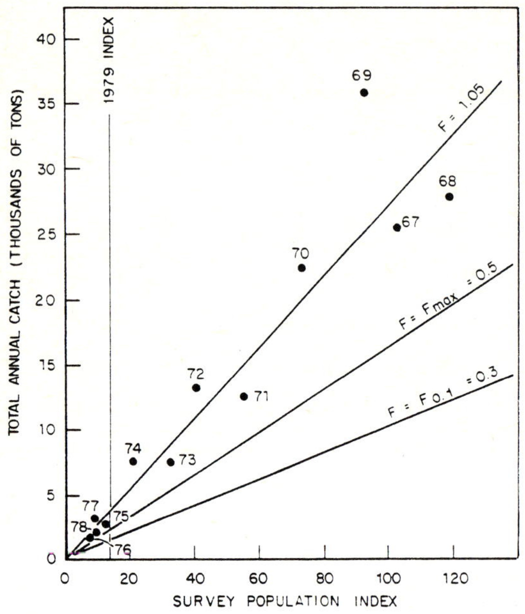

Fig. 6. Total annual catch plotted against survey population index values for the preceding year for the Southern New England yellowtail flounder stock.

ESTIMATION OF FISHING MORTALITY

Estimation of F during the most recent year of a fishery (the "terminal" or "starting" F for use in VPA or cohort analysis) is critical in analytical assessment work, as stock size estimates for that year are totally dependent upon the F level assumed. Provided that fishing effort is constantly proportional to fishing mortality, it is possible to estimate fishing mortality from effort data. Changes in vessel efficiency, however, often preclude such analyses as found by Anderson (1976) for the Northwest Atlantic mackerel stock. Unreliability of U.S. commercial catch-effort data bases for certain demersal species in recent years (discussed above) has also invalidated the use of such data to estimate current levels of F.

For mackerel, Anderson (1979) approximated fishing effort for 1968-1977 by calculation of an annual "fishing effort index"; this was accomplished by dividing annual total catch in weight by corresponding research vessel survey catch-per-tow values. The index, however, should be more appropriately termed the "relative exploitation rate" (here termed "E"), since it is proportional to the exploitation rate rather than to F. Since

(9) $E_i = \dfrac{C_i}{\bar{x}_i}$

and

(10) $C_i = B_i \cdot \dfrac{F_i}{G-Z_i}\,(1-e^{G-Z_i})$

where B_i = population biomass at the beginning of year i, G = instantaneous growth rate, and the remaining variables are defined as before, it follows that

(11) $E_i = \dfrac{B_i}{\bar{x}_i} \cdot \dfrac{F_i}{G-Z_i}\,(1-e^{G-Z_i})$.

Thus, E_i is not a linear function of F_i.

Because of year-to-year variability in survey catches, the time series was smoothed by fitting an exponential curve to the actual points; predicted values were then used to determine E values by year. A linear regression was then calculated between these values and corresponding F values obtained from a preliminary cohort analysis and used to predict an F value for the terminal year (F_{1977}). This F value was then taken as the starting F in a second cohort analysis to get improved estimates of F in earlier years; these estimates were used in a second regression to predict a new F_{1977} value, and the procedure was continued until the predicted F_{1977} value and the starting F value used were in agreement (see Fig. 7). Choice of an initial starting F value does not appear to be critical; e.g., Anderson used an initial value of 0.30 based on observed relations between E and F values obtained in earlier assessments, but the same terminal F_{1977} value (0.39) may be obtained with an initial value of 0.90 with the same set of data. This technique has also been used to determine terminal F values for other stocks lacking reliable effort data for recent years, e.g., the Georges Bank cod and haddock stocks (Serchuk et al. MS 1978; Clark and Overholtz MS 1979).

One problem with the regression approach involving E and F is that the two variables are not independent. The fishing mortality rate during year i(F_i), when calculated by VPA, is a function of catch (C_i), natural mortality rate (M_i) and stock size at the end of year i ($=N_{i+1}$). If M_i and N_{i+1} are held constant, then F_i increases as C_i increases. Thus, both E_i and F_i tend to be positively correlated with C_i and each other as a result of confounding of C_i. Of course, the same problem occurs when F_i is regressed on fishing effort if the latter is calculated by dividing C_i by catch-per-unit effort. The problem is alleviated if total fishing effort is measured directly (instead of being estimated from a sample), but this is rarely the case.

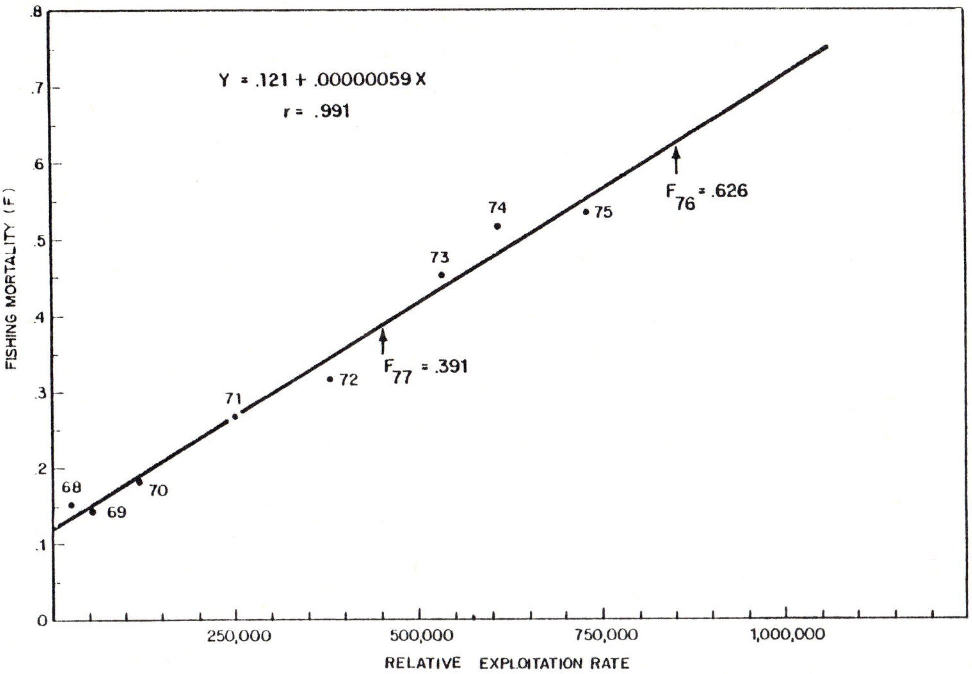

Fig. 7 . Relationship between fishing mortality for Atlantic mackerel from cohort analysis and relative exploitation derived from spring survey catch per tow and total catch.

Clark et al. (MS 1980) circumvented this problem by regressing estimated stock size for ages 3 and older obtained from a preliminary VPA for Georges Bank haddock on autumn survey catch per tow at age (see Fig. 3) and used the resulting equation to predict stock size in numbers (N_i) for the terminal year (from autumn survey catch per tow for the preceding year); the predicted value was used with known commercial catch-at-age data in (4) above to obtain an estimate of F for the terminal year. This F value was then used as the starting F in a second VPA to generate new stock size estimates, etc. This procedure was repeated until the starting F value stabilized. Some degree of bias must be expected from fishing mortality immediately following the survey, although this would be expected to be minimal during the time frame considered (late autumn - January 1).

OTHER APPLICATIONS

Relative exploitation rates have been used in other applications. Serchuk et al. (MS 1980) developed separate time series of E values for the Georges Bank and Gulf of Maine cod stocks and used these values to evaluate trends in F over time. For both stocks, index values of E declined since the mid-1970s, indicating reductions in F. Results for recent years could have been biased by misreporting and/or discards; however, the technique does provide a basis for evaluating recent trends in F without calculation of a VPA which would not appear justifiable given current uncertainties in the data.

Application of E values to surplus-production modelling appears to have been first suggested by Anderson and Almeida (MS 1979) for bluefish (Pomatomus saltatrix) along the Atlantic coast from Maine to Florida. The data base for this species is meagre; estimates of recreational catch (the major part of the harvest) are available only for certain years, and commercial and recreational effort and catch-per-unit-effort data are lacking. Anderson (MS 1980b) obtained estimates of recreational catch for the remaining years in the time series used in his analyses (1967-1979) by applying U.S. commercial/recreational catch ratios, from years in which recreational surveys had been performed, to commercial landings data for remaining years; he combined these values with commercial landings data to obtain total catch estimates. Values of E were then calculated as above and used with appropriate averaging periods as effort data to fit the generalized stock production model of Pella and Tomlinson (1969). Results (Fig. 8) suggested an MSY range for bluefish of from 40,700 - 54,100 tons, about the current level of harvest. As pointed out by Anderson (MS 1980b), these estimates were based on rather imprecise data and should be regarded as appropriate. Also, the wide range in the relative exploitation indices used in the production model analysis (the largest being nearly eight times greater than the smallest) contributed greatly to the shape and fit of the model to the data (however, even without the 1967-1969 data points, which would reduce the range by over one-half, MSY estimates were not found to change significantly). The limitations of the MSY approach,

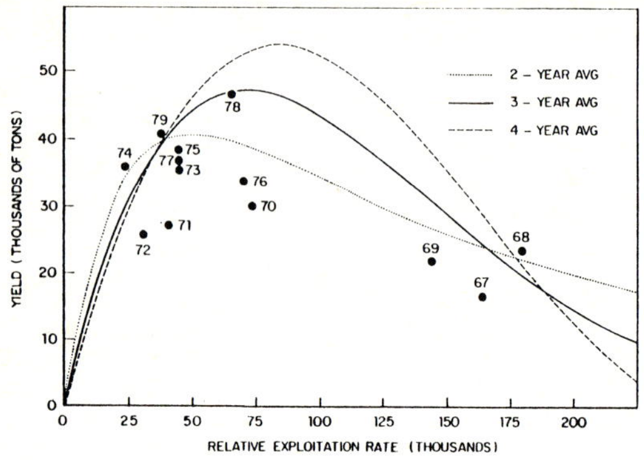

Fig. 8. Equilibrium relationship between yield and relative exploitation for bluefish along the Atlantic coast of the U.S. using two-year, three-year and four-year averaging periods for relative exploitation, 1967-1979.

pointed out by numerous investigators in recent years (summarized by Sissenwine 1978), were noted. Nevertheless, some form of MSY estimate is generally sought by U.S. fishery managers as a result of FCMA mandates; hence, the above attempt to estimate MSY for bluefish.

SUMMARY AND CONCLUSIONS

The above procedures provide a basis for evaluating recruiting year-class strength, trends in stock abundance, catch levels corresponding to specified levels of F, terminal F values for VPA or cohort analysis, trends in F by referencing relative levels of exploitation, and MSY. The general consistency between the fishery and survey data bases in depicting trends in abundance, population size and age composition supports the general validity of these techniques. There is, however, an obvious potential for bias associated with anomalous survey catch-per-tow values, inconsistencies in stock size estimates obtained from VPA or cohort analysis due to inadequate sampling of commercial landings, and other factors. Serious anomalies or inadequacies in the data should be obvious and may be excluded from the analyses as was done in the above recruitment prediction calculations (Anderson MS 1980a; Fig. 1).

Applications such as those described above will obviously be most dependable when available commercial and research vessel survey data time series are reasonably long; precision and accuracy of survey data may also be improved by closer monitoring and control of vessel speed and trawl performance, compensation for day-night differences in availability to the survey gear, or appropriate transformations based on analyses to determine underlying probability distribution functions (Pennington and Grosslein MS 1978).

Specific applications of bottom trawl survey data have been necessary and useful in order to solve particular fishery management problems. In most cases, however, characteristics (sensitivity, robustness, bias) of the methods have not been fully evaluated. Further study should provide a better understanding of the implications of the methods and should also result in more rigorous analytical techniques.

ACKNOWLEDGEMENTS

Michael Sissenwine, Deputy Division Chief of the NEFC Resource Assessment Division, assisted materially with preparation of the initial draft manuscript and presented it at the workshop. Emory Anderson and Bradford Brown also reviewed the manuscript and made numerous suggestions for improvement.

REFERENCES

Almeida, F.P., and E.D. Anderson. MS 1979. Status of the silver hake resource off the northeast coast of the United States - 1979. NMFS, Woods Hole, Lab. Ref. Doc. No. 79-48, 51 p.

Anderson, E.D. 1976. Measures of abundance of Atlantic mackerel off the northeastern coast of the United States. Int. Comm. Northwest Atl. Fish. Res. Bull. 12:5-22.

________ MS 1977. Assessment of the Northwest Atlantic mackerel stock. ICES C.M. 1977/H:40, 26 p.

________. 1979. Assessment of the Northwest Atlantic mackerel, Scomber scombrus, stock. U.S. Dept. Commer., NOAA Tech. Rep. NMFS SSRF-732, 13 p.

________. MS 1980a. Status of the Northwest Atlantic mackerel stock - 1980. NMFS, Woods Hole, Lab. Ref. Doc. No. 80-29, 43 p.

________. MS 1980b. A preliminary assessment of the status of bluefish (Pomatomus saltatrix) along the Atlantic coast of the United States. NMFS, Woods Hole, Lab. Ref. Doc. No. 80-30, 29 p.

________, and F.P. Almeida. MS 1979. Assessment of bluefish (Pomatomus saltatrix) of the Atlantic coast of the United States. NMFS, Woods Hole, Lab. Ref. Doc. No. 79-19, 15 p.

________, and W.J. Overholtz. MS 1979. Status of the Northwest Atlantic mackerel stock - 1979. NMFS, Woods Hole, Lab. Ref. Doc. No. 79-35, 35 p.

Azarovitz, T.R. 1981. A brief historical review of the Woods Hole Laboratory trawl survey time series. In W.G. Doubleday and D. Rivard (Ed.). Bottom trawl surveys/Relevés au chalut de fond. Can. Spec. Publ. Fish. Aquat. Sci./Publ. spéc. can. sci. halieut. aquat. 58. (This volume)

Baranov, F.I. 1981. On the question of the biological basis of fisheries. Nauchn. Issled. Ikhtiologicheskii Inst. Izv. 1:81-128. (In Russian).

Bliss, C.I. 1967. Statistics in biology; statistical methods for research in the natural sciences, Vol. I. McGraw-Hill, N.Y., 558 p.

Bowman, R.E. In press. Food of ten species of Northwest Atlantic juvenile groundfish. Fish. Bull., U.S., No. 80.

_______, and E.W. Bowman. 1980. Diurnal variation in the feeding intensity and catchability of silver hake, Merluccius bilinearis. Can. J. Fish. Aquat. Sci. 37: 1565-1572.

Brown, B.E., and R.C. Hennemuth. 1971. Prediction of yellowtail flounder population size from pre-recruit catches. Int. Comm. Northwest Atl. Fish. Redbook 1971 (III):221-228.

Burns, T.S., and S.H. Clark. 1980. Application of U.S. bottom trawl survey and commercial data to offshore lobster assessments. Can. Tech. Rep. Fish. Aquat. Sci. 932, p. 125-133.

Clark, S.H. 1979. Application of bottom-trawl survey data to fish stock assessment. Fisheries 4(3):9-15.

_______, and B.E. Brown. 1977. Changes in biomass of finfishes and squids from the Gulf of Maine to Cape Hatteras, 1963-74, as determined from research vessel survey data. Fish. Bull., U.S. 75:1-21.

_______, and _______. 1979. Trends in biomass of finfishes and squids in ICNAF Subarea 5 and Statistical Area 6, 1964-1977, as determined from research vessel survey data. Investigacion Pesquera 43(1):107-122.

_______, T.S. Burns, and R.G. Halliday. 1977. Assessment of the pollock fishery in ICNAF Divisions 4VWX and Subarea 5. Int. Comm. Northwest Atl. Fish. Sel. Pap. 2:15-32.

_______, and R.J. Essig. MS 1980. Georges Bank and Gulf of Maine haddock assessment update. NMFS, Woods Hole, Lab. Ref. Doc. No. 80-06, 33 p.

_______, and _______, and D. Hansford. MS 1979. Gulf of Maine northern shrimp-current status and future outlook. NMFS, Woods Hole, Lab. Ref. Doc. No. 79-51, 31 p.

_______, and W.J. Overholtz. MS 1979. Review and assessment of the Georges Bank and Gulf of Maine haddock fishery. NMFS, Woods Hole, Lab. Ref. Doc. No. 79-05, 68 p.

_______, _______, and R.C. Hennemuth. MS 1980. Review and assessment of the Georges Bank and Gulf of Maine haddock fishery. Submitted to the Journal of Northwest Atlantic Fishery Science.

Clark, S.H., and J.E. Palmer. MS 1978. Assessment of the haddock stocks in the Gulf of Maine - Georges Bank area. NMFS, Woods Hole, Lab. Ref. Doc. No. 78-05, 7 p.

Cochran, W.G. 1953. Sampling techniques. John Wiley & Sons, Inc., New York, 330 p.

Edwards, R.L., and R.E. Bowman. 1979. Food consumed by continental shelf fishes, p. 387-406. In Predator-prey systems in fisheries management. Sport Fishing Institute, Washington, 504 p.

Grosslein, M.D. 1969. Groundfish survey program of BCF Woods Hole. Commer. Fish. Rev. 31(8-9):22-35.

_______. MS 1969a. Groundfish survey methods. NMFS, Woods Hole, Lab. Ref. Doc. No. 69-02, 34 p.

_______. MS 1969b. Data processing methods for groundfish surveys. NMFS, Woods Hole, Lab. Ref. Doc. No. 69-03, 60 p.

_______. 1971. Some observations on accuracy of abundance indices derived from research vessel surveys. Int. Comm. Northwest Atl. Fish. Redbook 1971 (III):249-266.

Gulland, J.A. 1965. Estimation of mortality rates. Annex to Arctic Fisheries Working Group Report. ICES C.M. Gadoid Fish Comm. (3), 9 p. (mimeo).

Hennemuth, R.C. MS 1969. Status of the Georges Bank haddock fishery. Int. Comm. Northwest Atl. Fish. Annu. Meeting 1969, Res. Doc. No. 90, Ser. No. 2256, 20 p. (mimeo).

Langton, R.W., and R.E. Bowman. 1980. Food of fifteen Northwest Atlantic gadiform fishes. U.S. Dept. Commerce, NOAA Tech. Rep., Nat. Mar. Fish. Serv., SSRF-740, 23 p.

_______, and _______. In press. Food of eight Northwest Atlantic pleuronectiform fishes. U.S. Dept. Commerce, NOAA Tech. Rep., Nat. Mar. Fish. Serv. SSRF series.

Mayo, R.K. 1980. Exploitation of redfish, Sebastes marinus (L.) in the Gulf of Maine-Georges Bank region, with particular reference to the 1971 year class. J. Northwest Atl. Fish. Sci. 1:21-37.

McBride, M., and M.P. Sissenwine. MS 1979. Yellowtail flounder (*Limanda ferruginea*): *Status of the stocks, February 1979.* NMFS, Woods Hole, Lab. Ref. Doc. No. 79-06, 18 p.

Murawski, S.A., and G.T. Waring. 1979. A population assessment of butterfish, *Peprilus triacanthus*, in the northwestern *Atlantic ocean. Trans.* Am. Fish. Soc. 108:427-439.

Pella, J.J., and P.K. Tomlinson. 1969. A generalized stock production model. Inter-Amer. Trop. Tuna Comm., Bull. 13:419-496.

Pennington, M.R., and B.E. Brown. 1981. Abundance Estimators Based on Stratified Random Trawl Surveys. *In* W. G. Doubleday and D. Rivard (Ed.). Bottom trawl surveys/Relevés au chalut de fond. Can. Spec. Publ. Fish. Aquat. Sci./Publ. spéc. can. sci. halieut. aquat. 58. (This volume).

_______, and M.D. Grosslein. MS 1978. Accuracy of abundance indices based on stratified random trawl surveys. ICES C.M. 1978/D:13, 35 p. (mimeo).

Penttila, J.A., and B.E. Brown. 1973. Total mortality rates estimated from survey cruise data for two groups of yellowtail flounder in the Southern New England and Georges Bank areas (ICNAF Subarea 5). Int. Comm. Northwest Atl. Fish. Res. Bull. 10:5-14.

_______, and V.M. Gifford. 1976. Growth and mortality rates for cod from the Georges Bank and Gulf of Maine areas. Int. Comm. Northwest Atl. Fish. Res. Bull. 12:29-36.

Pope, J.G. 1972. An investigation of the accuracy of virtual population analysis using cohort analysis. Int. Comm. Northwest Atl. Fish. Res. Bull. 9:65-74.

Serchuk, F.M., P.W. Wood, and B.E. Brown. MS 1978. Atlantic cod (*Gadus morhua*): assessment and status *of the Georges* Bank and Gulf of Maine stocks, January 1978. NMFS, Woods Hole, Lab. Ref. Doc. No. 78-03, 25 p.

_______, _________, and D.M. Freid. MS 1980. Current assessment and status of the Georges Bank and Gulf of Maine cod stocks, February 1980. NMFS, Woods Hole, Lab. Ref. Doc. No. 80-07, 52 p.

Sissenwine, M.P. 1978. Is MSY an adequate foundation for optimum yield? Fisheries 3(6):22-24, 37-38, 40-42.

CATCH PROJECTIONS AND THEIR RELATION TO SAMPLING ERROR OF RESEARCH SURVEYS

by

Denis Rivard

Department of Fisheries and Oceans
Fisheries Research Branch
240 Sparks Street
Ottawa, Ontario, Canada
K1A 0E6

ABSTRACT

Projections of commercial catches are subject to error due to the uncertainties associated with recruitment, stock size and age-specific mean weights. Historical records on previous assessments indicate that current data and analytical methods yield a relative error of 24%, on the average, for estimates of stock size in the current year. The precision and accuracy of catch projections is, of course, a function of the precision and accuracy of input information. In this analysis, we evaluate the actual variability of input parameters and discuss how we can reduce these uncertainties to improve catch projections. Variance estimates for catch projections are approximated by the first terms of a Taylor expansion; variances are estimated for cod in the Southern Gulf of Saint-Lawrence.

When the research survey index-at-age is used efficiently to calibrate the virtual population analysis, catch projections become less sensitive to systematic errors in commercial catch data (e.g. misreporting, discards-at-sea, etc.). We also analyse how much of the uncertainties in stock size estimates and in catch projections are related to the annual sampling error of research surveys. For cod in 4T-4Vn, improving research surveys (e.g. improved sampling designs, increasing the number of sampling stations) does not appear as a preferred option for improving catch projections. Improved sampling of commercial catch for mean weight at age and research on mechanisms controlling growth appear as the best means for achieving this.

Key words: biological surveys, catch projections, research surveys, sampling error, stock assessment, virtual population analysis.

RÉSUMÉ

Les prévisions des prises commerciales sont sujettes à erreur à cause des incertitudes rattachées à notre connaissance du recrutement, du niveau des stocks et du poids moyen pour chacun des groupes d'âge. L'histoire de nos évaluations antérieures indique que les données disponibles et les méthodes analytiques courantes donnent, en moyenne, une erreur relative de 24% pour l'estimation du niveau du stock pour l'année courante. La précision et l'exactitude de nos prévisions est, évidemment, une fonction de la précision et de l'exactitude des données de base. Dans cette analyse, nous évaluons la variabilité actuelle des paramètres servant de base aux prévisions, et discutons les moyens de réduire ces incertitudes de manière à améliorer les prévisions des prises. La variance des prévisions des prises commerciales est évaluée, approximativement, par les premiers termes d'une série de Taylor; des estimations sont produites pour la variance des prévisions de la morue du Sud du Golfe Saint-Laurent.

Lorsque les indices d'abondance par groupe d'âge obtenus à partir des relevés de recherche sont utilisés de manière efficace pour calibrer l'analyse virtuelle de population, les prévisions deviennent moins sensibles aux erreurs systématiques qui peuvent être présentes dans les données sur les prises commerciales (par exemple, erreurs liées à l'émission de faux-rapports, aux rejets-en-mer, etc.). Ce document évalue aussi la contribution de l'erreur d'échantillonnage annuelle des relevés de recherche à l'erreur totale liée à l'estimation du niveau du stock et aux prévisions des prises. Pour la morue de la division 4T-Vn, une amélioration des relevés scientifiques (par exemple, améliorer le patron d'échantillonnage ou augmenter le nombre d'unités d'échantillonnage) n'apparaît pas comme la solution idéale pour améliorer la prévision des prises. Au contraire, ceci peut mieux se réaliser en améliorant le programme d'échantillonnage des prises commerciales pour établir le poids moyen pour chacun des groupes d'âge et en cherchant à mieux connaître les mécanismes qui régissent la croissance.

Mots-clés: analyse virtuelle des populations, erreur d'échantillonnage, évaluation des stocks, prévision des prises, relevés biologiques, relevés scientifiques.

INTRODUCTION

One of the principles applied by the Canadian Atlantic Fisheries Scientific Advisory Committee (CAFSAC) for the management of groundfish resides in the setting of total allowable catches (TACs) to reduce fishing mortality rates to a level corresponding to $F_{0.1}$. The $F_{0.1}$ level is used as a reference point only and projections are carried out under non-equilibrium conditions, by considering the most recent information on recruitment, population size and mean weight-at-age. The projections thereby obtained are subject to error due to the uncertainties attached to our estimates of recruitment, stock size and age-specific weights. For accurate projections, yearly variations in partial recruitment figures, which are directly influenced by the fleet composition, as well as by changes in gear type and fishing practices, need also to be considered. Both accuracy and precision are important properties for our estimates; in fact, both can be translated into net benefits or losses for fishing communities. The precision of current analytical assessments is, however, generally unknown. No direct estimate of the relative error made in catch projections is, to our knowledge, currently available for the groundfish stocks of the Northwest Atlantic and this paper is an attempt to assess the uncertainties attached to these catch projections. In addition, the likely effects of systematic errors (e.g. catch misreporting, discards at sea, effort definition, etc.) are assessed through the means of sensitivity analysis.

CURRENT METHOD FOR CATCH PROJECTIONS

The current method for projecting catches combines a simple catch equation, age-specific information on weight and a discrete function representing age-specific allocation of fishing mortality (partial recruitment) for simulating a population over a number of years. The input parameters required for such projections consist of

- -age-specific population numbers at the beginning of the initial year t_0; N_{i,t_0}
- -age-specific weights (these are taken as mid-year estimates); $W_{i+.5}$
- -estimated recruitment (in numbers) to the youngest age-group at the beginning of each year of the projection. $N_{b,t}$

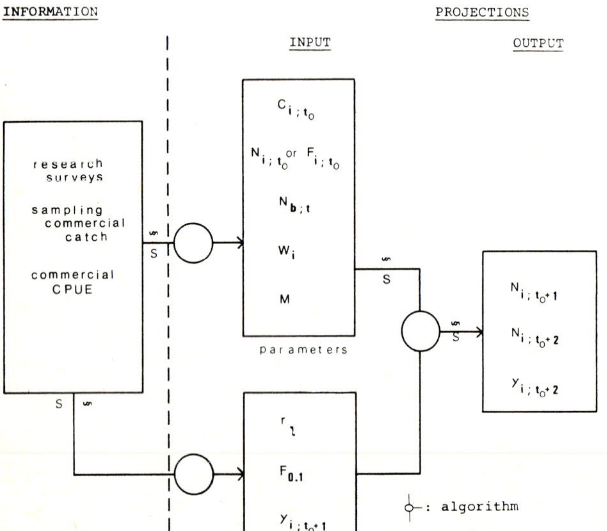

FIGURE 1

In general, catch projections assume a constant value for the instantaneous rate of natural mortality (M). Projections can be made by specifying either a fishing mortality rate or a total allowable catch for each year to be projected. Under the current management regime, projections are carried out with $F_{0.1}$. In practice, the situation is more complicated since the coefficients of partial recruitment (r_ι), which respond to changes in fleet composition, gear type or in fishing practices, appear as an additional control for the projection model* (Fig. 1).

For each year of the projection ($t>t_0$), age-specific population numbers at the beginning of the year can be calculated as

$$N_{i,t} = N_{i-1,t-1}\, e^{-Z_{\iota-1,\tau-1}} \qquad . (1)$$

where

$$Z_{\iota,\tau} = F_{\iota,\tau} + M \qquad . (2)$$

For each year of projection, the numbers in the first age-group considered are set equal to the recruits, $N_{b,t}$, as provided in input. Similarly, age-specific population numbers for the initial year, t_0, are also provided in input.

From equation (1), the catch biomass for each age-group i can be calculated as

$$Y_{\iota,\tau} = W_{i+.5}\, F_{\iota,\tau} N_{i,t}\, (1 - e^{-Z_{\iota,\tau}}) \,/\, Z_{\iota,\tau} \qquad (3)$$

Total yield in a given year is thus calculated as

$$Y_{\cdot,\tau} = \sum_{\iota} Y_{\iota,\tau} \qquad . (4)$$

When the projections are done with the intended fishing mortality rates, say $F_{0.1}$, total yield becomes an estimate of the total allowable catch for this stock.

Equations (2) and (3) require the application of age-specific fishing mortality rates, $F_{\iota,\tau}$. Two algorithms may be used for calculating these rates, and the choice of the algorithm which is to be used depends upon the information provided in input. When an estimate of the annual rate of fishing mortality $F_{\cdot,\tau}$ is given, the age-specific fishing mortalities are calculated as

$$F_{\iota,\tau} = r_\iota\, F_{\cdot,\tau} \qquad . (5)$$

When a total allowable catch (TAC) is entered as input data for a given year t, the instantaneous rates of fishing mortality are calculated according to the following iterative procedure:

---

*Note that τ refers to the period t,t+1; similarly, ι will refer to age-interval i,i+1.

STEP 1: $F^0_{\iota,\tau} = r_\iota$. (6)

STEP 2: $C^j_{\iota,\tau} =$

$$\frac{F^j_{\iota,\tau}}{Z^j_{\iota,\tau}} N_{i,t} \left(1 - e^{Z^j_{\iota,\tau}}\right) \quad . (7)$$

where $Zj_{\iota,\tau} = Fj_{\iota,\tau} + M$. (8)

STEP 3: If $| TAC_\tau - \sum (C_{\iota,\tau} W_{i+.5}) | \leq \delta$, then the $F^j_{\iota,\tau}$ are accepted as the final values for the instantaneous fishing mortality (δ is a small quantity chosen arbitrarily, say δ= 0.1). If not, calculate the next F-value from the recursive equation

$$Fj+1_{\iota,\tau} = Fj_{\iota,\tau} \frac{TAC_\tau}{\sum_\iota C_{\iota,\tau} W_{i+.5}} \quad . (9)$$

Then steps 2 and 3 are repeated in an iterative manner to find the final values for the instantaneous fishing mortalities.

Catch projections are, in practice, required for the following year: for example, the CAFSAC Groundfish Subcommittee met in 1980 to consider management advice for 1981. For many stocks under consideration, the most recent data are available for the previous year only, that is 1979 in the preceding example. Consequently, a two-year projection is necessary, in which the catch biomass for the current year is assumed to be equal to the quota for the current year.

PRECISION AND ACCURACY OF PROJECTIONS, WITH CURRENT DATA AND ANALYTICAL METHODS

A. Effect of initial stock size on the projections.

Estimates of initial stock size used as input to projections are not precise. For cod in Divisions 4T-4Vn, estimates of the 1977 stock size (3^+) varied from 203 million (Lett, 1978), to 336 million (Gray, 1979) and to 284 million (Beacham, 1980). Thus, under the assumption that the mean of these estimates is the best estimate of the 1977 stock size, errors of estimates of the order of 24% are possible with current data and analytical methods (Table 1). Errors of this magnitude are not uncommon when assessing groundfish stocks. In fact, the maximum difference observed between estimates of the 1977 stock size varies, in some groundfish stocks of the Northwest Atlantic, from 2% to 66%, with a mean of 33% (Table 1). These differences yield a relative error ranging from 1% to 50%, with a mean of 24%. Similarly, Doubleday (1979) observes, for the North Sea cod and the Barents Sea cod, a difference of more than 30% between estimates produced in different years.

The stock sizes appearing in Table 1 have been estimated from cohort analysis. In view of the error propagation in cohort analysis (Pope, 1972; Rivard, 1979), these indices of stock size may show spurious trends in the recent years. Such trends could be solely the result of the estimates of partial recruitment coefficients, of instantaneous fishing mortality and of age-specific catch used for initiating the analysis. In general, cohort analysis provides reliable indices of stock size for the "far past" when natural mortality is relatively constant. The precision and accuracy of such indices in the most recent years is, however, greatly influenced by the precision and accuracy of the initial estimates used for the analysis. If commercial catch is reasonably sampled, the estimated fishing mortality rate for the most recent year of the cohort analysis and the estimated values of partial recruitment become the major sources of uncertainties for the estimation of stock size in recent years.

If we accept an error of the same magnitude, say 30% (see footnote), for the 1979 stock size which has been calculated for the 1980 assessment of cod in 4T-4Vn, the 1981 effective rate of fishing mortality may be, under the recommended 1980 TAC, 39% higher than the desired fishing mortality rate (see Table 2). For 1982, a similar error in initial stock size means using an effective fishing mortality rate which is 51% higher than the desired level; this is indicative of our inability to project, with the current data and analytical methods, for more than two years. The fishing mortality rates calculated in Table 2 are averages, weighted by population numbers-at-age. The effect of changes in the initial stock size is even more pronounced when we consider the fully recruited F. In fact, if the true 1979 stock size was only 70% of the estimated value, the effective 1982 fully recruited F could be 82% higher than the desired fishing mortality rate: for this cod stock, this means fishing above the F_{max} level. In summary, estimates of fishing mortality rates are greatly affected by errors of the initial stock size and respond nonlinearly to such deviations.

The analysis of Table 2 suggests that the error in projected quantities does not increase significantly with the time of projection. This seems to be counter-intuitive to the general idea of error propagation in catch projections. The error propagation pattern presented in Table 2 represents only the propagation of an error in the initial (1979) stock size, while all other parameters (including recruitment in the years of projection) are assumed to be error-free. Consequently, Table 2 reveals only the effect of an initial error in the initial stock size. It would be difficult to present, in a tabular form, the effect of initial errors on all input parameters but some idea of the effect of such errors on catch projections can be obtained by performing a sensitivity analysis.

In comparison, Lassen (1980) observes, on the average, a relative error of 26% (range: 0% to 109%) for some groundfish stocks in the North Sea.

TABLE 1. Estimates (×10^{-3}) of the 1977 stock size for some commercial stocks of Northwest Atlantic, as calculated at the 1978, 1979 and 1980 assessment meetings.

Species	Stock[3]	1977 stock size estimated in 1978	1979	1980	Maximum Difference (%)[1]	Relative Error (%)[2]
Cod	3Ps (3-12)	126,970	173,650	202,080	37	23
	4T-4Vn (3-15)	203,000	336,000	284,000	29	24
	4VsW (2-12)	69,428	220,997	203,446	66	50
Haddock	4X (1-12)	178,043	176,638	179,953	2	1
Redfish	4VWX (3-25)	2,001,600	1,556,000	-	29	18
American plaice	3LN (6-14)	1,441,000	1,189,000	1,135,000	27	13
	4T (6-17)	347,674	277,376	684,516	59	50
Yellowtail flounder	3LNO (4-10)	344,096	275,356	337,440	18	12

[1] maximum of $\frac{E_{1978} - E_{1980}}{E_{1980}}$ and $\frac{E_{1979} - E_{1980}}{E_{1980}}$ (E = estimate)

[2] the relative error, expressed in percent, is calculated as follows: standard deviation/mean of estimates, where the standard deviation is calculated as

$$\left(\sum (E_t - \bar{E})^2 / n-1\right)^{\frac{1}{2}}$$

[3] numbers in parentheses indicate the range of age-groups being considered.

TABLE 2 - Cod in 4T-4Vn, Projections to 1982 with varying stock size

% of Estimated 1979 Population		Status of certain parameters in the given years, given an error in the 1979 population numbers. Population Numbers (3+) [10^{-3}]	Population Biomass (3+) [mt]	$\overline{F}$ (3+)	Surplus Production [mt]	Change in percent: Population Numbers (3+)	Population Biomass (3+)	$\overline{F}$ (3+)	Surplus Production
70%	1979	278677	213327	0.153	61912	-30	-32	51	-31
(assumed	1980	348659	261674	0.131	101525	-22	-32	39	-16
error = -30%)	1981	353055	285992	0.131	85818	-19	-33	39	-19
	1982	326415	296930	0.172	75337	-17	-35	51	-21
80%	1979	318488	247596	0.131	71212	-20	-22	30	-21
(-20%)	1980	381224	302155	0.116	107991	-15	-21	23	-11
	1981	380116	333241	0.115	92691	-12	-22	22	-13
	1982	349500	351099	0.146	82058	-11	-24	28	-14
90%	1979	358299	281813	0.114	80526	-10	-11	13	-10
(-10%)	1980	413794	342583	0.104	114471	-7	-11	10	-5
	1981	407072	380411	0.103	99530	-6	-11	10	-6
	1982	372211	405085	0.128	88630	-6	-12	12	-7
100%	1979	398110	315997	0.101	89847	0	0	0	0
(0%)	1980	446369	382979	0.094	120958	0	0	0	0
	1981	433961	427537	0.094	106345	0	0	0	0
	1982	394694	458956	0.114	95104	0	0	0	0
110%	1979	437921	350157	0.091	99174	10	11	-10	10
(10%)	1980	478946	423354	0.087	127451	7	11	-7	5
	1981	460804	474637	0.086	113143	6	11	-9	6
	1982	417028	512750	0.103	101511	6	12	-10	7
120%	1979	477732	384301	0.083	108505	20	22	-18	21
(20%)	1980	511526	463715	0.080	133948	15	21	-15	11
	1981	487615	521720	0.080	119927	12	22	-15	13
	1982	439259	566490	0.095	107868	11	23	-17	13
130%	1979	517543	418431	0.076	117839	30	32	-25	31
(30%)	1980	544107	504065	0.074	140447	22	32	-21	16
	1981	514403	568792	0.075	126702	19	33	-20	19
	1982	461515	620190	0.088	114189	17	35	-23	20

B. Effect of systematic errors on projections: a sensitivity analysis.

The catch biomass projected by any analytic method is only an estimate. The precision and accuracy of this estimate are a function of the precision and accuracy of input information. For catch projections, the input consists of the initial stock size, recruitment, age-specific weights, natural mortality and fishing mortality, as well as partial recruitment figures. While partial recruitment and fishing mortality can be seen as our "controls", the remaining variables are used to summarize our knowledge of the state of the biological system being considered (*see Figure 1*).

As a means to assess the relative importance of each entity for the determination of TACs, we calculated relative sensitivity coefficients (see Rivard, 1980) for each "parameter" which is entered as input. Since the input information takes the form of vectors - partial recruitment figures and age-specific weights are examples of such vectors -, sensitivities are calculated by assuming a small relative pertubation for each element of each input vector. For example, given a vector $[e_1 \;\; e_2]$, the relative sensitivities are calculated as

$$X = h([e_1 + de_1 \;\; e_2 + de_2]) - h([e_1 \;\; e_2]) \;/\; hd, \quad (10)$$

where h represents the dependent variable and d represents a small relative change in the value of each element, say d = 0.0001. The extension to higher dimensions is straightforward. This procedure permits an assessment of the overall effect of the input information on the response of the model and eliminates the effects of the order of magnitude of each element of the vector on the sensitivities. Even though this procedure does not permit assessment of the sensitivity associated with individual elements of the input vector, it does provide information on the relative importance of this input vector with respect to other parameters in controlling the response of the model.

The relative sensitivity relates the error associated with an input parameter, E(P), with the error observed in output, E(h). Thus, if a relative sensitivity is -2, a 10% overestimate of the input parameter will cause a 20% underestimation of the calculated output. This correspondence is approximately true for small errors of the parameter value. For larger changes of the parameter value, the exactitude of this correspondence depends on the degree of nonlinearity of the model. A negative value indicates that a decrease (increase) of the parameter value will give rise to an increase (decrease) of the dependent variable h. On the contrary, a positive sign indicates that an increase (decrease) of the parameter value will give rise to an increase (decrease) of the dependent variable h. A value of zero indicates that the dependent variable is not influenced by changes in the value of the parameter.

TABLE 3. Sensitivity of calculated catch biomass (3^+) for cod in 4T-4Vn. The relative sensitivity coefficients are indicative of the error resulting from a systematic error in input vectors. Projections are carried out at the $F_{0.1}$ level (F = 0.195), by assuming a catch of 54,000 MT for 1980 (i.e., the 1980 quota).

Input Vector	1981	1982	1983
Natural mortality	-0.561	-0.709	-0.850
Partial recruitment	0.913	0.758	0.615
Mean weight-at-age	1.183	1.144	1.117
Stock size in 1979	1.359	1.096	0.911
Recruitment	0.017	0.191	0.318

The relative sensitivity coefficients of projected catch biomass (3^+) for cod in Divisions 4T-4Vn are given in Table 3. The value of these coefficients are indicative of the error resulting from a systematic error of input vectors. For the calculation of these relative sensitivities, projections were carried out at the $F_{0.1}$ level (F = 0.195), by assuming a catch of 54,000 mt for 1980 (i.e. the 1980 TAC, as estimated in 1979). Our results indicate that the 1981 TAC is not sensitive to deviations of the recruitment estimate used for 1981. In other words, the estimate of the 1981 recruitment to age 3 is not an important factor for the determination of the 1981 TAC and the current practice, which is to use either a long term average or a short term average based on recent recruitment, is, at least for this cod stock, justified. The 1981 TAC is, however, quite sensitive to systematic errors of estimation for age-specific weights and for the 1979 stock size. In fact, a 30% change in the 1979 stock size would yield, approximately, a 41% change in the 1981 TAC for cod in 4T-4Vn. With current analytical methods, it is relatively easy, as indicated in Table 1 for various stocks of the Northwest Atlantic, to introduce a systematic error when estimating the initial stock size. Such systematic error could be introduced, for example, through the estimation of fishing mortality rates for the current year or through systematic misreporting and/or under-reporting (e.g. discards at sea) practices. The sensitivity analysis presented in Table 3 indicates that such systematic errors or biases for "stock size in the current year" and "age-specific weight" have important effects on the estimation of TACs.

Relative sensitivity coefficients provide indications on the importance of a given error of input parameters for the calculated quantities in our projections. However, they do not provide information on the actual uncertainties associated with these calculated quantities. In practice, their use requires knowledge, *a priori*, of the error associated with each input parameter. This error is, in most cases, actually unknown and could only be assessed through the derivation of variances for input parameters. What is the precision of our input parameters for catch projections? Given the uncertainties of input parameters, what is the precision of TAC estimates? These questions represent an outline of the points which are developed hereafter.

VARIANCE ESTIMATES FOR PROJECTIONS

The precision of calculated quantities in catch projections is function of the precision of our estimates for input parameters. Variance estimates for catch projections can be approximated by the delta method (see Seber, 1973). The variance of the calculated stock size in a given year appears as

$$V[N_{\cdot,t}] = \sum_i V[N_{i,t_0}] \left(\frac{\partial N_{\cdot,t}}{\partial N_{i,t_0}}\right)^2 + V[M] \left(\frac{\partial N_{\cdot,t}}{\partial M}\right)^2 + \sum_{t_0<\tau\leq t} V[R_\tau] \left(\frac{\partial N_{\cdot,t}}{\partial R_\tau}\right)^2 + \textit{covariance terms} \quad . \qquad (11)$$

For cod in 4T-4Vn, $N_{\cdot,t}$ refers to total stock size (3^+), N_{i,t_0} refers to the number of fish in each age-group i at the beginning of 1980, M refers to natural mortality and R_τ refers to recruitment estimates for the years of the projection. The covariance term is a function of the covariances of input parameters in relation to each element of the input vectors (stock size at age, natural mortality and recruitment for the years of projection). Covariances are themselves a result of the method employed to derive estimates of input parameters. Since our estimation of stock size at age is independent of our estimation of age-specific weights (which are derived from commercial catch sampling) and recruitment (derived from research survey index of prerecruits), the covariance related to these estimates are zero. Age-specific estimates of stock size may be correlated, but this correlation should yield covariance terms which are relatively small when compared to variance terms. A major covariance component would appear if the instantaneous rate of natural mortality (M) and stock-size at age are estimated simultaneously. In practice, we circumvent that problem by calculating the conditional variance, which assume that the instantaneous rate of natural mortality is a known constant, say k. The observed variance of stock size at age and recruitment is thus conditional to our *a priori* knowledge of M. Finally, variance estimates provided hereafter are approximations which should provide indications on the order of magnitude of the variance of our projections.

Since M is assumed to be a known constant (say k) in our estimation of N_{i,t_0} and R_τ, we calculate the conditional variance

$$V[N_{\cdot,t} \mid M]_{M=k} = \sum_i V[N_{i,t_0} \mid M]_{M=k} \left(\frac{\partial N_{\cdot,t}}{\partial N_{i,t_0}}\right)^2 + \sum_{t_0<\tau\leq t} V[R_\tau \mid M]_{M=k} \left(\frac{\partial N_{\cdot,t}}{\partial R_\tau}\right)^2 \quad . \qquad (12)$$

Thus the relative standard error of estimated stock size is calculated as

$$R.S.E.[N_{\cdot,t}] = \qquad (13)$$

$$(V[N_{\cdot,t} \mid M]_{M=k})^{0.5} \div (N_{\cdot,t} \mid M)_{M=k} .$$

Similarly, the variance of the TACs determined from a reference point for fishing mortality, say $F_{0.1}$, is calculated as

$$V[Y_{\cdot,t} \mid M]_{M=k} = \sum_i V[N_{i,t_0} \mid M]_{M=k} \left(\frac{\partial Y_{\cdot,t}}{\partial N_{i,t_0}}\right)^2 + \sum_{t_0<\tau\leq t} V[R_\tau \mid M]_{M=k} \left(\frac{\partial Y_{\cdot,t}}{\partial R_\tau}\right)^2 + \sum_i V[W_i] \left(\frac{\partial Y_{\cdot,t}}{\partial W_i}\right)^2 \quad . \qquad (14)$$

The variance of age-specific weights is not, of course, conditional to our knowledge of M. The relative standard error of estimated TAC for a given year is then calculated as

$$R.S.E.[Y_{\cdot,t}] = \qquad (15)$$

$$(V[Y_{\cdot,t} \mid M]_{M=k})^{0.5} \div (Y_{\cdot,t} \mid M)_{M=k} .$$

Relative standard errors in the order of 10%, or lower, are desirable both for projected stock size and catch biomass in order to provide useful information when considering management alternatives. For catch projections, higher precision means, in practice, lowering the risk of fishing at a level exceeding the $F_{0.1}$ level, as well as lowering the risk of reducing the catch unnecessarily through the "undetected" use of lower fishing mortality rates. As a means to assess the relative importance of input parameters for the projections, we assessed, from the equations given above, the precision of the projected stock size (3^+) and of the 1981 TAC for cod in 4T-4Vn, given a wide range of values for the uncertainties associated with recruitment estimates, initial stock size and age-specific weights. Results of this analysis, which assumes a catch of 54,000 mt for 1980 and a 1981 fishing mortality rate corresponding to $F_{0.1}$, appear in Table 4.

TABLE 4. Relative errors calculated for total stock size (3+) and total catch biomass in 1981, by assuming different 'relative errors' for age-specific weights and for the initial stock size. Results are for cod in Divisions 4T-4Vn. Projections assume that the 1980 quota will be taken and a 1981 fishing effort corresponding to $F_{0.1}$.

Relative error of calculated stock size (3+) for 1981.

Rel. error of initial stock size and recruits	Rel. error of age-specific weights 0.20	0.40
0.10	0.05	0.05
0.30	0.14	0.14
0.50	0.23	0.23
0.80	0.37	0.37

Relative error of 1981 catch biomass (TAC).

Rel. error of initial stock size and recruits	Rel. error of age-specific weights 0.20	0.40
0.10	0.12	0.21
0.30	0.19	0.26
0.50	0.28	0.33
0.80	0.43	0.46

For the projected 1981 stock size (3^+), Table 4 indicates that a relative error of 5-14% could be expected when age-specific estimates of stock size in the initial year show a relative error of 10-30%. The precision of the 1981 stock size is independent of the precision of age-specific weights. The 1981 estimate of catch biomass is less precise, relatively, than the estimate of the 1981 stock size. This is so because catch biomass is calculated by considering both the initial stock size and age-specific weights. Another point of interest is that the precision of age-specific weights appears as an important factor of the catch biomass variance when estimates of initial stock size at age are precise (R.S.E. = 0.1) but becomes a minor source of error (relatively) when estimates of initial stock size at age are uncertain (R.S.E. = 0.8).

VARIANCE ESTIMATES FOR INPUT PARAMETERS

The relative errors calculated in Table 4 are derived from assumed variances for recruitment, initial stock size and age-specific weights estimates which served as input values for catch projections. What is the actual variability of input parameters and how can we reduce these uncertainties so as to improve catch projections? These questions, which have immediate implications for management and research programs, are addressed hereafter. By taking cod in 4T-4Vn as an example, variances are estimated for age-specific stock sizes in the current year, for mean weight-at-age and for recruitment estimates in the years of projection.

A. STOCK SIZE (IN NUMBERS).

In order to provide improved estimates of stock size in the current year, Doubleday (1980) introduces a new method which combines catch-at-age information and a research vessel abundance index-at-age. Doubleday's estimates are derived from a comparison between estimates of stock size, obtained from the research vessels abundance index, and estimates obtained from a VPA formula. This approach also permits the calculation of variances. For cod in 4T-4Vn, estimates of the 1980 stock size at age and the corresponding variances are given in Table 5. The relative standard error for these estimates vary from 16% to 22%, while the relative standard error for the 4-14 population size is 11%. This value, 11%, represents a considerable gain when compared to a relative error of 24% calculated for current analytical methods (Table 1).

B. MEAN WEIGHT-AT-AGE.

The current procedure for catch projections recommends the use of the most recent information on mean weight-at-age. For the 1980 assessment of cod in Divisions 4T-4Vn, the 1981 mean weight-at-age has been estimated by the 1979 mean weight-at-age, as derived from samples of commercial landings. Since annual estimates of mean weight-at-age are available from 1958 through 1979 for this stock (Beacham, 1980), we can estimate the mean relative error ($\bar{\varepsilon}$) in percent which is associated with the current practice. That is, for each age-group represented in the stock,

$$\bar{\varepsilon}_i^2 = \frac{1}{20} \sum_{1958}^{1977} (W_{i,t} - W_{i,t+2})^2 / W_{i,t+2}^2 \qquad . (16)$$

The mean relative error can thus be calculated for each age-group (Table 5). Results indicate that the relative error increases linearly as a function of age (see Figure 2). The relative error varies from 20% for the youngest age-groups to about 45% for the oldest ones. The relatively high uncertainties associated with the mean weight for each age-group may have, as we will discuss below, quite an impact on the precision of catch projections.

TABLE 5. Parameter estimates and variance estimates for the 1980 stock size (age-specific) and for mean weight at age: calculations are for cod in 4T-4Vn. Population numbers and their standard error are $\times 10^{-3}$.

	Derived from Beacham (1980)	From Doubleday's method			Derived from Beacham (1980)		
AGE	POPULATION NUMBERS*	POPULATION NUMBERS*	STANDARD ERROR	(%)	MEAN WEIGHT (kg)	STANDARD ERROR**	(%)***
3	--	--	--	--	0.47	0.096	20.52
4	81,766	146,451	32,760	22.37	0.65	0.135	20.78
5	118,184	138,392	23,084	16.68	1.00	0.186	18.61
6	52,526	64,122	10,718	16.72	1.41	0.273	19.34
7	28,705	32,893	5,386	16.37	2.28	0.533	23.36
8	9,130	7,135	1,391	19.50	3.18	0.968	30.43
9	4,674	4,102	750	18.29	3.93	1.027	26.12
10	2,347	1,839	345	18.70	5.97	1.895	31.74
11	934	610	110	18.01	5.82	2.435	41.84
12	618	599	109	18.20	6.00	1.950	32.50
13	177	480	75	15.56	4.82	1.714	35.55
14	145	156	34	21.81	6.82	3.317	48.64
15	26	--	--	--	12.92	5.797	44.87
4-14	299,206	396,779	41,865	10.55			

**refers to the population numbers at the beginning of 1980 (or to survivors at the end of 1979).*
***calculated from the values of the mean relative error in % (last column).*
****calculated from equation 16.*

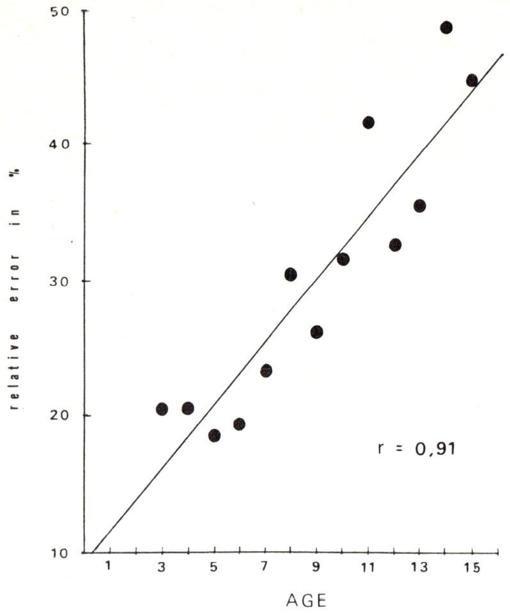

Fig. 2. The relative error in mean weight at age varies linearly as a function of age (example is for cod in Divisions 4T-4Vn).

The observed uncertainties for age-specific weight estimates appear as a result of both stochastic errors and sampling errors. Stochastic error is present because we don't have a reliable equation to describe growth rates over time. An improved sampling program cannot be used as a means to reduce the uncertainties associated with stochastic variability. Stochastic error can only be reduced through the consideration of time-dependent changes in growth.

As a means to assess the importance of the sampling error associated with the estimation of mean weight for each age-group, we calculated the variance of mean weights derived from a von Bertalanffy growth curve estimated from annual weights for age groups 8-13. A significant reduction of uncertainties (from 30-48% to 20-23%) resulted from those age-groups. This provides an indication of the relative importance of sampling error on total variance and illustrates the potential benefits of an improved sampling program for mean weight at age.

C. RECRUITMENT ESTIMATES.

Estimates of recruitment for the years of projection can be obtained from a variety of methods. For cod in 4T-4Vn, the abundance of each year-class at ages 1, 2 and 3 in the research cruise estimates was averaged to provide an index of the year-class size, which index has been correlated with estimates of age 3 cod from cohort analysis (Beacham, 1980). The resulting relationship, which gives a correlation of 0.92, has been used in the 1980 assessment to provide recruitment estimates for 1979 and 1980. This relationship is, however, based upon 8 data points, which leaves only 6 degrees of freedom for projected recruitment values. Consequently, the 95% confidence limits and the underlying coefficient of variation appear as follows:

Year	low limit	point estimate	high limit	C.V. (%)
1979	50,700	108,000	165,100	22
1980	88,100	151,000	214,600	17

In absence of a recruitment index for 1981, the 1981 recruits were assumed to be 100 million, which value corresponds to the average recruitment in recent years. From the observed variability in individual recruitment figures calculated for the 1960-77 period, we calculated a coefficient of variation of about 40% for the current estimation of recruits for 1981. This value, i.e. 40%, will be used in the next section for evaluating the precision of TAC and stock size estimates projected for 1981.

PRECISION OF PROJECTED TACS AND STOCK SIZES: COD IN 4T-4Vn

From the estimated variance of input parameters (i.e. stock size in 1980, recruitment in 1981 and age-specific weights), we calculated the precision of the calculated TAC and the 1981 stock size for cod in Divisions 4T-4Vn. Tables 6 and 7 outline the contribution of each estimate provided in input to the total variance. These projections were carried out from an estimate of the 1980 stock size calculated by Doubleday's method and from age-specific weights provided by Beacham (1980). The projection assumes a catch of 54,000 mt in 1980 and a 1981 effort level corresponding to $F_{0.1}$ (0.195). We obtain a relatively good precision for estimates of the 1981 stock size (3^+) and total catch biomass:

	estimate ± st. error	Relative error %
1981 stock size ($\times 10^{-3}$)	514,436 ± 56,330	11
1981 catch biomass (mt)	74,304 ± 10,840	15

At the 1980 CAFSAC assessment for this stock, a TAC of 60,000 mt was established from an analytical assessment; this was seen, however, as a conservative estimate. With the current methods and data, it is not possible to distinguish between a TAC of 60,000 mt and a TAC of 74,000 mt: in fact, a TAC of 60,000 mt is within the 95% confidence limits for our catch biomass estimate. We note however that the precision of a TAC established from an analytical assessment is generally unknown.

As a means to illustrate the importance of the precision of our estimates for the fishing industry, we calculated the landed value corresponding to a catch of 10,840 mt, which quantity corresponds to one standard error. Based on the 1979 landed value per kilogram for cod, underestimating the TAC by 10,840 mt means an immediate loss of revenues of $3.7 million for the fishing industry. If we could reduce uncertainties in our projections so as to obtain a coefficient of variation of 10%, underestimating the TAC by one standard error would translate into $2.5 million for the fishing industry, i.e. a significant gain over the current practice. The assessment of long term losses for fishing industry would have to consider inflation and interest rates, the dynamics of the stock, as well as the likely effects of repeated underestimations associated with similar uncertainties in subsequent years. This assessment will not be attempted here. There are also long term losses associated with an overestimation of the current TAC. Even though the industry could obtain higher revenues with a higher TAC for the current year, there are long term losses associated with lower stock sizes and decreased catch rates.

The next question to be addressed concerns the measures to be taken for reducing the uncertainties of our TAC and stock size estimates. Table 6 indicates that recruitment in 1981 is responsible for 50% of the total variance for estimated stock size. The precision of the 1981 recruitment estimate does not influence, however, the precision of the 1981 catch biomass (less than 1% of the total variance). This is expected since age 3 fish are only partially recruited to the fishery. For the estimation of the 1981 catch biomass, variances of age-specific weights for age-groups 5-8 account for 58% of the total variance, while variances of population numbers for age-groups 4-5 account for another 26% of the total variance (Table 7). In view of these results, reducing the variance of mean weight-at-age appears as a key element for improving the precision of catch projections. In fact, a reduction of the variance for the mean weight for ages 5-8, say from a relative error of 0.2 (as observed) to a relative error of 0.1, would reduce the total variance of projected catch biomass and produce a relative error of 11% for this estimate. The uncertainties of initial (1980) stock size for the projections are responsible for 50% of total variance of the 3^+ stock size estimated for 1981 and 40% of total variance of the estimated 1981 catch biomass for cod in Divisions 4T-4Vn (Tables 6 and 7). Consequently, an important question to address is "how much of these uncertainties can be linked to the sampling error of research surveys".

RELATING THE UNCERTAINTIES OF INITIAL STOCK SIZE TO THE SAMPLING ERROR OF RESEARCH SURVEYS

Table 8 outlines the estimated relative error for age-specific indices of stock size, as calculated from the 1970-79 trawl research surveys for cod in 4T-4Vn. Results indicate that the 1970-79 average relative error of age-specific indices of stock size is age dependent (Figure 3a). For this cod stock, research surveys do not provide good precision for age-group 1; the relative error is relatively constant for age-groups 2-9, say 30-40%, but increases for older age-groups. The higher uncertainties associated with the research estimates for age-group 1 may be due to particular behavior of younger fish and to a tendency to exhibit contagious distribution, which distributions generally yield larger variances and higher uncertainties for estimated stock size.

		Input Parameters			1981 Stock Size (3+)		
Age	Year	Stock Size or Recruitment	Variance (10^{-4})	C.V. (%)	Sensitivity	Variance Component (10^{-4})	% of Total Variance
3	1980	150,000	65,030.0	17	0.818	43,530.0	14
4	"	146,451	107,300.0	22	0.813	70,900.0	22
5	"	138,392	53,290.0	17	0.783	32,640.0	10
6	"	64,122	11,490.0	17	0.814	7,611.0	2
7	"	32,893	2,901.0	16	0.898	2,337.0	1
8	"	7,135	194.0	20	0.984	187.5	0
9	"	4,102	56.3	18	1.056	62.8	0
10	"	1,839	11.9	19	1.252	18.7	0
11	"	610	1.2	18	1.238	1.8	0
12	"	599	1.2	18	1.255	1.9	0
13	"	480	0.6	16	1.142	0.7	0
14	"	156	0.1	22	1.334	0.2	0
15	"	26	0.0	20	1.243	0.0	0
3	1981	100,000	160,000.0	40	1.000	160,000.0	50
					Total variance (10^{-4})	317,300.0	
					Standard error	56,330	
					Relative error	11%	

TABLE 6. Variance estimate for the 1981 stock size (3+), cod in 4T-4Vn. Input parameter estimates and projection assume a natural mortality rate of 0.2.

TABLE 7. Variance estimate for the 1981 catch biomass: cod in 4T-4Vn. Input parameter estimates and projection assume a natural mortality rate of 0.2 .

Input Parameters				1981 Catch Biomass (3+)		
Description	Estimated Value	Variance Estimate	C.V. (%)	Sensitivity	Variance Component (10^{-4})	% of Total Variance
Stock size 3	150,000	6.503E8	17	0.007	2.8	0
" " 4	146,451	1.073E9	22	0.108	1,244.0	11
" " 5	138,392	5.329E8	17	0.186	1,847.0	16
" " 6	64,122	1.149E8	17	0.294	996.2	8
" " 7	32,893	2.901E7	16	0.421	513.6	4
" " 8	7,135	1.936E6	20	0.532	54.7	0
" " 9	4,102	5.629E5	18	0.779	34.1	0
" " 10	1,839	1.191E5	19	0.828	8.2	0
" " 11	610	1.205E4	18	0.843	0.9	0
" " 12	599	1.189E4	18	0.720	0.6	0
" " 13	480	5.577E3	16	0.900	0.5	0
" " 14	156	1.164E3	22	1.631	0.3	0
" " 15	26	2.700E1	20	0.415	0.0	0
1981 recruitment	100,000	1.600E9	40	0.000	0.0	0
weight [*kg*] 3	0.47	.0093	21	114.679	0.0	0
" 4	0.65	.0182	21	1,866.016	6.4	0
" 5	1.00	.0346	19	19,152.932	1,270.0	11
" 6	1.41	.0744	19	17,763.999	2,347.0	20
" 7	2.28	.2837	23	8,064.360	1,845.0	16
" 8	3.18	.9364	30	3,823.787	1,369.0	12
" 9	3.93	1.0540	26	911.541	87.6	1
" 10	5.97	3.5910	32	507.364	92.4	1
" 11	5.82	5.9300	42	220.567	28.8	0
" 12	6.00	3.8030	32	85.913	2.8	0
" 13	4.82	2.9360	36	80.885	1.9	0
" 14	6.82	11.0000	49	57.467	3.6	0
" 15	12.92	33.6100	45	17.883	1.1	0
		Total variance (10^{-4})			11,760.0	
		Standard error *(mt)*			10,840	
		Relative error			15%	

TABLE 8. Relative error (expressed in %) for age-specific indices of stock size, as calculated from the 1970-1979 trawl research surveys for cod in 4T-4Vn. Derived from data provided by P. Koeller, St. Andrews Biological Station.

Age	1970	1971	1972	1973	1974	1975	1976	1977	1978	1979	mean (%)
1	164	81	70	63	149	310	75	42	160	56	117.0
2	47	32	84	25	36	68	53	21	31	31	42.8
3	48	12	24	22	18	97	34	20	41	17	33.3
4	52	18	18	20	11	49	17	20	52	14	27.1
5	35	21	44	19	10	34	31	78	54	13	33.9
6	37	21	39	17	8	45	40	121	36	10	37.4
7	39	23	28	17	9	36	48	159	30	9	39.8
8	70	18	23	16	9	33	39	61	30	11	31.0
9	91	29	19	17	8	31	48	78	57	28	40.6
10	135	75	28	22	16	87	39	85	47	53	58.7
11	67	68	33	23	23	36	41	67	112	25	49.5
12	98	12	32	49	29	41	52	55	102	29	49.9
13^+	244	31	45	40	37	53	59	168	49	-	80.7
mean (3-9)	53.1	20.3	27.9	18.3	10.4	46.4	36.7	76.7	42.9	14.6	

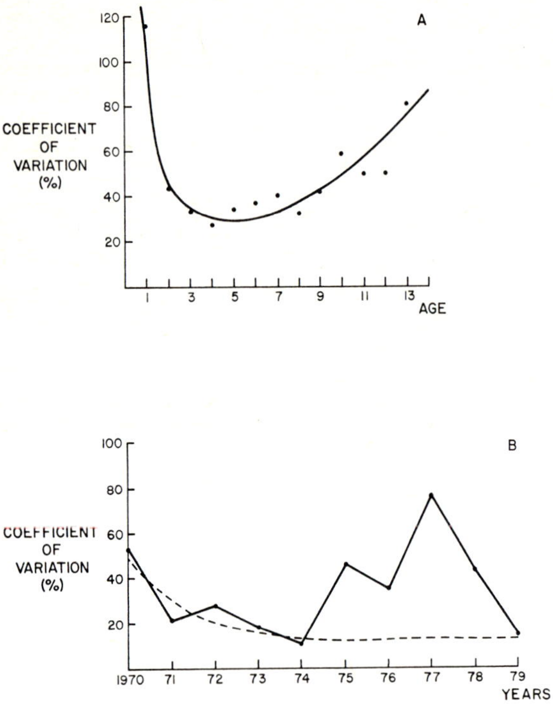

Fig. 3. Relative standard error of age-specific indices of stock size calculated from the 1970-1979 trawl research surveys: example is for cod in 4T-4Vn. The relative error provides a measure of the within-year uncertainties associated with age-specific estimates of stock size. A) 1970-1979 average 'relative standard error' as a function of age; B) average 'relative standard error' for age - groups 3-9 as a function of time: the dashed line represents the "expected" learning curve.

The average relative error for all age-groups shows significant variability from year to year (Figure 3b). By taking into account the learning factors which are likely to be present for the first years of the stratified random surveys, one could expect a slight gain in precision over the first years of the surveys. Even if this pattern may be present in the first years of the surveys (see Figure 3b), it is greatly offset by higher relative errors in the 1975-78 period.

Our purpose is to link the sampling error of research surveys (as observed above) to the uncertainties of initial stock size. The variance of the j independent estimates of the numbers at age at the end of the current year obtained by Doubleday's method is the result of random errors due to between-year uncertainties and to within-year sampling error of research surveys, as well as the result of random errors due to sampling of commercial catch:

$$e_t = e_b + e_w + e_c \quad . \quad (17)$$

where e_b = random error due to between year variations in research survey estimates or variability unexplained by our model;

e_w = within year sampling error of research surveys;

e_c = random error due to sampling of commercial catch.

Since the numbers at age at the end of the current year, say S_{i,t_f}, are calculated as a weighted average of the j independent estimates (Doubleday, 1981), the total variance for a given age-group i is calculated as follows:*

$$V[\,e_t\,] = V[\,S_{i,t_f}\,]$$

$$= (\sum_j 1 \,/\, V[\,S_{i,t_f,j}\,])^{-1} \quad , \quad (18)$$

where the summation is taken over all estimates contributing to age-group i. The variance component due to within year variation of research survey estimates, say $V_{within}[\,S_{i,t_f,j}]$ can be evaluated from the variance of research survey estimates, $V[\,A_{j+.5},\, t_f-i+j\,]$, as

$$V_{within}[\,S_{i,t_f,j}\,] = \quad (19)$$

$$k^2_{j+.5} \; e^{-2M(i-j+.5)} \; V[\,A_{j+.5},\, t_f-i+j+.5\,]$$

where $K_{j+.5}$ is the calibration constant for the research survey estimates.

The within year component of the total variance for each age-group i is calculated as

$$V_{within}[\,S_{i,t_f}\,] = (\sum_j 1/V_{within}[S_{i,t_f,j}])^{-1} \quad (20)$$

---

* The notation follows that of Rivard, 1980. The S_{i,t_f} are equivalent to the age-specific stock sizes for the initial year of projection, N_{i,t_0}.

The residual variance for independent estimate of survivors can thus be calculated as

$$V_{residual} = V[\ e_b\ ] + V[\ e_c\ ]$$
$$= V[\ e_t\ ] - V[\ e_w\ ] \qquad (21)$$

Therefore the residual variance has two components: one is related to the between-year uncertainties and the other is related to sampling error in commercial sampling. This constitutes the fraction of the total variance which cannot be modified by reducing within year variability of research survey estimates (i.e. by increasing the number of stations, by improving survey design, etc.).

The variance of the research survey estimates, $V[A_{j+.5},\ t_f{-i+j+.5}]$, generally comes from a stratified random sampling. Reducing the uncertainties due to the sampling error of research surveys is one of the control that we have for reducing the variance of initial stock size estimates, and subsequently the variance of estimated quantities (generally stock size and catch biomass) in projections. The within-year variance of research surveys on 4T-4Vn cod accounts for 80% of the total variance of the estimated 1980 stock size (Fig. 4), which leaves only 20% for the variance due to between-year variation in research survey estimates and for random error due to sampling of commercial catch. The latter component of variation (20%) is largely due to age-group 4 (in figure 4, the point for this age-group is the only point which seriously depart from the dashed line indicating the equality of variances).

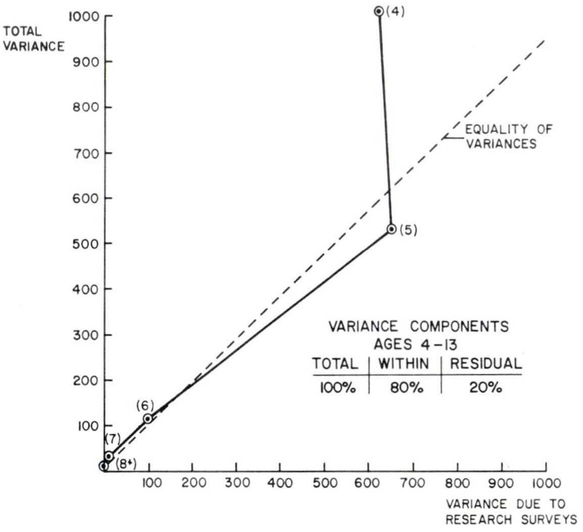

FIG. 4 . Components of variance for the 1980 age-specific estimates of stock size: cod in Subdivision 4T-4Vn. Numbers in parenthesis indicate age groups. The dashed line identifies the loci of equal variances.

SUMMARY AND CONCLUSIONS

The relative error for catch projections is a function of the uncertainties associated with our estimates of input parameters such as recruitment, age-specific stock sizes and mean weight at age. Historical records on previous assessments indicate that current data and analytical methods yield a relative error of 24%, on the average, for estimates of stock size in the current year. Current analytical methods are extremely dependent upon our estimation of initial stock size. The precision and accuracy of stock size estimates in the current year is, however, generally unknown.

From historical data, we estimated the variance for estimates of mean weight-at-age in the years of projection. Similarly, variances were estimated for recruitment estimates from cohort analysis. In order to derive estimates for initial stock size, we had to rely on a new method for estimating stock size in the current year. This method, which we referred to as Doubleday's method, uses commercial catch-at-age and research vessel abundance indices for estimating stock size at the beginning of the current year. One of the advantages of Doubleday's methods is that estimates of stock size in the current year are not solely obtained from the analysis of current-year data. Since it is less dependent upon current information, the method is less likely to provide erroneous estimates due to systematic errors (ex. misreporting, discards at sea, etc.) in the current year. From these estimates and from the recommended TAC for the current year, projections have been made for the following year, i.e. 1981 in our example. Table 9 summarizes the effect of various options on the relative precision of calculated quantities in catch projections for cod in 4T-4Vn. Historical data, and their associated uncertainties, yield a relative error of 11% for the 1981 stock size and of 15% for the 1981 catch biomass (TAC). A 25% reduction of the within-year variance of research survey estimates does not reduce significatively the relative error of catch projections.

Consequently, improving research surveys (e.g. improved sampling designs, increasing the number of research stations) does not appear as a preferred option for improving catch projections in this groundfish stock. Since more than 60% of the catch biomass variance is due to the uncertainties associated with estimates of mean weight-at-age, means of reducing the relative error in predicting mean weight-at-age for the year of projection appear as the preferred option. Improved sampling of commercial catch for mean weight-at-age and research on mechanisms controlling growth appear as the best means for achieving this. The natural variability of mean weight-at-age could be a result of environmental variability, as well as a response to density dependence: both aspects should be investigated since they could provide means for improving our estimates of mean weight-at-age for the years of projection.

The uncertainties of weight estimates are, on the other hand, a result of the sampling design and sampling rate of commercial catch.

The above analysis considers that the $F_{0.1}$ fishing levels and the partial recruitment coefficients, i.e. our controls, are known quantities. For instance, our results are valid for an instantaneous rate of fishing mortality of 0.195. In practice, the $F_{0.1}$ fishing level is estimated from mean weight-at-age and from partial recruitment coefficients; this estimate is not without errors. We can assess the effect of the uncertainties of the $F_{0.1}$ reference level on catch projections by extending the projection algorithm so as to include the simultaneous evaluation of $F_{0.1}$. By definition, $F_{0.1}$ is the value of $F_{\cdot,\tau}$ which ensures that the first partial derivative of yield per recruit with respect to $F_{\cdot,\tau}$ is equal to one tenth the value of the slope of the yield per recruit curve at the origin. Rivard (1980) suggests the use of the method of false position for estimating $F_{0.1}$ from age-specific weights and from the coefficients of partial recruitment; we used that method for estimating the $F_{0.1}$ reference level in the projection algorithm. Variances of catch projections with the extended method are given in Table 9. While the relative error for the 1981 stock size estimate is not modified by this extension of the projection algorithm, the relative error of the 1981 catch biomass (TAC) goes from 15% to 18%. This 3% difference represents the increase in relative error due to the fact that $F_{0.1}$ is now estimated from input data. It is interesting to note that the variances of age-specific weights now account for 74% of the total variance of 1981 catch biomass, in comparison to 60% with 'fixed' projections. These results re-enforce the conclusions presented in the preceding paragraph regarding the importance of age-specific weight estimates for catch projections.

Similarly, various methods are used for estimating the coefficients of partial recruitment but the precision and the accuracy of such estimates are generally unknown. In general, we expect a negative correlation between estimates of partial recruitment and stock size estimates for the current year. Consequently, the results presented hereabove regarding the uncertainties of catch projections will not be affected if the covariance term due to this negative correlation is of the same order of magnitude than the variance term due to partial recruitment estimates. There is, however, an additional source of error which is related to the use of current estimates of partial recruitment for the years of projection: the current approach assumes that the fleet composition, the gears being used and fish availability are constant for the period of projection. Such error, which is not random and which is independent of stock size estimates, does not cancel out and could introduce inaccuracies in catch projections. In general, such an error will influence more seriously the estimates of partial recruitment for the youngest age-groups, which age-groups do not

TABLE 9

Effect of various options on the relative error of calculated quantities in catch projections: example is for cod in 4T-4Vn.

	Relative error for 1981 stock size	Relative error for 1981 catch biomass
A. Current methods	(24%)*	-
B. Projecting from estimates of stock size at the beginning of the current year (Doubleday's method):		
a. $F_{0.1}$ known		
1. with historical data	11%	15%
2. annual mean weight at age calculated from a von Bertalanff growth curve	11%	14%
3. 25% reduction of the within-year variance of research survey estimates	10%	14%
4. the relative error for mean weight at age reduced to 10%	11%	11%
5. Application of 3 and 4 above	10%	10%
b. $F_{0.1}$ expressed as a function of input information (with historical data)	11%	18%
C. Effect of some systematic (non random) errors when method B is applied.		
1. 100% increase of partial recruitment coefficient at age 3 and 45%, at age 4 for 1980 and 1981**	0.1%	-2%
2. In 1979, unreported 50% discard at sea for age 3, 25% for age 4	0.1%	0.1%
3. Unreported 80% discard at sea for age 3, from 1970 to 1979	-0.5%	-0.6%
4. In 1979, 20% 'under-reporting' for all age groups	0.7%	2.5%

See Table 1; refers to the 1977 stock size.
**Results also valid for method A; considers the effect of a change in r_1 on $F_{0.1}$.*

contribute significantly to the estimated TAC. For cod in 4T-4Vn, short term projections are not influenced by this type of error (see Table 9.C.1). In fact, a 100% increase in partial recruitment at age 3 and a 40% increase at age 4 for the years of projection will change the estimated 1981 catch biomass by less than 2% and the 1981 stock size estimate by less than 0.1%. This type of non-random error is thus negligeable in comparison to the relative error due to the variance of catch biomass estimates.

We also analyzed the effect of some other sources of systematic errors on projection estimates (see Table 9.C). For instance, a 50% discard at sea for age 3, together with a 25% discard at sea for age 4 (unreported) does not change significatively the 1981 stock size estimate and the 1981 catch biomass (TAC) estimate. Similarly, a 80% discard at sea for age 3 (unreported) from 1970 through 1979, does not have a significant effect on projection estimates. In a fourth case, we observe that a 20% under-reporting (or mis-reporting) for all age groups in 1979 will change the 1981 stock size estimate by less than 0.7% and the 1981 catch biomass estimate by 2.5%. In conclusion, systematic errors of that nature become a minor source of concern when using initial stock size estimates derived from Doubleday's method. Ironically, systematic errors appear as the major source of concern (and source of discussions) when standard analytical methods are applied.

Variance estimates are quite important - may be as important as parameter estimates themselves - since they are indicative of the corrective measures to be undertaken for improving the data base. Analytical assessments do not provide information on such corrective measures. As we know, it is relatively easy to manipulate analytical solutions, within the range of biologically-acceptable parameter values, so as to reflect or to mimic any desired trend. In absence of an objective measure of the 'quality' of the estimates obtained with analytical methods, analytical assessments may become a vehicle for subjective evaluations. From the management viewpoint, the assessment of the limitations of the data base and the identification of corrective actions are as important as the provision of TAC estimates per se.

The preceding analysis is limited to the study of one case, i.e. cod in 4T-4Vn; our conclusion that uncertainties of mean weight-at-age are a major source of uncertainties for TAC estimates is valid for this stock only. For other groundfish stocks, the uncertainties associated with research survey estimates may become the major source of uncertainties for catch projections. In fact, Table 4 indicates that, for a given precision of mean weight-at-age estimates, the uncertainties associated with initial stock size estimates are a key factor for controlling the uncertainties of catch biomass estimates in the years of projection. When an assessment is amenable to Doubleday's method, an important benefit is that catch projections become practically independent of systematic errors of input parameters (misreporting, discards at sea, etc.).

REFERENCES

Beacham, T.D. 1980. 1980 Assessment of Cod in Division 4T and 4Vn (Jan-Apr). CAFSAC Res. Doc. 80/22 61 p.

Doubleday, W G. 1979 A Sensitivity Analysis of Selected Catch Projections. ICES Demersal Fish Committee, C.M 1979/G 53. 7 p. + tables.

Doubleday, W.G. 1981. A method of estimating the abundance of survivors of an exploited fish population using commercial fishing catch-at-age and research vessel abundance indices. In W.G. Doubleday and D. Rivard (Ed.). Bottom Trawl surveys/Relevés au chalut de fond. Can. Spec. Publ. Fish. Aquat. Sci /Publ. spéc can sci halieut. aquat. 58. (This volume).

Gray, D.F. 1979. 1979 Assessment of Cod in Divisions 4T and 4Vn (Jan-Apr). CAFSAC Res. Doc. 79/21. 28 p.

Lassen, H. 1980. On the quality of the TAC's recommended through ICES. ICES C M. 1980/G:39, Demersal Fish committee. 13 p.

Lett, P.F. 1978. A multispecies simulation for the management of the southern Gulf of St. Lawrence cod stock. CAFSAC Res. Doc. 78/21, 29 p. + tables.

Pope, J.G. 1972. An Investigation of the Accuracy of Virtual Population Analysis using Cohort Analysis. Int. Comm. Northwest Atl. Fish. Res. Bull. 9:65-74.

Rivard, D. 1979. Response of Cohort Analysis to Input Parameters. CAFSAC Res. Doc. 79/45. 26 p.

Rivard, D. 1980. APL Programs for Stock Assessment. Can. Tech Rep. Fish. Aquat. Sci. 953: 103 p.

Seber, G.A.F. 1973. The Estimation of Animal Abundance and Related Parameters. Charles Griffin & Co. Ltd., London. 506 p.

Survey design

Schémas d'échantillonnage

A BRIEF REVIEW OF SURVEY METHODOLOGY WITH REGARD TO GROUNDFISH STOCK ASSESSMENT

by

B. M. Leaman

Department of Fisheries and Oceans
Resource Services Branch
Pacific Biological Station, Nanaimo, B.C.
V9R 5K6

ABSTRACT

Some common survey designs are examined with regard to their applicability to contagiously distributed resources. Random, systematic and stratified-random designs are discussed, together with some modified designs (encounter-response surveys) which involve active responses during the course of the survey. Designs are presented with regard to underlying distributions and the implications of the data resulting from the application of these designs. Methods of sample effort allocation, sample element choice and the determination of relative efficiency of various designs are also presented.

The criteria for the evaluation of survey designs and how these criteria relate to the eventual application of survey results are briefly discussed.

Key words: biological surveys, survey designs, groundfish.

RÉSUMÉ

L'auteur examine quelques-uns des patrons d'échantillonnage connus pour ce qui est de leur application aux ressources distribuées de façon contagieuse. Les patrons d'échantillonnage aléatoires, systématiques et aléatoires - stratifiés font d'objet d'une discussion, ainsi que certains patrons modifiés (tenant compte de la réaction aux rencontres) dans lesquels il y a réactions actives au cours de l'échantillonnage. Les patrons d'échantillonnage sont présentés, compte tenu des distributions sous-jacentes et des implications pour les données résultant de l'application de ces patrons. Des méthodes sont présentées en vue de la répartition de l'effort d'échantillonnage, de la sélection des éléments d'échantillonnage et de la détermination de l'efficacité relative des divers patrons d'échantillonnage.

Les critères d'évaluation des patrons d'échantillonnage et la façon dont ces critères sont adaptés à l'utilisation finale des résultats de l'échantillonnage font l'objet d'une brève discussion.

Mots-clés: patrons d'échantillonnage, poissons de fond, relevés biologiques.

INTRODUCTION

Exploited fish populations cannot be rationally managed without an understanding of the functional relationships between biological and fishing parameters and the consequent effects on stock dynamics. Resource scientists and managers often have a critical need to know the biomass of exploited stocks and have reliable estimates of these parameters in order to predict stock dynamics. While information obtained through analysis of commercial fisheries data does allow some estimation of parameters, these data are biased both by the spatial distribution of the fishing effort and the selectivity of the fishing gear. Analyses performed on these data require the invocation of a number of assumptions which may often lead to conclusions that are inconsistent with observed facts. It is generally for the purposes of resolving these contradictions and providing alternate, independent estimates of abundance and biological parameters that resource surveys are undertaken. Naturally, such surveys carry with them their own set of assumptions which varies according to the design of the survey and the characteristics of the study organism(s). It is the purpose of this paper to review some of the common survey designs, their assumptions and applicability to groundfish resources, and the limitations and uses of data from such surveys, and to suggest alterations consistent with the known attributes of the resources being studied. The literature on surveys is relatively rich and it is not my purpose to provide an exhaustive review of this literature. Rather, I will simply refer to some pertinent references under each category.

While the majority of this paper will concentrate on survey design, it will also touch briefly on one aspect of surveys that is often ignored - that of accurate subsampling of catches. The estimation of species composition and catch weights has been dealt with by some authors (Hughes 1976; Westrheim 1967, 1976), but relatively little attention has been directed to the development of procedures for obtaining representative size/age frequencies, etc., from trawl hauls. These data become particularly important when used to generate vital parameters for population modelling studies. Known problems of stratification by species and size within the net codend or vessel hold should be accounted for in the subsampling procedures.

The analysis of survey data presents some fundamental problems to the resource scientist because analytical methods make a number of assumptions about the distributional nature of the population. Often, there is no way of determining the absolute distributional characters and the investigator must be satisfied with a proof that the data obtained do not significantly deviate from a postulated distribution. While this is relatively easy to verify, many studies have not done so.

It is seldom the case that survey results are used on a "stand alone" basis; more often they are used as independent corroboration of results obtained through other methods, such as tagging, catch-curve analyses or various classes of yield models. If the survey design fits the characteristics of the study organism and the data are analyzed appropriately, then the results should validate trends and parameter estimates derived elsewhere, or they should provide some alternate explanation consistent with stock attributes. Where designs have only minor deficiencies resulting from peculiarities of sampling situations, the investigator should provide some qualitative or quantitative assessment of the bias which may result.

DESIGN OF THE SURVEY

Many of the criticisms directed at surveys as they are normally practised could be mitigated if sufficient time was expended beforehand in precisely defining the objectives of the survey and reviewing relevant information on problems specific to the study. Failure to do so often results in surveys which are of little direct use to the resource scientist because confidence limits are unacceptably large, etc. Such surveys are then justified on the basis that they may be "good indicators of annual trends", whereas what the scientist really needs is a good estimate of the absolute value of the parameter being measured. Failure to produce such estimates can lead to articles in the industry press, such as those in National Fisherman (June 1979).

Pre-survey activities should include formulating a clear statement of the objectives; i.e., is the survey to measure abundance, determine size or age composition, delineate distribution of various segments of the stock, determine the diel activities of the species, or determine some combination of these and other elements? This process should help the scientist assign the level of sampling which may be necessary at each station. For instance, sampling intensity for stock segregation studies would be considerably less than that required for the determination of diel behaviour patterns.

The other major pre-survey activity should be a collation of available information which may be relevant to the variable under study. For example, any known characteristics of distribution or environment may be critical determinants of the eventual survey design and should be reviewed, even if only dealing at the generic or ordinal level of the subject species. A great deal of time and effort in the field may be saved through this process not to mention the obvious impact on results.

Two of the primary constraints facing the resource scientist are the time or funding available with which to conduct the survey. Because funding is generally limited, the scientist may decide to collect the maximum possible amount of information, hoping that some compensation between quality and quantity of data will occur. In other words, the investigator may consider that he has little time available in which to modify the survey based on real-time results, particularly if the resource/area cell has received little previous attention. This is generally the case for widely distributed resources; thus, the investigator may be unable to quickly sample a "representative" segment of the range. When this is true, caution must be exercised to avoid interpreting local features as general population characteristics. There may also be problems due to interspecific differences in dispersion or behavioural patterns and intraspecific seasonal effects, such as migrations or spawning aggregations. Unfortunately, the investigator seldom has sufficient resources to delineate these temporal aspects, particularly for widespread stocks.

For most, if not all, groundfish stocks, there is some degree of overdispersion within the population; i.e., the distribution of individuals is contagious rather than regular or random. It may be confined to a grouping of population sub-units in response to environmental features, such as substrate availability or water mass attributes, or there may be distinct groupings within any homogeneous area. In the former case, there may be random distribution of sub-units within which there is regular or random dispersion, while in the latter there will be contagious distribution of individuals. Contagious distributions may thus arise in a number of ways and the size of sampling units must be appropriate not only to total area coverage but also to the magnitude of the spatial dispersion. The effects of the size of the sampling unit relative to heterogeneity in distribution will be discussed later.

It is uncommon that the investigator will be totally ignorant of the basic distributional properties of the resource. It is therefore possible to postulate a distribution and design the survey not only to collect desired biological information but also to test the distributional hypothesis. In postulating the distribution, the investigator should be prepared to justify the assumptions made. For example, if a species of flatfish is thought to be contagiously distributed in relation to the presence of mud bottom, the hypothetical probability distribution must also generate frequencies of occurrence which reflect this substrate distribution.

Having postulated the distribution, the investigator must then design the survey appropriate to it. It is at this stage that the aforementioned fiscal and temporal constraints generally manifest themselves. The basic concern of the scientist will be either to obtain maximum precision of an estimate (e.g., population mean) within a certain budget or to minimize the cost (generally with regard to areal coverage) for a specified precision. In two-stage sampling where the selection of clusters (schools) may be the first stage in some designs and the units of the clusters the second stage, these constraints may affect either or both stages of the design. In this regard, it is extremely useful to have some idea of the variance normally associated with sampling so that optimum allocation of effort can be made. Techniques for such allocation will be discussed with individual designs.

A further exercise which can be undertaken at the design stage, given the postulated distribution and an estimate of the coefficient of variation expected, is to determine the efficiency of various designs. This is often difficult, however, when the resource being surveyed shows highly contagious distribution and is widespread, making the estimation of variance or the coefficient of variation subject to large errors.

Four general survey designs (random, stratified-random, systematic and encounter-response) will be examined with regard to allocation of sampling units by area, the optimum size of the sampling units and relative efficiency. The treatment of data obtained will be briefly discussed later in this report. As a hypothetical framework, I will assume that our resource is a typical schooling groundfish.

RANDOM SURVEY

A truly random survey is almost never used in groundfish research because a random distribution is rarely hypothesized, i.e., the population is dispersed either by chance or in response to some variable which is itself random in distribution. As noted earlier with regard to substrate and water mass characters, prime distributional variables are rarely, if ever, distributed randomly. Random surveys are more common in agricultural research where the resource is immobile. There are, however, some significant points about random surveys which should be noted.

The basic procedure of random sampling will be to divide the total survey area (N) into equal size units (n) and select the desired number of units to be sampled at random. Most often, this is achieved by serializing the n units and selecting the units to be sampled with the help of a random number table. In theory, each unit has equal probability (1/n) of being chosen on any single sample, i. A proof of the independence of the probability of selection (1/n) and the number of the sample, i, is given by Sukhatme and Sukhatme (1970). The number of samples necessary to attain a certain precision is not estimable unless some estimate of the coefficient of variation or the variance is available. The problem is to determine what level of error, ε, in the statistic is acceptable and how many samples, r, will result in such a level of error. If we were estimating the mean abundance per unit area, $\bar{Y}_N$, for the population and wished to have an error ε with confidence 1 - α, then we need to know r , sucn that:

(1) $P\ \{|\ \hat{Y}r - Y_N| \geq \varepsilon\bar{Y}_N\} = \alpha$

Several authors give formulae for the derivation of r when the coefficient of variation, S/Y_N, is known; however, this is most often unavailable in groundfish resource surveys. Neyman (1934) suggests improving the sample design by preliminary sampling to derive an estimate, $\hat{S}^2$, of S^2 through a small set of samples, k. The additional samples needed to assure the desired precision can then be estimated by the following relationship:

(2) $r = \dfrac{t^2(\alpha,\ k-1)\ \hat{S}^2}{\varepsilon^2\quad \hat{Y}_k^2}$ (after Sukhatme and Sukhatme 1970)

Again, assuming some data from preliminary sampling are available, Elliot (1970) gives a similar procedure for calculating the number of random samples required (n) for a specified index of precision (D):

(3) $n = \hat{S}^2/D^2\hat{\bar{X}}^2$

A further consideration with regard to the size of the sampling element applies to all sampling; it will be outlined here and simply acknowledged for other designs. The detection of a particular distribution is critically dependent upon the relationship between the size of the individual or cluster and the size of the sampling element. If the resource is either regularly or randomly distributed and there is a substantial difference between the size of the sampling element and the size of the individual or group, then the dispersion of the population is apparently random. As noted by Elliot (1970), "Most samplers will detect non-randomness if the sampling unit is small .... but even a small [unit] will not detect a contagious distribution if there are only a few individuals in each clump ... the dispersion of a Population is effectively random if the density of the Population is low". This becomes critically important with random sampling because individuals in a randomly dispersed population may be clumped as well as solitary. For aggregated populations, the size of the sampling unit is also important, although only when the population is contagious with units of the contagion (clumps, schools) distributed regularly. When this situation exists and the sampling unit is much smaller than the school, the dispersion is interpreted as random ($S^2 \simeq \bar{Y}_N$); when the sampling unit is only slightly smaller, the dispersion is contagious ($S^2 > \bar{Y}_N$); when the sampling unit is only slightly larger, the dispersion is random ($S^2 \simeq \bar{Y}_N$); and when the sampling unit is considerably larger, the dispersion is apparently regular ($S^2 < \bar{Y}_N$). When inferences about distribution are to be made, the investigator should ensure that no bias due to the size of the sampling unit exists; this is most simply achieved by varying the size of the sampling element and examining the results for change in variance.

STRATIFIED-RANDOM SURVEY

Since most groundfish resources are aggregated (over-dispersed) to some degree, simple random sampling often results in excessively large variance of estimates obtained. A method of decreasing this variance is to design the survey so as to reduce the apparent heterogeneity in the population or survey area. The most common procedure for accomplishing this is to divide the area into strata which are more homogeneous than the entire area. While the strata may be of equal size, most often they are specified by some known distributional property of the resource, as interpreted through commercial catch records, known biology, etc. Strata may be of equal size, in which case the total area A_T is divided into k strata, and n random samples (or some multiple thereof) are selected equally among the k strata. More often, there will be reason to select strata of unequal size, to generate homogeneous (or at least less heterogeneous) sampling areas. When strata are of unequal size, there are several methods of allocation of samples to the strata.

In the simplest case, the total number of samples are divided so that the number of samples in each stratum (n_i) is proportional to the area of the stratum (a_i) relative to the total area (A_T):

$$(4) \quad \frac{n_1}{a_1} = \frac{n_2}{a_2} \cdots\cdots \frac{n_i}{a_i}$$

If the $\sum n_i = N$ and $\sum a_i = A_T$, then the actual number of samples in each stratum will be determined according to the relationship:

$$(5) \quad \frac{a_1}{A_T} = \frac{n_1}{N}, \quad \frac{a_2}{A_T} = \frac{n_2}{N} \quad \cdots\cdots \quad \frac{a_i}{A_T} = \frac{n_i}{N}$$

The investigator must then only determine the total number of samples feasible during the survey. The values a_i/A_T are the weights for each stratum and the sampling is called proportional stratified sampling and is said to be "self weighting" (Elliot 1970). The estimate of the population mean of the entire survey area would then be:

$$(6) \quad \overline{Y}_N = \frac{\sum Y}{N} = \frac{n_1\overline{Y}_1 + n_2\overline{Y}_2 + \ldots n_i\overline{Y}_i}{N},$$

where $\overline{Y}_i$ are the strata means
and, if the total sample is less than 10% of the population, then the standard error of the population mean is

$$(7) \quad = \frac{1}{N}\sqrt{n_1S_1^2 + n_2S_2^2 + \ldots n_iS_i^2}$$

where S_i^2 are the sample variances.

While the surveyor may be satisfied with sample allocation proportional to the area of the strata, there are other criteria for allocating sampling effort. As in simple sampling, the cost of the survey may be an overriding factor and the objective of the sampling may be to minimize the variance or standard error of the mean for a fixed cost. Such an allocation is called optimal allocation and the sampling intensity will reflect the standard deviation in the strata. Where the funds available for the survey are fixed (C_o), the size of sampled area in each stratum (a_i) relative to the area of the stratum (A_S) is given by:

$$(8) \quad a_i = \frac{P_iS_i}{\sqrt{C_i}} \cdot \frac{C_o}{\sum_{i=1}^{n} P_iS_i\sqrt{C_i}}$$

when $P_i = A_S/A_T$ where A_T = total area under survey;

C_i = cost per sample in the ith stratum

S_i = standard deviation.

Then, a_i is the sample area under an optimum allocation scheme. Such an allocation will yield an estimate of the mean with the maximum precision for the cost C_o. Where the object of the survey is to derive a mean with the maximum precision and costs are a relatively minor consideration, the optimum size of sample area per stratum is:

$$(9) \quad a_i = \frac{N\,P_iS_i}{\sum_{i=1}^{n} P_iS_i} \qquad \text{where } \sum a_i = N, \text{ the total area sampled.}$$

Such an allocation of sampling by strata is normally attributed to Neyman (1934) and is referred to as Neyman allocation. Sukhatme and Sukhatme (1970) provide formulae for weighted means and variances under various allocation schemes.

Optimal allocation of sampling is not often employed in practice because of the requirement for previous knowledge of the variance within the strata. One method of overcoming this shortfall is to conduct preliminary sampling (a'_i) to provide estimates of S_i. Subsequent additional sample area will then be determined accordingly (9), except that a'_i will be subtracted from a_i.

The system of preliminary sampling is similar to that described for random sampling. This type of sampling, involving approximation and resolution, is generally referred to as sequential sampling. General presentations of this topic are included in Poole (1974) and Southwood (1966), and a specific example is in Kuno (1969). While of general usefulness in some fields such as agriculture, it has not gained widespread use in those concentrating on mobile, widespread and temporally dynamic resources such as demersal fish stocks. The reasons for this are more pragmatic than theoretical: where organisms are widely and contagiously distributed and survey time is limited, a significant portion of survey time may be taken up with preliminary sampling. In general then, the $\hat{S}_i$ estimates must be fairly close together before optimal allocation loses its advantages. Unfortunately, one of the goals of the stratification is to produce relatively homogeneous strata, namely, ones in which the S_i values are lowest. One can readily envisage an optimal allocation survey where judicious strata selection results in similar S_i values and, consequently, little gain over proportional sampling. A secondary consideration concerns the allocation of sampling when more than one characteristic is being examined; when this is the case, optimal allocation may vary among the characteristics. One method of solving this dilemma is to choose an additional characteristic that is correlated with those of interest and use it in the construction of the strata.

Several authors have addressed the problem of strata construction: Dalenius (1950), Dalenius and Gurney (1951), Dalenius and Hodges (1957, 1959) and Ekman (1959).

Cochran (1961) has investigated the assumptions of several of these authors, with regard to the values of S_i and $\bar{Y}_i$ among strata, when applied to natural populations, with leptokurtic distributions of character values. The gains in efficiency due to stratification are discussed below.

There have been numerous groundfish surveys described by authors as "stratified-random" designs, notably those of Grosslein (1969 et seq.). Indeed, the surveys initiated by Grosslein have received the most attention with regard to design and treatment of data (Clark 1979; Pennington and Grosslein MS 1978).

SYSTEMATIC SURVEYS

In the initial stages of the investigation of a widespread resource, or for exploratory studies in which little is known of the organism under study, the investigator may choose a systematic design for his survey. This design has a number of advantages which make it attractive for some resource surveys and, while there are some major disadvantages, systematic sampling will often answer the questions being asked with equal precision and less cost than surveys more elaborate in design.

Systematic sampling generally results in a regular spacing of sampling units. If there are N elements in the population (in our case this may be the total area, A_T, under study), then they may be regarded as coming from a j x k array. To select a systematic sample, the most common procedure would be to determine what interval between rows (i, $i<j$) and columns (m, $m<k$) is desired, followed by the selection of a starting point for sampling. The latter is accomplished through the selection of a "seed" pair of random numbers (a, b) where $a<j$ and $b<k$. Subsequent samples would then be in rows a, a+i, a+2i .... and in columns b, b+m, b+2m.... Points of intersection would be sample points. This scheme will result in a regular spacing of sampling units, called an aligned sample.

Another approach to systematic sampling results in a pattern of sampling units which appears random but is constructed in a systematic manner. If we consider our survey area to be divided into a two-dimensional array composed of mp rows, each with nk units, the procedure is to select, independently, n random integers i_1, i_2 ... i_n (all $i_n<p$) and m random integers j_1, j_2 ... j_m (all $j_m<k$).
The sampling coordinates will then be:

$$(i_1+rp), j_r+1), (i_2+rp, j_r+1+k), (i_3+rp, j_r+1+2k) \;.....\; (i_n+rp, j_r+1+(n-1)k) ,$$

for r = 0, 1, 2, 3, ... , (m-1), (after Sukhatme and Sukhatme 1970). This design results in a pattern of sampling stations which appears random and is called an unaligned sample.

Under certain conditions, an unaligned sample may provide better results than either an aligned or a stratified-random sample (Das 1950; Quenouille 1949).

The primary advantages of the standard (i.e.; aligned) systematic design are: (1) uniform area coverage; (2) relatively lower cost; and (3) fixed sampling stations yielding better organizational control of field work. There is, therefore, a low probability of missing a large contiguous part of the population. The major disadvantage of systematic surveys is that while they may give adequate representation of the spatial distribution of the resource, they do not give precise estimates of parameters (e.g., mean density) over the entire area. This is especially true for overdispersed populations where there may be a high degree of autocorrelation among elements. As such, if the interval between sample units is similar to the interschool (cluster) distance of the population, variance of sample statistics will be high.

Two variants of systematic sampling are: centric systematic area sampling (after Milne 1959) in which the sampling units are selected from the exact geographic centre of each stratum (making this system close to a stratified-random sample); and circular systematic sampling. Circular systematic sampling is a modification to aligned sampling which helps to overcome the handicap of using constant sampling units over fixed intervals, when dealing with periodically varying populations. In this method, the allocation of sampling units is the same as aligned sampling but additional samples are taken by adding an integer unit to each of the i_n values, which has the effect of shifting the baseline of the sampling pattern; this process may be repeated as desired.

For groundfish surveys designed to provide some indication of population abundance, systematic surveys have limited usefulness, primarily due to the difficulties associated with error calculation. This situation can be improved, however, by the application of a systematic design to an area that has already been stratified by some criterion. When this is done and the strata are reasonably homogeneous, the systematic design can be used, as the underlying assumption of $N_T = \sum \bar{n}_i k_i$ (where $\bar{n}_i$ = sample mean of k samples in the ith stratum) is met. Many of the surveys conducted on the North American Pacific coast are of this type.

There are two other adjuncts to systematic sampling that have some kinship with encounter-response surveys [see next section]: the method of contiguous quadrats (Grieg-Smith 1964), wherein a fixed pattern is generated from a single point, and pair-sampling (Hughes 1962), wherein one sampling unit is located randomly and the second of the pair is located a fixed distance from the first.

As a final note, while some authors (e.g., Sukhatme and Sukhatme 1970) treat cluster sampling as a separate technique, it is essentially a combination of systematic sampling and optimal sample unit choice.

ENCOUNTER-RESPONSE SURVEYS

I do not know if this designation has been previously used to describe survey techniques, but I believe it is appropriate to describe those surveys which are now being investigated by several agencies. This type of survey is a natural extension of area stratification and systematic sampling. It is uniquely attractive to overdispersed resources such as some demersal fish species. Eberhardt (1978) has presented some aspects of this type of sampling although his line transects do not have the flexibility of estimation with regard to optimal searching and measuring. There are two basic approaches to encounter- response surveys: (1) an aggregation is encountered and a pre-determined sampling pattern around the aggregation is generated to estimate its distribution and abundance; or (2) an aggregation is encountered and its distribution is mapped, after which the distribution is subsampled with a systematic pattern to determine its abundance.

The major advantages of the encounter-response survey are that: it reduces the necessity for an assumption of homogeneity over the sampled area; it greatly reduces the number of zero elements in the data; it closely resembles commercial fishing activity and is therefore amenable to charter-boat operation; and it is appropriate for multi-purpose surveys. The major disadvantages of encounter-response surveys are that: areas in between aggregations are not sampled or are sampled at much lower densities; the planning of cruises is hampered by uncertainty as to time necessary for sampling; and optimal planning of search patterns requires some foreknowledge of the distribution and dispersion of the resource. Fortunately, many of these disadvantages are mitigated by information available through commercial fisheries.

Where surveys are designed to provide estimates of abundance of stocks subject to commercial exploitation and where information on the general distribution of that fishery is available, the search pattern for the cruise can be generated around this distribution. Where the survey is for exploratory purposes, more time will be required for searching.

Estimates derived from encounter- response surveys will be minimum estimates due to the lack of, or minimal coverage for, areas between aggregations. There will, however, be greater precision to the estimates derived because the assumption of homogeneity over the sampling area will be met; this is seldom the case with even the best stratification. As noted earlier, the application of this type of survey is unique to highly aggregated species; however, there is a limitation to this general feature. The encounter-response technique will only be of more relative value when the size of the response element is significantly smaller than that specified by any other design resulting in the same number of samples over the area. This is the case with widely distributed aggregations having relatively uniform density, such as Pacific hake and spiny dogfish. This is not a severe limitation because other designs generally have a high proportion of zero elements, through sampling of intervals between aggregations.

The estimation of stock parameters (e.g., mean density) is enhanced by encounter-response surveys but the calculation of error limits about them may be problematical depending on the nature of the aggregations encountered. Where individuals in the aggregations have a distribution that is constant among aggregations, the values obtained for the estimates should describe their own distribution, for which error limits can be calculated. Often, the distribution of the fish school may be of the same order as the sampling unit and the result will be a Poisson distribution. In some instances, the distribution of individuals will vary among aggregations but when the foregoing holds true this variation will not be detected. Investigations designed to provide the appropriate statistical framework for this method are presently underway at this laboratory.

SAMPLING TECHNIQUES

The estimation of the values of various characteristics for a species requires some minimum number of fish. In most catches, there may be considerably more fish than are needed and the catch must be subsampled. In addition to the features of an individual species, the species composition of the entire catch must be determined. These are two different problems and two approaches may be required. Westrheim

(1967, 1976) and Hughes (1976) have examined this problem and developed methods to cope with the inherent variability of trawl hauls and the stratification of species and sizes within the codend of the net.

One of the problems of subsampling of the catch for age composition of a species is that it is generally impossible to know the ages of the fish when taking the sample. Most often, the catch may be sampled on the basis of size, using some understanding of the size-age relationship; however, this relationship is not often verified. Indeed, to obtain proper estimates of biological parameters, such as growth and mortality rates, sampling may depart substantially from proportional subsampling. This problem is acute for slow-growing and long-lived species, such as rockfishes, dogfish, halibut, etc. Much more effort needs to be directed toward the statistical basis of age sampling, particularly as it concerns the distribution of ages at a given size and the error in the aging procedure.

While relatively little has been published on the subsampling of trawl catches, there is a rich literature on the general subject of subsampling. Most statistics textbooks give an adequate treatment of subsampling; Cochran (1964), Hansen, Hurwitz and Madow (1953) and Sukhatme and Sukhatme (1970) are noteworthy.

As a final point, the investigator should not become so entangled with the perfecting of a method for obtaining representative samples of the catch that he or she loses sight of the fact that strong selective influences of fishing gear have already performed their work on the catch, and that the object is generally to estimate population features rather than those of the catch. It is therefore advisable to obtain samples using other or modified gears to validate or improve data obtained with standard survey gear.

TREATMENT OF DATA OBTAINED FROM SURVEYS

Having designed the survey and conducted it as well as possible, the investigator is then faced with mountains of data that must be collated, interpreted, analyzed or otherwise massaged. At this point, it is often instructive to reconsider the objectives of the survey and assess the damage to the original design wrought by weather and circumstances. If he or she has been blessed by Fortune, the damage will be minimal and energies can now be turned to the above tasks. Most often, these will result in some estimate of the mean value of a parameter complete with variance and confidence limits. The first thing that is evident in the data from most surveys is that the distribution of elements contributing to the mean is anything but normal and, consequently, these data must be examined in relation to some other distribution. If one of these distributions is appropriate, the data may be transformed to the normal distribution and statistics calculated in the usual way. As a caution, it should be noted that further analysis on transformed data may not always be recommended and the appropriate statistical references should be consulted.

DISTRIBUTION TESTING

In all of the surveys outlined earlier, with the possible exception of encounter-response surveys, the data obtained will normally exhibit some distribution of values which does not approximate the normal distribution. This is almost always the result of the aggregation in fish species. This is obvious even at first glance, and Taylor (1953) commented, "While variability ...is expected to arise from imperfections associated with the sampling technique, it is clear that if the data are taken from a population distributed at random these imperfections would have to be of the grossest kind to account for the variability observed". Fortunately, there are a series of papers dealing with the distributions exhibited by biological data and their relationships (Cassie 1962; Grieg-Smith 1964; Gurland 1957, 1958; Pielou 1960; Skellam 1952). Fisheries data, in particular, have been examined by Clark (1974, 1979), Lambou (1963), Moyle and Lound (1960), Roessler (1965) and Taylor (1953), among others.

The characteristic leptokurtic nature of biological data is similar to a number of unimodal or polymodal distributions and several authors have attempted to fit them to such data. Anscombe (1950) provides a rather technical examination of eight of these distributions (Thomas, Fisher Hh, Neyman A, Neyman B, Neyman C, Polya-Aeppli, negative binomial and discrete lognormal). These distributions vary in skewness and in the number of modes possible: the negative binomial and the discrete lognormal have one mode; the Polya-Aeppli may have either one or two modes; and the Neyman Type A may have an unlimited number of modes. The negative binomial distribution has been applied to a number of fisheries studies, the classic paper being Taylor (1953). Anscombe (1950) examines several theoretical situations which may give rise to the negative binomial, while Bliss and Fisher (1953) examine the relationship of the negative binomial to other distributions: "The negative binomial is an extension of the Poisson series in which the population mean, m, [λ of the Poisson distribution] ...... is not constant but varies continuously in a distribution proportional to that of χ^2. As the variance of the negative binomial approaches the mean, or the overdispersion decreases, k [coefficient of aggregation] tends to infinity and $P \to 0$. Under these conditions, it can be shown [Fisher et al. 1943] that the distribution converges to that for the Poisson ..... if the overdispersion increases sufficiently, $k \to 0$. If we disregard the units containing no individuals, the negative binomial converges to Fisher's logarithmic series, which describes effectively the apparent abundance of species".

Two parameters define the negative binomial distribution, $\overline{X}$, the mean value of the sampling unit, and k, which is an index of aggregation, inversely correlated with the degree of aggregation of the population ($k \simeq (\overline{x}^2/s^2 - \overline{x})$).

The probability (P_x) of obtaining x units in a sampling unit is:

(10) $$P_x = \frac{(k+x-1)!}{x!(k-1)!}\frac{R^x}{q^k}$$

where $p = \frac{\overline{x}}{k}$, $q = p+1$ and $R = \frac{p}{q}$.

To obtain the actual frequency distribution, the P_x are multiplied by N, the total number of units encountered. This distribution is unimodal and as noted by Bliss and Fisher, "in fitting the negative binomial to a given distribution any apparent bimodality (or multi-modality) is attributed to random sampling". Several authors have investigated the fitting of the negative binomial to biological data (Anscombe 1949, 1950; Bliss and Fisher 1953; Debauche 1962). The most accurate method is the maximum likelihood method of Bliss and Fisher; however, an approximation of k, $\hat{k}$, can be obtained thusly:

(11) $$\hat{k} = \overline{X}^2 / S^2 - \overline{X}$$

When k<4 this method is not very efficient unless $\overline{X}$ is also less than 4; however this rough estimate of k can be inserted in the maximum likelihood equation

(12) $$n \log_e \left(1 + \frac{\overline{X}}{\hat{k}}\right) = \sum \frac{A(x)}{\hat{k} + x}$$

where n = total number of sampling units and A(x) is the total number of counts exceeding x. The equation is balanced by iteration. For an alternate form of this procedure see Clark (1974). Anscombe (1950) gives formulae for five different methods of estimating k and their efficiencies. An asset to fitting the negative binomial are the tables in Williamson and Bretherton (1963) which include expected probabilities for 1480 negative binomial distributions.

The simplest and most common method of testing the goodness-of-fit of data to the negative binomial is to estimate $\overline{X}$ and k from the sample (using maximum likelihood where n>50) and compare the data with the predicted negative binomial using a χ^2 test. Anscombe (1950) gives two other tests (also in Elliot 1970) for estimating the goodness-of-fit for the negative binomial: one involves the frequency of zero elements and the other involves the difference between the sample estimate and the expected values of the third moment of the data. This reference is valuable in that Anscombe indicates not only when the data do not fit but also which distribution (discrete lognormal, Polya-Aeppli or Neyman) is more appropriate.

TRANSFORMATION OF ORIGINAL DATA TO APPROXIMATE THE NORMAL DISTRIBUTION

Since the majority of data sets from surveys are highly asymmetrical and do not lend themselves to the calculation of variances and error terms, it is desirable to effect a transformation to the normal distribution. There are also a great many analytical methods associated with the normal distribution which the investigator may wish to use; however, the constraints noted on the use of transformed data in subsequent analysis should be noted. In general, these constraints are concerned with assuring both the independence of the variance and the mean, and the additive nature of the variance (involving the t-test and analysis of variance, respectively).

Elliot (1970) provides several sections dealing with asymmetrical distributions and the appropriate transformations. A detailed treatment of transformations is contained in Quenouille (1949).

There are numerous methods of analysis used on survey data and it is not the purpose of this paper to review these methods; rather, I will concentrate on the assessment of the survey as indicated by the data.

COMPARISON OF SURVEY SCHEMES

Several authors present comparisons of various sampling schemes, among them Cochran (1964), Hansen, Hurwitz and Madow (1953) and Sukhatme and Sukhatme (1970). The following account is primarily derived from the first and last treatments.

The most appropriate comparisons to be made among surveys are the relative values of the variance of the estimated mean of the characteristics under study. Since the precision of this estimate is a direct cost function, it will be of importance in the survey design.

(a) Comparison of systematic and random sampling. The variance of the mean of a simple random sample can be expressed:

(13) $$V(\overline{Y}n)_R = \left[\frac{1}{n} - \frac{1}{N}\right] S^2$$

where n units are chosen from a population of N and the mean square between units of the population is S^2. The most convenient expression of the variance of the mean of a systematic sample of the sample population (as defined in the discussion of the unaligned sample) is:

(14) $$V(\overline{Y}_i)_{sy} = \frac{kn-1}{kn} \cdot \frac{S^2}{n}\left[1 + \rho(n-1)\right]$$

where ρ is the interclass correlation between units of a column. The variance of the systematic sample mean relative to the random sample mean is therefore:

(15) $$\frac{V_{sy}}{V_R} = \frac{(nk-1)}{n(k-1)}\left[1 + \rho(n-1)\right].$$

The critical variable in this comparison is ρ which is essentially the measure of effectiveness of randomly formed columns in describing the physical distribution. For $\rho = -1/(kn-1)$, the systematic and random samples are of equal precision; for $\rho > -1/(kn-1)$ systematic sampling is inferior; and for $\rho < -1/(kn-1)$ systematic sampling is superior. ρ ranges between $-1/(n-1)$ and 1.

(b) Estimates of the gain in precision due to stratification. It is often difficult to estimate the gain in precision accounted for by stratifying the survey area because the true population values for the strata will be unknown. If the stratified sample is $n_1, n_2 \ldots n_k$ the variance of the weighted mean will be estimated by:

$$(16)\quad \text{Est. } V(\bar{Y}_W)_S = \sum_{i=1}^{k} \left(\frac{1}{n_i} - \frac{1}{N_i} \right) P_i^2 \, s_i^2$$

where $P_i = N_i/N$ and n_i is the sample in stratum i of a total of N_i elements. If, however, the total sample was drawn without stratification then the variance of the estimated population mean would be the familiar

$$(17)\quad V(\bar{Y}_N)_R = \frac{N-n}{N} \cdot \frac{S^2}{n}.$$

We, therefore, must estimate S^2 given $Y_{n1}, Y_{n2} \ldots Y_{nk}$ and $s_1^2, s_2^2 \ldots s_k^2$. This derivation is rather involved (Sukhatme and Sukhatme 1970); however, when samples are allocated proportionately an estimate of the gain in efficiency due to stratification will be:*

$$(18)\quad \frac{\text{Est.}\{V(\bar{Y}_N)_R - V(Y_w)_P\}}{\text{Est. } V(Y_w)_P} = \frac{N(k-1)}{(N-1)n} \cdot \left[\frac{ns_b^2}{S_w^2} - 1 \right] \simeq \frac{k-1}{n} \left[\frac{ns_b^2}{s_w^2} - 1 \right]$$

(c) Comparison of systematic and random-stratified sampling. While Sukhatme and Sukhatme (1970) note that general conclusions cannot be drawn in this regard because of uncertainties about $\rho\alpha$, the non-circular serial correlation coefficient, Cochran (1964) does provide some useful measures of relative efficiency. The former authors provide some estimates of relative efficiency for auto-correlated populations but interclass correlations in aggregated populations preclude general conclusions.

Cochran (1964) estimated the variance of the mean of a systematic sample as:

$$(19)\quad V(\bar{Y}_{sy}) = \frac{S^2_{wst}}{n} \times \frac{(N-n)}{N} (1+(n-1)\rho_{wst})$$

where $S^2_{wst} = \frac{1}{n(k-1)} \sum_{j=1}^{n} \sum_{i=1}^{k} (Y_{ij} - Y_{.j})^2$ is the variance among units from the same stratum,

and $\rho_{wst} = \frac{2}{n(n-1)(k-1)} \sum_{i=1}^{k} \sum_{j<u}^{n} \frac{(Y_{ij} - \bar{Y}_{.j})(Y_{iu} - \bar{Y}_{.u})}{S^2_{wst}}$

is the correlation between the deviations of pairs of items in the same systematic sample, from the strata means. If $\rho_{wst}=0$, the precision of the systematic sample is the same as the corresponding random-stratified sample; if $\rho_{wst}<0$, the precision of the systematic sample is greater than the corresponding random-stratified sample; and if $\rho_{wst}>0$, the precision of a systematic sample is less than the corresponding random-stratified sample.

(d) A brief look at the adequacy of the distributional hypothesis. As noted earlier in the paper, the investigator fitting the survey data should be prepared to explain how such a distribution arises from the postulated dispersion of the population. This is of critical importance to subsequent treatment of data and inferences made about the population studied. Several authors have examined how the negative binomial distribution of survey data may arise from natural populations (Anscombe 1950; Bissell 1972; Bliss and Fisher 1953; Pennington and Grosslein 1978; Quenouille 1949 and Taylor 1953). It is pertinent to note that no consensus exists among authors as to the root causes: some favour heterogeneous Poisson sampling; others randomly distributed clumps; while still others favour "true contagion". Indeed, Bliss and Fisher (1953) quote an instance wherein the same frequency distribution of elements is derived from distinct and quite contradictory hypotheses. As Elliot (1970) noted, "... the negative binomial is often a good empirical description, but agreement with a negative binomial should not be used as the sole basis for justifying one particular hypothesis".

DISCUSSION

This review has covered most aspects of survey problems very thinly; however, it is hoped that these highlights may help to focus attention on some of the shortcomings of surveys as we currently conduct them. It is important to note where the benefits of improved designs lie; primarily in the derivation of more precise and, I hope, more accurate estimates of various stock parameters. This will in turn allow us to more accurately predict stock dynamics and,

* s_w^2 and ns_b^2 are called the mean squares within and between strata.

consequently, yield. Another major benefit is the saving in time and resources which results from efficient cruise tracks and optimal sample allocation. Of particular note is the recent interest in encounter-response suveys; further development of this type of survey may well overcome some of the more significant shortcomings of traditional designs.

There are two aspects of resource surveys that have received only limited attention. The first of these involves the post facto evaluation of design adequacy relative to the ultimate use of survey results. Within any given geographic or temporal resource cell, we have generally seen an inexorable rise in sampling intensity, largely justified on the grounds that variances of parameter estimates were "unacceptably" large at existing sampling densities. In general, however, these estimates are used as point estimates only in the management process; furthermore, survey estimates will probably continue to be used as point estimates regardless of their precision. While we may find large variances to be intuitively unsatisfactory, the resource scientist accepts a certain incumbency to examine the derived estimates as a function of sampling intensity and to determine if convergence occurs at a lower density than that used. We may often expend considerable effort to minimize the variance of an estimate; additional effort that may be of limited value to the more pragmatic concerns of resource management.

The second aspect of surveys that requires additional effort concerns the integration of other data bases into the design process. One of the largest sources of information about any exploited stock is the commercial fishery data base, yet it is rarely incorporated into the design of a survey. In consequence, we often find ourselves sampling in areas or times where fishing records indicate that success will be limited or nil. For our pains, we may be rewarded with lost gear, inflated variance or both. As an adjunct to this, consider that the task at hand is to obtain some estimate of the parameters of an exploited stock and that the fishery records concern exactly that exploited stock. While scientific rigour will dictate some more extensive survey coverage than only the area utilized by the commercial fleet, it is common to find surveys which sample areas that are essentially depauperate, yet that are sampled on a consistent and repetitive basis.

The foregoing is intended primarily to accentuate the need for an evaluation process with regard to survey design. The scientist should be able to optimize his design both through more critical examination of results, relative to application, and through access to additional information which may aid in effort allocation.

REFERENCES

Anscombe, F.J. 1949. The statistical analysis of insect counts based on the negative binomial distribution. Biometrics 5: 165-173.

_____ 1950. Sampling theory of the negative binomial and logarithmic series distributions. Biometrika 37: 358-382.

Bissell, A.F. 1972. A negative binomial model with varying element sizes. Biometrika 59: 435-441.

Bliss, C.I. and R.A. Fisher. 1953. Fitting the negative binomial distribution to biological data. Biometrics 9: 176-196.

Cassie, R.M. 1962. Frequency distribution models in the ecology of plankton and other organisms. J. Anim. Ecol. 31: 63-92.

Clark. S.H. 1974. A study of variation in trawl data collected in Everglades National Park, Florida. Trans. Am. Fish. Soc. 103: 777-785.

_____ 1979. Application of bottom-trawl survey data to fish stock assessment. Fisheries 4: 9-15.

Cochran, W.G. 1961. Comparison of methods for determining strata boundaries. Bull. Inter. Stat. Inst. 38 (Pt. II): 345-358.

Cochran, W.G. 1964. Sampling techniques. Second edition. John Wiley & Sons: 413 p.

Dalenius, T. 1950. The problem of optimum stratification. Skand. Akt. 3-4: 203-213.

Dalenius, T. and M. Gurney. 1951. The problem of optimum stratification. II. Skand. Akt. 3-4: 133-148.

Dalenius, T. and J.L. Hodges. 1957. The choice of stratification points. Skand. Akt. 3-4: 198-203.

_____ 1959. Minimum variance stratification. J. Amer. Sta. Assoc. 54: 88-101.

Das, A.C. 1950. Two dimensional systematic sampling and the associated stratified and random sampling. Sankhya 10: 95-108.

Debauche, H.R. 1962. The structural analysis of animal communities in the soil. In. Progress in soil zoology. P.W. Murphy [ed.]: 10-25 London.

Eberhardt, L.L. 1978. Transect methods for population studies. J. Wildl. Manage. 42(1): 1-31.

Ekman, G. 1959. An approximation useful in univariate stratification. Ann. Math. Stat. 30: 219-229.

Elliot, J.M. 1970. Some methods for the statistical analysis of samples of benthic invertebrates. Freshwater Biological Assoc. Sci. Publ. 25: 148 p.

Fisher, R.A., A.S. Corbet, and C.B. Williams. 1943. The relation between the number of species and the number of individuals in a random sample of an animal population. J. Anim. Ecol. 12: 42-58.

Grieg-Smith, P. 1964. Quantitative Plant Ecology (2nd Ed). Butterworth, London. 256 p.

Grosslein, M.D. 1969. Groundfish survey program of BCF, Woods Hole. Commer. Fish. Rev. 31(8-9): 22-35.

Gurland, J. 1957. Some interrelations among compound and generalized distributions. Biometrika 44: 265-268.

_____ 1958. A generalized class of contagious distributions. Biometrics 14: 229-249.

Hansen, M.H., W.H. Hurwitz, and W.G. Madow. 1953. Sample survey methods and theory: Vol. I Methods and applications. John Wiley & Sons. 638 p.

Hughes, R.D. 1962. The study of aggregated populations. In. Progress in soil zoology. P.W. Murphy [ed.]: 51-55 London.

Hughes, S.E. 1976. System for sampling large trawl catches of research vessels. J. Fish. Res. Board Can. 33: 833-839.

Kuno, E. 1969. A new method of sequential sampling to obtain the population estimates with a fixed level of precision. Res. Popul. Ecol. 11: 127-136.

Lambou, V.W. 1963. Application of distribution pattern of fishes in Lake Bistenau to design of sampling programs. Prog. Fish. Cult. 25: 79-87.

Milne, A. 1959. The centric systematic area-sample treated as a random sample. Biometrics 15: 270-297.

Moyle, J.B., and R. Lound. 1960. Confidence limits associated with means and medians of series of net catches. Trans. Am. Fish. Soc. 89: 53-58.

Neyman, J. 1934. On the two different aspects of the representative method: The method of stratified sampling and the method of purposive selection. J. Roy. Stat. Soc. 97: 558-606.

Pennington, M.R. and M.D. Grosslein. MS 1978. Accuracy of abundance indices based on stratified-random trawl surveys. ICNAF Res. Doc. 78/VI/77. No. 5264. Mimeo. (20 p.).

Pielou, E.C. 1960. A single mechanism to account for regular, random and aggregated populations. J. Ecol. 48: 575-584.

Pielou, E.C. 1969. An introduction to mathematical ecology. John Wiley & Sons Inc. New York. 286 p.

Poole, R.W. 1974. An introduction to quantitative ecology. McGraw-Hill, New York.

Quenouille, M.H. 1949. Problems in plane sampling. Ann. Math. Stat. 20: 355-375.

Roessler, M. 1965. An analysis of the variability of fish populations taken by otter trawl in Biscayne Bay, Florida. Trans. Am. Fish. Soc. 94: 311-318.

Sackton, John. 1979. Why Scientists don't fish like fishermen. National Fisherman 59 (3): 12-15.

Skellan, J.G. 1952. Studies in statistical ecology. I. Spatial pattern. Biometrika 39: 346-362.

Southwood, T.R.E. 1966. Ecological methods. Methuen, London.

Sukhatme, P.V. and B.V. Sukhatme. 1970. Sampling theory of surveys with applications. Iowa State U. Press.: 452 p.

Taylor, C.C. 1953. Nature of variability in trawl catches. U.S. Fish. Wildlf. Serv. Fish. Bull. 83: 143-166.

Westrheim, S.J. 1967. Sampling research trawl catches at sea. J. Fish. Res. Board Can. 24: 1187-1202.

_____ 1976. A further note on sampling research trawl catches at sea. J. Fish. Res. Board Can. 33: 1196.

Williamson, E., and M.H. Bretherton. 1963. Tables of the negative binomial probability distribution. John Wiley & Sons. New York. 275 p.

GROUNDFISH SURVEY TECHNIQUES AS APPLIED TO ABUNDANCE SURVEYS FOR SHRIMP

by

D.G. Parsons and E.J. Sandeman

Department of Fisheries and Oceans
P.O. Box 5667
St. John's, Newfoundland
A1C 5X1

ABSTRACT

A brief history of trawl surveys for shrimp and their use to extrapolate biomass are reviewed. Methodology of stratification by depth in survey areas in the Northwest Atlantic is discussed and results are interpreted in relation to accuracy and statistical acceptability. Areas outside the Gulf of St. Lawrence show considerable within-stratum variation and produce lower limits of confidence (95%) which are often less than zero. Patterns of diel variability are presented and their interpretation applied to the survey results. The effects of varying net parameters and towing procedures are also examined and a tidal model is presented which closely describes patterns of variability in catches over a 24-hour period. Consideration is also given to concentrations of shrimp in areas which are not fishable but which may contribute to the exploitable stock.

Key words: diel variability, shrimp, stratification, trawl surveys.

RÉSUMÉ

L'histoire de l'échantillonnage de la crevette au chalut et l'utilisation de ces relevés pour extrapoler la biomasse sont passées en revue. On examine la méthode de stratification par profondeur dans les zones de l'Atlantique nord-ouest ayant fait l'objet d'échantillonnage et on interprète les résultats du point de vue de l'exactitude et de l'acceptabilité statistique. Les zones en dehors du golfe Saint-Laurent présentent des variations considérables à l'intérieur des strates de sorte que la limite de confiance inférieure (95%) englobe souvent la valeur zéro. On présente des types de variabilité journalière et on les interprète relativement aux résultats des échantillonnages. Les effets de la variation des paramètres du filet et des méthodes de remorquage sont également examinés et on présente un modèle tidal qui décrit fidèlement les types de variabilité des prises sur une période de 24 heures. On examine également les concentrations de crevettes dans les endroits non exploitables, mais qui peuvent contribuer aux stocks exploitables.

Mots clés: crevette, relevés au chalut, stratification, variabilité nycthémérale.

INTRODUCTION

Fisheries for pandalid shrimps in boreal oceans often employ trawls and trawlers not unlike those used for groundfish fisheries. The mesh size is, naturally, somewhat smaller for shrimp but the techniques of trawling and the designs of the otter trawls are essentially the same. Most of our commercial shrimps are found reasonably close to the bottom in concentrations sufficient to make a groundfish-type fishery viable. Despite a considerable movement off bottom, especially during hours of darkness (e.g., Smidt 1978), the bottom trawl has been preferred in most shrimp fisheries of northern areas.

Research programs tend to use gears which efficiently catch the species being investigated. Not surprisingly, and often consequently, these gears are similar to those used in the industry. (One notable difference is that, in research, small-meshed liners are commonly employed in an attempt to prevent the escape of small individuals which are otherwise selectively avoided by the commercial gears.) Research efforts for shrimp have followed similar lines and in most centres where such fisheries are investigated, research vessel trawl surveys have been long-standing. In many cases, the surveys have been designed similar to those used for groundfish species, and in others both groundfish and shrimp have been investigated concurrently.

Trawl surveys to locate concentrations of pandalid shrimps began on the west coast of North America around 1950, but the use of such data to produce biomass estimates was not attempted until the 1970s (Balsiger 1979). Since 1969, Norwegian research has focused on shrimp distribution in the Barents Sea and Spitsbergen area and attempts have been made to produce preliminary estimates of stock size by the swept area method. Future plans include stratified random design (Ulltang 1979). On the east coast of Canada, shrimp biomass extrapolated from trawl survey data were first produced in the early 1970s (Sandeman 1978b; Fréchette 1979) and have been used in the assessment and management of stocks in the Gulf of St. Lawrence.

Shrimp investigations at West Greenland have, since 1976, used estimates of biomass from research and commercial CPUE data as a major contributor to the management of the resource (Carlsson 1979). Photographic techniques have also been developed in this area as an alternative method for estimating biomass (Kanneworff 1979).

In more recent years, areas off Labrador have been surveyed (Sandeman 1978a; Parsons et al. 1979, 1980) and have produced stock size estimates which have been plagued by extreme variability in catches. This problem is widespread and supports the suggestion by Dow (1979) that there is need for an increase in research on abundance-meteorological relationships, with less emphasis on cruise sampling for abundance estimates. Although referring to the Gulf of Maine (an area where trawl surveys have been a tradition since the mid-1960s and which represents the southern limit of concentration of this species along the east coast of North America), the statement may apply to other areas as well.

Assessment techniques for shrimp stocks in general are at a rudimentary level. Main areas of difficulty lie in methodology of ageing (including estimation of parameters of growth and mortality) and elucidation of recruitment patterns. These restrictions have placed biomass estimations foremost in assessing certain stocks.

It is somewhat ironic that the biomass estimates themselves are often subject to extreme variability, and wide confidence limits suggest that estimates cannot really be considered seriously. These can be improved by: (a) monitoring and accounting for patterns of observed variability; and/or (b) increasing sample size.

As work continues on the estimation of vital parameters for shrimp stock assessment, with subsequent improvements of the methods available, the trawl surveys remain a necessary part of shrimp research. Their value, in spite of the wide confidence limits, remains high; e.g., results from research in the Gulf of St. Lawrence (Fréchette 1979) where spring and fall biomass surveys provide advice on the management of the resource and data leading to estimates of mortality before and after the fishery. The surveys can provide valuable data aimed at generating the badly needed input for accepted fisheries models.

Unless otherwise specified, the term "shrimps" in this paper refers to the species Pandalus borealis.

GENERAL METHODOLOGY

Pandalid shrimps are quite selective of their preferred habitat, and it has been noted by many authors that commercial concentrations of Pandalus borealis are commonly found in areas where bottom water temperatures are in the range 3°-6°C. If large numbers are found outside this range it is usually attributable to the fact that no water of this temperature is available to them into which they can move, and when populations become trapped in unfavourable areas, such populations can demonstrate decreased productivity and capacity for survival (Squires 1967).

While temperature is a most important parameter in governing the distributional patterns of shrimp populations, depth and bottom type also play an important role. In the Northwest Atlantic area, depth and temperature usually show quite a close relationship and, while temperature is often important in limiting the depth distribution of shrimp populations, the physiology of the species also appears to require a depth reaction which can manifest itself in seasonal depth distributional changes. The most important illustration of this can be seen in the tendency for ovigerous females (female shrimps which carry their eggs under their abdomens for an extended period until the eggs hatch) to seek the shallowest water (of suitable temperatures) available to them as the time for the hatching of the eggs grows closer (Sandeman, unpub.).

Bottom type is a further important variable in determining the distributional patterns of shrimps, and it is well established that shrimps show a distinct preference for a muddy bottom (Haynes and Wigley 1969). It also seems clear, however, that large populations of shrimps can occur in the absence of a muddy substrate; in several such cases, the environment is notably dynamic and presumably it is the enhanced productivity that is usually present in such regimes that attracts them in a population sense to such areas, e.g., Davis Strait.

The importance of temperature as a primary variable determining the distribution and abundance of shrimps and the close relationship that exists during most seasons in northern parts of the Northwest Atlantic between temperatures (in the preferred range) and depth, as well as the ease by which the depth may be measured, suggests that a sampling scheme which employs a stratification based on depth might provide a reasonably efficient method of quantifying estimates of shrimp biomass.

In designing a system of stratification using depth, a major requirement is reasonably accurate bathymetric charts which will allow stratum boundaries to be determined and stratum areas to be measured.

In the Northeast Gulf of St. Lawrence (Esquiman Channel) (Figure 1) bathymetric charts with reasonably accurate depth contours have existed for some time, and stratified random sampling systems based on stratification by depth have been used since 1972. (The fishery started in earnest in 1971.)

Large-scale bathymetric charts for areas of shrimp abundance on the Labrador Shelf and Davis Strait are lacking, and instituting a stratification scheme to the same level of precision as in the Gulf of St. Lawrence has been quite difficult. Thus, the methodology will be considered here separate from that used in the Gulf of St. Lawrence.

NORTHEAST GULF OF ST. LAWRENCE

Over a great part of the year, warm bottom water, approximately 3-6°C, is limited to the deep water in the central part of the Esquiman Channel; during this period (May-December), shrimps are limited to this relatively warm, deep water and do not occur at depths shallower than about 100 fath. Thus, in designing a survey plan for this species (May-December), it was possible to limit the survey to depths of 100 fath and greater.

The area bounded by the 100-fath contour on the east and north, by the 49°N latitude line on the south, and by the 60°00'W longitude line on the west was divided into a series of 24 strata following the depth zones 100-120 fath, 121-140 fath, 141-160 fath, 161-180 fath and a small zone of depth > 180 fath. This stratification scheme has been described previously (Sandeman 1978b) but is described here also to clarify discussion. Figure 1 shows the stratification scheme used.

Prior to any sampling cruise, a series of random starting positions for each set was generated throughout the survey area by a computer, and these positions were plotted until each stratum received an allocation of sets approximately proportional to its area. As might be expected from such a random selection process, a few sets occurred very close to other sets and some areas were devoid of sets. Arbitrary adjustments were made such that, except where strata were narrow because of rapid depth change, no sets were nearer to each other than about three miles and a few extra sets were included where obvious bare patches were noted. These adjustments and extra sets (also taken from the randomly generated series) totalled less than 10% of the total sets. Figure 1 (from Sandeman 1978b) shows the stratification scheme used.

Until 1976, the same stratification scheme was used in other surveys (though of course with different randomly generated set positions). Subsequent to 1976, when most surveys were targeted at both shrimps and small redfish and when metric charts generally became available, the stratification scheme was changed. Though it still used depth as the stratification variable, the intervals were changed to metric ones and the number of strata within each depth zone was reduced. The depth intervals used in this new stratification scheme are as follows: 160-180 m, 181-220 m, 221-260 m, 261-300 m and > 300 m. It will be noted that the stratum depth boundaries are quite similar to the previous boundaries except that the deeper strata have been combined and an extra level of shallower strata incorporated. The general position of these strata has been described by Parsons (1978). Subsequently, the shallowest depth level was further expanded to take in a 40 m depth interval, in keeping with the remainder of the scheme, so that this stratum level now contains the depth interval 141-180 m.

Though no figure is included to show the boundaries of these new strata, their description, which follows, is relatively simple:

> Using the general boundaries: defined by the 140 m contour to the east and north, the 49°00'N line of latitude to the south and the 60°00'W meridian to the west (total area 4225 sq n miles). The new area is first divided into two by the 50°N line of latitude. North of this line five depth strata are designated by the numbers 111 to 115 with the units digit referring to the five depth zones (listed above) with one being shallow and five being deep. The area south of the 50th parallel is designated by numbers 121 to 125 in a similar manner. Thus, the 24 strata previously used have been now reduced to 10 though, in effect, because of the extension to cover shallower depth zones than previously the effective shrimp strata are now really only six or seven.

Because shrimp catches usually vary widely on a diurnal basis, and because most of the surveys were conducted using a small vessel whose work hours were restricted, fishing in these surveys was normally confined to daylight hours. Care was always taken to ensure that all sets were exactly of 30 minutes' duration and were as similar as possible with respect to net and towing parameters.

Surveys have been carried out during 1972, 1973, 1975, 1976, 1978, 1979 and 1980, though in some years work was limited to the area to the north of the 50th parallel.

LABRADOR SHELF AND DAVIS STRAIT

Over most of this area, detailed and accurate bathymetric charts are lacking. The only exception is the Hawke Channel off southern Labrador where sufficient information is available (Warren 1976) to produce a reliable stratification chart (Figure 2). The area is, however, the least important to the commercial fleet. The Cartwright and Hopedale Channels have been mapped in a very general way using soundings obtained from research vessels and relating these to the existing information on more general charts (Figures 3 and 4). The stratification is based on 40 m depth intervals and areas for each stratum are calculated using an A. OTT planimeter (Table 1). The offshore grounds on the Store Hellefiske Bank (Figure 5) are not mapped with sufficient detail and, consequently, the stratification is based on 100 m intervals.

Inaccuracy in the stratification charts makes the reality of random station selection rather difficult to achieve. Any such selection must be completely flexible since the assignment of random sets to depth strata is prone to considerable error, requiring adjustment at sea and resulting in violation of the theory of randomization. In addition, valuable vessel time is lost. Areas of abundance off Labrador and West Greenland are definable in general terms and, in past surveys, lines have been selected to cover the entire range for each stock (Figures 2 to 5). Sets in each of the depth zones are designated and during the actual survey are fished depending on the pattern of shrimp distribution at that time. If distribution varies between years, adjustments of set positions are made accordingly. Fishing is usually conducted on a 24-hour basis.

Table 1. Stratum areas for northern shrimp stocks.

Hawke			Hopedale			Cartwright			O+1		
Stratum No.	Depth (m)	Area (sq n mi)	Stratum No.	Depth (m)	Area (sq n mi)	Stratum No.	Depth (m)	Area (sq n mi)	Stratum No.	Depth (m)	Area (sq n mi)
010	541-580	204									
101	181-220	642	101	165-201	61				1	301-400	978
102	221-260	202	102	202-238	49				2	>500	98
103	261-300	287	103	239-274	44				3	301-400	670
104	301-340	259	104	275-311	39	4	275-311	54	4	<300	187
105	341-380	200	105	312-348	39	5	312-348	84	5	301-400	810
106	381-420	117	106	349-384	41	6	349-384	31	6	201-300	1494
201	181-220	64	107	385-421	38	7	385-421	34	7	151-200	669
202	221-260	32	108	422-457	39	8	422-457	37	8	151-200	1164
203	261-300	43	109	458-494	42	9	458-494	60	9	201-300	238
204	301-340	51	110	495-530	110	10	495-530	89	10	301-400	91
205	341-380	64	111	>530	51	11	531-567	28	11	301-400	228
206	381-420	132	204	275-311	290				12	401-500	329
207	421-460	62	205	312-348	174						
208	461-500	94	206	349-384	135						
209	501-540	145	207	385-421	95						
305	341-380	28	208	422-457	148						
306	381-420	59	209	458-494	162						
307	421-460	102	210	495-530	168						
308	461-500	19	211	531-567	168						
401	181-220	430	212	568-603	163						
402	221-260	93	213	604-639	64						
403	261-300	28	304	275-311	47						
501	181-220	347	305	312-348	30						
502	221-260	130	306	349-384	23						
503	261-300	119	307	385-421	19						
504	301-340	93	308	422-457	18						
505	341-380	62	309	458-494	19						
506	381-420	77	310	495-530	24						
507	421-460	81	311	531-567	31						
508	461-500	130	312	568-603	38						
509	501-540	209	313	604-639	236						
601	181-220	159									
602	221-260	589									
603	261-300	500									
604	301-340	121									
605	341-380	55									
606	381-420	108									
607	421-460	262									
608	461-500	132									
Total		6531[1]			2605			417			6956

[1] Area surveyed is actually much smaller.

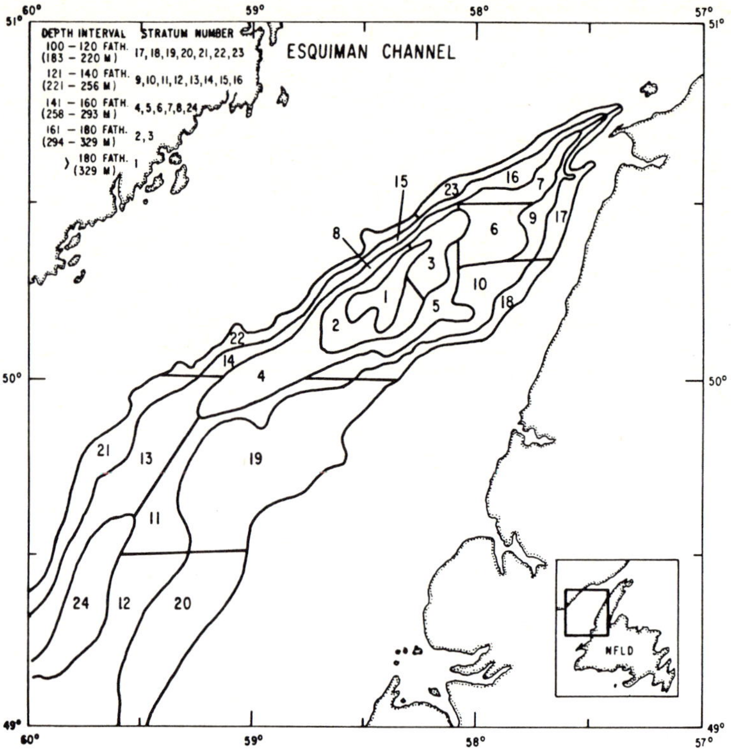

Fig. 1. Survey area and stratum boundaries used in the Esquiman Channel, Gulf of St. Lawrence.

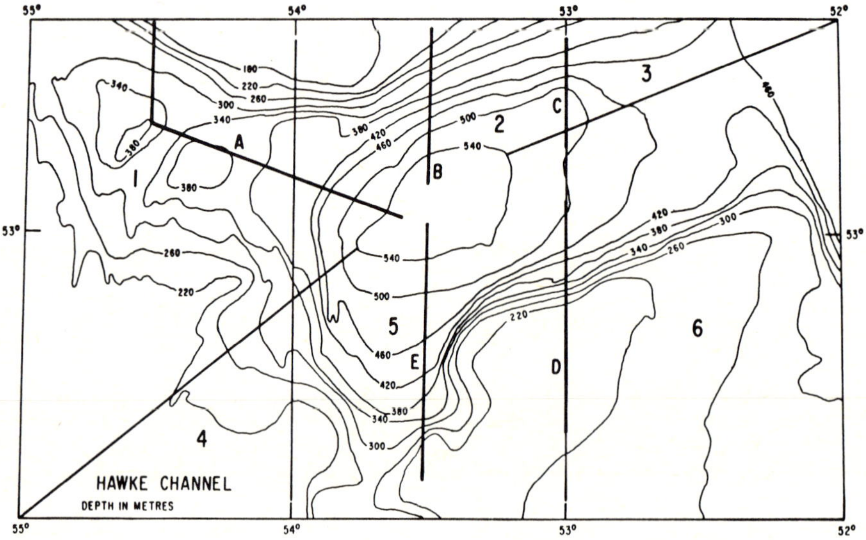

Fig. 2. Bathymetry and survey lines in the Hawke Channel off Labrador. (A-E are survey lines.)

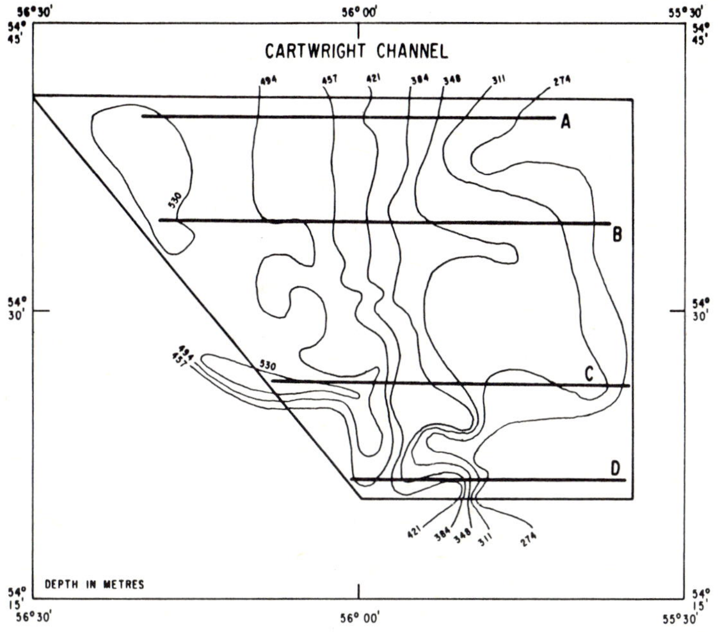

Fig. 3. Interpretation of bathymetry and survey lines in the Cartwright Channel. (A-D are survey lines.)

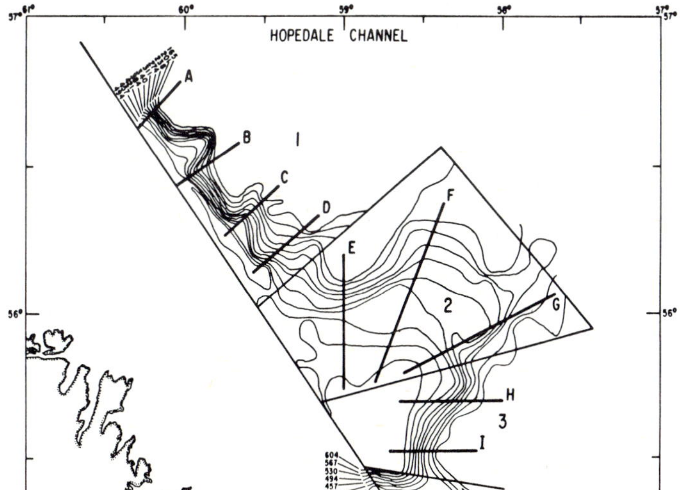

Fig. 4. Interpretation of bathymetry and survey lines in the Hopedale Channel. (A-I are survey lines.)

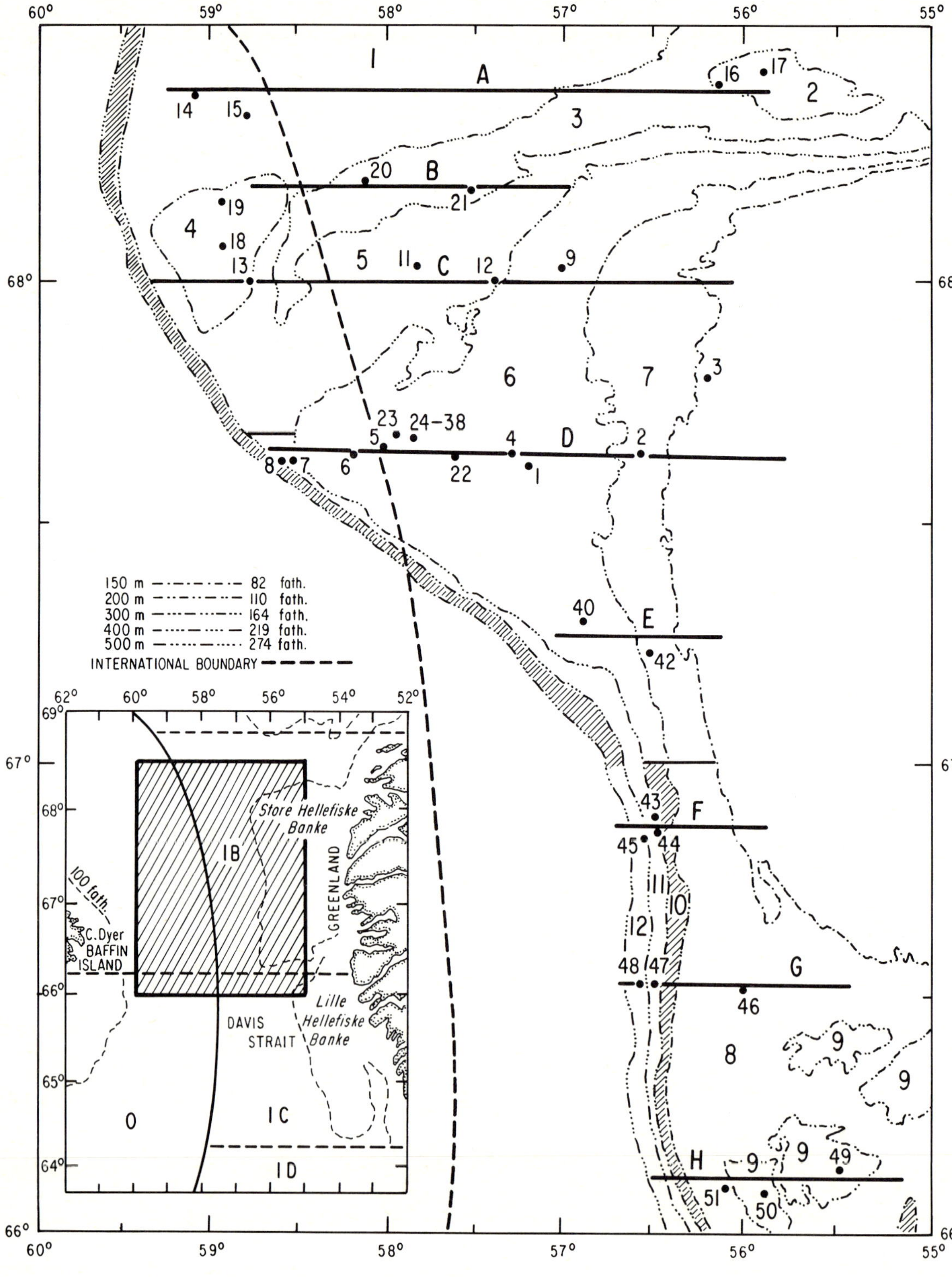

Fig. 5. Stratification and survey lines on the Store Hellefiske Bank. (A-H are survey lines, numbers denote set positions.)

RESULTS AND DISCUSSION

GENERAL RESULTS

Gulf of St. Lawrence - Esquiman Channel

Biomass estimates are available from stratified random survey cruises to the area in 1972, 1973, 1975, 1976, 1978, 1979 and 1980. Data from the first four years have been reported previously (Sandeman 1978b; biomass values quoted may be slightly different to those quoted here because of changes in stratum boundaries). In each of these trips, coverage was usually much more extensive in the area north of 50°N latitude than to the south of it, and on one or two occasions the survey was confined to the northern area (e.g., 1973). It should be noted that by far the majority of the fishing effort is exerted in the northern part of the area and that only very occasionally, and mostly then in the summer, does fishing take place south of the 50°N latitude line.

Estimates and the 95% confidence limits associated with them are shown in Tables 2 to 4 and the estimates are displayed in graphic form in Figure 6.

Several points are particularly worthy of comment in Figure 6. Firstly, the biomass almost tripled during the period 1972-1976. This dramatic increase in biomass took place at a time when the fishery was expanding, and we are presented with one of the relatively rare occasions when the usual plot of catch/effort against effort shows a straight line trend with positive slope. A significant decline in biomass since 1976 is discernible although it seems likely that 1978 represents an anomaly (as will be seen when the biomass estimates are compared with indices of abundance derived from catch and effort data). It is also worth noting that, in general, while the biomass in the northern part of the area is higher than in the southern, the latter does generally show signs of paralleling the former so that the same general trends are observed in both areas. Perhaps, also, the decrease in biomass in the north relative to the south, observed in the period 1978-1980, could be regarded as the result of the much greater fishing effort expended in the north.

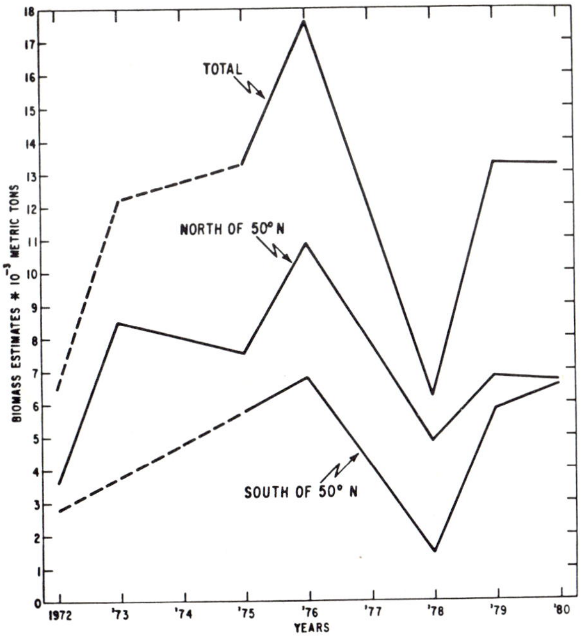

Fig. 6. Biomass estimates - Gulf of St. Lawrence - Esquiman Channel.

Aging of shrimp is not yet on a firm enough basis to allow the running of routine cohort analysis to provide independent indices of abundance to compare with those derived from the surveys. However, catch/effort data are available and the mean catch/std day (Sandeman 1978b defines the method of standardization) is shown, together with the relevant biomass estimates for the area north of 50°N, in Figure 7. The trend of the two plots is quite similar, with rising biomass from a low in 1972 to a high in 1976 being confirmed in the catch/effort data. However, the 1978 data appear awkward with a high catch rate displayed at a time when the biomass of the stock appeared relatively low. Unfortunately, we have not yet had an opportunity to assemble and standardize the catch rate data for 1979; when completed, the position should become clearer. Examination of the commercial sampling data provides some insight into what has happened in 1978 and it appears that subsequent to the survey (July) a new and very abundant year-class began to enter the fishery and that by October the fishery was concentrating on this year-class and obtaining high catches at high catch rates of these extremely small shrimps. It seems likely that many fishermen lowered the mesh size that they were using to take advantage of these small shrimp. The change in size distribution in the fall of 1978 relative to other years can be seen in Figure 8 as can the change in size distribution of the landings through 1978 in Figure 9.

Labrador and Davis Strait

Results of recent research surveys have enabled the estimation of shrimp biomass in areas off Labrador and in the Davis Strait (Table 5). In three of the examples provided the variance associated with the data produces lower confidence limits (95%) which are less than zero. For others, where the computations are valid, the mean could be in error by as much as 0.7 times its value. Estimates such as these have been used in the interpretation of MSY and subsequent recommendation of TAC.

Sample size was increased considerably in 1980 and, in comparing results with 1979, has an overall effect of improving the estimates, significantly so in the Cartwright Channel.

Table 2. Biomass estimates, Esquiman Channel, Gulf of St. Lawrence, north of 50°N (area 1626 sq n miles).

	Biomass (kg x 10^{-6}) Mean	High	Low	Catch (kg) per unit	95% ±	Units[1]	Sets
1972	3.632	4.271	2.993	25.23	4.44	143956	41
1973	8.499	10.480	6.519	68.78	16.03	123574	19
1975	7.545	9.359	5.730	36.26	12.60	143956	43
1976	10.845	15.573	5.958	75.34	33.65	143956	13
1978	4.798	6.487	3.110	33.33	11.73	143956	17
1979	6.767	8.225	5.309	55.44	11.95	122067	14
1980	6.674	8.220	5.128	54.673	12.667	122067	17
1980	7.729	11.552	3.905	41.04	20.31	188313	37

[1] Units in this and subsequent tables refers to the number of sets possible in the survey area without overlapping.

Table 3. Biomass estimates, Gulf of St. Lawrence, Esquiman Channel, south of 50°N (area 2599 sq n miles).

	Biomass (kg x 10^{-6}) Mean	High	Low	Catch (kg) per unit	95% ±	Units	Sets
1972	2.794	3.215	2.374	11.49	1.73	243209	35
1973	No survey						
1975	5.763	7.426	4.101	30.31	8.74	190166	12
1976	6.789	9.553	4.025	27.91	11.36	243209	7
1978	1.411	2.001	0.822	5.80	2.42	243209	10
1979	5.787	6.972	4.606	23.80	4.86	243209	14
1980	6.654	8.754	4.555	27.361	8.63	243209	16

Table 4. Biomass estimates, Gulf of St. Lawrence, Esquiman Channel, total area (area 4225 sq n miles).

	Biomass (kg x 10^{-6}) Mean	High	Low	Catch (kg) per unit	95% ±	Units	Sets
1972	6.426	7.177	5.675	16.60	1.80	387165	76
1973				Survey not complete			
1975	13.308	15.655	10.962	39.83	7.02	334122	55
1976	17.634	22.499	12.768	45.55	12.57	387165	20
1978	6.209	7.952	4.467	16.04	4.50	387165	27
1979	13.298	15.048	11.547	27.18	3.57	489312	39
1980*	13.328	15.756	10.900	36.488	6.65	365276	33

*Summer survey only.

Table 5. Shrimp biomass estimates[1] (MT) and 95% confidence intervals.

		Hopedale	Cartwright	Hawke	0+1
1978[2]	Upper	3054	2886		
	Mean	1825	868		
	Lower	597	-1150		
	Sample Size	23	25		
	Area[3]	1306	359		
1979	Upper	19730	3536	2712	157829
	Mean	11608	1657	1863	40076
	Lower	3487	-222	1013	-77678
	Sample Size	54	25	26	47
	Area	1878	359	1595	6698
1980	Upper	19134	2914	3030	
	Mean	11840	2328	2312	
	Lower	4545	1743	1594	
	Sample Size	83	39	29	
	Area	2522	419	2079	

1 Data have been reorganized for compatibility with computer programs and estimates are not necessarily the same as presented in previous documentation.

2 Survey conducted at a time of extremely low density.

3 Area expressed in sq n miles.

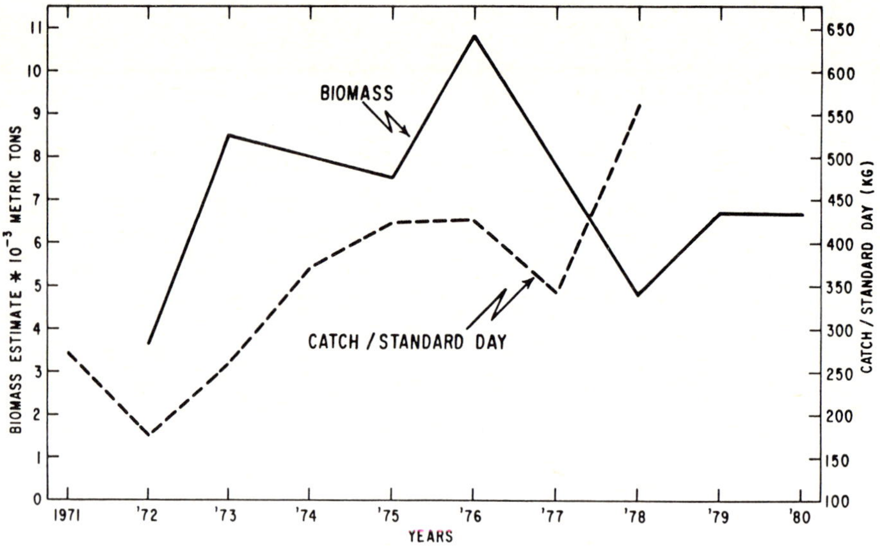

Fig. 7. Biomass estimates and mean catch/std day for each year - Esquiman Channel, north of 50°N.

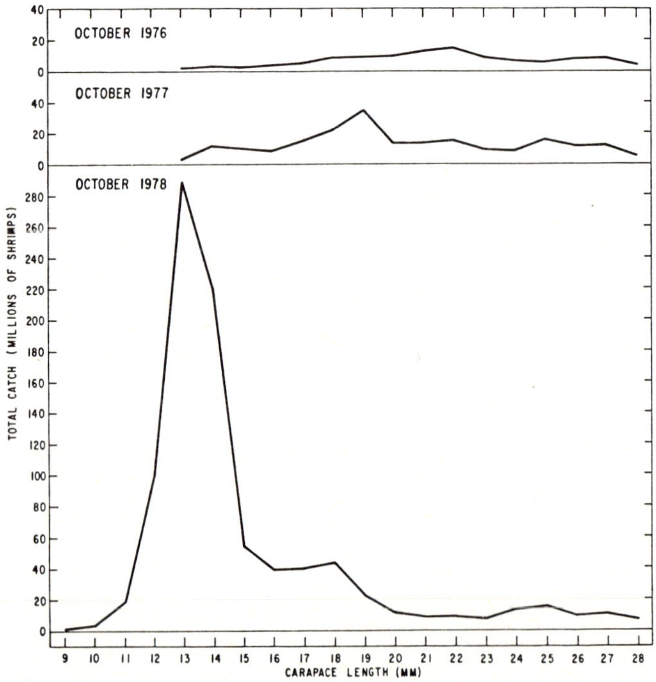

Fig. 8. Estimated total catch (millions of shrimps), 1976-1978, in the month of October at each carapace length.

Sample density varies considerably from area to area and usually is dependent on priority, logistics and the overall success of the cruise. In 1980, the year of greatest coverage, the densities were one set per 10.7, 30.4 and 71.7 sq n miles for the Cartwright, Hopedale and Hawke channels, respectively. Coverage was as low as one set per 142.5 sq n miles in the Davis Strait in 1979. These sampling intensities, however, exceed minimum requirements (ICNAF) for groundfish surveys (one set per 350 sq n miles).

EFFECTS OF NUMBERS OF STRATA AND DENSITY OF SAMPLING WITHIN EACH STRATUM IN THE GULF OF ST. LAWRENCE

When the first sampling plan was designed in 1972 for the Esquiman Channel area it seemed clear that depth would probably be the most useful variable on which to base a stratification scheme. The size of the strata within the depth zones was picked so that the borders conformed to natural boundaries or lines of position and yet contained areas in which, from our relatively scanty knowledge, the distribution and abundance of shrimps in the area would be relatively homogenous.

In this it was also recognized that there appeared to be a general decline in abundance north to south and from east to west within the Esquiman Channel and that the size of vessels being used, as well as the higher shrimp abundance, generally limited most of the fishing to the northern part of the area.

These relatively small stratum areas were used for trips in 1972, 1973 and 1975 when research vessel trips were mounted which specifically aimed at obtaining a better understanding of shrimp distribution, abundance and biology. In 1976, and during subsequent surveys in the summer, the major target species was juvenile redfish though, because small redfish appear to have similar preferences to shrimps for depth and temperature, these species often occur together and can be conveniently sampled with the same gear. Furthermore, because the intention of the new surveys was to cover the complete deep water area of the Gulf of St. Lawrence, it became necessary to reduce the density of stations in the Esquiman Channel area. Thus, the stratification scheme was modified, reducing strata from 24 to 10 and using the 50°N parallel as the division between north and south.

To examine the implications of this change on the estimates of biomass obtained, the data obtained in the 1975 survey have been re-analyzed in some detail. Some of the results of this analysis are summarized in Tables 6 to 8.

In the area north of 50°N, five separate biomass estimates are available (Table 7): (a) Estimates using all available small strata are shown in Figure 1. (b) Catch rates from strata within the same depth zone were then subjected to an analysis of variance which showed that (with the exception of one stratum (4)) differences did not exist (P=0.05) between strata and that it was reasonable to combine strata within each depth zone. This was done by maintaining Stratum 4 as a separate stratum, and an estimate of biomass was obtained using the strata combined as follows: (1, 2, 3), (17, 18, 22, 23), (9, 10, 14, 15, 16), (5, 6, 7, 8), and (4). (c) The new strata (based on the metric depths) were used and estimates of biomass obtained based on a fixed distance of tow of 1.5 miles (assuming a good concordance between towing speed used and distance covered by the trawl). (d) The new strata were used but the distance towed as calculated from the positions obtained for the beginning and end of each set was used to adjust the catches to that equivalent to a tow of 1.5 miles. (e) The area was treated as a single stratum and the estimate of biomass derived as the mean of 44 sets made within the area.

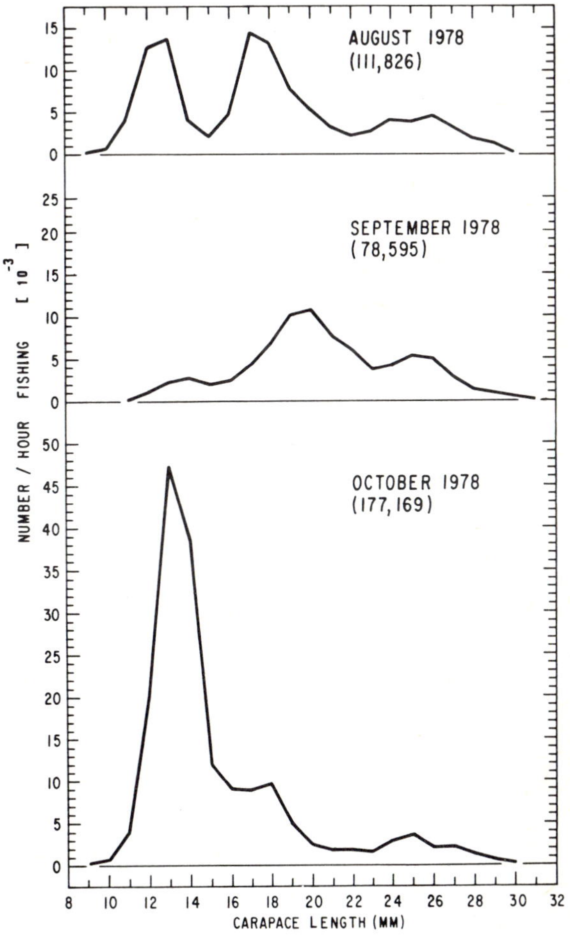

Fig. 9. Landings in number/hours fishing in fall of 1978 - Esquiman Channel, Gulf of St. Lawrence. (Total number caught.)

Table 6. Esquiman Channel, Gulf of St. Lawrence, various biomass estimates, E.E. PRINCE Trip 155, 1975.

	Biomass (kg x 10^{-6})			Mean catch/unit area (kg)				No. of
	Mean	Upper	Lower	Mean	Variance	95% ±	Units	strata
Small strata all used	12.17	14.23	10.10	35.69	8.44	6.06	340985	16
Small strata combined by depth	12.36	14.65	10.25	36.24	9.07	6.19	340985	7
Small strata two only	12.83	15.36	10.31	37.63	13.71	7.40	340985	2
Large strata (new) variable distance	13.74	16.64	10.84	41.14	16.67	8.70	334122	6
Large strata (new) fixed distance	13.31	15.65	10.97	39.83	11.72	7.01	334122	6
Random sample (one stratum)	14.43	17.97	10.89	42.32	26.99	10.39	340985	1

Table 7. Esquiman Channel, Gulf of St. Lawrence, various biomass estimates, E.E. PRINCE Trip 155, 1975, north of 50°N.

	Biomass (kg x 10^{-6})			Mean catch/unit area (kg)				No. of
	Mean	Upper	Lower	Mean	Variance	95% ±	Units	strata
Small strata all used	6.596	8.147	5.046	40.075	18.33	9.42	164601	14
Small strata combined by depth	7.107	8.681	5.532	43.176	20.90	9.565	164601	5
Large strata (new) variable distance	7.579	9.084	6.075	52.65	25.52	10.45	143956	4
Large strata (new) fixed distance	7.545	9.359	5.730	52.411	36.26	12.604	143956	4
Random sample	7.512	9.683	5.341	45.638	41.70	13.191	164601	1

Table 8. Esquiman Channel, Gulf of St. Lawrence, biomass estimates, E.E. PRINCE Trip 155, 1975, south of 50°N latitude.

	Biomass (kg x 10^{-6})			Mean catch/unit area (kg)				No. of
	Mean	Upper	Lower	Mean	Variance	95% ±	Units	strata
Small strata all used	5.25	6.83	3.67	29.77	15.68	8.96	176384	2
Large strata variable distance	6.17	8.83	3.50	32.418	36.85	14.00	190166	2
Large strata fixed distance	5.76	7.43	4.10	30.31	15.40	8.74	190166	2
Random sample	5.32	6.68	3.60	30.17	14.90	7.72	176384	1

Table 9. Results (mean catch (kg)/unit area and its variance) from applying the same stratification system (new) during all surveys in July/August 1972-1980. (*Also shown are results from a single cruise in the spring when complete coverage was not obtained because of ice.)

Strata (Sq n miles)	111 (377)		112 (264)		113 (523)		114 (267)		115 (195)	
Year	Mean	Variance	Mean	Variance	Mean	Variance	Mean	Variance	Mean	Variance
1972			8.9 (6)	55.2 (0.83)	37.4 (15)	210.1 (0.39)	30.0 (11)	388.8 (0.66)	7.8 (9)	74.3 (1.11)
1973			59.2 (5)	958.4 (0.52)	77.0 (9)	1244.3 (0.46)	61.9 (5)	813.3 (0.46)		
1975			51.4 (7)	864.0 (0.57)	79.4 (15)	1513.1 (0.49)	31.5 (12)	533.1 (0.73)	10.1 (9)	15.6 (0.39)
1976			80.3 (3)	6414.9 (1.00)	91.6 (3)	131.8 (0.13)	85.7 (4)	600.5 (0.29)	8.7 (3)	84.5 (1.06)
1978	0 (2)	0	9.4 (4)	100.4 (1.07)	58.0 (8)	1006.7 (0.55)	23.6 (3)	272.4 (0.70)	12.3 (2)	10.3 (0.26)
1979			57.0 (4)	847.7 (0.51)	60.8 (6)	111.1 (0.17)	43.4 (4)	559.6 (0.55)		
1980			33.5 (5)	196.5 (0.42)	68.4 (7)	566.2 (0.35)	48.8 (5)	836.8 (0.59)		
1980*	55.8 (5)	4520.2 (1.20)	63.7 (8)	7312.3 (1.34)	35.7 (12)	735.8 (0.76)	24.4 (8)	265.8 (0.67)	19.1 (4)	181.0 (0.70)

( ) in column for mean denotes number of sets
( ) in variance column denotes coefficient of variation

In the area south of 50°N, the same series of biomass estimates was made except that with the limited number of strata the combination of small strata into depth levels was not used (Table 8).

In considering the whole area of the Esquiman Channel, the same series of estimates was examined in the northern area except that with the two larger areas a further estimate was available by considering the whole area as made up of two strata (Table 6).

Interpretation of the results is complicated by the fact that different stratum areas were used between the old and the new strata, and this affects both the estimates of the mean/unit area and the expansion of this mean to biomass. However, within the various combinations of the small strata a trend seems to be clear in the northern and total area, namely, that with the increased number of strata the lower mean is obtained and this is accompanied by an increase in precision as indicated both by the variance and by the confidence limits assigned to the biomass estimates after areal expansion. In the southern part of the area, the stratified sampling was poor, with only three out of the seven strata sampled enough to yield a variance estimate and two strata not sampled at all. Thus, it is not surprising that the best precision was obtained by considering the area as a single homogeneous one and sampling at random within it.

With regard to the different estimates and the possible bias that may exist in each, we are in a quandary, as in each method of computing the mean we have used different assumptions.

Intuitively, in this instance where we are using a fairly large number of small strata which we would expect to be reasonably homogeneous, we might expect that the "best" estimate might be obtained from using the greatest number of strata; however, as we might also expect from the lack of differences between stratum means within the same depth zone, the difference in estimates between this one and the estimate derived from the strata combined by depth is trivial. In this case, we think we could conclude that the "best estimate" of biomass for the total area might be 12,000 ± 2000 metric tons in 1975.

We can also conclude that combining strata within depth zones is acceptable though clearly when the larger strata of the new system of stratification are used there is some widening of the 95% confidence interval.

A comparison between the estimates of mean/unit area obtained in different years is also instructive (Table 9). This table displays the results obtained in each stratum when the new stratification method was uniformly applied through the series; thus, variation due to the use of different areal weighting is removed, and the estimates therefore represent sampling variability and changes in biomass between years. An examination of the means suggests that we should not put too much emphasis on sampling the deepest stratum (115) because of the low shrimp abundance and the relatively small area involved, while a perusal of the coefficients of variation suggests that sampling in Strata 113 and 114 is likely not too bad and that any improvements are most likely forthcoming from improving the sampling in Stratum 112. From a knowledge of the distribution of shrimp, it is likely that an improvement would be obtained by refining the depth stratification used and allocating sets in proportion to observed variability in each stratum.

PROBLEMS ASSOCIATED WITH DIURNAL VARIABILITY

In the biomass surveys in the Northeast Gulf of St. Lawrence, sampling has been restricted to the daylight hours; however, in the offshore areas off Labrador and in the Davis Strait area this has not been the case.

The vertical migration of shrimp has been an accepted fact for many years. At various times during the 24-hour cycle, especially at night, shrimp move off the bottom and disperse to considerable distances in the water column. Sampling the stocks with "bottom" trawls other than at times of optimum density should lead to an underestimation of stock size since those animals occurring outside the range of the trawl's vertical opening will not be accounted for. Daylight sampling alone tends to be inefficient, mainly because the migration often extends well into the daylight hours and, therefore, the problem is not resolved.

Intuitively, any adjustment for diel variability should have at least two reasonably profound effects: (a) the biomass should increase; and (b) the variance associated with the mean biomass should be reduced.

Attempts to achieve these effects have been made but the data base is often rudimentary. Catch data from a survey in the Davis Strait in 1979 (Parsons 1979) were adjusted to account for diel variability: (a) observed from 24-hour sampling during the survey (Figure 10); and (b) according to patterns observed for the month of September from more extensive commercial data (Carlsson et al. 1978). In both cases, the desired results were achieved (Table 10) with higher biomass and finer confidence intervals associated with the pattern observed at the time of the survey. The exercise, however, did not improve the data enough to give values of the lower limits (95%) greater than zero.

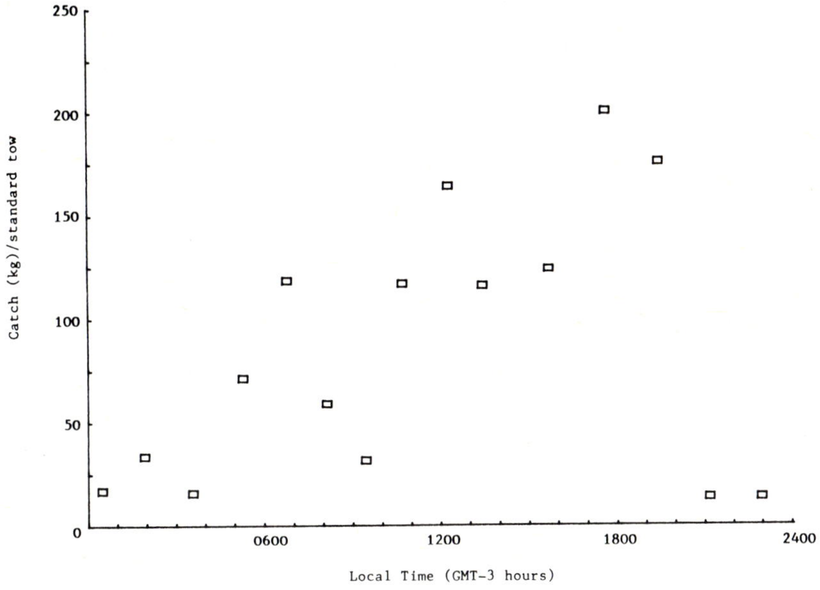

Fig. 10. Pattern of diel variability in the Davis Strait, 1979.

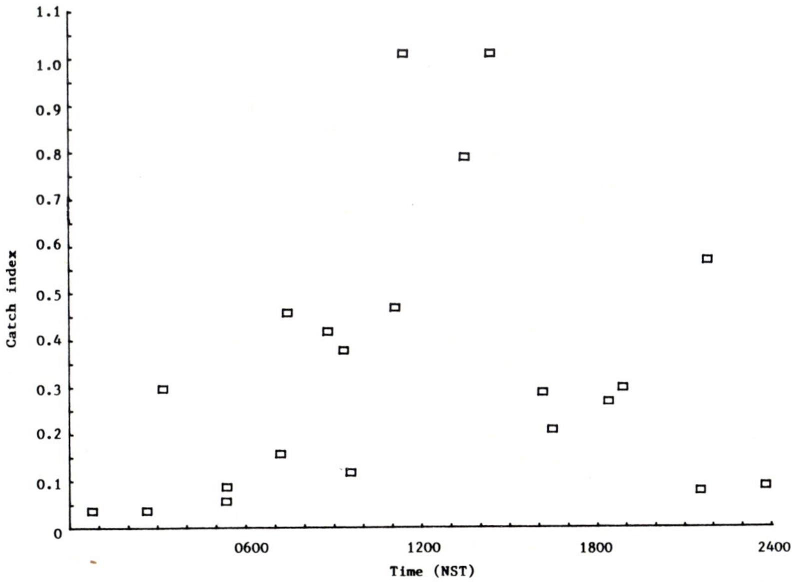

Fig. 11. Pattern of diel distribution - Hopedale Channel, 1979. (Catch index is used because samples were taken from diffferent depths.)

Table 10. Shrimp biomass estimates (MT), 95% confidence intervals and the effect of conversion factors for diel variability (0+1), 1979.

	Upper	Mean	Lower
Unadjusted	157,829	40,076	-77,678
Adjusted (Parsons 1979)	130,289	57,523	-15,242
Adjusted (Carlsson et al. 1978)	161,207	55,659	-49,889

During a survey off Labrador in 1978, a seasonal decline in shrimp abundance was noted (Parsons et al. 1980). Biomass estimates were not considered representative but it is interesting to note that estimates using night sets only were higher than those using data from hours of daylight.

In 1979, a definite pattern of variability was determined from 24-hour sampling off Labrador (Figure 11). When applying conversion factors to the data, some problems became obvious. In many cases, the observed pattern did not fit the data from within individual strata. This resulted in artificially high biomass estimates with increased variance. In addition, elimination of data collected during hours of darkness did not increase biomass or reduce variability (Parsons et al. 1980).

In 1980, the Labrador survey was conducted at the same time of the year as in 1979. The period of maximal density was observed between 1200 and 1400 hours (NST) in 1979 in Hopedale Channel and can be associated with the high sun period. One year later, catches were optimal around 1600 hours (Figure 12) and up-to-noon catches remained consistent and relatively low. This pattern was also noted by observers onboard commercial vessels.

These observations would indicate that high and low sun periods may not necessarily be the controlling factors in the vertical migration of shrimp off Labrador.

The indexing and averaging of data from various areas using two different gears in the Gulf of St. Lawrence in 1979 are presented in Figure 13. The highest catch for each area and gear is assigned the value 1 and other data are prorated accordingly. If this pattern (observed over 10 days) is reasonably consistent in the Gulf, then surveys conducted during daylight hours in this area should yield relatively good estimates of biomass without the utilization of conversion factors. This has received support from data presented in this paper and through personal communication with S. Labonté and J. Fréchette, both of whom have conducted daylight surveys for shrimp in areas of the Gulf. (Note - A 75% availability factor has been used in estimating shrimp biomass in the Gulf of St. Lawrence when utilizing trawls with a vertical opening of around 3 metres.) Statistics relevant to the analysis of cyclic data from the Gulf of St. Lawrence are currently being considered (Misra, pers. comm.).

An interesting approach to take into account the vertical distribution has been attempted which eliminates the necessity to deal with highly variable catch data (Anonymous 1978b). Ovigerous animals carry the clutch under the abdomen which obviously hinders free movement of the pleopods used for swimming. By noting the proportion of ovigerous animals at various times of the day (a parameter supposedly subject to considerably less variation), patterns of vertical migration were interpreted. The basic assumption is that as movement of non-ovigerous animals off bottom increases, the proportion of ovigerous animals in the catch of bottom trawls also increases.

The method has interesting possibilities but with one major logistic flaw: the survey must be planned during the ovigerous period, well after spawning and well before hatching. This period, in some areas at least, is not the most advantageous time to conduct a survey due to seasonal fluctuations in abundance and/or inclement weather.

SEASONAL DIFFERENCES IN DISTRIBUTION

Seasonal differences in distribution and abundance are a common occurrence in many Pandalid shrimp stocks and, though major changes and times of high concentration are often related to reproductive biology, other behavioural changes are perhaps more related to factors such as temperature or the availability of food (Anonymous 1978a).

Northeast Gulf of St. Lawrence

Sufficient sampling has now taken place in the Northeast Gulf of St. Lawrence to establish a pattern whereby during the period when the shrimp are ovigerous, and when temperatures are more suitable in shallower depths because of the breakdown of thermal stratification and mixing of the upper water layers, best concentrations are found in the shallower depths, approximately 140-180 m (February). As the cold surface layer becomes more established, the shrimps tend to move slightly deeper (and possibly also northwards in the Esquiman Channel) so that when the ice departs and vessels are able to start fishing dense concentrations of these large ovigerous shrimps occur at depths of 200-220 m. Once the hatching of the eggs starts, catch rates which were previously extremely high (as much as 10 or more times the prevailing rate during July-August) drop off, and the shrimp

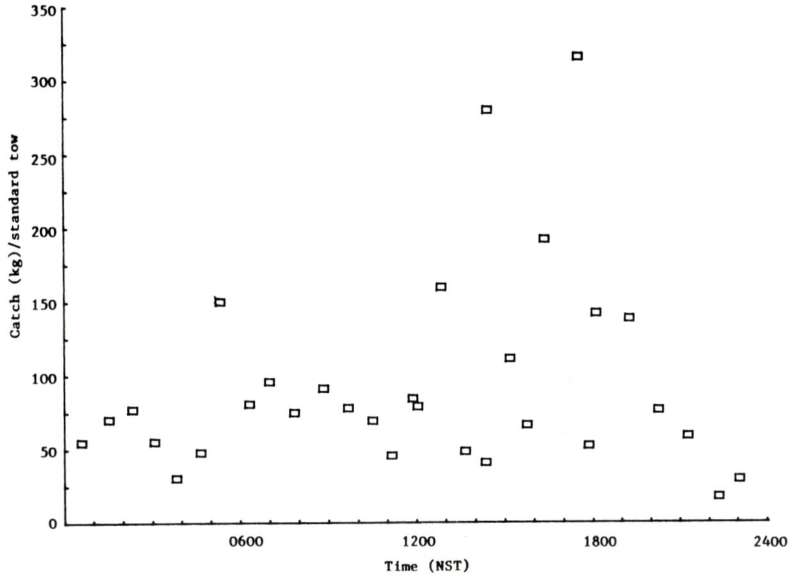

Fig. 12. Pattern of diel distribution - Hopedale Channel, 1980.

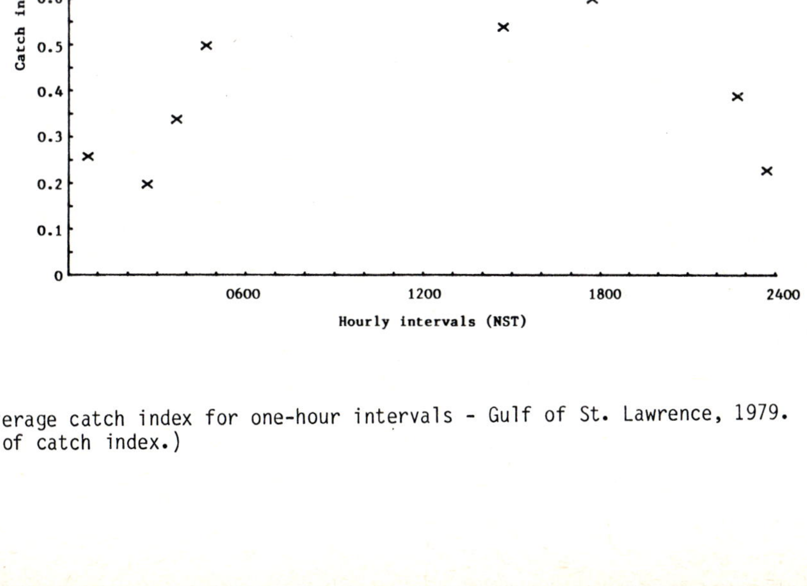

Fig. 13. Average catch index for one-hour intervals - Gulf of St. Lawrence, 1979. (See text for explanation of catch index.)

tend to spread more evenly over the bottom with best catches usually obtained at depths of 220-260 m. Following the extrusion of eggs in September-October-November, ovigerous females once again become more available to the gear and catch rates are once again seen to improve. Included in Table 9 are the results of an attempt to undertake a stratified random survey in February 1980; unfortunately, complete coverage of the area was not attained because of ice coverage, but the occurrence of high abundance in shallow water of Stratum 111 is clear and catches of up to 90 kg/30-minute tow were obtained at depths of 160-170 m.

Labrador and Davis Strait

In the Labrador areas, there appears to be considerable concentration in June and July, prior to the mating period. Through late August to October density decreases but increases again in November and December, sometime before the hatching period. Seasonal abundance levels are reflected in commercial CPUE figures from the area (Figure 14). Fishing is prevented from January to June by ice coverage in these areas and the levels of abundance and overall distribution during this period remain unknown.

Biomass estimates in Table 5 also reflect the seasonal difference. In 1978, the survey was conducted at a time when shrimp abundance was extremely low. Abundance levels calculated in subsequent years were two to six times higher than those in 1978 (July vs. September).

Examination of CPUE between years indicates that the seasonal pattern may vary. In 1977 (Figure 14), catch rates in the Cartwright Channel declined steadily from July to October. In 1978, the decline appeared to be abrupt and occurred in early September. It appears that the seasonal variation in abundance off Labrador occurs independent of fishing pressure. Areas subjected to relatively low effort also experience the decline in abundance and areas which are fished heavily recover, nevertheless, later in the season.

EFFECTS OF NET PARAMETERS AND STANDARDIZATION OF TOWING PROCEDURES

Estimates of biomass, which in effect are better described as estimates of minimum trawlable biomass, usually are used only as relative abundance indices for comparing abundance on a year-to-year or area-to-area basis. In such cases, it is not so important that accurate estimates are available of the height and spread of the net but that the same figures are used in the computations and every effort is made to ensure that the net used is not changed and that the tow is made in a totally standard manner on each occasion. If this is done then it is usually assumed that differences between tows for reasons beyond our control are likely to fluctuate around a mean and that such variation will merely increase the variance without introducing any bias in our estimate. Even if our estimate is unbiased, with the variance as large as it appears in most surveys, it is obviously incumbent upon us to ensure that each tow is rigorously standardized with respect to tow parameters.

In some instances, and this is often the case with the shrimp surveys, we are interested in obtaining an approach to an absolute estimate of minimum trawlable biomass and it is important that the area swept be determined as accurately as possible. Thus, the horizontal trawl opening under towing conditions becomes important and if this parameter is overestimated biomass will be underestimated and vice versa. The Sputnik 1600 shrimp trawl used on our larger vessels has been considered to open horizontally 27.4 to 30 m (based on information from manufacturers). Acoustic instrumentation has since indicated this opening to be more like 22 m (Carrothers, pers. comm.). The result is that biomass, in the cases of overestimating trawl opening, needs adjustment upward by factors as high as 1.36.

In such circumstances, it is important also that we have an accurate estimate of distance covered by the trawl. As indicated by Grosslein (1971), at least some of the variance could be removed if more care was taken in controlling the set-by-set variation in this parameter. Often our estimates of distance towed are derived from proxy measurements, such as time the net was on bottom. In such instances, it becomes important to ensure that the net was in fact "on bottom" and that the speed of the vessel over the bottom remains constant from tow to tow. Thus, an area of concern could well be the settling time associated with the fishing gear. Sets are usually timed from the moment warps are payed out to the moment they are taken back. Should settling time not be accounted for, the net actually spends less time on bottom, covers less area and results in an underestimation of biomass. It is our experience that this settling time is variable and depends on vessel, towing speed, ratio of warp used to depth, size of doors and warps as well as currents. In the Gulf of St. Lawrence in 1979, settling time was estimated at roughly 2 minutes per 100 m of depth with no time lost during retrieval. In the Labrador area in 1980 (using a different vessel, doors and warps), the same net settled at 1.6 minutes per 100 m but retrieval time (i.e., time to lift net off the bottom) was similar and the problem was ignored.

The importance of currents mentioned above is all-important in many areas of Newfoundland and Labrador and yet is all too often woefully neglected. When one considers that on the edge of the shelf off Labrador we are operating in a regime in which surface currents can achieve speeds of as much as 2 knots/hour with considerable variability in both speed and direction, and even currents at considerable depths (1000 m) can achieve speeds of up to .4 of a knot, it seems certain that we are adding considerable variability to our sampling regime by undertaking tows of 30 minutes' duration at an assumed constant speed without any reference to prevailing conditions of wind and current.

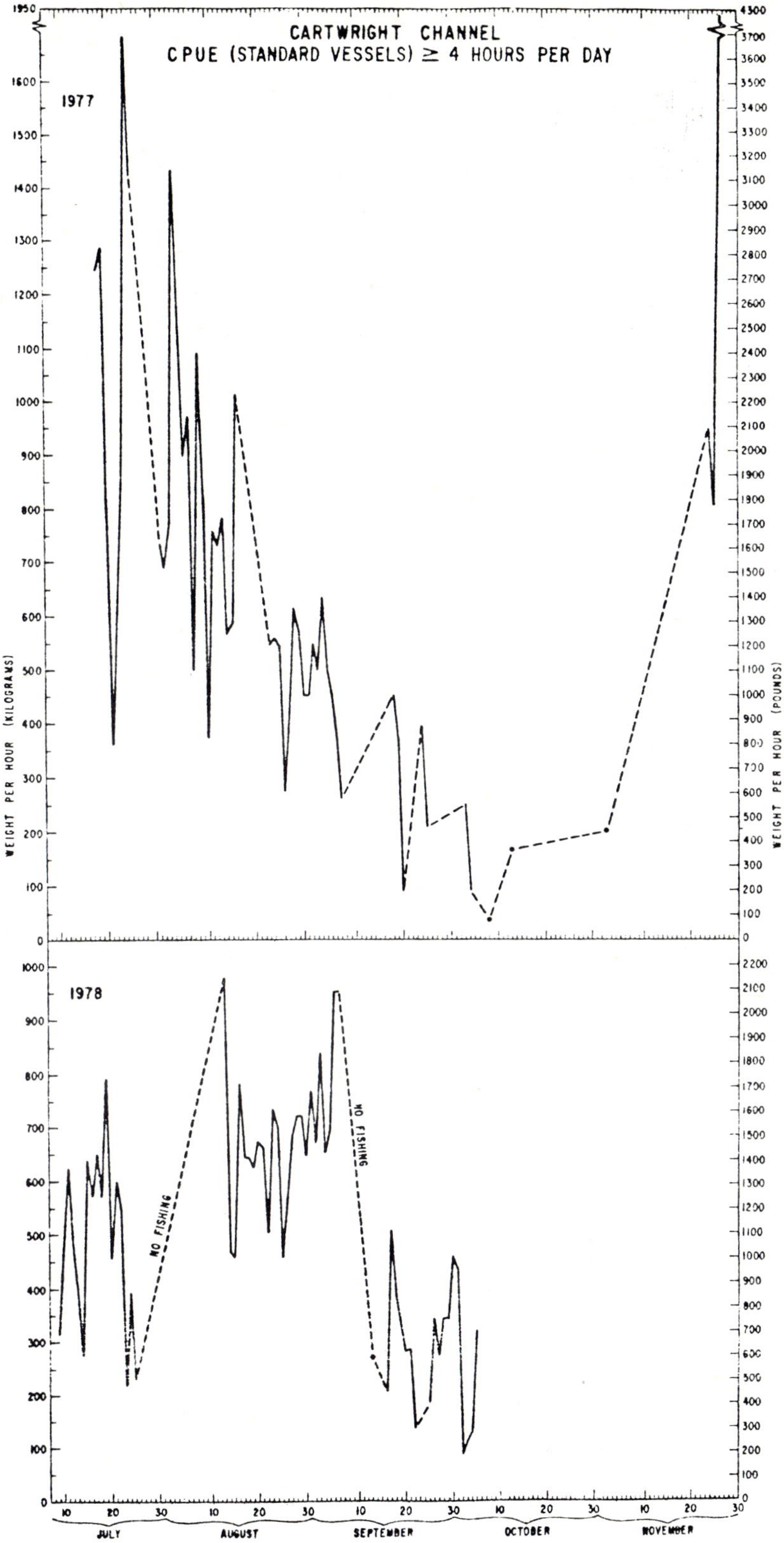

Fig. 14. Seasonal trend in catch rates - Cartwright Channel, 1977 and 1978.

In fact, one wonders when prevailing winds are brought into the picture whether or not we are perhaps also introducing a bias as well as considerable variability into the estimates.

An example of a possible effect of currents (in this case tidal currents) is to be seen in an example of diurnal variation taken from a shrimp trip to Davis Strait. Fishing was conducted over a 24-hour period at a single position, with an attempt being made to standardize the sets to allow the diurnal variation in catches to be examined. The fluctuation in catches can be quite closely modelled by a sin curve superimposed on a linear saw tooth curve with a slow increase to a maximum followed by a rapid decrease to a minimum. In this model, the linear increase in abundance could be assumed to represent diurnal variation and it is perhaps only coincidental that the period of the sin curve of 6.0, which fits the data so well, so closely approaches the half-period of the semi-diurnal tide which is the major component of the tide in that area (Figure 15).

Of course, if this effect is tidal in origin, we have no way at present of knowing whether the effect is due to changes in the behaviour of the gear or the shrimps themselves.

Areas off Labrador provide another problem not often considered in the estimating procedures and one which could have significant effects on our assessments. Fishing in the Cartwright and the Hopedale Channels occurs on the seaward side of the depressions, the western slopes having an extremely irregular topography. Following reports that commercial trawlers had had limited success on the western slope in the northern Hopedale Channel, exploratory work was planned for the 1980 survey. Two days were spent looking for trawlable bottom on the western slope of Hopedale Channel. None was found. Bottom samples were taken with a Shipek grab in comparable depths on both sides of the channel. Substrate samples have not yet been analyzed but observation as they were taken indicated similar composition on both sides, namely, mud. Finally, fleets of four shrimp pots baited with

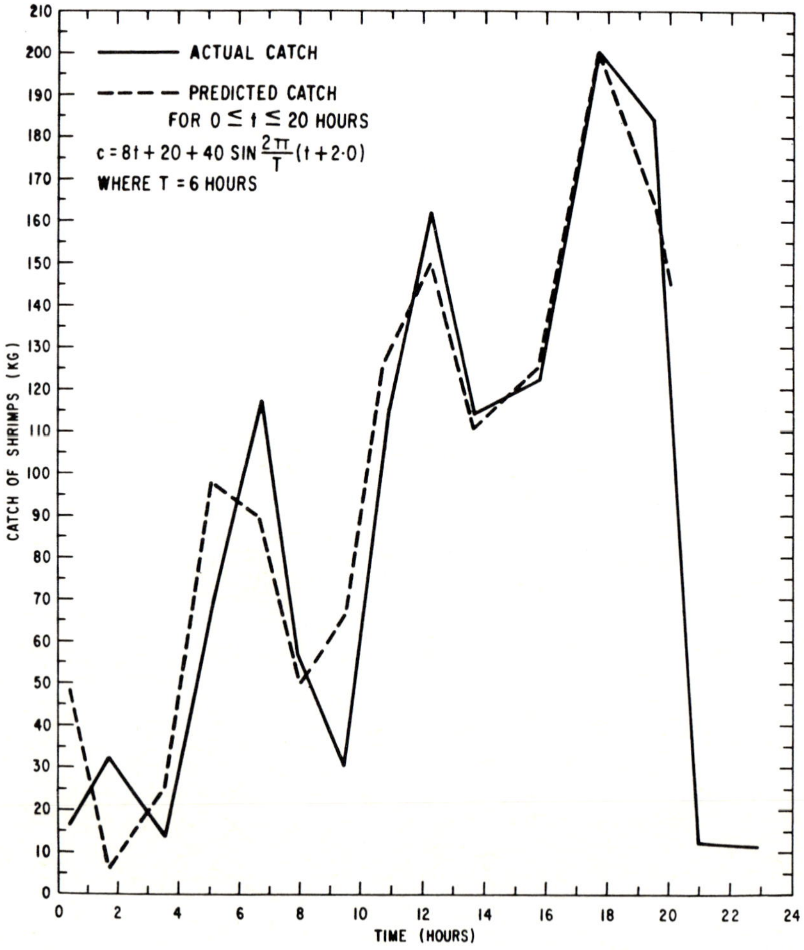

Fig. 15. Actual and predicted catches using tidal model - Davis Strait.

herring were set in comparable depths on both sides of the channel and left in position overnight. Results are not sufficient for analysis but it is worth noting that more shrimp were caught in the unfishable grounds (45 vs. 7).

These untrawlable areas are not included in the estimates of biomass and it is not known to what degree shrimp in these areas contribute to the fishable stock. Therefore, biomass is further underestimated to some extent.

CONCLUSIONS

Research surveys to estimate shrimp abundance are questionable in terms of their usefulness. In areas such as the Gulf of St. Lawrence, it appears that reasonable estimates of stock size can be obtained from surveys conducted during daylight hours. In areas such as Labrador and the Davis Strait variation associated with the data used to extrapolate biomass is unacceptable. Bottom photography used in the latter area also involves extreme variability.

Attempts to solve the problem, or at least reduce it to acceptable levels, have met with limited success. Increased sample size in areas off Labrador has resulted in some improvement but indicates as well that high sampling density is necessary in relatively small areas, and in larger areas such coverage cannot possibly be achieved.

Accounting for the pattern of diel vertical migration presents additional problems. The desired effects are not always attained. It also appears that the patterns themselves are variable perhaps on a daily basis and influencing factors such as light intensity, currents, fishing pressure, season, depth, gear and area cannot be ruled out.

The question of stratified random versus line surveys is academic considering the state of the art, and, since some of the areas being studied are not well defined topographically, the line surveys becomes more attractive if only for convenience. Mean biomass estimates from two surveys in the Davis Strait in 1979 were similar; one used the line method and the other the stratified random method (Parsons 1979; Dupouy et al. 1979).

Alternatives are challenging. Acoustic methods may have potential but will require considerable research to interpret data which are masked in bottom echos or echos from associated fish species. Underwater photography may be of some assistance in solving these problems. Abundance-meteorological relationships should be given high priority (Dow 1979), not necessarily to replace the trawl survey but perhaps to refine data which they produce. Association with other species which are more "well-behaved" provides another possible alternative. The patterns of feeding by a major shrimp predator such as Greenland halibut may give some insight into relative shrimp abundance.

While new ideas are investigated and the commercial data base increases, it appears that the surveys must continue. There are a number of suggestions which can be forwarded to ameliorate the accumulating data. Horizontal openings of various gears used can and must be measured with considerable accuracy. Settling and retrieval times for gear under different circumstances should be monitored and used in conjunction with accurate records of distance covered by the net to determine area swept during each set. Sample size should be maximized and data on vertical migrations should be collected with each survey. (Depending on the area it may be more appropriate to increase sample size than spend considerable time monitoring diel effects.) Some idea of the seasonal distribution is mandatory so that surveys can be timed to coincide with periods of maximum density. Areas which appear unfishable must be considered in relation to potential shrimp distribution and, more importantly, their contribution (if any) to the fishable stock. And, finally, attention must be paid to understand the effects of winds and currents in affecting the speed of tow and behaviour of the gear, behaviour of the shrimps, or both.

REFERENCES

Anonymous. 1978a. Report on literature review of pink shrimp fishery potential in northeastern Canadian waters for Supply and Services Canada and Fisheries and Environment Canada. MacLaren Marex, Inc.

Anonymous. 1978b. Report on exploratory fishing assessment of pink shrimp fishery potential in northeastern Canadian waters for Supply and Services Canada and Fisheries and Environment Canada. MacLaren Marex, Inc.

Balsiger, J.W. 1979. A review of pandalid shrimp fisheries in the Northern Hemisphere. Pandalid Shrimp Workshop, Kodiak, Alaska, Feb. 13-15, 1979.

Carlsson, D.M. 1979. Review and discussion of current stock assessment techniques used in the management of Greenland shrimp resources. Pandalid Shrimp Workshop, Kodiak, Alaska, Feb. 13-15, 1979.

Carlsson, D.M., Sv. Aa. Horsted and P. Kanneworff. 1978. Danish trawl surveys on the offshore West Greenland shrimp grounds in 1977 and previous years. ICNAF Sel. Papers 4: 67-74.

Dow, R.L. 1979. Management strategy for Pandalus borealis in the Gulf of Maine. Pandalid Shrimp Workshop, Kodiak, Alaska, Feb. 13-15, 1979.

Dupouy, H., J. Frechette and C. Leroy. MS 1979. Biomass estimates of the northern deepwater shrimp, Pandalus borealis, in NAFO Divisions 1B and 0B - R/V Thelassa survey, September-October 1979. NAFO SCR Doc. 79/XI/6, Ser. No. N017.

Fréchette, J. 1979. Shrimp fishery Pandalus borealis in Quebec. Pandalid Shrimp Workshop, Kodiak, Alaska, Feb. 13-15, 1979.

Grosslein, M.D. 1971. Some observations on the accuracy of abundance indices derived from Research Vessel Surveys. ICNAF Redbook 1971, Part 111: 249-266.

Haynes, E.B. and R.L. Wigley. 1969. Biology of the Northern shrimp, Pandalus borealis, in the Gulf of Maine. Trans. Am. Fish. Soc. 98(1): 60-76.

Kanneworff, P. MS 1979. Stock biomass 1979 of shrimp (Pandalus borealis) in NAFO Subarea 1 estimated by means of bottom photography. NAFO SCR Doc. 79/XI/9, Ser. No. N020.

Parsons, D.G. MS 1978. Effects of a by-catch of young redfish in the Port au Choix shrimp fishery - First implications. CAFSAC Res. Doc. 78/8.

______________ MS 1979. Canadian research efforts for shrimp (Pandalus borealis) in Division 0A and Subarea 1 in 1979. NAFO SCR Doc. 79/XI/7, Ser. No. N018.

Parsons, D.G., G.E. Tucker and P.J. Veitch. MS 1979. An assessment of the Labrador shrimp fishery. CAFSAC Res. Doc. 79/1.

______________ MS 1980. Status of the Labrador pink shrimp resources, Divisions 2H and 2J. CAFSAC Res. Doc. 80/14.

Sandeman, E.J. MS 1978a. Shrimp (Pandalus borealis) in the Labrador area - A first assessment. CAFSAC Res. Doc. 78/1.

______________ MS 1978b. An assessment of the stock of shrimp (Pandalus borealis) in the Esquiman Channel, Gulf of St. Lawrence. CAFSAC Res. Doc. 78/26.

Smidt, E. 1978. Diurnal variation in shrimp catches on the offshore grounds in ICNAF Divisions 1B and 1C. ICNAF Sel. Papers 4: 45-46.

Squires, H.J. 1967. Relation of temperature to growth and self-propagation of Pandalus borealis in Newfoundland. Report on FAO World Scientific Conference on the Biology and Culture of Shrimps and Prawns, 1967.

Ulltang, O. 1979. The Norwegian shrimp fisheries - History of research and management. Pandalid Shrimp Workshop, Kodiak, Alaska, Feb. 13-15, 1979.

Warren, J.S. 1976. The morphology of two transverse channels on the northeast Newfoundland shelf. Maritime Sediments 12(1): 19-32.

Estimation

Estimation

ABUNDANCE ESTIMATORS BASED ON STRATIFIED RANDOM TRAWL SURVEYS

by

M. Pennington and B.E. Brown

National Marine Fisheries Service
Northeast Fisheries Center
Woods Hole, Massachusets 02543

ABSTRACT

One complication in the construction of abundance estimators based on a stratified design is that the catchability coefficients may be unknown and may vary from stratum to stratum. In this case, absolute changes in abundance cannot be measured, but an estimate can be made of the average relative change in the population over the strata. A related problem is when the relationship between the abundance estimator and the actual population varies over time. This results, in general, in an underestimate of the uncertainty associated with the abundance estimate for a particular survey. In some situations, a replicated stratified design can be used to estimate more truly the accuracy obtained by the survey.

Key words: abundance estimators, biological surveys, sampling design, stratification.

RÉSUMÉ

L'un des inconvénients du calcul d'estimateurs d'abondance à partir d'échantillonnages stratifiés est que les coefficients de capture peuvent être inconnus et varier d'une strate à l'autre. Dans ce cas, les variations absolues d'abondance ne peuvent pas être mesurées, mais la variation relative de la population d'une strate peut être estimée. Une difficulté semblable se pose lorsque le rapport entre l'estimateur d'abondance et la population réelle varie dans le temps. Cela aboutit, en général, à une sous-estimation de l'incertitude de l'estimation de l'abondance lors d'un échantillonnage donné. Parfois un double échantillonnage stratifié peut servir à mieux estimer l'exactitude de l'échantillonnage.

Mots-clés: estimation de l'abondance, patrons d'échantillonnage, relevés biologiques, stratification.

INTRODUCTION

The Northeast Fisheries Center conducts an intensive bottom trawl survey three times a year: in spring, summer and fall (Grosslein 1969). The surveys cover an area of nearly 75,000 square miles and collect information on the many species of fish that are of interest. Due to the large area surveyed, the need for information on an ecological basis, and the desire to sample some areas more intensely than others, a random stratified design was chosen for the survey.

The survey region is subdivided into sampling strata whose geographic and depth boundaries are broadly related to fish distribution, and trawl stations are randomly chosen within each stratum. The most efficient design, in the statistical sense, would be one such that within strata the distribution of fish is as homogeneous as possible. Once the strata are fixed, information on the variability within the strata can be used to allocate sampling effort amongst the strata. In theory, much efficiency can be gained by using an optimum allocation scheme but, in practice, fish populations are mobile, so what may have been optimum for last year (or season) may not be for this year (or season). Furthermore, an optimum design for one species may be far from optimum for another and, again, there are many species being surveyed simultaneously. Thus, in general, effort is allocated to a stratum in proportion to its size. Simple proportional allocation usually is best when little is known beforehand or when many factors are being measured. Area is used as the basis for the allocation of effort because the area of a stratum is assumed to be proportional to the number of primary sampling units it contains; a primary sampling unit is the area on the bottom swept by a single tow of standard duration, and, conceptually at least, each stratum is divided into these small areal units. The actual sampling frame is technically that part of the strata which is trawlable. In practice, the calculations are often based on the assumption that the entire region can be surveyed.

One of the major objectives of a trawl survey is to obtain a measure or an indicator of abundance. That is, we would like a statistic based on the survey data which, though it may not be a measure of absolute abundance, it should at least be an index proportional to abundance, i.e., reflect relative changes in populations over time. The most intuitively appealing statistic is the average catch in numbers or weight of fish per tow. For each primary unit in the sample, the trawl catches all or a proportion of the fish contained in the unit and, hence, the average catch per unit (tow) is related to the actual abundance. This paper will not go into the multitudinous ways in which this conceptual model could fail, but will mention that the trawl may not "measure" equivalently each unit, but that area, species behaviour, and time of year all affect trawl performance. This nonuniformity of a trawl's performance points out the unique advantage of a stratified design and the basis on which the stratification should be made: each stratum should be composed of units in which the trawl operates as uniformly as possible. Since the basic statistics are calculated within a stratum, changes in the populations may sometimes still be tracked by a survey index, regardless of a differing "catchability" amongst the strata.

In the next section "Theory of stratified Sampling Designs", the statistics of a random stratified design are briefly outlined. Section 2, "The Problem of Catchability", discusses the problem of varying catchability coefficients amongst the strata and its effect on indicators of abundance. Section 3, "The Basic Assumptions Underlying Abundance Indices", points out some ramifications of bias in a survey. The last section, "Replicated Stratified Sampling Designs", describes a modified design which would partially measure the accuracy of a survey or at least more truly indicate the precision.

THEORY OF STRATIFIED SAMPLING DESIGNS

In general, an individual stratum is the basic unit; results from each stratum are pooled to form an estimator either for the entire region or for a particular subregion of interest. That is, let X_h be an estimator of abundance for the hth stratum. It is a function of the random sample taken in that stratum and thus will have all the usual properties of an estimator based on a simple random sample. Estimators (or indicators) of abundance denoted by X_{st} for L of the strata are usually of the form:

(1) $$X_{st} = W_1 X_1 + W_2 X_2 + \ldots + W_L X_L ,$$

a weighted average of the estimators for each stratum. The weights (W_h) are constants determined before the survey is conducted. For example, W_h could be (as in our survey) the proportion of the primary sampling units contained in the hth stratum. Since the number of primary units in a stratum is proportional to its area, W_h is set equal to

$$A_h/A$$

where A_h is the area of the hth stratum and A is the total area of the L strata. Or, if some relative measure, C_h, of the effectiveness of the trawl or "catchability" of the fish in each stratum is known, then W_h could be set equal to

$$C_h A_h/A.$$

In any case, no matter which set of weights is deemed appropriate, X_{st} is simply a linear combination of the estimators for each stratum.

Thus, the variance of X_{st} is given by

(2) $$W_1^2 \text{Var}(X_1) + W_2^2 \text{Var}(X_2) + \ldots + W_L^2 \text{Var}(X_L) .$$

If, for example, X_h is the ordinary sample mean of a sample of size n_h from the hth stratum, then since sampling is random within a stratum, an estimate of the variance of X_h is s_h^2/n_h which is the usual estimate of the variance of the sample mean. For this case, the variance of $\overline{X}_{st}$ is estimated by

$$\text{Var}(\overline{X}_{st}) = W_1^2 s_1^2/n_1 + W_2^2 s_2^2/n_2 + \ldots + W_n^2 s_L^2/n_L .$$

Since the sampling fractions for fish surveys are usually negligible, the finite population corrections will be ignored. If the measurements are also assumed to be normally distributed within a stratum, then X_{st} will be normally distributed with standard error estimated by $\sqrt{\text{var}(X_{st})}$. The effective number of degrees of freedom for $\text{var}(\overline{X}_{st})$ may be calculated using Satterthwaite's approximation

$$n_e = (\sum g_h s_h^2)^2 / \sum \frac{g_h^2 s_h^4}{n_h - 1} ,$$

where $g_h = W_h^2/n_h$ (Satterthwaite 1946). An implication of the above formula is that if s_h^2 varies widely, which is often the case for trawl surveys, the effective number of degrees of freedom is much lower than the sum of the d.f. over all the strata.

Since the distribution of catch per tow often appears to be far from normal, the data are sometimes transformed. The statistics X_h are now a function of the transformed data (e.g., $\ln(X_{h,i}+1)$) and X_h is then assumed to be an indicator of abundance. Often estimators of the mean other than the ordinary sample mean are used. These estimators can be, in some situations, much more efficient than the sample mean if various underlying assumptions are approximately valid (see Pennington 1980). Loosely put, these estimators usually "transform, then re-transform" the data. The point to be made here is that these calculations which are based on some such theory should be done only within a stratum. Once each X_h is calculated, X_{st} is again simply a weighted average of the individual X_h.

THE PROBLEM OF CATCHABILITY

Suppose a survey's objective is to measure abundance. In each stratum, catch per tow is taken as an indicator of abundance, and its expected value μ_h for the hth stratum is assumed to be proportional to the actual population density P_h or

$$\mu_h = C_h P_h ,$$

where C_h is here defined to be the catchability coefficient for the hth stratum and its value is unknown. To keep the notation simple, the strata are taken to be equal in area. Ideally, an indicator I of abundance should be such that on average, I is proportional to the mean density or

$$E[I] = k \frac{\Sigma P_i}{L} ,$$

where L is the number of strata and k is unknown but assumed constant over time. If the C_h's were equal, then the indicator

$$I_1 = \frac{\sum\hat{\mu}_h}{L}$$

would be proportional on average to the mean density where $\hat{\mu}_h$ is an estimate of μ_h for the hth stratum. If the C_h's are not equal, then I_1 is, in general, no longer proportional to density. In fact, for this case, without additional information, even relative changes in the population cannot be estimated using I_1.

To obtain an estimate of average strata change for the case when the C_h's are unknown and possibly unequal, consider the indicator of abundance

$$\ln(\hat{\mu}_h)$$

for the hth stratum. From the Taylor expansion of $\ln(y)$ about $\mu_h=E[\hat{\mu}_h]$ it, follows that

$$E[\ln(\hat{\mu}_h)] \doteq \ln(\mu_h)-\tfrac{1}{2}\,Var(\hat{\mu}_h)/\mu_h^2 \quad .$$

For reasonable estimators $\hat{\mu}_h$ of μ_h, $Var(\hat{\mu}_h)/\mu_h^2$ (along with the remainder term in the expansion) will go to zero as the sample size in the stratum increases and, hence, $E[\ln(\hat{\mu}_h)]$ will tend to $\ln(\mu_h)$ with increasing sample size. This is the main advantage of taking the log of the estimator of the mean rather than using, for example, the average of the log of the individual values in a stratum as an indicator of abundance. For, in general,

$$E[\sum \ln X_{h,i}/n_h]$$

does not converge to $\ln(\mu_h)$ as the sample size increases and thus is generally more difficult to interpret.

Consider the indicator

$$I_2 = \sum\ln(\hat{\mu}_h)\ /L$$

for the L strata. Then from above

$$E[I_2] \doteq \frac{\Sigma\ln(\mu_h)}{L} - \frac{\Sigma Var(\hat{\mu}_h)/\mu_h^2}{2L} \quad ,$$

which, since

$$\ln\mu_h = \ln C_h + \ln P_h,$$

is equal to

$$\frac{\Sigma\ln C_h}{L} + \frac{\Sigma\ln(P_h)}{L} - \frac{\Sigma Var(\hat{\mu}_h)/\mu_h^2}{2L} \quad .$$

For fish trawl surveys, $Var(\hat{\mu}_h)/\mu_h^2$ is fairly constant over time for most estimators $\hat{\mu}_h$ based on equal sample sizes, and, hence, the expected difference in the indicator I_2 between two years is approximately given by

$$E[I_2' - I_2''] = \frac{\Sigma\ln(P_h')}{L} - \frac{\Sigma\ln(P_h'')}{L} = \frac{\Sigma\ln(P_i'/P_i'')}{L} \quad ,$$

which is not a function of the C_h's.

From equation (2), the variance of I_2 is

$$\frac{1}{L^2}\sum Var(\ln(\hat{\mu}_h)) \quad ,$$

which is approximately equal to

$$\frac{1}{L^2}\sum Var(\hat{\mu}_h)/\mu_h^2 \quad .$$

For example, if $\hat{\mu}_h = \bar{x}_h$, the sample mean, then $Var(\bar{x}_h) = s_h^2/n_h$ and $Var(I_2)$ could be estimated by

$$\frac{1}{L^2} \quad \sum s_h^2/n_h\bar{x}_h^2 \quad .$$

Again, since for fish trawl surveys the ratio $s_h^2/\bar{x}_h^2$ is fairly constant over the strata, the variance of I_2 is minimized when the n_h's are equal, and proportional allocation will be optimium for I_2 when the strata differ in size.

It should be emphasized that I_2 measures average relative change over the strata, but it does not estimate absolute changes. For example, suppose there are two strata. In one year, stratum 1 contains 1000 fish and stratum 2, 10 fish. The next year, stratum 1 contains 500 fish and stratum 2, 20 fish. Then

$$\frac{\ln\left(\frac{1000}{500}\right) + \ln\left(\frac{10}{20}\right)}{2} = 0 \quad ,$$

i.e., the relative average change is 0, whereas the actual population has decreased from 1010 to 520. This, of course, is an extreme case. If, for example, the population increases uniformly in all strata, the I_2 will also reflect the actual absolute change in the population[+]. The moral still holds, however, that without some knowledge of the C_h's, indicators such as I_1 and I_2 need be interpreted with care.

An estimator which is a function of several surveys, such as those conducted in spring,

---

+/ e^{I_2} is the geometric mean of $\hat{\mu}_1, \hat{\mu}_2, ..\hat{\mu}_L$; hence, $e^{I_2} = \sqrt[L]{\hat{\mu}_1\hat{\mu}_2 \ldots \hat{\mu}_L} \leq \frac{\hat{\mu}_1 + \hat{\mu}_2 + \ldots + \hat{\mu}_L}{L}$, the arithmetic mean. If the strata are of unequal size then let

$$I_2 = \sum w_h \ln(\hat{\mu}_h)$$

where w_h is the proportion of the total area in the hth stratum and, hence, $\sum w_h=1$. Thus, $e^{I_2} = \hat{\mu}_1^{w_1}\hat{\mu}_2^{w_2}\ldots\hat{\mu}_L^{w_L} \leq w_1\hat{\mu}_1 + w_2\hat{\mu}_2 + \ldots + w_L\hat{\mu}_L$. The geometric mean is the special case for which $w_h = 1/L$.

summer, and fall, can be constructed in a manner similar to I_2. Suppose, for example, that x_i, i=1,2,3, are indicators of abundance from the three seasons each of which is proportional to the actual population P_t or

$$x_i = k_i P_t \quad i=1,2,3 \ ,$$

where k_i is the proportionality constant for the ith season and is assumed to be constant from year to year. If P_t is approximately constant during a year, then

$$I_2' = \frac{\Sigma \ln k_i + \Sigma \ln x_i}{3}$$

measures the relative change in population over time. The disadvantage in using an indicator similar to I_1 when the k_i's are unknown is that the seasons with large values of k would have the greatest influence on the indicator.

THE BASIC ASSUMPTION UNDERLYING ABUNDANCE INDICES

However the weights, (W_i), are chosen and whatever statistics, (X_h), are used, the resulting abundance indicator is assumed to have a known relationship with the actual population over time. That is, if x_t is the indicator associated with, say, a spring survey for year t, then it is assumed that there is a function f (of known form) of the actual population or density, P_t, such that $E[x_t] = f(P_t)$. Usually, the function is taken to be of the form

$$(3) \qquad f(P_t) = kP_t = E[x_t] \ ,$$

where k is assumed constant over time.

Now, if equation (3) is valid only on average over time, then for a particular year

$$MSE(x_t) = E[(x_t - kP_t)^2] = Var\ (x_t) + (E[x_t] - kP_t)^2 \ .$$

$MSE(x_t)$ is a measure of how accurate (or useful) x_t is for year t, whereas $Var(x_t)$ is a gauge of its precision (i.e., how well we are estimating the quantity, $E[x_t]$, which is not of particular interest). What is fairly easy to estimate is $Var(x_t)$; what is probably more desirable to know something about is the value of

$$E[(E[x_t] - kP_t)^2] \ .$$

Increasing sample size or using more efficient estimation techniques only reduces $Var(x_t)$, but makes the bias relatively more important. Historical records of x_t and P_t could give some indication of the form of $f(P_t)$ but, for many situations, accurate estimates of P_t are unavailable. In the next section, the stratified design is slightly modified in an attempt to obtain a better estimate of the uncertainty associated with x_t. Though there is by its nature no definite solution to the problem of bias in a groundfish survey, it should be kept in mind when contemplating an increase in the intensity of a particular survey; the added resources may increase the precision but have little effect on accuracy.

REPLICATED STRATIFIED SAMPLING DESIGNS

A spring survey is conducted each year at a point defined to be spring. For various reasons, equivalent conditions may not prevail from year to year during the period in which the survey is conducted. Some factors, such as storms, may affect the trawl's performance; others, such as past weather patterns, may change the timing of migrations. The effect of this underlying flux is to vary the expected value of an abundance indicator independently of population changes.

Trawl comparison experiments indicate the replicability of a survey at a point in time while the different levels of an indicator through time (Clark and Brown 1977) demonstrate that over a longer period, factors other than the absolute abundance of fish populations influence the indicators. Thus, even within a year, the problem arises of over how long a period a survey is replicable; this makes defining a fixed point spring for every year questionable.

To partially circumvent the difficulties in defining spring, and to perhaps obtain an idea of the changes in an indicator over time, a survey could be broken into parts. That is, instead of conducting one large survey, conceptually at least, at one point in time, several small surveys could be made over a longer time span. Spring would no longer be a "point" but a season. Over a longer period, factors other than population levels which influence an indicator would tend to be "averaged out", and the resulting indicators would be more reliable for year to year comparisons.

The theory of such a survey is straightforward. The total resources available are used to make at least two subsurveys. Each of the subsurveys are conducted exactly as in Section 2. The resulting indicator for the ith subsurveys, x_{t_i}, is considered to be the result of a single complex sampling unit. The average of all the subsurveys, denoted by $\bar{x}_t$, is the abundance indicator and $var(\bar{x}_t)$ is estimated by

$$var(\bar{x}_t) = \frac{\sum (x_{t_i} - \bar{x}_t)^2}{m(m-1)} \ ,$$

where m is the number of subsurveys. $var(\bar{x}_t)$ includes the variability within a subsurvey and between subsurveys; the between subsurvey component of the variance can be easily estimated for this modified stratified design. A further advantage of the design is that not only are the calculations simpler, but the values x_{t_i} are the weighted average of many points and hence will be more nearly normally distributed than the result of a single tow. Thus, inferences made using var($\bar{x}_t$) (which has m-1 degrees of freedom) and normality assumptions will be closer to the mark. The major disadvantage of the design is that for a fixed level of resources, fewer tows will be able to be made since travel distance is increased. But, again, what is lost in precision may be made up by an increase in accuracy. More on the methods of interpenetrating subsamples or replicated sampling and its advantages can be found in Cochran (1977) or Deming (1960).

Even for large surveys, such as the Northwest Fisheries groundfish surveys which are too extensive to make replicated sampling over time feasible, the methodology would still be useful to measure the uncertainty associated with the indicator. Instead of drawing a single sample in each stratum, m subsamples are drawn, and the calculations are made as above. For this design, the level of resources for a fixed number of tows does not change but the precision of $\bar{x}_t$ can be more accurately assessed, though of course for this design the variability of the indicator over time cannot be estimated.

In summary, slight changes in design may give insight into dynamics affecting survey results and also produce better indicators. All effort should not be solely directed at making a survey as consistent as possible through time, but tests should be built into the basic design to assess the plausibility of the underlying assumptions.

REFERENCES

Cochran, W.G. 1977. Sampling Techniques, Third Edition, John Wiley and Sons, New York.

Clark, S.H. and B.E. Brown. 1977. Changes in biomass of finfishes and squids from the Gulf of Maine to Cape Hatteras, 1963-74 as determined from research vessel survey data. Fish. Bull. U.S. 75:1-21.

Deming, W.E. 1960. Sample Design in Business Research. John Wiley and Sons, New York.

Grosslein, M.D. 1969. Groundfish survey program of BCF Woods Hole. Commer. Fish. Rev. 31(89):22-25.

Pennington, M. 1980. Efficient estimators of abundance for fish and plankton surveys. M.S.

Satterthwaite, F.E. 1946. An approximate distribution of estimates of variance components. Biometrics 2, 110-114.

A COMPARISON OF ESTIMATORS OF LOCATION FOR SKEWED POPULATIONS - WITH APPLICATIONS TO GROUNDFISH TRAWL SURVEYS

by

S.J. Smith[1]
Department of Fisheries and Oceans
Research and Resource Services
Northwest Atlantic Fisheries Centre
P.O. Box 5667
St. John's, Newfoundland
A1C 5X1

ABSTRACT

Under the assumption that observations obtained in a groundfish trawl survey originate from a skewed parent population, the arithmetic mean is not an optimal estimator of the within strata population mean with respect to minimum mean square error (MSE). Various contenders for estimators of the population mean are studied in a Monte-Carlo sampling experiment in order to find one or more estimators which are better than the arithmetic mean in the sense of having a smaller mean square error. Two estimators, coded W2 and W3 in the article, were found to be better by this criterion, with the latter estimator being the best overall.

The behaviour of the estimator W3 was then studied analytically in order to determine how good this estimator would be when extended to the estimator of the stratified mean number/weight per tow. It was found that when the coefficient of variation within strata was greater than or equal to $\sqrt{L/2}$, where L is the number of strata (independent of distribution type), the stratified estimator using W3 within strata was always more efficient (smaller MSE) than the stratified mean when the arithmetic mean is used within strata. In practical applications, a coefficient of variation greater than or equal to $\sqrt{L/2}$ is not always obtained and a mixture type of estimator is proposed here.

Key words: trawl surveys, stratified-random surveys, estimators, skewed distributions, gamma distribution, Monte-Carlo, simulation, mean square error (MSE).

RÉSUMÉ

Si les observations obtenues par chalutage de poissons démersaux proviennent d'une population asymétrique, la moyenne arithmétique ne constitue pas un estimateur optimal de la moyenne de la population à l'intérieur des strates en ce sens que l'erreur quadratique moyenne (E.Q.M.) n'est pas minimale. D'autres estimateurs ont été évalués au cours d'une expérience d'échantillonnage selon les techniques de Monte-Carlo afin de trouver des estimateurs qui produisent une erreur quadratique moyenne plus petite que celle obtenue au moyen de la moyenne arithmétique. On en a trouvé deux (codes W2 et W3 dans l'article) satisfaisant au critère de l'E.Q.M. minimale, le W3 étant dans l'ensemble meilleur.

On a ensuite analysé dans quelle mesure W3 serait un bon estimateur de la moyenne stratifiée du nombre ou du poids par trait de chalut. On a constaté que, lorsque le coefficient de variation (c.v.) à l'intérieur des strates était égal ou supérieur à $\sqrt{L/2}$, où L est le nombre de strates (indépendamment du type de distribution), l'estimateur stratifié fondé sur W3 à l'intérieur des strates était toujours plus efficace (E.Q.M. plus petite) que la moyenne stratifiée lorsque la moyenne arithmétique est utilisée à l'intérieur des strates. Dans la pratique, on n'obtient pas toujours un c.v. supérieur ou égal à $\sqrt{L/2}$, et l'auteur propose un estimateur mixte.

Mots-clés: Études au chalut, études d'échantillons aléatoires stratifiés, estimateurs, distributions asymétriques, distribution gamma, Monte-Carlo, simulation, erreur quadratique moyenne.

INTRODUCTION

Bottom trawl surveys based on a stratified-random sampling plan have been used by Canada and the United States for several years as a means of estimating and monitoring changes of groundfish abundance. The main index of abundance used is the stratified mean number or mean weight of a specific species caught per standard tow. At present, the stratified mean is calculated as the sum of the weighted strata arithmetic means (Cochran 1977, p. 91). The use of arithmetic means would be optimal if the data within a stratum followed a normal probability distribution but, in general, trawl survey data exhibit a positive skew with the occasional occurrence of very large values.

In recognition of this non-normality, several authors, in particular Taylor (1953), Houser and Dunn (1967) and Pennington and Grosslein (1978), have postulated that the underlying distribution of the trawl survey data follows a Negative Binomial law. As a descriptive tool, the negative binomial is a useful distribution due to its generality. The hypothetical biological models which lead to it,

[1]Present address: Department of Fisheries and Oceans, Marine Fish Division, Bedford Institute of Oceanography, Dartmouth, N.S. B2Y 4A2

however, can often contradict each other; therefore, finding a "good-fit" between the data and the negative binomial cannot be used as justification for a particular model (Bliss and Fisher 1953, Taylor et al. 1978). In general, the establishment of the negative binomial is used as a justification for choosing a log-transformation, i.e., log $(y_i + 1)$, where y_i is the ith observation, so that the variance of the estimates are stabilized and normal distribution theory can be used. Pennington and Grosslein (1978) pointed out that this transformation is generally not satisfactory in providing normally distributed data in the case of trawl surveys.

In this study, it will be assumed that the observations are skewed due to some underlying mechanism (e.g., spawning or feeding schools, limited habitable space and/or the sample design itself (Hastings 1974)). The approach, then, will be to study a set of estimators for location which have been specifically designed for skewed distributions and compare these estimators against the arithmetic mean in a Monte-Carlo sampling experiment. The criterion for comparison will be the Relative Efficiency (R.E.) which is defined below.

Let T_1 and T_2 be two estimators for some parameter θ. Also, define their respective "Mean Square Errors" (MSE) as

$$\text{MSE}(T_1) = E(T_1 - \theta)^2$$

and

$$\text{MSE}(T_2) = E(T_2 - \theta)^2,$$

where E( ) denotes expected value. Roughly speaking, the MSE is a measure of how close, on the average, an estimator is in value to the parameter value. The Relative Efficiency is defined, then, as

$$\text{RE} = \frac{\text{MSE}(T_1)}{\text{MSE}(T_2)}$$

Estimator T_2 will be considered better than T_1 if RE > 1.0, and the reverse will be true if RE < 1.0.

The estimators being considered here were chosen on the basis of their behaviour with regards to the presence of large values in the sample. These large values are not being regarded here as outliers in the sense of contamination or recording error which may be discarded from the sample. Instead, these values are assumed to be correct and from the same distribution as the remainder of the sample. Under these conditions, the arithmetic mean is unbiased, on the average, but for any one sample the mean may overestimate the actual population mean (μ) with concurrent large variance. Therefore, we are looking for alternative estimators which will, in any sample, provide estimates closer to μ than the mean, i.e., a smaller MSE, with smaller variance.

The Monte-Carlo method is used here to quickly assess the behaviour of the estimators being studied. The estimator found to be best overall with respect to its relative efficiency will be further studied analytically in order to determine general conditions under which the relative efficiency will always be greater than one independent of distribution type. This is to be determined for overall strata estimation as well as within strata estimation.

METHODS

THE ESTIMATORS

For the purpose of defining the estimators being studied here, let $x_1, x_2 \ldots, x_n$ be a random sample of n observations and let $x_{(1)}, x_{(2)}, \ldots, x_{(n)}$ be this same sample of n observations ordered by ascending value.

The arithmetic mean is defined as

$$(1) \quad \text{MEAN} = \bar{x} = \frac{1}{n} \sum_{i=1}^{n} x_i .$$

The alternate estimators are defined next. The first three estimators involve isolating the largest observation in the sample and applying a specific weight to this observation.

$$(2) \quad W1 = \left[\frac{(N-1)}{(n-1)} \times \sum_{i=1}^{n-1} x_{(i)} + x_{(n)} \right] \div N$$

This estimator is a modification of the estimator for the total of a population described in Hidiroglou and Srinath (1977). For this estimator, N is defined as the number of possible units that can be sampled in the population, i.e., trawlable units.

$$(3) \quad W2 = \left[\sum_{i=1}^{n-1} x_{(i)} + \frac{n}{n+1} x_{(n)} \right] \div n$$

$$(4) \quad W3 = \frac{1}{n+1} \sum_{i=1}^{n} x_i \quad .$$

Estimators W2 and W3 were introduced in Ernst (1979) and are both derived from the following form

$$(5) \quad W_{r,w} = \left[\sum_{i=1}^{n-r} x_{(i)} + W \sum_{i=n-r+1}^{n} x_{(i)} \right] \div n$$

Ernst (1979) derived the MSE for the above general form and found that the MSE will be minimized when r = n and $W = \frac{n}{n+1}$, i.e. W3. The estimator W2 (r = 1, $W = \frac{n}{n+1}$) was used in order to set a lower bound on the efficiency of this type of estimator.

The following two forms are called once-Winsorized means and are discussed in Fuller (1970).

$$(6)\quad WIN = \left[\sum_{i=1}^{n-1} x_{(i)} + x_{(n-1)}\right] \div n$$

$$(7)\quad WADJ = \frac{n}{n-1} \times WIN$$

The estimator WADJ is simply a modified WIN estimator. Fuller (1970) demonstrated empirically, with two examples, that WADJ was more efficient than WIN, i.e., MSE (WADJ)<MSE (WIN). With this type of estimator, the largest observation, $x_{(n)}$, is eliminated.

Jenkins et al. (1973) introduced a type of estimator called "Root" estimators, of the form

$$\hat{x} = (1-c)\,\bar{x} + c\bar{g}^2,$$

where $g = \frac{1}{n}\sum_{i=1}^{n}\sqrt{x_i}$. The MSE was derived and a value for the constant C was found such that the MSE was minimized. For n=2, a value of C=2 was obtained for which this estimator was more efficient (RE >1.0) than the arithmetic mean when applied to a variety of distribution types. Note that when n=2 and C=2, the root estimator is equivalent to the geometric mean, i.e.,

$$\hat{x} = \sqrt{x_1 x_2}.$$

Jenkins et al. (1973) demonstrated that as n increased, C approached zero.

The equations for finding an optimum C for a specific n require that the distribution type (of the observations) be known. Since this is not always possible the root estimator is modified for study here. Define

$$(8)\quad Root = \frac{1}{k}\sum_{i=1}^{k} y_i,$$

where $k = \binom{n}{2}$ and y_i is the geometric mean of the ith pair of observations of the $\binom{n}{2}$ possible pairs chosen without replacement. The estimator is used in this form to take advantage of the fact that the root estimator is more efficient than the mean when C=2 and n=2.

Pennington and Grosslein (1978) suggest that a log transform of the form $\ell n\,(x_i + 1)$ be applied to the data to reduce the observed skewness. Therefore, let $Z_i = \ell n(x_i+1)$ and define as a final alternate estimator of the mean

$$(9)\quad LOG = \exp\,(\bar{z}) - 1.0.$$

No mention is made in any of the papers cited here of variance estimators for the estimators of location proposed in them. Therefore, for the purposes of this paper the suitability of using a naive estimator for the variance will also be tested. For any alternate T define the naive estimator of the variance of T to be

$$(10)\quad Var(T) = \sum_{i=1}^{n} (x_i - T)^2/(n\cdot(n-1)).$$

Exceptions to this general form were made for the following estimators:

$$(11)\quad Var(W2) = \left\{\left[\sum_{i=1}^{n-1} x^2_{(i)} + \left(\frac{n}{n+1}\right)^2 \cdot x^2_{(n)}\right] - \left[\sum_{i=1}^{n-1} x_{(i)} + \frac{n}{n+1}\, x_{(n)}\right]^2\right\} \div n.(n-1)$$

$$(12)\quad Var(W3) = \frac{n}{(n+1)^2} \cdot \sum_{i=1}^{n} \frac{(x_i-\bar{x})^2}{(n-1)}$$

The modification in (11) is suggested by a result in Bershad (1960). The variance estimator in (12) is an unbiased estimator of VAR(W3) and its derivation is presented in Appendix 1.

THE SAMPLING EXPERIMENT

The actual MSEs have not been derived for all the estimators described above. Therefore, a theoretical comparison is not possible at this time. Instead, it was decided to compare the estimators by means of a Monte-Carlo sampling experiment. For this, it is necessary to have some way of simulating the observed patterns of trawl survey data. The basic characteristics of these data, as was discussed earlier, was positive skew and large values or a long tail to the right. In addition, the observations are unimodal and necessarily non-negative. One

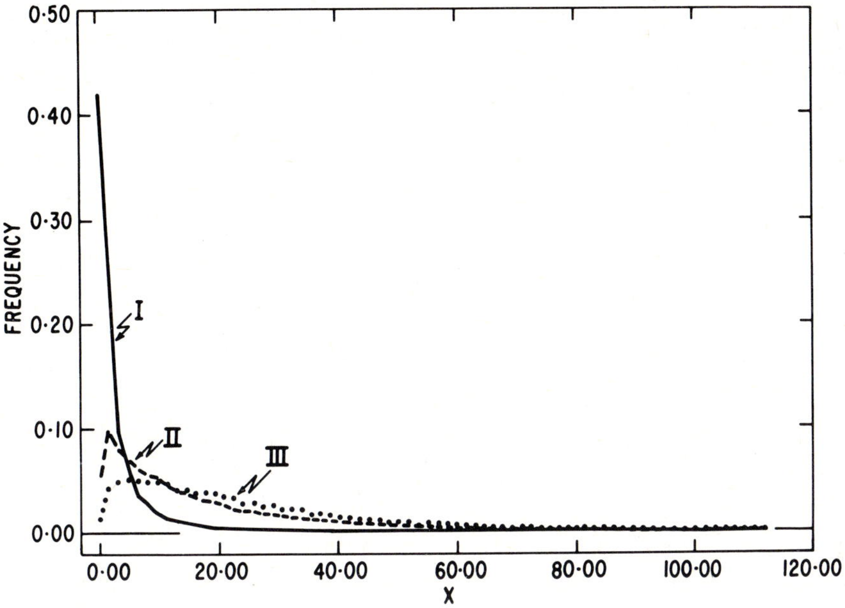

Fig. 1 . Frequency diagram of population used in the Monte-Carlo sampling experiment.

statistical distribution which fits these characteristics and provides an excellent representation for a wide variety of shapes is the gamma distribution. The distribution function is given by

$$f(x) = \frac{x^{\alpha-1} \exp(-x/\beta)}{\beta^{\alpha}\,\Gamma(\alpha)}, \quad x \geq 0,\ \alpha > 0,\ \beta > 0$$

$$= 0, \quad \text{elsewhere.}$$

The distribution is completely described by the parameters α and β which are the shape and scale parameters respectively. As the value of α changes so does the shape of the distribution. When $\alpha=\frac{1}{2}v$ and $\beta=2$ the gamma distribution is called a chi-square distribution with v degrees of freedom. As α approaches infinity, the gamma can mimic the normal distribution for strictly positive random variables (Johnson and Kotz 1970). For $\alpha=1$ and $\beta=1$, we obtain the exponential distribution.

It is not the purpose of this paper to propose that trawl survey data result from sampling from a parent population which has a gamma distribution; rather, we will use this form as a convenient representation.

The next step in this experiment is to find an algorithm which efficiently and accurately generates gamma variates. There are many such generators in the literature but most of these restrict α to be greater than or equal to one. For the purpose of this experiment, values of α less than one are necessary in order to test the effect on the estimator of a large number of zero or close to zero valued observations. The generator that was used in this experiment is based on the algorithm proposed in Philips and Beightler (1972). This generator can generate variates for non-integer values of α and β and α can be less than one. Goodness-of-fit tests on the variates generated do not support a gamma null hypothesis as the generated curves do not have right-handed tails as long as expected for the gamma distribution (IMSL, 1979). Because the gamma distribution is not being proposed as the specific distribution of trawl survey data,the variates generated by this algorithm can still be used since the observed distribution of variates closely resembles the gamma distribution, with the exception of the extreme tail region.

Therefore, using the algorithm proposed by Philips and Beightler (1972), the sampling experiment proceeds as follows. Three populations of variates were chosen so that the number of zero or near zero valued observations would range between a large number of such values (40%) to no zero values. An arbitrary value of 50 was chosen for β for convenience but the results are scale independent. The frequency distribution of these variates are presented in Fig. 1 with the distribution generated for α =0.2, 0.8 and 1.4, coded as I, II and III respectively.

Next, the estimates for each estimator being considered were calculated for each of the distributions in Fig. 1 for the following sample sizes: n=2, 4 and 8. The sample sizes used are in the range encountered for individual strata for groundfish surveys conducted by the Northwest Atlantic Fisheries Centre. For presentation purposes, the results for each of the combinations of α values and sample size will be coded by a Roman numeral for the population type and an Arabic numeral for the sample size; e.g., I2 for population I and sample size 2. Given the parent population, the actual population mean (μ) is known and MSE of an estimator, T say, is calculated by

$$\text{(13)} \quad MSE(T) = \sum_{i=1}^{N} (T_i - \mu)^2/N.$$

The term N refers to the number of replications, which in this experiment was set to be 2500. The actual variance of an estimator, Var [T] say, can be estimated from the experiment by noting that (Mood, Graybill and Boes 1974)

$$\text{(14)} \quad MSE(T) = E\{(T - \mu)\}^2$$

$$= Var[T] + (\mu - E[T])^2.$$

The second term in the above expression is simply the bias of estimator T squared. This bias can be estimated from the experiment as

$$\text{(15)} \quad B(T) = \sum_{i=1}^{N} (T_i - \mu) \div N .$$

Since the arithmetic mean is unbiased, the MSE of x is equal to the variance of $\bar{x}$. The relative efficiency (RE) is then the ratio of the MSE ($\bar{x}$) to the MSE of each of the estimators being studied.

The computer program for this experiment was written by the author in FORTRAN IV.

RESULTS

The results for the relative efficiencies of the alternate estimators are presented by means of "snowflake" or "star" plots in Fig. 2 and 3. (For further information on the use of this type of plot see Lorenzen (1980), Fienberg (1979) and Welsh (1976)). The inner and outer circles of the snowflakes represent relative efficiencies of 1.0 and 2.0 respectively. On each of the rays are plotted the RE for the specific estimator for each combination of distribution type and sample size coded by a Latin and an Arabic numeral. The criterion for the choice of the best estimator or estimators would be those estimators which have an RE greater than 1.0 for all cases considered.

From Fig. 2 and 3, it can be quickly seen that only two of the alternate estimators are better than the mean for all of the situations

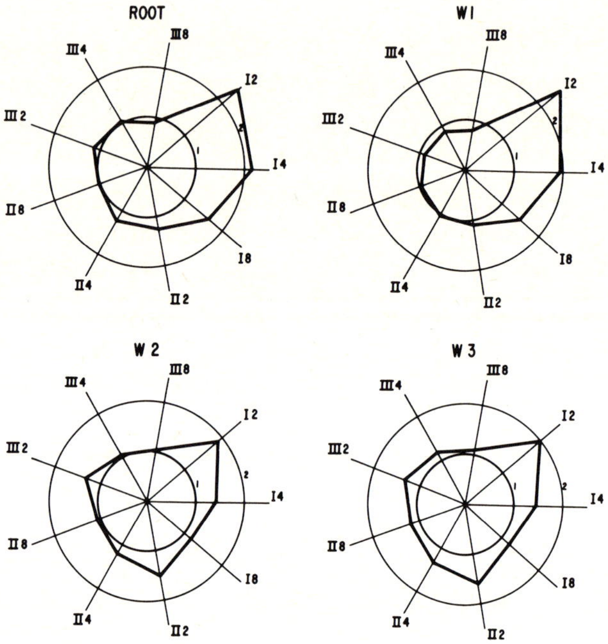

Fig. 2 . Snowflake representation of relative efficiency results from Monte-Carlo experiment. See text for description of estimators: Root, W1, W2 and W3.

studied. The two best estimators are W2 and W3 (Fig. 2). Note also that W3 has, at all times, a larger RE (i.e., a smaller MSE) than W2, as predicted in Ernst (1979). The maximum and minimum REs for W3 (cases I2 and III8 respectively) are 2.01 and 1.08. The fact that W3 was the best estimator overall is surprising because all the observations are reweighted not only the largest valued observation. Therefore, it is not only the largest value in the sample which can affect the estimated value.

Fig. 2 and 3 also show that all of the estimators behaved in the same way with respect to the increasing sample size and to the decreasing proportion of zeroes in the population. As sample size increased, the REs decreased, with the exception of the estimators WIN and WADJ. For populations II and III these two estimators exhibited erratic behaviour, with this behaviour being more predominant in the case of the WADJ estimator. It is not obvious why this occurred. For all of the estimators, the REs decreased as the number of zero values decreased.

Since W3 proved to be best overall and all of the estimators except W2 had REs less than 1.0 for some of the situations, only general

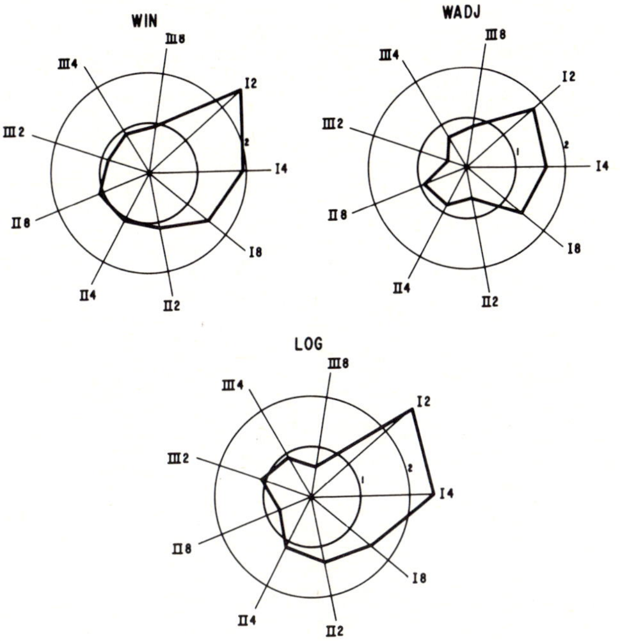

Fig. 3 . Snowflake representation of relative efficiency results from Monte-Carlo experiment. See text for description of estimators: WIN, WADJ and Log.

results with respect to bias and variance estimation will be discussed here for these estimators. Specific attention will be paid to W3 and for the most part to W2.

With the exception of the estimator WADJ all the estimators were negatively biased. In general, this bias decreased as the sample size was increased and as the number of zero values decreased. The estimator W3 and Log did not follow this trend. As the sample size increased, the bias of Log also increased, although there was a decrease in bias as the number of zeroes decreased. The behaviour of W3 can be best understood by looking at the relative bias, i.e.,

$$\text{Relative bias} = \frac{E[W3]-\mu}{\mu} = \frac{-1}{n+1} .$$

The bias is not dependent upon the distribution type, but it strictly decreases as n increases.

The naive variance estimators and the special estimators, defined in equations 10-12, on the whole performed poorly. The behaviour of these estimators, with the exception of Var(W3), was erratic and trends were not always apparent. Table 1 details the results of the variance estimation study for two of the variance estimators: Var(W3) and Var(W2). From Table 1,the results indicate that Var(W3) is unbiased as per the derivation in Appendix 1. The second column of Table 1 presents the ratio of the variance of $\bar{x}$ to the estimated variance of W3 and W2. As a function of sample size, the variance of W3 was at most 2.25 times smaller than the variance of the mean and at least 1.27 times smaller. Therefore, not only is W3 a better estimator than the mean, with respect to its relative efficiency, but it is also a more precise estimator than the mean.

DISTRIBUTION FREE RESULTS

The gamma distribution was chosen here as a convenient representation of trawl survey data. If any one statistical distribution or a mixture of distributions could be found that would be accepted as suitable approximation, then it would be more relevant to study parametrically derived estimators rather than the ad hoc estimators presented here. Due to the small sample sizes encountered in trawl surveys, the establishment of any such distribution type will be difficult. It is, therefore, more advantageous, at this time, to consider estimators which are "robust" to distribution type. It is in this spirit that general conditions will be established under which the MSE(W3), both within strata and overall strata, will be smaller than the MSE(x).

For the purposes of the following derivations, let the subscript 'h' denote the hth stratum (h = 1, 2, ... , L) and y_{hi} be the ith observation in the hth stratum (i = 1, 2, ..., n_h).

The within stratum MSE ($\bar{y}_h$) and MSE ($W3_h$) are, respectively,

$$(16)\quad MSE(\bar{y}_h) = Var(\bar{y}_h) = \frac{\sigma_h^2}{n_h}$$

and

$$(17)\quad MSE(W3_h) = Var(W3_h) + (E[W3_h] - \mu_h)^2 = \left(\frac{n_h}{(n_h+1)^2}\right)\sigma_h^2 + \frac{\mu_h^2}{(n_h+1)^2} .$$

Conditions must be found such that

$$MSE(W3_h) \leqslant MSE(\bar{y}_h),$$

or

$$MSE(W3_h) - MSE(\bar{y}_h) \leqslant 0.$$

That is, substituting the actual mean squares errors

Table 1. Relative bias over all cases studied for variance estimators Var(W3) and Var(W2). Results for variance estimators are compared with actual variance. Relative variances (R.V.) are calculated as $\frac{Var(\bar{x})}{Var(T)}$, where T is either W3 or W2.

	n	Relative bias of variance[1]	R.V.
Population I			
Var(W3)	2	0.08	2.25
Var(W2)	2	-0.06	2.34
Var(W3)	4	0.03	1.56
Var(W2)	4	-0.07	1.57
Var(W3)	8	0.02	1.27
Var(W2)	8	-0.32	1.68
Population II			
Var(W3)	2	0.008	2.25
Var(W2)	2	-0.32	2.67
Var(W3)	4	0.005	1.56
Var(W2)	4	-0.19	1.57
Var(W3)	8	-0.04	1.27
Var(W2)	8	-0.26	1.42
Population III			
Var(W3)	2	-0.02	2.25
Var(W2)	2	-0.42	2.90
Var(W3)	4	-0.01	1.56
Var(W2)	4	-0.42	1.59
Var(W3)	8	-0.14	1.27
Var(W2)	8	-0.04	1.15

$$\left(\frac{n_h}{(n_h+1)^2}\sigma_h^2 + \frac{\mu_h^2}{(n_h+1)^2}\right) - \frac{\sigma_h^2}{n_h} \leqslant 0,$$

which reduces to

$$\frac{\sigma_h^2}{\mu_h^2} \geqslant \frac{n_h}{2h_n+1}.$$

The term on the left-hand side, call it δ_h^2, is the coefficient of variation squared. Therefore, the MSE($W3_h$) will be less than or equal to the MSE($\bar{y}_h$) when the coefficient of variation δ_h is greater than or equal to $(n_h/2n_h+1)^{1/2}$ which for large n_h converges to $\sqrt{0.50}$ or approximately 0.71.

We now extend these results to the case where the stratified mean estimate is to be calculated. In the following derivation, the formulae for stratified estimates will be used (see Cochran 1977).

Denote the stratified estimates of the mean by

$$(18)\quad \bar{Y}_{st} = \sum_{h=1}^{L} W_h \bar{y}_h$$

where

$$W_h = \frac{N_h}{N}$$

and

$$(19)\quad \bar{Y}_{W3} = \sum_{h=1}^{L} W_h\, W3_h.$$

The respective mean squared errors of the estimators in (18) and (19) are

$$(20)\quad MSE(\bar{y}_{st}) = Var(\bar{y}_{st})$$

$$= \sum_{h=1}^{L} W_h^2 \frac{\sigma_h^2}{n_h}$$

and

$$(21)\quad MSE(\bar{y}_{W3}) = Var(\bar{y}_{W3}) + \{E[\bar{y}_{W3}] - \sum_{h=1}^{L} W_h \mu_h\}^2$$

$$= \sum_{h=1}^{L} W_h^2 \frac{n_h}{(n_h+1)^2}\sigma_h^2 + \{\sum_{h=1}^{L} W_h \mu_h \frac{1}{(n_h+1)}\}^2$$

In both equations above, the finite population correction has been ignored, since the sampling fraction n_h/N_h is of the order of 10^{-6} in surveys in the Newfoundland region and, hence, will have little effect upon the calculations.

Again, we are looking for conditions such that

$$MSE(\bar{y}_{W3}) \leqslant MSE(\bar{y}_{st})$$

or

$$MSE(\bar{y}_{W3}) - MSE(\bar{y}_{st}) \leqslant 0.$$

[1]Relative bias of variance is calculated as (Estimated Variance-actual variance)/Actual variance.

That is, substituting equations (20) and (21) for their respective mean squared errors,

$$\sum_{h=1}^{L} W_h^2 \frac{n_h}{(n_h+1)^2} \sigma_h^2 + \{ \sum_{h=1}^{L} W_h \mu_h \frac{1}{(n_h+1)} \}^2 - \sum_{h=1}^{L} W_h^2 \frac{\sigma^2}{n_h} \leqslant 0,$$

which reduces to

$$\frac{\sum_{h=1}^{L} W_h^2 \sigma_h^2 \dfrac{2n_h+1}{n_h(n_h+1)^2}}{\{ \sum_{h=1}^{L} W_h \mu_h \left(\dfrac{1}{(n_h+1)} \right) \}^2} \geqslant 1 .$$

In order to simplify the above expression let $\sigma_h^2 = \delta^2 \mu_h^2$ and approximate $\frac{2n_h+1}{n_h}$ by 2.

The use of a constant δ^2 over all strata will result in little loss of generality since the end result of this exercise will be in the form of a lower bound.

We then have

$$\frac{2 \sum_{h=1}^{L} W_h^2 \delta^2 \mu_h^2 (n_h+1)^{-2}}{\{ \sum_{h=1}^{L} W_h \mu_h \dfrac{1}{(n_h+1)} \}^2} \geqslant 1 .$$

Invoking Schwarz's inequality, that is

$$\{ \sum_{h=1}^{L} W_h \mu_h \frac{1}{n_h+1} \}^2 \leqslant L \sum W_h^2 \mu_h^2 \frac{1}{(n_h+1)^2},$$

we can see that the inequality in (22) will hold if $2 \delta^2 \geqslant L$.

This results in the following condition:

$$\delta^2 \geqslant \sqrt{L/2}.$$

The result above implies that as the number strata, L, increases, the coefficient of variation within strata must increase also in order that the estimator using W3, $\bar{y}_{W3}$ has a smaller MSE than $\bar{y}_{st}$. When L=1 we have the condition that δ must be greater than or equal to 0.71, the same value derived previously for the one strata case. As strata are combined, the bias term of the MSE increases for $\bar{y}_{W3}$ faster than the difference between the Var($\bar{y}_{W3}$) and Var ($\bar{y}_{st}$) when the coefficient of variation of within strata is less than $\sqrt{L/2}$ resulting in the MSE ($\bar{y}_{W3}$) being greater than the MSE ($\bar{y}_{st}$).

In order to test the practical applicability of the above derived limit, recent surveys for three species of importance to the Northwest Atlantic Fisheries Centre were investigated. The surveys were for cod and American plaice ICNAF/NAFO Div. 3L, conducted by the research vessel A.T. CAMERON in 1980, and redfish (*Sebastes mentella*) ICNAF/NAFO Div. 4RST, also conducted by the A.T. CAMERON in 1980. All three of the surveys here contained 20 or more strata which would imply that using $s_h/\bar{y}_h$ as an estimator of the coefficient of variation (CV), the CV within the stratum would have to exceed 3.16 in order that $\bar{y}_{W3}$ could be applied over all strata. Coefficients of variation rarely exceed 2.00 for survey data. Therefore, a mixture type of estimator was applied to the examples above based on the following rule:

$$\bar{y}_h = \begin{cases} \bar{y}_h \text{ if } s_h/\bar{y}_h < \sqrt{L/2} \\ W3_h \text{ if } S_h/\bar{y}_h > \sqrt{L/2} \end{cases}$$

The number of strata is increased from one until the maximum number of strata in which $W3_h$ can be used is found. The results are presented in Table 2. Applying $W3_h$ to a subset of the L strata will still provide an estimator with a smaller MSE than the case where $\bar{y}_h$ is used in all strata. The expectation operator is linear and, therefore, the mean square error of $\bar{y}_{W3}$ for the subset determined by the conditions above and of $\bar{y}_{st}$ for the remaining strata are additive. The mixture estimator assumes that the sample estimate of the coefficient of variation is an unbiased estimate.Further study should be directed to see if this assumption is true.

Table 2 shows that the effect of using this mixture rule to estimate the stratified mean and variants varies not only between species but also between the type of variable (i.e., numbers or weight). The greatest effect is to reduce the standard errors of the estimators.

Table 2. Results of the application of the mixture type estimation discussed in the text.

Species Variable	Cod		Plaice		Redfish	
	Number	Weight	Number	Weight	Number	Weight
1 $\overline{Y}_{st}$	32.76	54.81	311.03	92.45	904.23	294.63
Standard Error	3.67	6.84	50.52	14.62	277.02	70.71
2 $\overline{Y}_{mix}$	31.90	52.70	309.26	91.71	797.74	267.52
Standard Error	3.20	5.30	50.41	14.53	212.17	56.43
No. of strata affected	2	3	4	4	3	3
Percentage difference estimate (2/1)	3.0	4.0	1.0	1.0	12.0	9.0
Standard Error (2/1)	13.0	23.0	1.0	1.0	23.0	20.0

CONCLUSIONS

By the criterion of relative efficiency, the estimator W3 was found to be better than the mean for the cases studied in the Monte-Carlo sampling experiment. In addition, the unbiased estimator of the variance of W3 derived in Appendix 1 indicates that W3 is a more precise estimator than the arithmetic mean.

When the results for W3 are extended to the calculation of the overall stratified estimate, it was found that for distribution-free considerations the estimator using W3 would be more efficient than using the arithmetic mean when the coefficient of variation within strata was greater than or equal to $\sqrt{L/2}$, where L is the number of strata. In practical applications, the coefficient may not always be this high and a mixture type estimator can then be used which will retain the property of having a smaller mean square error.

Finally, the fact that estimator W3 is a biased estimator of the population should not be considered a drawback by those who wish to apply it to trawl surveys. Bias and unbias as a statistical concept is defined with respect to the performance of an estimator on the average. That is, an estimator is unbiased if the mean of its distribution over all samples of size n is equal to the parameter it is estimating (Mood et al. 1974). But in situations being discussed here, where there is only one sample of size n, it is more desirable to have an estimate as close as possible to the parameter being estimated. From the results of this study, W3 has been shown to do just that.

ACKNOWLEDGMENTS

The assistance of Dr. D.A. Roff (presently at McGill University, Montreal) and Dr. O.B. Allen (University of Guelph) in the preliminary stages of this report is gratefully acknowledged here. Comments by Dr. M. Pennington (Woods Hole, Mass.) and an anonymous referee helped to improve upon the final draft. Special thanks are extended to Herb Mullett and Gordon King, of the Northwest Atlantic Fisheries Centre, for their work on the figures presented in this paper.

REFERENCES

Bershad, M. 1960. Some observations on outliers. Unpublished. Tech. Rep. US Bureau of the Census.

Bliss, C.I., and R.A. Fisher. 1953. Fitting the negative binomial distribution to biological data. Biometrics. 9: 176-200.

Cochran, W.G. 1977. Sampling techniques. John Wiley & Sons, New York, N.Y., 428 p.

Ernst, L.R. 1979. Comparison of estimators of the mean which adjust for large observations. Presented at the Annual Meeting of the Amer. Stat. Assoc., Washington, D.C., August 1979, 22 p.

Fienberg, S.E. 1979. Graphical method in statistics. Amer. Stat. 33: 165-178.

Fuller, W.A. 1970. Simple estimators for the mean of skewed populations. Unpublished Tech. Rep. US Bureau of the Census.

Hastings, W.K. 1974. Variance reduction and nonnormality. Biometrika. 61: 143-149.

Hidiroglou, M.A., and K.P. Srinath. 1977. Some estimators of population totals from simple random samples containing large units. Paper presented at the Annual Meeting of the Amer. Stat. Assoc., Chicago, Illinois, August 1977, 6 p.

Houser, A., and J.E. Dunn. 1967. Estimating the size of the thread-fin shad population in Bull Shoal reservoir from midwater trawl catches. Trans. Am. Fish. Soc. 96: 176-184.

International Mathematical and Statistical Libraries Inc. (IMSL). 1979. Houston, Texas.

Jenkins, O.C., L.J. Ringer, and H.O. Harley. 1973. Root estimators. J. Amer. Stat. Assoc. 68: 414-419.

Johnson, N.L., and S. Kotz. 1970. Continuous univariate distributions-1. John Wiley & Sons, New York, N.Y., 300 p.

Lorenzen, T.J. 1980. The distribution of the area in a snowflake. General Motors Research Publication GMR-3330. Presented to the Amer. Stat. Assoc., Houston, Texas, August 1980, 23 p.

Mood, A.M., F.A. Graybill, and D.C. Boes. 1974. Introduction to the theory of statistics. McGraw-Hill, New York, N.Y., 564 p.

Pennington, M.R., and M.D. Grosslein. 1978. Accuracy of abundance indices based on stratified-random trawl surveys. ICNAF Res. Doc. 78/VI/77, Ser. No. 5264, 42 p.

Philips, D.T., and C.S. Beightler. 1972. Procedures for generating gamma variates with non-integer parameter sets. J. Stat. Comput. Simul. 1: 197-208.

Taylor, C.C. 1953. Nature of variability in trawl catches. Fish. Bull. 54: 145-166.

Taylor, L.R., I.P. Woiwod, and J.N. Perry. 1978. The density-dependence of spatial behaviour and the rarity of randomness. J. Amin. Ecol. 47: 383-406.

Welsch, R.E. 1976. Graphics for data analysis. Computer and Graphics. 2: 3137.

APPENDIX 1: FIND AN UNBIASED VARIANCE ESTIMATOR FOR VAR(W3).

$$\mathrm{Var}(W3) = \mathrm{Var}\left\{ \frac{1}{n+1} \sum_{i=1}^{n} x_i \right\}$$

$$= \frac{1}{n+1}^{2} \mathrm{Var}\left(\sum_{i=1}^{n} x_i \right)$$

$$= \frac{1}{n+1}^{2} \sum_{i=1}^{n} \mathrm{Var}(x_i)$$

$$= \left[\frac{1}{n+1}\right]^{2} . n.\sigma^{2}, \text{ assuming}$$

x_i ..., x_n are i.i.d. random variables

Therefore, the variance estimator, in order to be unbiased, must have an expected value of $\left[\frac{1}{n+1}\right]^{2} . n.\sigma^{2}$. Note that the estimator $\sigma^2 = \sum_{i=1}^{n} \frac{(x_i-\bar{x})^2}{n-1}$ has an expected value equal to σ^2 (Mood et al. 1974). Therefore, an unbiased estimator of Var(W3) would be

$$\mathrm{Var}(W3) = \frac{n}{(n+1)^2} \sum_{i=1}^{n} (x_i-\bar{x})^2 \,/\, (n-1) \,.$$

A METHOD OF ESTIMATING THE ABUNDANCE OF SURVIVORS OF AN EXPLOITED FISH POPULATION USING COMMERCIAL FISHING CATCH AT AGE AND RESEARCH VESSEL ABUNDANCE INDICES

by

W.G. Doubleday
Department of Fisheries & Oceans
Fisheries Research Branch
240 Sparks Street,
Ottawa, Ontario, Canada
K1A 0E6

ABSTRACT

A general method of sequential population analysis representing abundance at age as the sum of integrated catches and integrated survivors (the input to catch projections), adjusting for natural mortality, is presented. Research vessel abundance at age indices are used iteratively to calibrate survivor estimates as a starting point for catch projections. An efficient estimate combining information from all years is derived.

Key words: biological surveys, research surveys, sequential population analysis.

RÉSUMÉ

On présente une méthode générale d'analyse séquentielle de population, représentant l'abondance par âge comme la somme des prises et des survivants obtenus par calcul intégral (les survivants servent à établir les projections des prises), ajusté en fonction de la mortalité naturelle. Les indices de l'abondance, par âge, déterminés par les bateaux de recherche sont utilisés, de façon itérative, pour calibrer les évaluations des survivants. On en tire une évaluation efficace, combinant l'information pour toutes les années.

Mots-clés: analyse séquentielle des populations, relevés biologiques, relevés scientifiques.

INTRODUCTION

Sequential population analyses are widely used in fisheries resource assessment to estimate historical stock abundance at age. Popular methods include those of Pope (1972) and Gulland (1965). Typically, estimates of fishing mortality rates at age for the last year each cohort is exploited must be independently derived as an input parameter to the analysis. This is frequently done by "tuning" a sequential analysis by trial and error, revising input values using regressions of calculated catch rates against an observed biomass index or calculated fishing mortality rates against observed fishing effort. Sometimes correlations are maximized; sometimes, final year points are made to lie on regression lines. Thus, estimated abundance in the final year is almost entirely determined by the abundance index or fishing effort level in that year. Information from previous years is utilized only indirectly to estimate the coefficients of a regression line. Since the survivors from the last year of a sequential population analysis are the initial stock for subsequent catch projections, the accuracy of survivor estimates is crucial to the provision of advice on subsequent catches.

In view of the high cost of data collection, much can be gained by improving the efficiency of estimating the abundance of survivors. The desirability of objective methods with accompanying variance estimators is also clear.

NOTATION

t: date in decimal years

T: last date

i: year class i has age zero at date i (nominal January 1 birthday);

$P_i(t)$: number of fish in year-class i alive at date t

$C_i(t)$: instantaneous annual rate of catching fish, in numbers, of year-class i at date t

$M_i(t)$: instantaneous annual natural mortality rate for year-class i at date t

S_i: survivors of year-class i at date T

$R_i(t)$: research vessel survey abundance index for year-class i at date t

SEQUENTIAL POPULATION ANALYSIS

Sequential population analysis refers to any of several methods used to infer historical abundance of fish year-classes from catch at age data and estimated natural mortality rates. The usual starting point for these methods is the Baranov catch equation

$$\int_{t_0}^{t+1} C_i(t)dt = \frac{F}{F+M}(1-e^{(F+M)})P_i(t_0) \quad (1)$$

where F is a constant instantaneous annual fishing mortality rate. Gulland's (1965) method provides a numerical solution for F given the annual catch

$$\int_{t_0}^{t_0+1} C_i(t)\,dt \text{ and } P_i(t_0+1) = P_i(t_0)e^{-(F+M)} \quad (2)$$

Pope's (1972) cohort analysis provides an explicit but approximate solution to equation (1) namely

$$P_i(t_0)=\int_{t_0}^{t_0+1} C_i(t)dt\ e^{M/2} + P_i(t_0+1)\ e^{M} \qquad (3)$$

and $$F = \ln(P_i(t_0)/P_i(t_0+1)) - M \qquad (4)$$

These methods focus on fishing mortality rates which are assumed constant within years and on historical population abundance. For the purposes of catch projection, interest is focused on the survirors $P_i(T)$ and on historical population abundance which is used to calibrate an abundance index such as commercial catch rates. Thus, it is desirable to emphasize population abundance rather than fishing mortality rates when the goal is to prepare a catch projection.

In the absence of natural mortality, the population at time t would consist of those fish destined to be caught between date t and date T and those fish destined to survive beyond date T. In mathematical terms, assuming $M_i = 0$,

$$P_i(t) = \int_t^T C_i(\tau)\ d\tau + S_i \qquad (5)$$

This relation is illustrated in Figure 1.

More generally, if natural mortality occurs at a constant rate M and catches occur only at discrete times $t_0 < t_1 < t_2 \ldots < t_J < T$, then

$$P_i(t) = \sum_{j=1}^{J} e^{M(t_j-t)} C_i(t_j) + e^{M(T-t)} S_i \qquad (6)$$

Thus the population can be divided into one component corresponding to future catches and another component corresponding to survivors (Figure 2). Note that when catches occur at mid-year only, equation (6) is equivalent to Pope's cohort analysis (2). Thus Pope's approximate solution of equation (1) provides exact estimates of population sizes if catches occur only over a brief period at mid-year.

Generalizing equation (6) for the instantaneous catches of Gulland's method is a question of replacing the sum with an integral.

Typically catches are not distributed through the year according to an exponential decline (Gulland's method) or concentrated at mid-year (Pope's method). Since catches are usually reported by month, there is no need to make assumptions about their distribution though the year.

Generalizing the catch equation (1) of Baranov for arbitrary instantaneous catch rates and date dependent natural mortality rates gives:

$$dP_i(t)/dt = -M_i(t)\ P_i(t) - C_i(t) \qquad (7)$$

Assuming that $C_i(t)$ and $M_i(t)$ are continuous functions and noting that $P_i(T)= S_i$, it follows from a basic existence and uniqueness theorem of the theory of differential equations (Boyce and DiPrima 1965, p20) that the unique solution of (7) is

$$P_i(t) = \int_t^T e^{\int_t^\tau M_i(y)\,dy} C_i(\tau)\ d\tau + S_i\ e^{\int_t^T M_i(y)dy} \qquad (8)$$

$$= CINT_i(t) + SINT_i(t)$$

This can be verified by differentiation. It is convenient to express equation (8) as the sum of a "catch integral" and a "survivor integral", both adjusted for accumulated natural mortality.

ESTIMATION OF SURVIVORS

If $C_i(t)$ and $M_i(t)$ are precisely known and an estimator $\hat{P}_i(t)$ of the abundance $P_i(t)$ is available, then equation (8) can be rearranged to provide an estimate $\hat{S}_i$ of S_i:

$$\hat{S}_i = (\hat{P}_i(t) - \int_t^T e^{\int_t^\tau M_i(y)\,dy} C_i(\tau)\ d\tau)\ e^{-\int_t^T M_i(y)dy} \qquad (9)$$

$\hat{S}_i$ is an unbiased estimator of S_i if $\hat{P}_i$ is unbiased. Figure 3 illustrates this method of estimation.

The variance of $\hat{S}_i$ is simply related to the variance of $\hat{P}_i$:

$$Var(\hat{S}_i) = Var(\hat{P}_i) e^{-2\int_t^T M_i(y)dy} \qquad (10)$$

In practice, $C_i(t)$ and $M_i(t)$ are not precisely known and estimates of these parameters must be used in the calculations. These estimates are additional sources of error in estimating the number of survivors. Therefore, they lead to additional variance in the estimation of S_i and can cause biases. Estimation of natural mortality rates is typically indirect and assumes $M_i(t) \equiv M$ independent of age and date. This assumption is adopted here for further analysis. Sampling of commercial catches is typically sporadic with ageing material pooled for several months and applied as an age-length key to a weighted sum of length samples to give catches, monthly, quarterly, or semi-annually. Thus, independent estimates of $C_i(t)$ on a monthly, or quarterly, basis may be available, but not on a daily basis.

If the "catch integral" is expressed as a sum of J monthly sub-integrals corresponding to statistically independent estimates of $C_i(t)$ with variances $Var(C_i(t)) = \sigma_t^2$, then

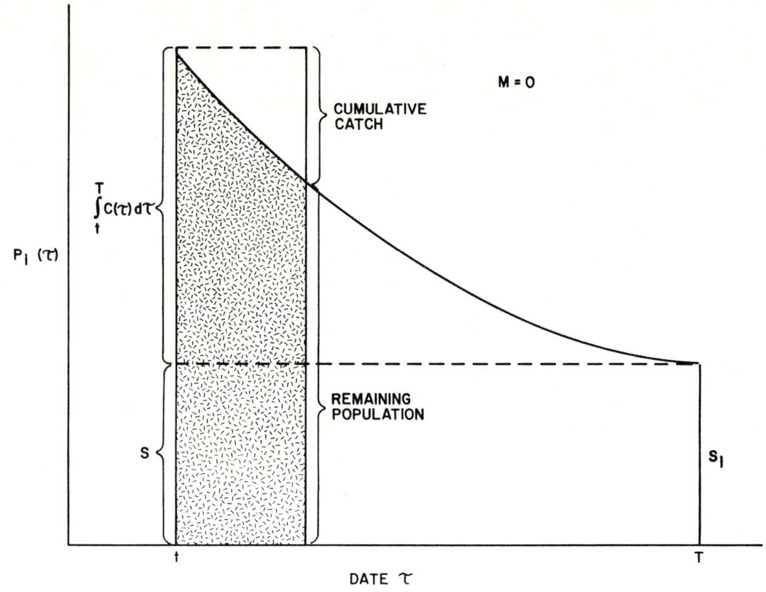

Fig. 1. Decomposition of stock size (P_i) into integrated catches plus survivors. In the absence of natural mortality, the abundance at date t is the number of survivors at date T plus the total number caught between t and T.

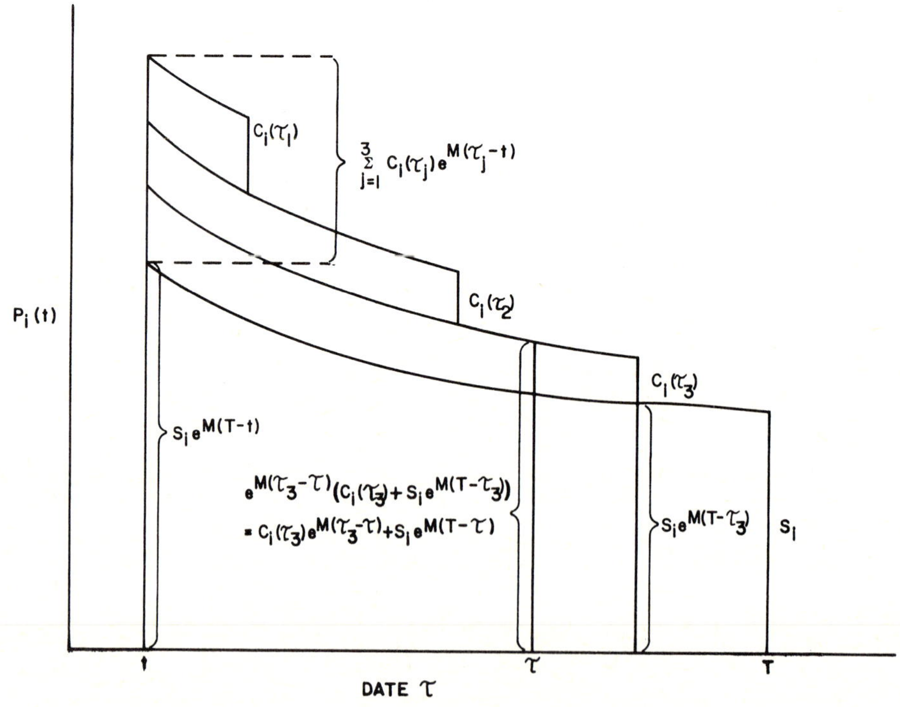

Fig.2. Decomposition of stock size $P_i(t)$ into summed catches and survivors adjusting for natural mortality. In the intervals between catches, abundance declines exponentially at the natural mortality rate.

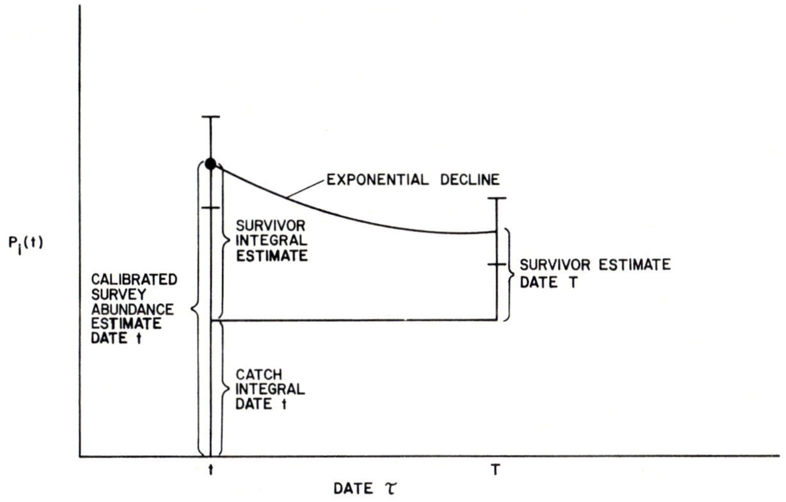

Fig.3. Calibrated surveys give survivor estimates. Survivors are estimated by subtracting a catch integral from estimated abundance at date t and adjusting for natural mortality. Errors in estimating $P_i(t)$ correspond to errors in estimating survivors (shown by error bars).

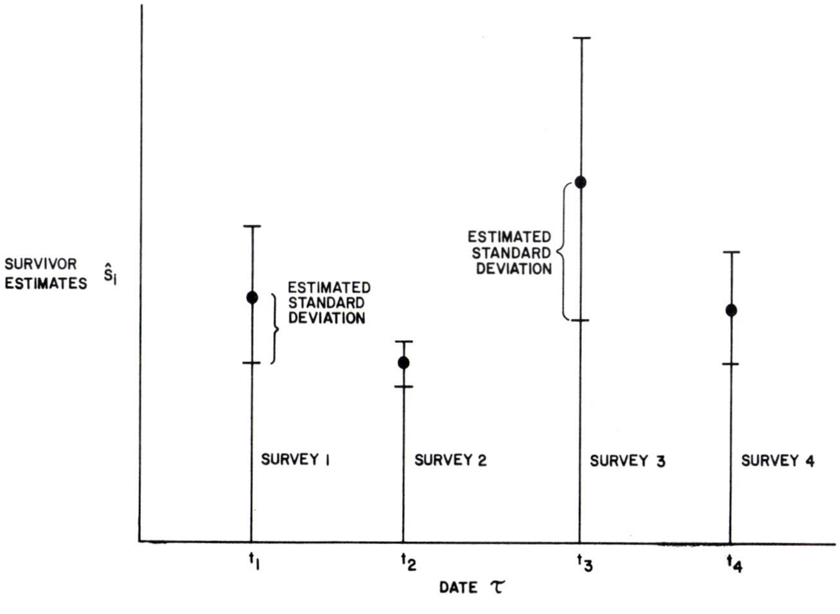

Fig.4. Survey estimates of survivors for one year-class. Repeated surveys lead to multiple estimates of survivors from the same year-class.

$$\mathrm{Var}\left[\int_t^T e^{\int_t^\tau M_i(y)\,dy} C_i(\tau)\,d\tau\right] = \sum_j \sigma_j^2 e^{2\int_t^\tau M_i(y)\,dy} \quad (11)$$

$$= VC_i(t)$$

this modifies expression (6) for the variance of S_i to become

$$\mathrm{Var}\left\{\hat{P}_i(t) + VC_i(t)\right\} e^{-2\int_t^T M_i(y)\,dy} \quad (12)$$

if several estimates $\hat{P}_i$ for different dates t are available for example from a series of bottom trawl surveys, corresponding estimates of S_i can be calculated (Figure 4). These are correlated due to the contribution of integrated catch sampling and reporting errors. If the estimators $\hat{P}_i$ are unbiased and the corresponding estimators of S_i have a variance/co-variance matrix Σ then the estimator $\frac{(\underset{\sim}{P}_i' \Sigma^{-1} \underset{\sim}{1})}{(\underset{\sim}{1}' \Sigma^{-1} \underset{\sim}{1})}$ is efficient where $\underset{\sim}{1}$ represents a column vector of 1's. This means it is the minimum variance linear unbiased combination of these estimators.

RESEARCH VESSEL SURVEY ABUNDANCE ESTIMATES

A series of research vessel stratified random trawl surveys can provide indices of relative abundance. The stratified mean catch per tow in number of year class i at date t can be modelled as

$$R_i(t) = \kappa_{t-i} P_i(t) + \varepsilon_{it} \quad (13)$$

where κ is a constant of proportionality, representing partial recruitment to the survey. The properties of ε_{it} have not been extensively studied. There is some evidence that the variance of ε depends on P and that coefficients of variation are less dependent. Thus, it seems more appropriate to write equation (13) as

$$\ln R_i(t) = \kappa_{t-i} + \ln P_i(t) + \varepsilon_{it} \quad (14)$$

ε_{it} has variance σ^2_{it} which may be composed of a "year effect", an "age effect" and a "year-class effect" and unsystematic residual variation. "Within year" precision can be estimated for stratified random surveys by standard sampling formulae. In practice κ_i is unknown and must be estimated.

A statistical model of the research vessel survey index assuming a log normal sampling distribution can be written as:

$$\left\{\ln R_i(t) - \ln(\hat{P}_i(t)\right\} \sim N\left\{\kappa_{t-i},\ \sigma^2_{it} + \mathrm{Var}(\ln(\hat{P}_i(t))\right\} \quad (15)$$

The maximum likelihood estimator of κ_i and survivors can, in principle, be determined using non-linear least squares. In practice, estimated survivors $\hat{S}_i$ may not be obtainable from an independent source so that $\hat{S}_i$ appears as a "nuisance" parameter when calibrating the survey. Since this exercise requires complex calculations which are expensive in computer time, an alternative iterative estimator is proposed. Conditional on knowledge of the survivors, the maximum likelihood and minimum variance unbiased estimator of κ_i is:

$$\sum_t \left\{\frac{\ln R_i(t) - \ln(\hat{P}_i(t))}{\sigma^2_{it} + \mathrm{Var}(\ln(\hat{P}_i(t)))}\right\} \div \sum_t \{\sigma^2_{it} + \mathrm{Var}(\ln(\hat{P}_i(t)))\}^{-1} \quad (16)$$

where the weights are determined by variances of individual integrals. In practice, catch in numbers decreases sharply with age and survey series have approximately constant sampling rate so that it is reasonable to approximate (16) by

$$\sum_t \left[\frac{\ln R_i(t) - \ln(\hat{P}_i(t))}{\sigma^2 + VC_i(t) \div CINT^2_t(t)}\right] \div \sum_t \left[\sigma^2 + \frac{VC_i(t)}{CINT^2_t(t)}\right]^{-1} \quad (17)$$

where $\sigma^2_{it} = \sigma^2$ although the research vessel index may have a higher coefficient of variation for the oldest and youngest ages.

If the last few ages and years are excluded from the iterative estimation process, some efficiency is lost but the estimates stabilize very quickly because the importance of changes in estimates of S_i is very small.

Rivard (1980) has implemented a version of this estimation method, assuming a constant rate of natural mortality M and a constant variance of

$$\ln P_i(t) - \ln(CINT_i(t) + SINT_i(t)) \quad (18)$$

Co-variances are assumed to be zero and catches and surveys are assumed to occur half way through the year. The ages and years used to calibrate the κ_i factors are restricted to a block excluding the latest years and oldest ages and it is assumed that κ_i becomes constant beyond some age. Rivard (1980) derives approximate variances for estimated parameters.

TESTING THE MODEL

In order to verify the correctness of the computer program, and the consistency of the estimator, examples were tested using artificial data. In the absence of variance in the catches and survey index, survivor estimates were found to be exact. Monte Carlo simulations with artificial data consistent with model assumptions led to survivor estimates distributed as expected. In practice, there is no assurance that the assumptions underlying the model hold. Therefore, methods of detecting failure of assumptions were examined.

The estimator of survivors in Rivard's implementation depends on two main assumptions

$$
\begin{aligned}
&1. \quad R_i(t) = N_i(t)\ K_i(t) \\
&\quad\quad \text{where } K_i(t) = \exp(\kappa_i(t)) \\
&2. \quad \text{Var}\{\ln R_i(t) - \ln(CINT_i(t) + SINT_i(t))\} = \text{constant}
\end{aligned} \tag{19}
$$

Departures from these assumptions can be examined by analysis of the residuals between ln $R_i(t)$ and ln (CINT + SINT) plus κ_i. The implementation by Rivard (1980) carries out analysis of variance by linear regression to test systematic departures in residuals of years, year-classes and ages. Should this test show no significant departure, further analysis can be carried out to determine whether the first and last age groups have higher or lower residual variances.

The existing computer program highlights outliers of residuals more than two standard deviations from zero, and gives year-by-year, age-by-age, and year-class regression coefficients from the analysis of variance. These are useful in pinpointing specific problems.

EXAMPLES

The theory outlined above is general and gives no indication of how successful the survivor method can be in practice. Precision of estimates depends heavily on the accuracy of the research vessel index of abundance. Two examples show what can happen in applying the method using Rivard's (1980) implementation.

The first example used data on Southern Gulf of St. Lawrence cod from Beacham (1980).

The computer printout is appended here. Calibration of κ factors used ages 3-8 and years 1970-75. It was assumed that κ was constant for ages 6-12.

Five iterations were required to estimate the κ factors. The importance of integrated survivors in the population number estimates is an analogous to the sensitivity of cohort analysis to "terminal F". Due to high fishing mortality rates in the early 1970s, survivors of the 64-68 year-classes at age 6 represent 10% or less of the estimated stock size at age 6. Later year-classes were exposed to less cumulative fishing mortality and therefore their integrated survivors represent up to 40% of estimated population size in the calibration years and ages. This corresponds to the usual uncertainty of cohort analysis population estimates for the most recent years.

The Tables entitled "Estimated Survivors" and "Estimated variances of survivors" are useful in determining the impact of particular years and ages on the survivor estimates and the "weighted survivors" Table shows the contributions of each age-year combination to the weighted survivor estimate. Notice that surveys from as early as 1974 contribute up to 5% to the 1979 survivor estimates. In this example, estimated coefficients of variation (c.v.) for survivors at the end of 1979 vary from 16 to 22%.

The analysis of variance of residuals indicates a year effect which would occur spuriously with less than 10% probability. Examination of year coefficients shows a 1971 coefficient with a nominally significant "t" statistic of -2.56 indicating lower than usual availability of cod to the survey. The remaining coefficients are not large in absolute value. 1971 data has very little effect on 1979 survivors so that no serious violations of assumptions are indicated by the analysis of variance.

Examination of residuals shows no serious outliers in 1977-79 but there are positive residuals of 0.24 to 0.49 for ages 4-7 in 1979. These influence the "Estimated Survivors" Table, causing the 1979 estimates for these year-classes to be higher than those for 1977-78. While the residuals are not large enough to be statistically significant, the presence of an availability change to the survey gear in 1979 cannot be ruled out. If it were present, the survivors for 1979 would be overestimated.

The second example uses data from O'Boyle (1980) for haddock in NAFO division 4X. The survivor method is applied only to U.S. fall groundfish survey data. The computer listing is appended.

The most striking departure from the previous example is the extremely high calculated coefficient of variation (over 150%) of survivor estimates for 1978. The reason is clearly the highly variable research vessel abundance index which shows some negative cross-year mortality estimates. The residual variation is so high (2.43 on a logarithmic scale) that a large change in availability to the survey in 1977 (year effect 0.702 on a logarithmic scale) is far from being statistically significant.

The results of this example suggest that this survey abundance index is inadequate for quantitative estimation of survivors. Despite this, qualitatively, the results are similar to those of O'Boyle which utilize other abundance indices as well.

CONCLUSIONS

The survivor method efficiently estimates stock abundance for catch projections when assumptions hold. Departures from assumptions can be tested statistically provided residual variation is sufficiently small. Subjective considerations in "tuning" cohort analysis are reduced to choice of a calibration block of ages and years and an age of full recruitment to the survey.

Since survivor estimates have estimated variances, estimates obtained with separate analyses using several research vessel or even commercial fishery abundance estimates can be efficiently combined.

Equation (8) represents a generalization of sequential abundances estimation methods currently in use. Advantages over Gulland's and Pope's methods include explicit statement of dependence on "terminal 'F'" (i.e. survivors) and ability to accommodate an arbitrary distribution of catches within years and date-dependent natural mortality rates.

Application of the survivor method to examples of Canadian Atlantic fish stocks show that the usefulness of the results depends heavily on the precision of the survey index. In the case of Southern Gulf of St. Lawrence cod, the estimates of survivors were sufficiently precise for catch projections, but this was not true for Haddock in NAFO Div. 4X.

REFERENCES

Beacham, T.D. 1980. 1980 Assessment of Cod in Division 4T and 4Vn (Jan.-Apr.), CAFSAC Res. Doc. 80/22. 61 p.

Boyce, W.E. and R.C. DiPrima. 1965. Elementary Differential Equations and Boundary Value Problems. John Wiley & Sons Inc., New York.

Gulland, J.A. 1965. Estimation of Mortality Rates. Annex to Rep. Arctic Fish. Working Group, Int. Counc. Explor. Sea C.M. 1965 (3). 9 p.

O'Boyle, R.N. 1980. ICNAF Division 4X Haddock January 1980 Status Report. CAFSAC Research Document 80/2.

Pope, J.G. 1972. An Investigation of the Accuracy of Virtual Population Analysis Using Cohort Analysis. Int. Comm. Northwest Atl. Fish. Res. Bull. 9: 65-74.

Rivard, D. 1980. APL Programs for Stock Assessment. Can. Tech. Rep. Fish. Aquat. Sci. 953, 103 p.

EXAMPLE 1

Cod in NAFO Division 4T-Vn.

*CATCH MATRIX FOR COD** 29/ 7/81

	1970	1971	1972	1973	1974	1975	1976	1977	1978	1979
3	26	2	1541	378	1229	2379	335	633	370	118
4	3395	2476	14294	4396	3170	9902	3744	3065	9779	2497
5	14972	7313	11326	11878	3862	6096	8820	3721	9743	14070
6	11925	8941	7193	5982	9851	2350	6710	3039	4804	9894
7	4194	6127	8479	4492	3631	3173	1454	1660	2519	3147
8	1905	2567	5128	3455	2188	1250	1136	429	1021	1611
9	1444	1237	1370	2204	2081	1033	420	306	216	809
10	727	554	719	740	1186	738	216	233	258	322
11	569	156	452	380	300	571	126	126	103	213
12	360	432	127	130	178	113	134	55	165	61

**in thousands of fish*

RESEARCH VESSEL ABUNDANCE MATRIX FOR COD 29/ 7/81

	1970	1971	1972	1973	1974	1975	1976	1977	1978	1979
3	15069	12508	9196	18806	20431	8263	64245	29976	43924	44532
4	14551	15132	24553	8727	14375	12506	16128	25203	47326	94433
5	17996	14336	10173	13741	5517	10501	10833	10088	26747	57621
6	16184	11229	8455	6597	6621	3677	4554	5325	8140	23493
7	4849	6979	5756	4607	2934	2636	1206	3000	4593	6135
8	2078	1727	3335	3527	2171	1768	894	1289	1569	2517
9	1793	354	643	2234	2011	819	502	969	627	1257
10	358	381	469	611	855	598	475	614	784	336
11	584	219	406	145	339	712	417	492	910	370
12	467	127	128	462	198	168	124	400	110	616

INTEGRATED SURVIVORS 29/ 7/81

	1970	1971	1972	1973	1974	1975	1976	1977	1978	1979
3	3508	3275	2724	6746	12318	17665	66214	106922	189057	163998
4	1116	2872	2681	2230	5523	10086	14462	54212	87540	154787
5	2757	914	2351	2195	1826	4522	8257	11841	44385	71672
6	804	2257	748	1925	1797	1495	3702	6761	9694	36339
7	761	659	1848	612	1576	1472	1224	3031	5535	7937
8	148	623	539	1513	501	1290	1205	1002	2482	4532
9	560	121	510	441	1239	410	1057	986	820	2032
10	276	459	99	418	361	1014	336	865	808	672
11	97	226	376	81	342	296	830	275	708	661
12	856	79	185	308	66	280	242	680	225	580

POPULATION NUMBERS 29/ 7/81

	1970	1971	1972	1973	1974	1975	1976	1977	1978	1979
3	49115	69782	25408	41350	53808	44840	102758	140244	192307	164060
4	40534	39023	50330	18047	32184	38813	33906	82528	109896	156100
5	47836	28245	25494	29401	11046	22084	23318	24378	61613	79071
6	30901	28464	16554	13150	14271	6263	12264	13848	16071	41542
7	10482	17250	15421	8319	6463	5933	3424	6362	8831	9592
8	4828	5554	9045	7331	3836	3134	2951	1973	4008	5379
9	2910	2544	2791	4149	3524	1707	1828	1781	1328	2457
10	1039	1497	1208	1343	1884	1639	850	1205	1204	841
11	924	464	772	499	638	760	964	543	837	773
12	1045	306	252	376	160	339	313	709	312	612

ESTIMATED SURVIVORS 29/ 7/81

	1970	1971	1972	1973	1974	1975	1976	1977	1978	1979
3	8953	0	2496	9447	11239	1325	99359	46755	117443	148356
4	0	242	2935	1579	2975	912	10178	20681	70261	210413
5	0	1043	0	946	1031	2391	4531	6056	31472	109699
6	1666	0	848	963	779	1406	808	2928	8768	42853
7	376	0	0	866	558	584	247	2051	5171	10923
8	0	0	0	843	619	859	126	1160	1470	4329
9	825	0	0	641	1099	266	175	833	663	2160
10	23	0	0	268	237	433	333	627	1006	527
11	355	187	379	0	343	836	592	617	1413	648
12	774	52	199	873	316	286	187	784	144	1218

ESTIMATED VARIANCE OF SURVIVORS 29/ 7/81

	1970	1971	1972	1973	1974	1975	1976	1977	1978
3	141153420	3964204	3196656	19943834	35116629	8568935	699168951	227074632	727348953
4	2425265	2622806	10301499	1941507	7858553	8873226	19918555	72563641	381708628
5	4497309	2854018	1437139	3911607	940681	5084116	7303041	9447876	99081362
6	5450240	2623772	1487548	905601	1360846	626133	1296336	2644165	9217559
7	660390	1367988	930545	596118	241778	291142	90913	839251	2934675
8	180928	124968	466021	521224	197485	130972	49958	154937	342462
9	200952	7833	25844	311959	252788	41928	15752	87558	54689
10	11951	13536	20511	34812	68168	33347	21040	35155	85507
11	47445	6672	22931	2925	15987	70522	24190	33674	115199
12	45260	3347	3400	44296	8136	5857	3191	33205	2511

	1979
3	1115324509
4	2267241304
5	685995372
6	114541238
7	7811133
8	1314775
9	327911
10	23430
11	28411
12	78749

WEIGHTED SURVIVORS 29/ 7/81

	1970	1971	1972	1973	1974	1975	1976	1977	1978	1979
3	0	0	10	57	182	304	4175	24277	88918	148356
4	0	1	3	10	46	58	1003	8374	21703	51107
5	0	1	0	3	13	57	353	1259	9333	18855
6	1	0	1	8	7	27	75	630	1868	10993
7	2	0	0	3	18	24	33	294	1003	2746
8	0	0	0	15	6	52	30	91	517	1873
9	28	0	0	6	40	12	87	114	148	793
10	4	0	0	25	10	119	31	140	142	275
11	23	53	114	0	69	34	225	36	96	274
12	774	48	111	136	60	158	168	217	113	122

RMS=0.04797132343

ESTIMATED SURVIVORS FOR AGE 12 (WEIGHTED)

YEAR	SURVIVORS	VARIANCE	STANDARD ERROR	C.V.(o/o)
1970	774	45260	213	27.48
1971	72	3127	56	78.16
1972	168	1895	44	25.98
1973	278	6895	83	29.84
1974	60	1546	39	65.45
1975	253	3224	57	22.41
1976	219	2869	54	24.44
1977	615	9175	96	15.58
1978	204	1971	44	21.78
1979	525	7857	89	16.90

ESTIMATED SURVIVORS FOR 1979 (WEIGHTED)

AGE	SURVIVORS	VARIANCE	STANDARD ERROR	C.V.(o/o)
3	148356	1115324509	33396	22.51
4	140024	550684884	23467	16.76
5	64834	117905431	10858	16.75
6	32875	29381975	5421	16.49
7	7179	1963634	1401	19.52
8	4099	568946	754	18.40
9	1838	120385	347	18.88
10	608	12209	110	18.18
11	598	12033	110	18.34
12	525	7857	89	16.90

FINAL ESTIMATION FOR K

AGE	K	LN(K)	VAR(LN(K)	STANDARD ERROR	D.F
3	3.68	1.2274	0.1528	0.1596	5
4	2.48	0.8925	0.0287	0.0692	5
5	2.23	0.7955	0.0153	0.0504	5
6	2.24	0.7764	0.0579	0.0567	17
7	2.24	0.7764	0.0579	0.0567	17
8	2.24	0.7764	0.0579	0.0567	17
9	2.24	0.7764	0.0579	0.0567	17
10	2.24	0.7764	0.0579	0.0567	17
11	2.24	0.7764	0.0579	0.0567	17
12	2.24	0.7764	0.0579	0.0567	17

RESIDUALS 29/ 7/81

	1970	1971	1972	1973	1974	1975	1976	1977	1978	1979
3	0.1223	¯0.4152	0.2875	0.5159	0.3354	¯0.3875	0.8341	¯0.2392	¯0.1728	¯0.0002
4	¯0.1177	¯0.0405	0.1890	0.1802	0.1008	¯0.2257	0.1638	¯0.2794	0.0643	0.4042
5	¯0.1745	0.1249	¯0.1156	0.0424	0.1089	0.0597	0.0365	¯0.0792	¯0.0314	0.4866
6	0.1585	¯0.1248	0.1334	0.1155	0.0373	0.2728	¯0.1854	¯0.1504	0.1251	0.2353
7	0.0345	¯0.0996	¯0.1802	0.2143	0.0155	¯0.0059	¯0.2381	0.0536	0.1516	0.3584
8	¯0.0377	¯0.3629	¯0.1925	0.0736	0.2360	0.2329	¯0.3888	0.3796	¯0.1326	0.0459
9	0.3210	¯1.1668	¯0.6626	0.1862	0.2442	0.0707	¯0.4869	0.1965	0.0549	0.1350
10	¯0.2604	¯0.5634	¯0.1409	0.0179	0.0153	¯0.2026	0.2230	0.1313	0.3764	¯0.1122
11	0.3461	0.0552	0.1622	¯0.4300	0.1729	0.7399	¯0.0325	0.7062	0.8889	0.0683
12	¯0.0002	¯0.0750	0.1278	1.0115	1.0183	0.1019	¯0.1198	0.2334	¯0.2373	0.8119

MEAN OF RESIDUALS=0.06543751265
STANDARD DEVIATION OF RESIDUALS=0.3352749533

OUTLIERS OF RESIDUALS 29/ 7/81

	1970	1971	1972	1973	1974	1975	1976	1977	1978	1979
3	0.00	0.00	0.00	0.00	0.00	0.00	0.83	0.00	0.00	0.00
4	0.00	0.00	0.00	0.00	0.00	0.00	0.00	0.00	0.00	0.00
5	0.00	0.00	0.00	0.00	0.00	0.00	0.00	0.00	0.00	0.00
6	0.00	0.00	0.00	0.00	0.00	0.00	0.00	0.00	0.00	0.00
7	0.00	0.00	0.00	0.00	0.00	0.00	0.00	0.00	0.00	0.00
8	0.00	0.00	0.00	0.00	0.00	0.00	0.00	0.00	0.00	0.00
9	0.00	-1.17	-0.66	0.00	0.00	0.00	0.00	0.00	0.00	0.00
10	0.00	0.00	0.00	0.00	0.00	0.00	0.00	0.00	0.00	0.00
11	0.00	0.00	0.00	0.00	0.00	0.74	0.00	0.00	0.89	0.00
12	0.00	0.00	0.00	1.01	1.02	0.00	0.00	0.00	0.00	0.81

ANALYSIS OF VARIANCE

SOURCE		*B*	*STAND ERROR OF B*
CONSTANT		0.065	
AGE	4	-0.108	0.140
	5	-0.111	0.149
	6	-0.106	0.157
	7	-0.112	0.167
	8	-0.142	0.179
	9	-0.266	0.192
	10	-0.203	0.206
	11	0.122	0.221
	12	0.148	0.216
YEAR	1971	-0.356	0.139
	1972	-0.133	0.140
	1973	0.095	0.144
	1974	0.159	0.150
	1975	-0.019	0.158
	1976	-0.130	0.168
	1977	-0.004	0.180
	1978	0.014	0.180
	1979	0.170	0.181
YRCLASS	1959	0.114	0.316
	1960	0.050	0.283
	1961	0.316	0.258
	1962	-0.101	0.238
	1963	-0.063	0.221
	1964	0.168	0.206
	1965	0.047	0.193
	1966	0.214	0.181
	1967	0.201	0.166
	1968	0.072	0.173
	1969	0.164	0.177
	1970	0.093	0.183
	1971	0.032	0.192
	1972	0.052	0.205
	1973	0.193	0.221
	1974	0.052	0.244

SUMMARY OF ANALYSIS OF VARIANCE

SOURCE	*SS*	*DF*	*MS*	*F*
CONSTANT	0.4197	1		
AGE	1.30955	9	0.1455	1.448
YEAR	2.05758	9	0.2286	2.275
YRCLASS	1.12995	17	0.0665	0.662
RESIDUALS	6.63139	64	0.1036	
TOTAL	11.54816	100		

EXAMPLE 2

Haddock in NAFO Division 4X.

*CATCH AT AGE FOR 4X HADDOCK ** 30/ 7/81

	1969	1970	1971	1972	1973	1974	1975	1976	1977	1978
2	10	1055	788	22	3077	694	2175	1296	1285	72
3	2016	724	1617	3434	113	4653	4568	1644	3126	3367
4	1968	1502	788	1841	2247	309	5164	4261	2019	7410
5	1621	379	1422	509	1067	1779	485	3682	3193	2103
6	11243	524	404	645	527	509	1103	434	2881	2624
7	3220	4536	69	90	600	189	247	807	360	955
8	455	1863	3316	57	322	269	172	154	389	125
9	249	133	1020	1166	259	186	62	71	107	86

**thousands of fish*

U.S. SURVEY RESEARCH VESSEL ABUNDANCE FOR HADDOCK 30/ 7/81

	1969	1970	1971	1972	1973	1974	1975	1976	1977	1978
2	0.52	2.51	8.61	0.12	16.12	6.72	2.91	4.43	29.46	11.93
3	2.17	0.41	2.30	5.32	0.16	7.54	1.96	1.92	13.33	14.45
4	0.32	1.16	0.31	1.54	1.95	0.14	5.07	2.38	3.99	5.61
5	0.04	0.25	1.07	0.18	0.35	0.87	0.14	3.66	4.27	2.43
6	3.09	0.81	0.16	0.60	0.16	0.36	0.35	0.14	6.02	3.14
7	1.42	3.09	0.11	0.17	0.16	0.13	0.23	0.58	0.14	0.43
8	0.17	1.29	3.70	0.14	0.08	0.14	0.14	0.02	0.09	0.14
9	0.62	0.34	1.54	1.83	0.30	0.07	0.12	0.13	0.10	0.12

INTEGRATED SURVIVORS 30/ 7/81

	1969	1970	1971	1972	1973	1974	1975	1976	1977	1978
2	3515	1020	7227	534	29558	23832	30130	62756	247611	154639
3	7147	2878	835	5917	437	24200	19512	24669	51380	202727
4	2519	5852	2356	684	4845	358	19813	15975	20197	42066
5	296	2062	4791	1929	560	3966	293	16222	13079	16536
6	55922	242	1688	3922	1579	458	3247	240	13281	10708
7	26143	45785	198	1382	3211	1293	375	2659	197	10874
8	3393	21404	37485	162	1132	2629	1059	307	2177	161
9	11199	2778	17524	30690	133	927	2153	867	252	1782

POPULATION NUMBERS 30/ 7/81

	1969	1970	1971	1972	1973	1974	1975	1976	1977	1978
2	9062	11006	24747	4394	60328	47830	40141	78335	252406	154677
3	15623	7071	7787	18288	3535	45854	36688	31146	62090	204497
4	6009	11209	5102	4804	12425	2698	33082	26043	23832	45963
5	2574	3892	7854	3596	2633	8359	1845	23110	17969	17642
6	74467	1160	2831	5511	2474	1454	5553	1096	15965	12088
7	31640	53969	692	2101	3949	1709	854	3688	539	11376
8	3795	23632	40656	509	1529	2847	1236	519	2487	227
9	11330	2848	18060	31304	269	1024	2185	904	308	1827

ESTIMATED SURVIVORS 30/ 7/81

	1969	1970	1971	1972	1973	1974	1975	1976	1977	1978
2	266	5030	20988	0	59296	25650	13756	25372	279278	139858
3	4738	189	5576	13907	0	27730	3070	9950	109752	154218
4	129	2896	336	4841	5343	0	23923	11388	33130	57992
5	0	1112	6699	659	1756	4674	499	36362	54146	39153
6	18813	6890	883	4652	1007	2770	2029	1032	79456	50637
7	12395	29262	919	1447	1325	1188	2258	5800	1641	6651
8	2002	15802	47708	1637	788	1733	1763	114	988	2254
9	10127	5555	24962	29685	4834	1068	1953	2114	1602	1942

ESTIMATED VARIANCE OF SURVIVORS 30/ 7/81

	1969	1970	1971	1972	1973	1974	1975
2	15146300	352896467	4152466816	1203317	32394070873	8398307884	2349400282
3	332768458	11879288	373833622	2000073481	2698861	8941306127	901339093
4	11163799	146699291	10476963	258555320	414554143	3187762	6236824750
5	590895	23081846	422822487	11965629	45240418	279530387	10798524
6	4931698849	338882879	13222682	185943966	13222682	66939828	63272600
7	1553724706	7357230145	9323581	22268719	19725924	13022192	40761772
8	33221024	1912910258	15736879656	22530522	7356905	22530522	22530522
9	659198708	198239778	4067002225	5742951489	154338927	8402897	24694228

	1976	1977	1978
2	7614958839	502392775507	122906989358
3	1209671899	86984771309	152488261856
4	1922164736	8059354804	23768293377
5	10321897773	20959017756	10126177027
6	15102660	41658934513	16908000984
7	259210966	22530522	317080752
8	459807	9311083	33611589
9	28981421	17148770	24694228

WEIGHTED SURVIVORS 30/ 7/81

	1969	1970	1971	1972	1973	1974	1975	1976	1977	1978
2	31	6	29	0	512	1646	3969	18021	65030	139858
3	93	28	6	40	0	867	1836	5576	6824	118308
4	23	129	57	8	74	0	1072	3193	2787	13197
5	0	95	103	98	17	96	26	985	1392	2621
6	6619	11	131	163	136	18	184	39	533	1614
7	5649	6901	53	128	439	163	24	128	42	5863
8	1715	5849	5260	39	211	502	140	107	609	38
9	10127	797	4346	8968	17	250	517	130	41	451

RMS=5.861764076

ESTIMATED SURVIVORS FOR AGE 9 *(WEIGHTED)*

YEAR	*SURVIVORS*	*VARIANCE*	*STANDARD ERROR*	*C.V.*(o/o)
1969	10127	659198708	25675	253.54
1970	2512	28452889	5334	212.34
1971	15844	708085070	26610	167.95
1972	27747	1735020421	41654	150.12
1973	120	539544	735	610.71
1974	838	1967086	1403	167.46
1975	1946	6530014	2555	131.30
1976	783	1784020	1336	170.49
1977	227	434010	659	289.71
1978	1611	5737658	2395	148.66

ESTIMATED SURVIVORS FOR 1978 *(WEIGHTED)*

AGE	*SURVIVORS*	*VARIANCE*	*STANDARD ERROR*	*C.V.*(o/o)
2	139858	122906989358	350581	250.67
3	183338	116981553496	342026	186.55
4	38041	5408633181	73543	193.32
5	14953	677899764	26037	174.12
6	9680	538899228	23214	239.81
7	9831	279508796	16719	170.05
8	146	572011	756	519.75
9	1611	5737658	2395	148.66

FINAL ESTIMATION FOR K

AGE	*K*	*LN(K)*	*VAR(LN(K)*	*STANDARD ERROR*	*D.F*
2	12959.30	9.0362	0.8667	0.3519	6
3	11917.47	9.0657	0.6401	0.3024	6
4	12119.08	9.1686	0.4679	0.2585	6
5	18262.08	9.3569	0.9114	0.2551	13
6	18262.08	9.3569	0.9114	0.2551	13
7	18262.08	9.3569	0.9114	0.2551	13
8	18262.08	9.3569	0.9114	0.2551	13
9	18262.08	9.3569	0.9114	0.2551	13

RESIDUALS 30/ 7/81

	1969	1970	1971	1972	1973	1974	1975	1976	1977	1978
2	¯0.2962	1.0837	1.5060	¯1.0388	1.2421	0.5992	¯0.0624	¯0.3108	0.4138	¯0.0005
3	0.5040	¯0.3696	1.2584	1.2432	¯0.6172	0.6728	¯0.4515	¯0.3084	0.9394	¯0.1719
4	¯0.4380	0.2265	¯0.3061	1.3572	0.6429	¯0.4639	0.6191	0.1021	0.7076	0.3915
5	¯1.2595	0.1595	0.9115	¯0.0898	0.8871	0.6422	0.3261	1.0620	1.4678	0.9224
6	¯0.2774	2.5455	0.0314	0.6873	0.1663	1.5090	0.1407	0.8475	1.9295	1.5568
7	¯0.1989	0.0446	1.0664	0.3902	¯0.3011	0.3287	1.5935	1.0551	1.5571	¯0.3706
8	¯0.2009	¯0.0031	0.5080	1.6134	¯0.0452	¯0.1074	0.7269	¯0.3518	¯0.4140	2.4230
9	¯0.0007	0.7793	0.4429	0.0654	3.0130	0.2215	0.0028	0.9655	1.7803	0.1816

MEAN OF RESIDUALS=0.5013403632
STANDARD DEVIATION OF RESIDUALS=0.8123288895

OUTLIERS OF RESIDUALS 30/ 7/81

	1969	1970	1971	1972	1973	1974	1975	1976	1977	1978
2	0.00	0.00	0.00	0.00	0.00	0.00	0.00	0.00	0.00	0.00
3	0.00	0.00	0.00	0.00	0.00	0.00	0.00	0.00	0.00	0.00
4	0.00	0.00	0.00	0.00	0.00	0.00	0.00	0.00	0.00	0.00
5	¯1.26	0.00	0.00	0.00	0.00	0.00	0.00	0.00	0.00	0.00
6	0.00	2.55	0.00	0.00	0.00	0.00	0.00	0.00	0.00	0.00
7	0.00	0.00	0.00	0.00	0.00	0.00	0.00	0.00	0.00	0.00
8	0.00	0.00	0.00	0.00	0.00	0.00	0.00	0.00	0.00	2.42
9	0.00	0.00	0.00	0.00	3.01	0.00	0.00	0.00	0.00	0.00

ANALYSIS OF VARIANCE

SOURCE		*B*	*STAND ERROR OF B*
CONSTANT		0.495	
AGE	3	-0.149	0.361
	4	-0.109	0.380
	5	0.050	0.411
	6	0.541	0.451
	7	0.243	0.500
	8	0.228	0.553
	9	0.511	0.558
YEAR	1970	0.593	0.403
	1971	0.650	0.419
	1972	0.416	0.444
	1973	0.362	0.480
	1974	0.207	0.523
	1975	0.062	0.572
	1976	0.043	0.626
	1977	0.706	0.683
	1978	0.287	0.663
YRCLASS	1961	-0.872	0.797
	1962	-1.156	0.703
	1963	-1.205	0.634
	1964	0.182	0.580
	1965	-1.057	0.537
	1966	-0.735	0.505
	1967	-0.810	0.468
	1968	0.100	0.493
	1969	-0.376	0.500
	1970	-0.474	0.536
	1971	-0.010	0.581
	1972	-0.168	0.633
	1973	-0.403	0.695
	1974	-0.414	0.769
	1975	-0.796	0.865

SUMMARY OF ANALYSIS OF VARIANCE

SOURCE	*SS*	*DF*	*MS*	*F*
CONSTANT	19.6078	1		
AGE	2.50140	7	0.3573	0.562
YEAR	3.28168	9	0.3646	0.574
YRCLASS	15.19195	16	0.9495	1.493
RESIDUALS	31.15220	47	0.6628	
TOTAL	71.73507	80		

Distribution

Distribution

SUMMER DISTRIBUTION OF GROUNDFISHES ON THE SCOTIAN SHELF

by

J.S. Scott

Marine Fish Division
Department of Fisheries and Oceans
Biological Station
St. Andrews, New Brunswick
EOG 2X0

ABSTRACT

Groundfishes are not randomly spread over the Scotian Shelf; in fact, each species has a distinctive distribution. These distribution patterns persist from year to year, as shown by comparison of five-year aggregated catch-per-tow data. The distributions are determined by different factors, depth being the most evident factor in most species. Depth, temperature and bottom type, however, may be closely interrelated, and each plays a part in determining groundfish occurrence. Depth stratification appears to be the most rational basis for groundfish survey design.

Key words: biological surveys, geographical distribution, groundfish

RÉSUMÉ

Les poissons de fond ne sont pas répartis au hasard sur le plateau continental Scotian, mais chaque espèce a une distribution distincte. Ces tendances de la distribution persistent d'année en année, comme le montre la comparaison de données sur les prises par trait de chalut pour cinq années. La distribution est déterminée par divers facteurs, la profondeur étant le plus évident pour la plupart des espèces. Cependant, la profondeur, la température et le type de fond peuvent être étroitement liés et chacun joue un rôle particulier dans la détermination de la présence du poisson de fond. La stratification en profondeur semble la base la plus rationnelle pour la conception des relevés exploratoires de poissons de fond.

Mots clés: distribution géographique, relevés biologiques, poissons de fond.

INTRODUCTION

Since 1970, the Biological Station at St. Andrews has carried out a routine annual groundfish research trawling survey of the Scotian Shelf and the Bay of Fundy (Fig. 1). The survey covers ICNAF Divisions 4V-W-X from about the 50-fathom mark off the coast to the 200-fathom mark along the edge of the Scotian Shelf, extending into about the 20-fathom depth contour in the Bay of Fundy and off Cape Breton.

METHOD

The survey follows the basic design formulated at Woods Hole (Grosslein, 1969) in the early 1960's: a randomly distributed, depth-stratified selection of stations, each at which a standard 1/2-h tow is made using the same vessel and standardized gear - in this case the A.T. CAMERON using a #36 Yankee trawl. Each survey comprises about 150 stations, giving a coverage of approximately one station to 300-350 square nautical miles over the 50,000 square miles of the Shelf.

At each station, details of each tow are recorded. This includes the weights of all fish caught, by species, and information on the tow, including position, depth, surface and bottom water temperatures and various other data (Halliday and Kohler, 1971). From this, it is possible to build a description of the distribution and relative abundance of the more common species over almost the whole of the Scotian Shelf, together with related hydrographic data.

From 1970-79, a total of 1468 sets were made, with identical numbers (734) in each of the 1970-74 and 1975-79 periods. Over each of these aggregated periods, the area was covered fairly intensively (Fig. 2), and these five-year periods have been chosen as the basis for preparing composite diagrams of the surveyed distributions of all common species, both commercial and non-commercial.

RESULTS

Groundfishes are not randomly distributed over the Shelf. Some species, such as American plaice and thorny skate, are widely distributed, but even they show areas of relatively high concentration. Other species appear to be very selective in their distribution, appearing in limited areas only.

Selective geographical distribution and variation between species are shown by comparing a few of the more abundant species surveyed for the period 1975-79:

Cod (Fig. 3A) is relatively abundant in most areas surveyed. It is concentrated in the Bay of Fundy, Browns to LaHave Banks, and from Western Bank to the Laurentian Channel, with a general increase in abundance from southwest to northeast. It is conspicuously absent from the deeper waters of the Scotian Gulf.

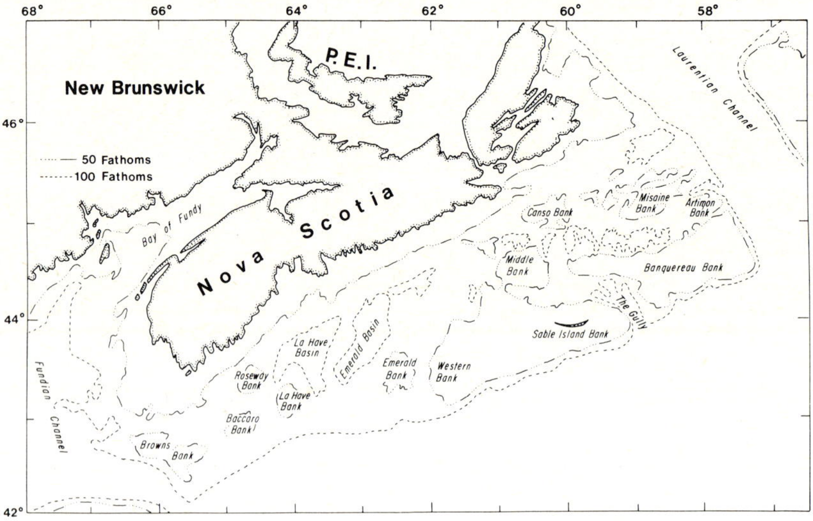

Fig. 1. Scotian Shelf with major offshore Banks.

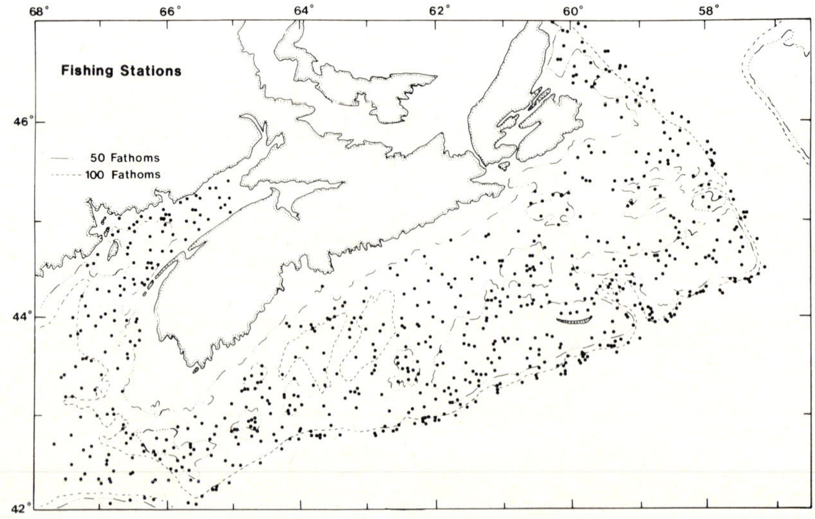

Fig. 2. Fishing stations occupied, 1975-79.

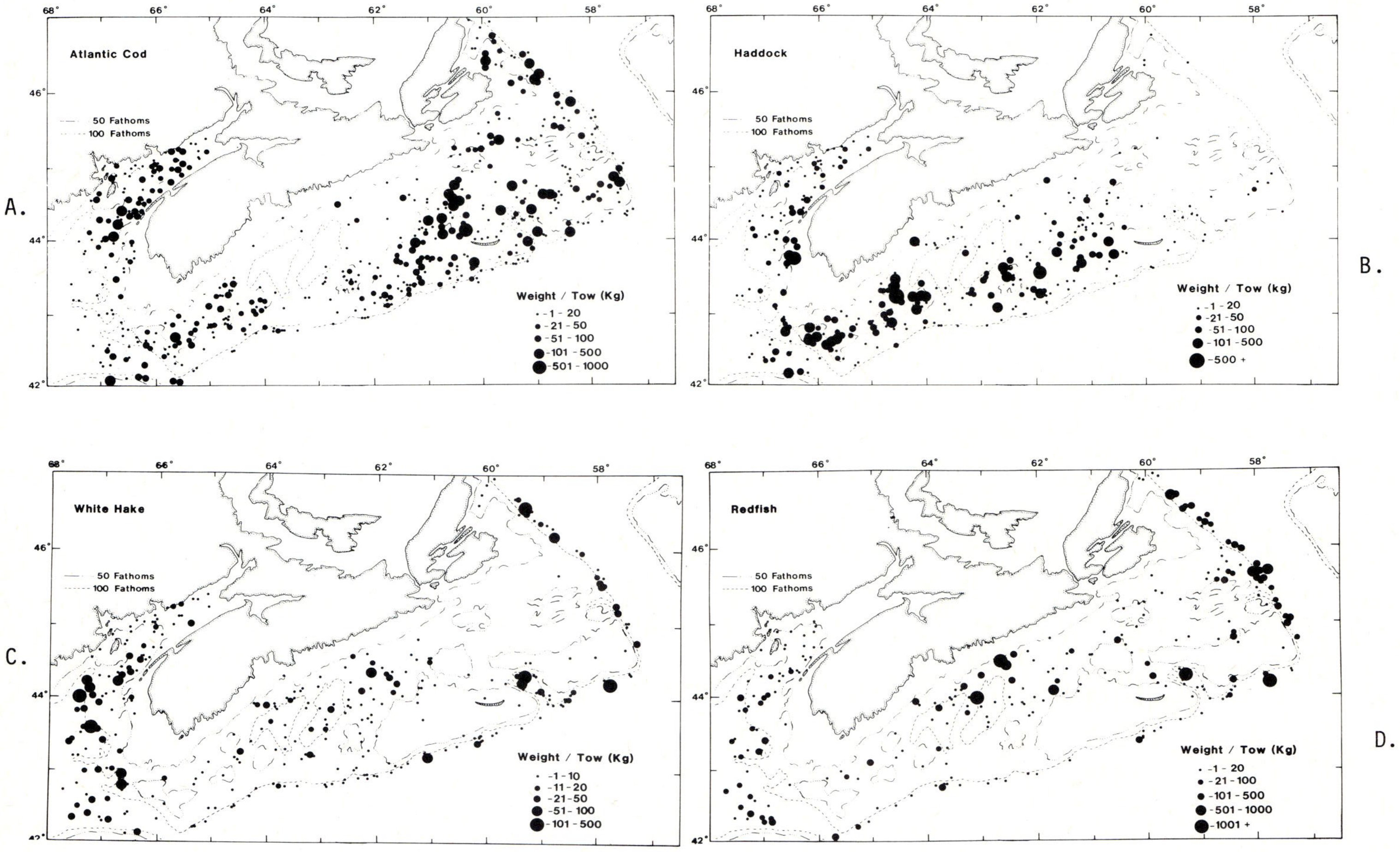

Fig. 3. Aggregate distributions of groundfishes on the Scotian Shelf, 1975-79. A, cod; B, haddock; C, white hake; D, redfish; E, silver hake; F, yellowtail flounder; G, American plaice; H, thorny skate.

E.

F.

G.

H.

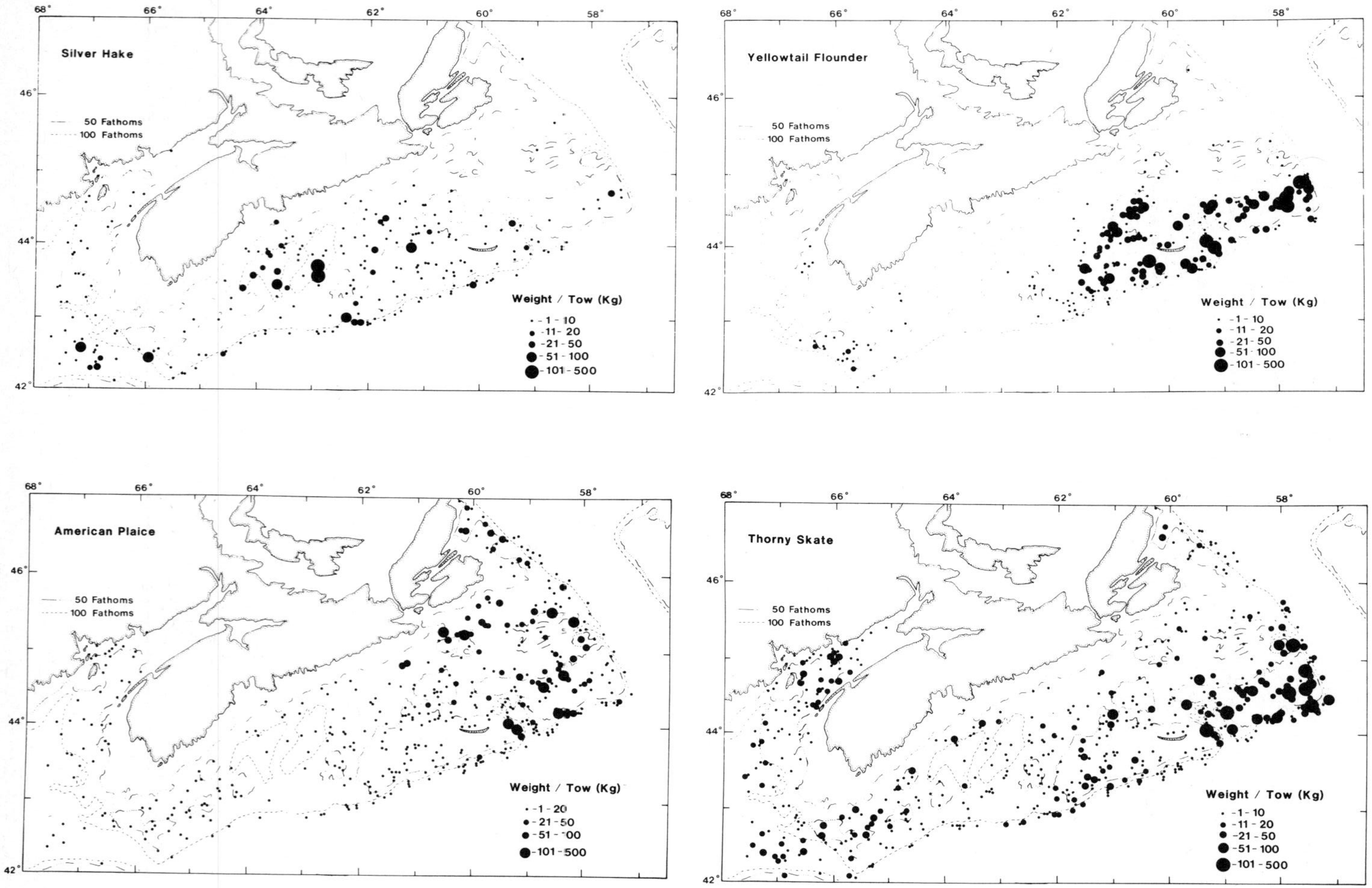

Fig. 3 (cont'd.)

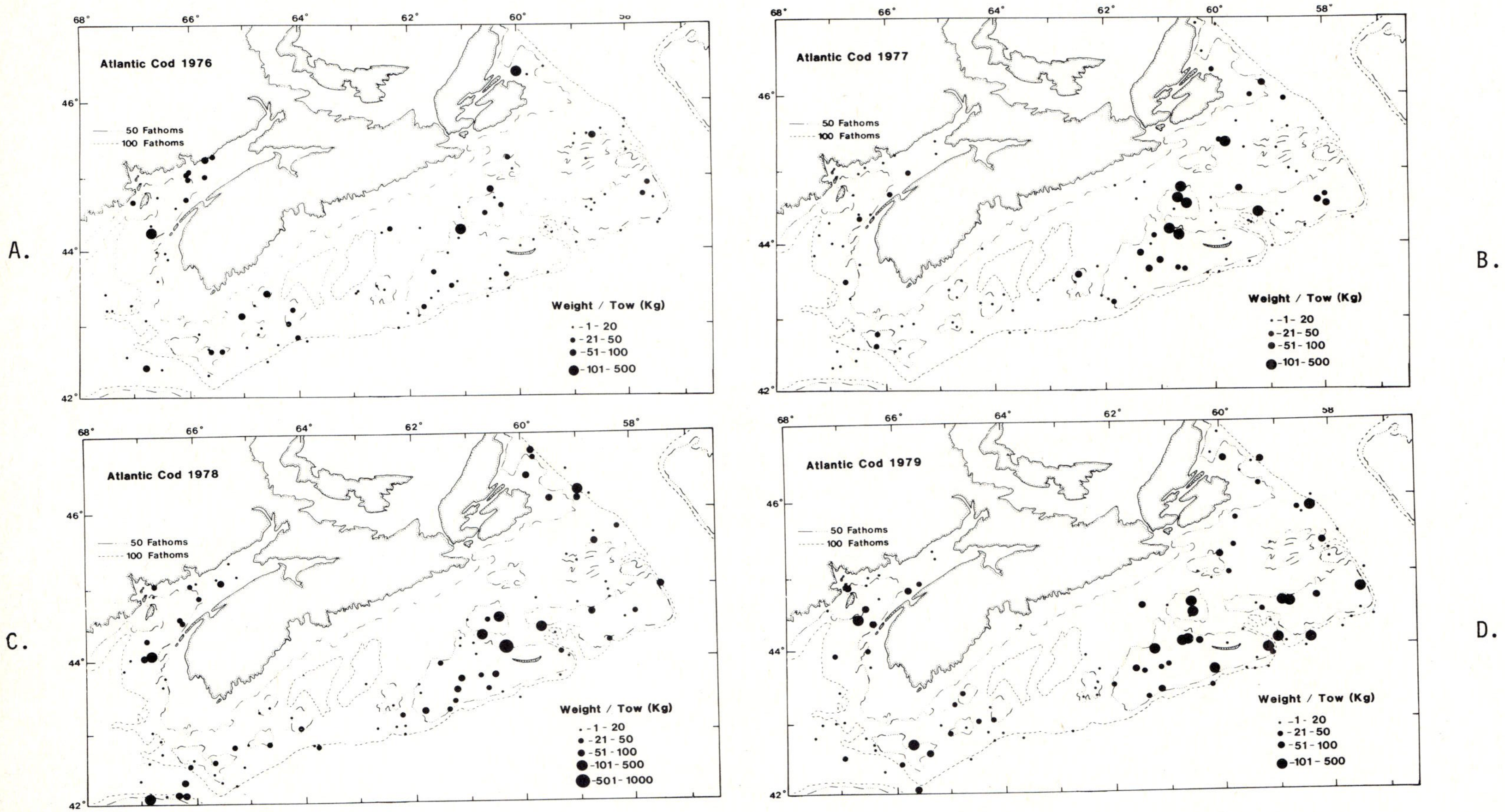

Fig. 4. Comparison of year-by-year distributions of cod (A-D), haddock (E-H), yellowtail flounder (I-L), silver hake (M-P) in the period 1976-79.

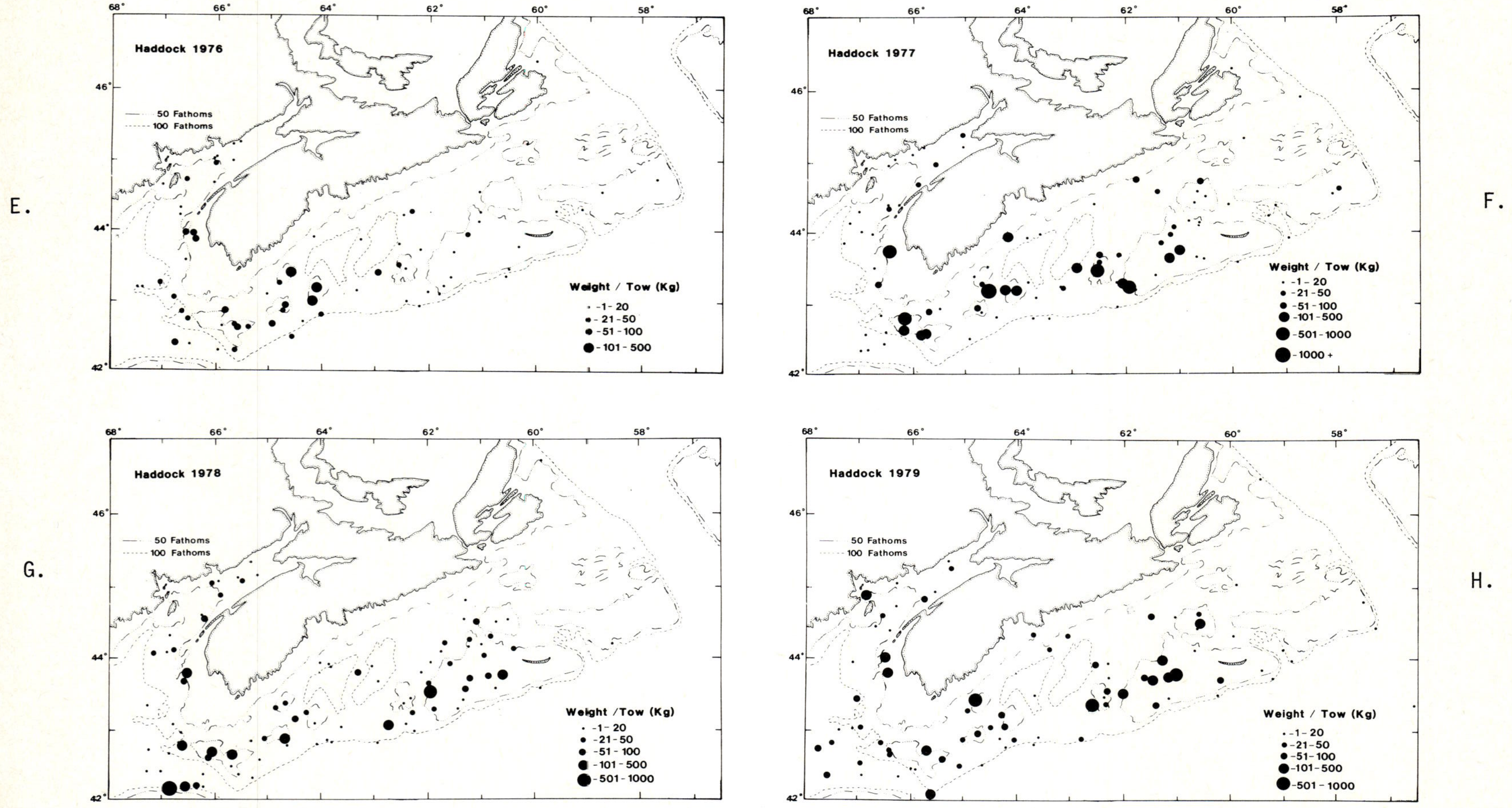
E.
Haddock 1976
50 Fathoms
100 Fathoms
Weight / Tow (Kg)
-1-20
-21-50
-51-100
-101-500
F.
Haddock 1977
50 Fathoms
100 Fathoms
Weight / Tow (Kg)
-1-20
-21-50
-51-100
-101-500
-501-1000
-1000 +
G.
Haddock 1978
50 Fathoms
100 Fathoms
Weight /Tow (Kg)
-1-20
-21-50
-51-100
-101-500
-501-1000
H.
Haddock 1979
50 Fathoms
100 Fathoms
Weight / Tow (Kg)
-1-20
-21-50
-51-100
-101-500
-501-1000
68°
66°
64°
62°
60°
58°
46°
44°
42°

Fig. 4 (cont'd.)

I.
J.
K.
L.

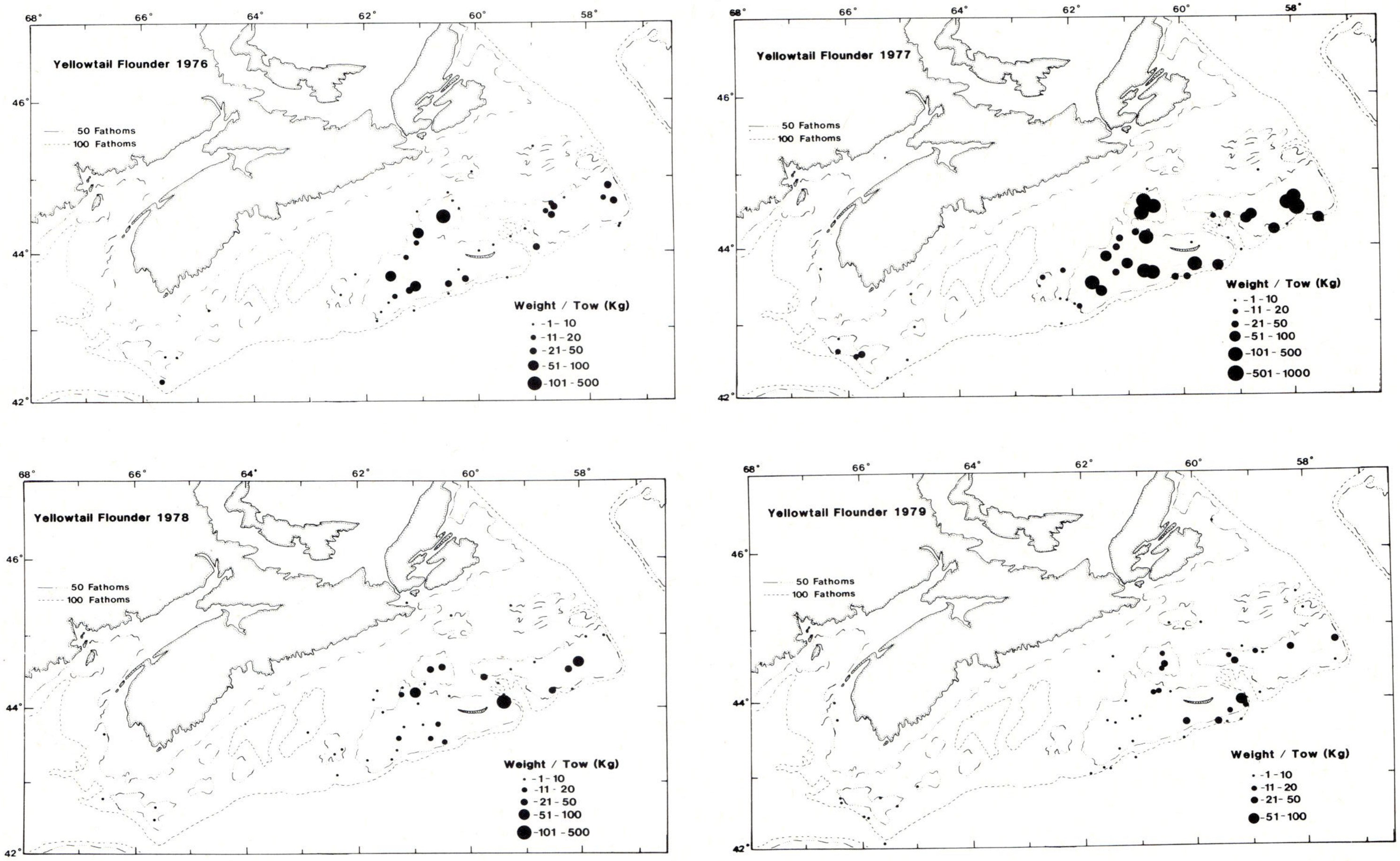

Fig. 4 (cont'd.)

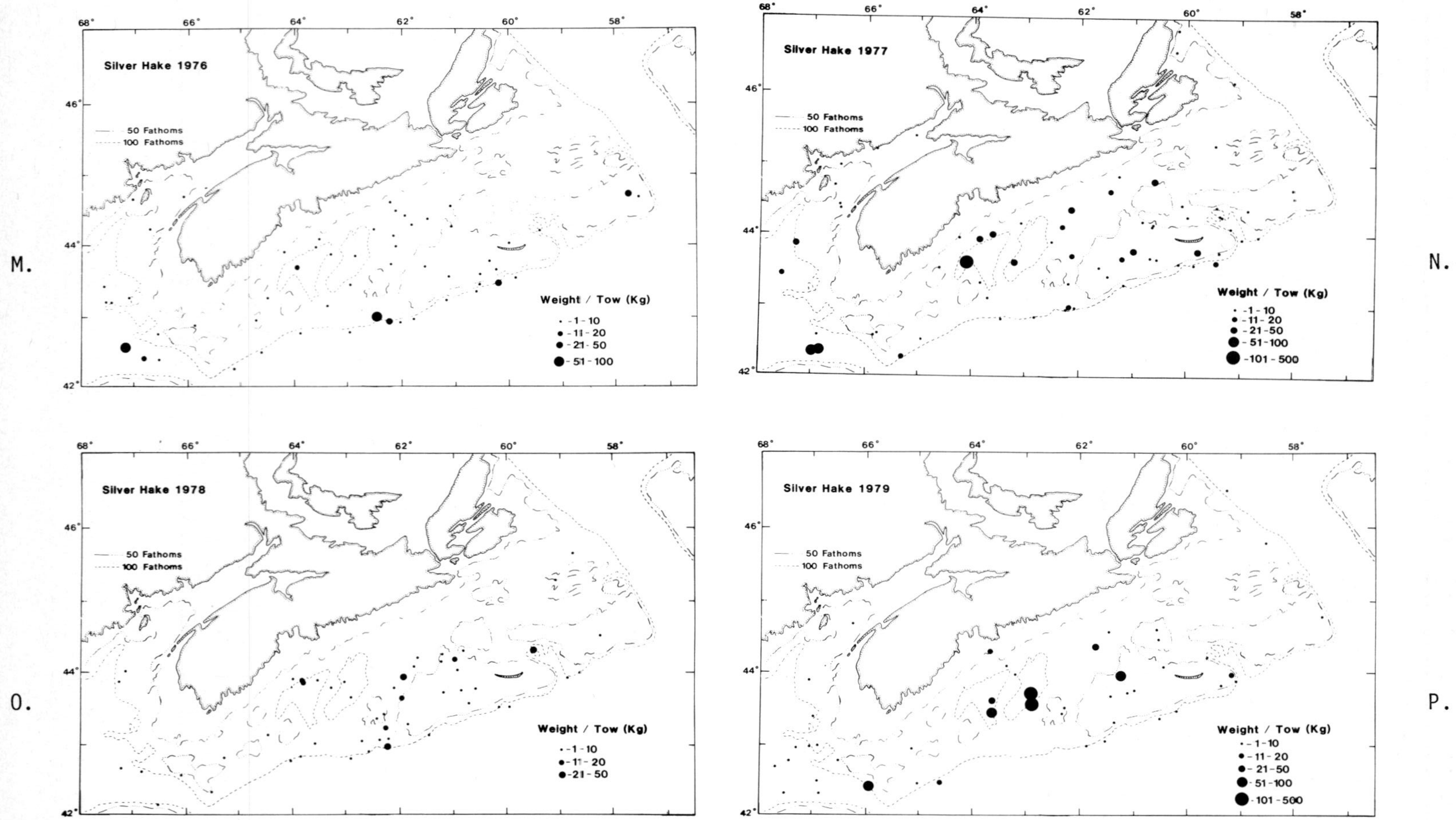
M.
Silver Hake 1976
50 Fathoms
100 Fathoms
Weight / Tow (Kg)
1-10
11-20
21-50
51-100
N.
Silver Hake 1977
50 Fathoms
100 Fathoms
Weight / Tow (Kg)
1-10
11-20
21-50
51-100
101-500
O.
Silver Hake 1978
50 Fathoms
100 Fathoms
Weight / Tow (Kg)
1-10
11-20
21-50
P.
Silver Hake 1979
50 Fathoms
100 Fathoms
Weight / Tow (Kg)
1-10
11-20
21-50
51-100
101-500
68°
66°
64°
62°
60°
58°
46°
44°
42°

Fig. 4 (cont'd.)

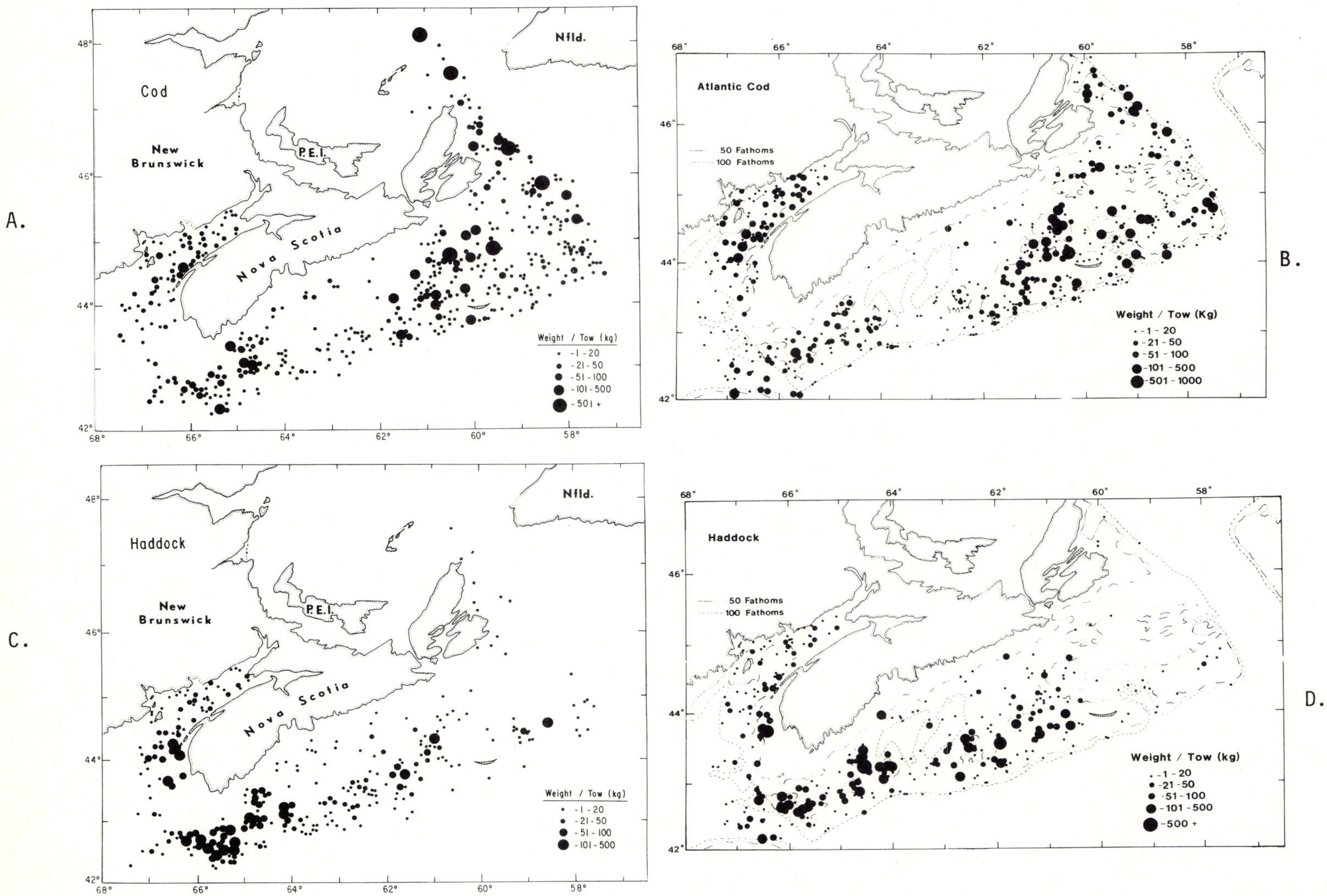

Fig. 5. Comparison of distributions of cod (A-B), haddock (C-D), yellowtail flounder (E-F), silver hake (G-H) in the periods 1970-74 (left side) and 1975-79 (right side).

E. F.

G. H.

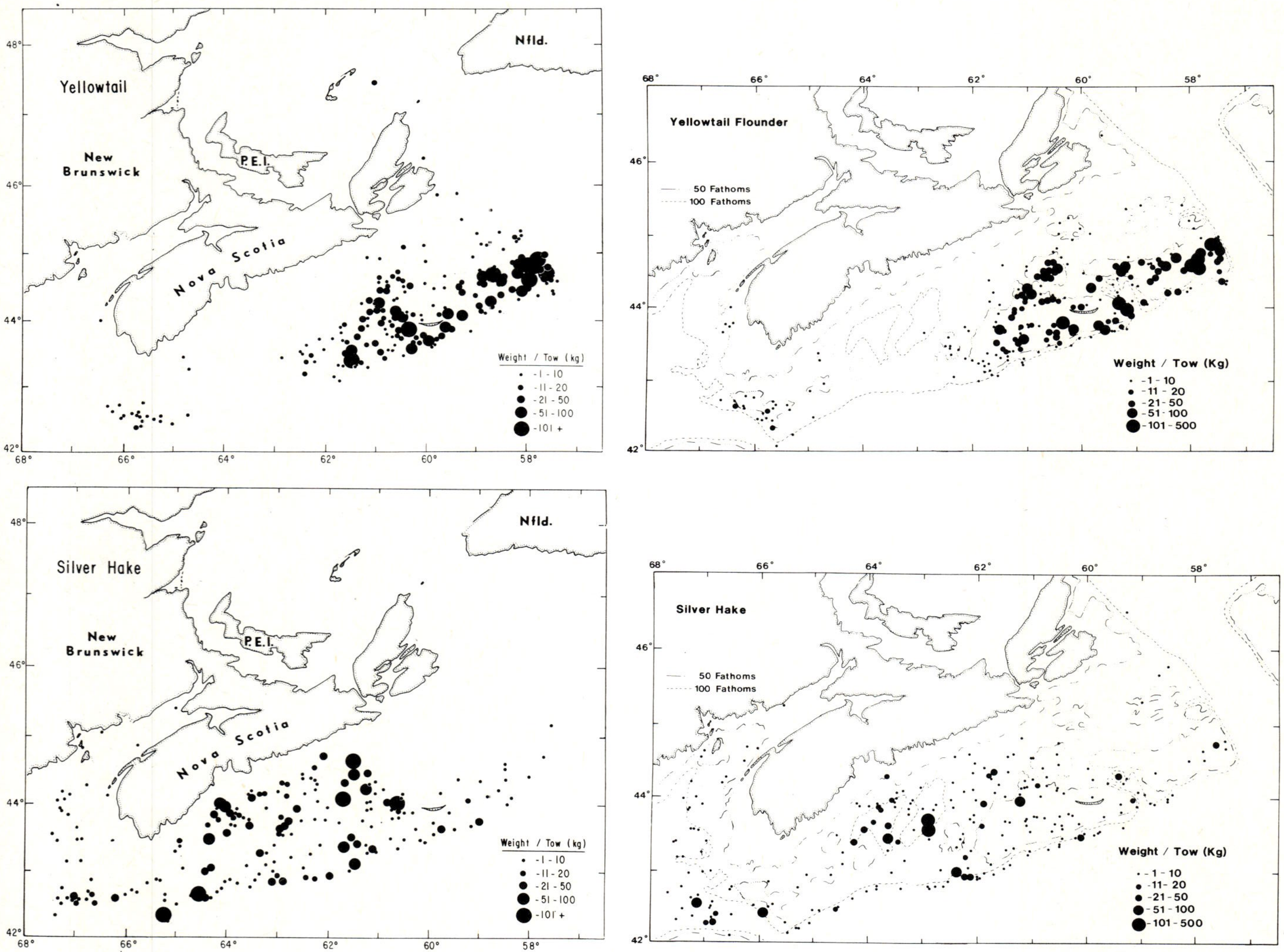

Fig. 5 (cont'd.)

Haddock (Fig. 3B) has a similar distribution to cod in the central and southwestern areas of the Shelf but it is comparatively scarce in the Scotian Gulf and to the east of Sable Island. The greatest concentration is in the Browns Bank area.

White hake (Fig. 3C) shows quite a different distribution to cod and haddock. The main concentrations are in the deeper waters of the Gulf of Maine, Laurentian Channel and edge of the Shelf. There is a good representation in the Scotian Gulf but poor catches were reported in the shallow waters on the Banks.

Redfish (Fig. 3D) is another species with a preference for the deeper waters of the Fundian Channel, Scotian Gulf and Laurentian Channel. It does occur in some shallow waters in the Bay of Fundy and north of the Scotian Gulf, and there is growing evidence that the shallow-water occurrence is a separate species from the deep water.

Silver hake (Fig. 3E) is, again, concentrated in the deeper waters of the Fundian Channel, Scotian Gulf and the edge of the Shelf, but its distribution is concentrated in the Browns Bank and central Shelf areas with relatively poor representation in the Bay of Fundy and on the eastern part of the Shelf. It does occur in shallow water in summer when it migrates to the shallows on Sable Island for spawning.

Yellowtail flounder (Fig. 3F) is virtually restricted to shallow water in the eastern part of the Shelf, with minor occurrences elsewhere, particularly on Browns Bank.

American plaice (Fig. 3G) is widespread, occurring in all areas and at all depths, but it is concentrated in the eastern part of the Shelf. It is relatively scarce in the Scotian Gulf.

Thorny skate (Fig. 3H) is, again, widespread at all depths and concentrated to the east but there are significant concentrations on Western and Browns Banks and in the Bay of Fundy.

The above examples can be repeated for other species, each showing its own characteristic distribution, although this distribution is not so well defined for species of lesser abundance.

The composite diagrams for the five-year period show well-defined areas of concentration for many species, and the definition of the patterns of distribution suggest that they are consistent over the years. If year-by-year distributions for the 1976-79 period are compared, they confirm this, showing the same pattern from year to year, although each is more diffuse than for the five-year distribution because of the lower intensity of sampling stations.

Each year Cod (Fig. 4A-D) shows slight changes in the catch rates but not in the general disposition of the catches. There is also an indication of increasing catch rates in the northeastern part of the area.

Haddock (Fig. 4E-H) shows similar distributions from year to year but indicates an overall increase in catch rates corresponding to improvement of the stocks in recent years. There is no evident change in the range of the fish as might be expected with increased populations.

In yellowtail flounder (Fig. 4I-L), again the distribution is similar from year to year, although there are evident changes in catch rates. In 1977, there was an apparent extension of range from Sable Island to Western Bank in association with high catch rates over the whole of the northeastern Banks. In fact, however, there has been no real extension, simply indications of greater availability of the fish either because of increased population density or because of some environmental factor which increased the catchability.

The silver hake pattern of distribution (Fig. 4M-P) is, again, similar from year to year. There is a slight indication that the range has extended to the northeastern part of the Shelf, where fish were absent in the early years, but catches there are so low and so infrequent that the extension is uncertain.

Other species show similar consistency in distribution, and none shows any notable change in general distribution from year to year.

In the long term, comparison of distribution between the two five-year periods, 1970-74 and 1975-79, shows little change although there may be considerable change in catch rates, either over the whole of the area or only in localized parts Cod (Fig. 5A-B) and haddock (Fig. 5C-D) show no real change although haddock catch rates appear to have improved in the central part of the Shelf (ICNAF Div. 4W). Similarly, there are no changes in the five-year distributions of yellowtail flounder (Fig. 5E-F) and silver hake (Fig. 5G-H), nor in any of the other common species, although there have been evident changes in abundance, particularly in redfish.

An interesting feature of the records is that in the past few years presence of some minor species, particularly of warm-water species, has either been noted for the first time or has increased in frequency or in numbers observed. Evident increases in the occurrence of "exotics", such as Gulf Stream flounder and greeneye, may indicate invasion of the Shelf by southern species as a result of increasing bottom temperatures or other factors.

DISCUSSION

DEPTH

Since there appears to be definite patterns of distribution for the various groundfish species, the next question is "What determines the patterns?" There is obviously a depth-related factor playing a part in the distribution of many species: yellowtail flounder and sand lance are confined to shallow water on the Banks; redfish, white hake, longfin hake and argentine are concentrated in deep water; and cod and haddock are found at intermediate depths. The depth preferences for some common species on the Scotian Shelf are shown in Fig. 6, which gives the percentage catches at different depths for each species (Scott, 1971). There is a group showing a strong preference for shallow water where over 60 per cent of the catches were made in depths of less than 50 fathoms. There is a large intermediate group containing most of the important commercial fishes in which more than 50 per cent of the catches were taken in depths of less than 100 fathoms, with the larger part in depths between 50-100 fathoms; and there is a deep-water group where the highest proportion of catches were taken in depths over 100 fathoms. In the light of this relationship, the selection of depth stratification as a basis for survey design in groundfish cruises is substantiated as a rational and effective decision.

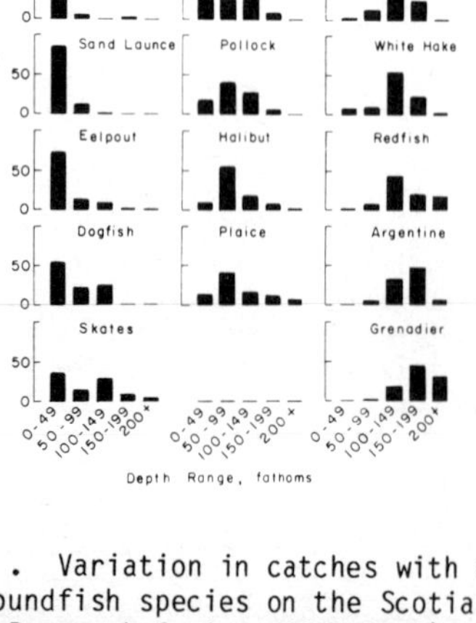

Fig. 6 . Variation in catches with depth for main groundfish species on the Scotian Shelf (F.R.B. Research Cruises 1958-1968). Taken from Scott (1971).

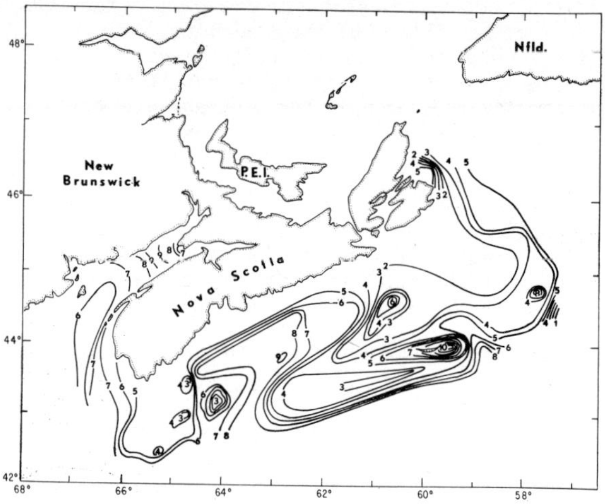

Fig. 7 . Bottom temperature (°C) isotherms on the Scotian Shelf, July 6-31, 1970.

TEMPERATURE

Depth, however, is not independent of other factors which may influence fish behavior. There is a strong depth-temperature relationship on the Scotian Shelf which is illustrated, for the summer months, by Fig. 7. The basic pattern, which is repeated year after year, indicates an increasing bottom temperature with depth from the edge of the Shelf down the Shelf slope. It also indicates intrusions of warm Slope water which fill the Scotian Gulf, spread to the edge of the Banks to the east, and penetrate into the Fundian Channel and the Gully. There is also indication of increasing temperature with depth at the western edge of the Laurentian Channel. The deeper waters are warm, saline waters, and it may be that these higher temperatures and higher salinities attract the "deep-water" species. In contrast, species such as yellowtail flounder, sand lance and thorny skate, found in shallow waters on the Banks, are tolerant of the cold conditions found there in winter, although they also appear to adapt to the warmer temperatures in summer, suggesting that temperature is not a deciding factor in their presence.

The absence of cod from the Scotian Gulf is a notable feature of the fish's distribution, particularly since cod are distributed over a wide depth range, being caught in depths of 200 fathoms or more. Temperature may play a part here, as the preferred temperature range for cod is about 2-8°C and temperatures in the deeper parts of the Scotian Gulf may attain 12°C, discouraging their presence. In the case of haddock, virtually restricted to depths less than 100 fathoms, the depth barrier would seem sufficient to exclude it from the Scotian Gulf except possibly as a midwater transient.

BOTTOM TYPE

Another factor which appears to be correlated with depth to a large extent is bottom type. An examination of the surface geology of the Scotian Shelf shows that there is, in general, a distribution of sediments: the shallows on the Banks are mainly sand and gravel grading, through sandy mud and mud with increasing depth, to silt in the deep water. These are interspersed with areas of rough bottom, clay, gravel and rocks. Each type of bottom supports its own ecosystem of benthic and epibenthic animals on which the various species of groundfish prey according to dietary preferences. Thus, it is reasonable to propose that the bottom type may be a definitive factor in determining groundfish distribution, and changes in fauna related to bottom type would explain the changes in fish size with depth which are typical of so many groundfish species - a general increase in size with increasing depth.

CONCLUSIONS

Each one of the above factors - depth, temperature and bottom type - indubitably plays its part in determining groundfish distribution, but all are interrelated. On the Scotian Shelf, bottom type appears to influence local distribution; the decreasing bottom temperature from southwest to northeast influences distribution along the Shelf; and variation in depth influences distribution across the Shelf.

In summer surveys, when the fish stocks are most widely distributed in their feeding phase, the depth-stratified system is probably as adequate as any on which to base the sampling design, and it is doubtful if a temperature-related or bottom-type-related design would be very different or any more effective, besides being more difficult to implement. At other seasons, however, such as in spring when many species form spawning concentrations in specific breeding areas, and in winter when there is a tendency for most species to leave the shallow water on the top of the Banks and seek deeper, warmer water between the Banks and along the edge of the Shelf, there is a different situation. The general survey pattern of the summer cruises with stations fairly evenly distributed over the whole area, although a slight emphasis may be given to selected areas, would result in a great deal of effort for little useful information in the shallow water areas and underexpenditure of effort in the areas of fish concentration. It would seem rational, therefore, to design surveys for assessment purposes with a considerable degree of species orientation in the autumn to spring period. The design of such surveys would have to be based on a sound knowledge of the distribution of the various groundfish species in the relevant seasons, which can only be gained by general surveys supplemented by what can be learned of fish concentrations from the commercial fisheries. A program of general autumn and winter-spring surveys has already been initiated at St. Andrews and may lead, after a few years, to the design of surveys biased towards selected species or species associations, although the need for attention to minor species should not be neglected.

REFERENCES

Grosslein, M.D. 1969. Groundfish survey program of BCF, Woods Hole. Com. Fish. Rev. 31: 22-30.

Halliday, R.G., and A.C. Kohler. 1971. Groundfish survey programmes of the St. Andrews Biological Station. Fisheries Research Board of Canada - objectives and characteristics. Int. Comm. Northw. Atl. Fish. Res. Doc. 71/35.

Scott, J.S. 1971. Abundance of groundfishes on the Scotian Shelf. Fish. Res. Board Can. Tech. Rep. 260: 8 pp (2 figures, 8 tables).

DISTRIBUTION AND SAMPLING VARIABILITY IN THE SOUTHERN GULF OF ST. LAWRENCE GROUNDFISH SURVEYS

by

Peter A. Koeller

Marine Fish Division
Department of Fisheries & Oceans
Biological Station
St. Andrews, New Brunswick EOG 2XO

Abstract

The precision of abundance estimates of cod in the Gulf of St. Lawrence groundfish surveys was found to be consistently higher than that of another survey series. The differences in survey methodology which might have contributed to the Gulf surveys enhanced results were examined. While differences in the efficiency of the stratification schemes between the two surveys may have contributed to the observed differences in precision, the daylight-only operation of the Gulf survey appears to have had little effect. The main factor, however, may be a difference in fish behaviour, particularly in vertical and horizontal migrations, which could result in different dispersion patterns and availability. The appropriateness of the present survey design is discussed and improvements considered in light of the results.

Key words: biological surveys, distribution, variance, groundfish

Résumé

On a constaté que la précision des estimations d'abondance de la morue effectuées dans le cadre des relevés du poisson de fond du golfe Saint-Laurent était uniformément plus élevée que celle d'une autre série de relevés. Les différences, en ce qui a trait aux méthodes utilisées au cours des relevés, qui auraient pu contribuer aux meilleurs résultats des relevés du golfe ont été examinées. Certes, l'efficacité de la stratification d'une série à l'autre peut avoir été la cause partielle des différences constatées, mais le fait que les relevés du golfe ont été exclusivement effectués le jour n'a eu guère d'effet. Toutefois, le principal facteur semble être lié à une différence de comportement du poisson, notamment dans les migrations verticales et horizontales, qui a pu se traduire par une disponibilité et des modes de dispersion différents. La pertinence du type actuel des relevés est examinée ainsi que les améliorations envisagées à la lumière des résultats.

Mots-clés: distribution, relevés biologiques, poissons de fond, variance

INTRODUCTION

The advantages of the stratified-random design for groundfish trawling surveys have been discussed by Grosslein (1969). It has also been demonstrated (Grosslein 1971) that these surveys reflect changes in stock abundance of many commercially important species. In many cases survey data have become the single most important pieces of information influencing management decisions (Halliday and Koeller 1981). Their usefulness, however, is hindered and limited by the large sampling variability associated with abundance estimates. Grosslein (1971) suggested that decreasing this variability to a more acceptable level by increasing sampling intensity within the confines of the design is prohibitively expensive. Jones and Pope (1973) increased sampling intensity to almost an order of magnitude above those of routine USA surveys but found little difference in the level of precision. Yet changes in the design which could improve precision meet resistance since this would disrupt long-standing time series and seriously alter inherent biases that have been assumed constant through standardization of methods, thus prohibiting cross-series comparisions.

The distribution of fish in space and time is, of course, what determines the magnitude of the variation observed and the power of the stratified random design is fully realized only when previous knowledge of distribution is fully utilized in constructing strata. Unfortunately, knowledge of fish distribution was minimal at the time stratified surveys were first implemented and in fact, one of their prime objectives was to describe distribution more precisely. Available evidence indicated that many species had well defined depth preferences, and so stratification was based on depth. Many species, however, may also be relatively abundant in two, and some in all three, of the strata used by Canadian surveys (<50, 51-100 and >100 fathoms) while others may concentrate in only part of one stratum. Thus, the geographical area described by the depth strata may not coincide with actual fish distribution, and the benefits of stratification in terms of decreasing variance may be small.

The stratified design as used in groundfish surveys has the advantage of providing synoptic coverage of the entire community, with sampling fairly evenly distributed over all depths and habitats. It has been suggested that this "multi-species" approach is at the expense of more precise estimates which a program designed to survey only the commercially important species might provide.

The variance component due to diel changes in availability could also be large. Although diel changes in the vertical distribution of groundfish have long been known, it is generally not possible from economic considerations to restrict sampling to a time period when, for example, availability is maximum and constant. Such a period may be relatively short since vertical movements may be prolonged during much of a diel period.

Groundfish surveys have been conducted in the southern Gulf of St. Lawrence since 1957 by the Marine Fish Division, Maritimes. Originally these were intended as abundance surveys for cod and concentrated on a number of fixed stations between the Gaspé and Prince Edward Island. In 1970 a stratified-random design was adopted and the following year stratification and sampling was extended to cover the entire southern Gulf. This survey has continued to provide excellent results, particularly for cod, with consistently better precision and less variable trends in abundance indices than other stratified surveys. The purpose of this paper is to determine what differences in the Gulf survey's methodology might have led to its relatively good results by examining geographical and vertical distribution in relation to the stratificaton scheme and by comparing survey results with those from another survey series. The above points related to the suitability of methods will be discussed in light of the results.

METHODS

Sampling methods for Marine Fish division groundfish surveys, including those in the Gulf, have been outlined by Halliday and Kohler (1971). The stratification scheme in the Gulf and the strata on the Scotian Shelf for which data are presented are given in Fig. 1. A bathymetric map of the Gulf with place names used in the text is shown in Fig. 2. Station allocation within strata was approximately proportional to stratum area and is given in Halliday and Koeller (1981). This has remained essentially unchanged, with minor differences from year to year due to contingencies. All strata were sampled every year except in 1970 when strata 15, 25, 29 and 31-39 inclusive were omitted and in 1970 when strata 24 and 28 were omitted. Fifty-seven random stations are occupied yearly in the Gulf area of 20,399 square nautical miles, giving an overall sampling density of one station every 358 nautical mi^2. The Gulf surveys are restricted to the month of September. They are conducted by the stern trawler E.E. PRINCE fishing a "Yankee 36" survey trawl with a small mesh liner in the codend. The vessel is limited as to the number of crew it can carry so that trawling operations are restricted to daylight hours.

Stratified random surveys on the Scotian Shelf have been conducted annually since 1970 using the same fishing gear and methods, with the following important difference - the surveys are conducted by the side trawler A.T. CAMERON which fishes 24 hours a day. This survey is conducted mainly during July, and covers the entire Scotian Shelf. In this paper only a fraction of the total surveyed area is considered, that which comprises strata 43-66, and corresponds to NAFO Division 4Vs and 4W. This is an area of 28,115 nautical mi^2 covered by 87 random stations, or approximately one station every 323 nautical mi^2. This area was chosen for comparison with Gulf cod and plaice data because both species are distributed mainly within it, and it is used as a unit area for assessments. It is approximately the same size as the Gulf, with a similar sampling density.

For all surveys, sampling requirements include total weight and numbers caught of all fish species. Environmental parameters measured include bottom temperatures and salinities. Numerous other observations, both biological and environmental, are made but are not included in this report.

All catches are reported on the basis of catch per standard unit, a standard unit being the area swept by the survey trawl during a standard 30-minutes tow at 3.5 knots. It is calculated as 1.75 nautical mi multiplied by the nominal wing spread of the survey trawl. Stratified means have been calculated by the standard method given in Halliday and Koeller (1981). Thirteen fixed stations are occupied annually in the Gulf survey. These are included in distribution maps but are excluded from all calculations of stratum statistics.

RESULTS AND DISCUSSION

PRECISION OF ESTIMATES

Cod and American plaice are the two most important Gulf species in terms of research vessel biomass estimates and commercial landings. On the average, they account for 68% of the biomass estimates and as much as 84% in any one year. Correlations of survey abundance indices with independent estimates such as commercial catch per unit effort have been good for both species in the Gulf (Beacham 1980; Metuzals 1980). On the Scotian Shelf (NAFO Div. 4VW), however, plaice survey date did not agree with another estimate (Cleary 1979) while cod (4VsW) agreed only after data manipulation by running averages and adjustment of outliers (Grey 1979). This suggests indirectly that the Gulf survey data are less variable.

Individual stratum standard deviations were plotted against the stratum means on a $\log_{10}$ scale for cod and plaice in the Gulf of St. Lawrence and on the Scotian Shelf (Fig. 3). The slope of the linear regression line for Gulf cod is considerably less than that of Shelf cod, implying greater precision in the Gulf data. Similar slopes for plaice in both areas suggest that there is little difference in the precision of those estimates. The difference in slope between areas for cod holds up when the data are examined on a yearly basis and on a linear scale (Table 1). Linear regression coefficients (= slope = coefficient of variation) were lower in the Gulf in all years except 1978, with all correlation coefficients significant at $p<.01$ except for the 1971 Gulf data. In Table 2 annual averages of individual stratum means and coefficients of variation are given for both species and areas. Note that for Gulf cod the

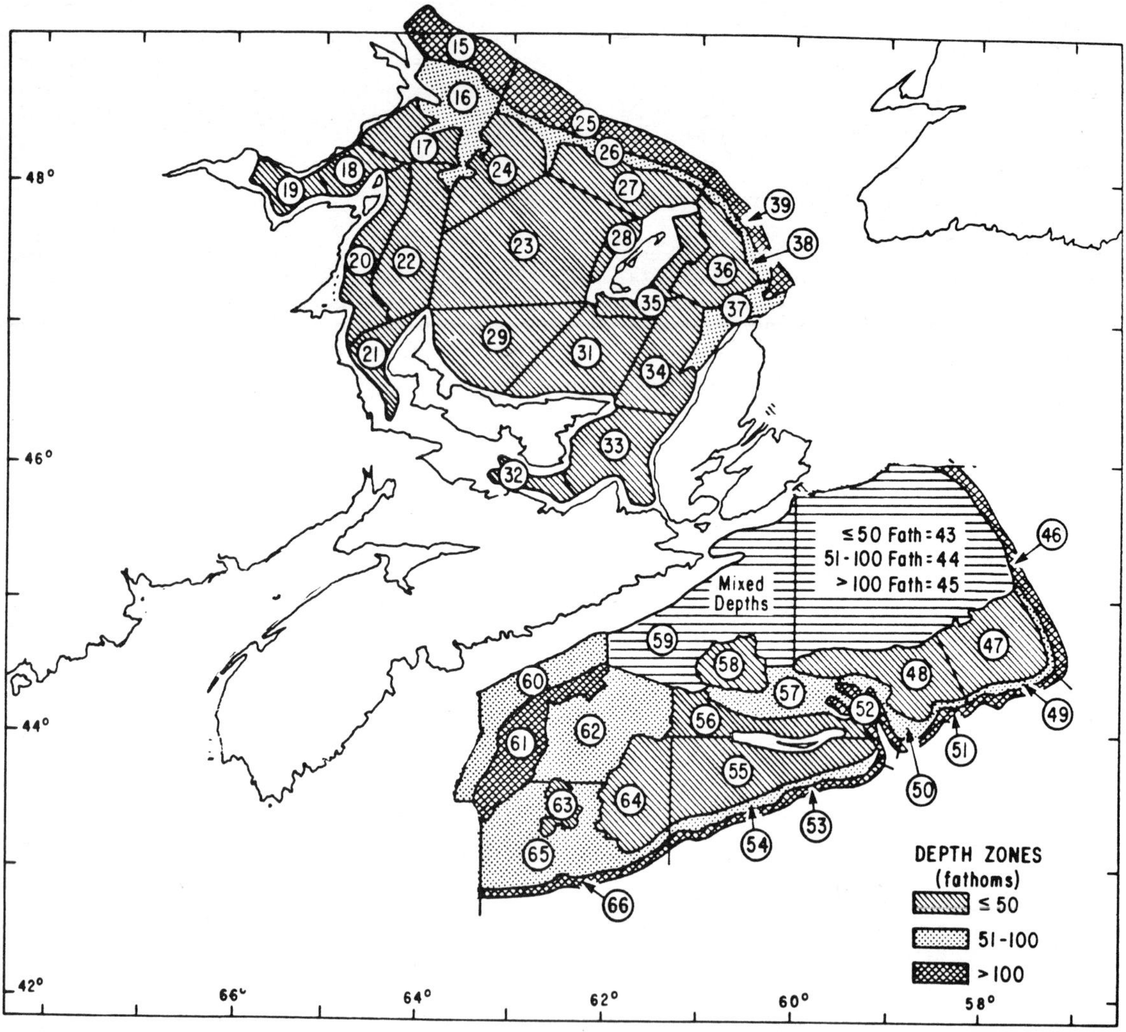

Fig. 1 . Stratification scheme for Marine Fish Division groundfish surveys in the Gulf of St. Lawrence and on the Scotian Shelf.

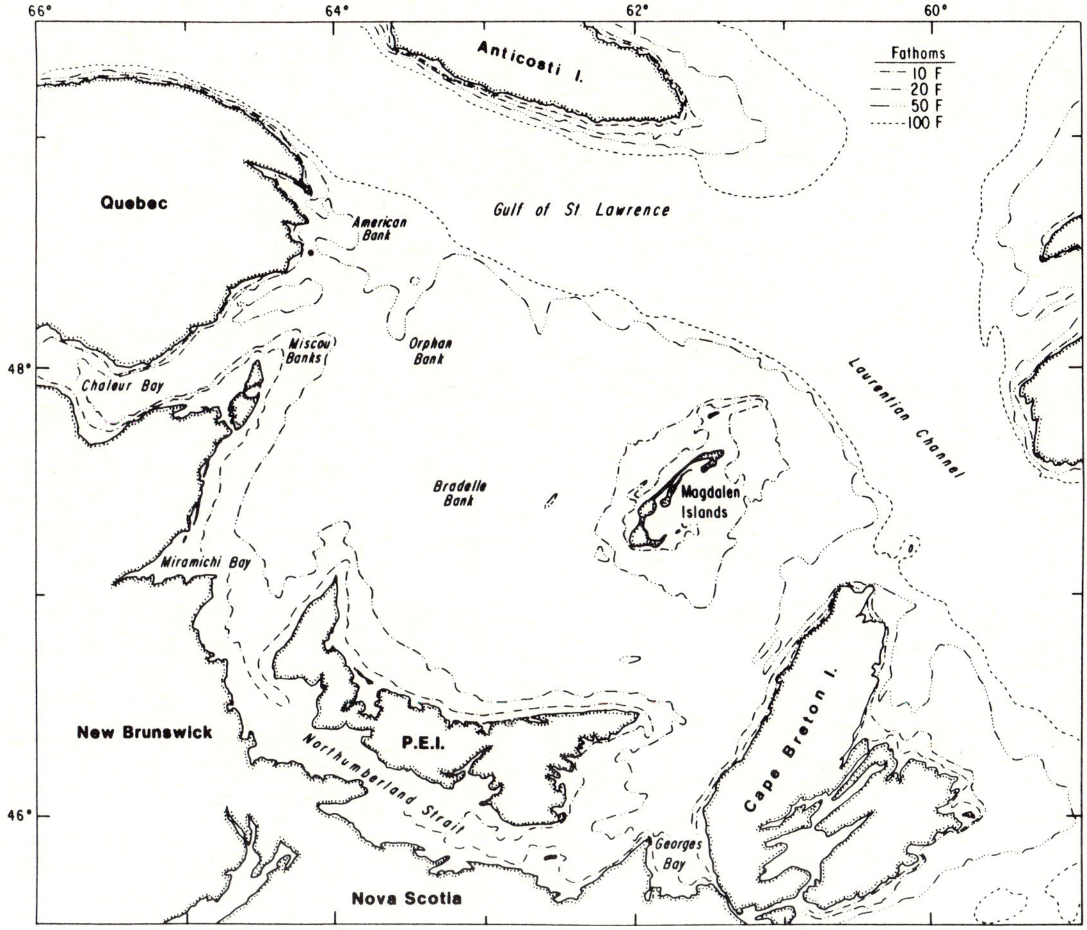

Fig. 2 . Bathymetric map of the southern Gulf of St. Lawrence with place names used in the text.

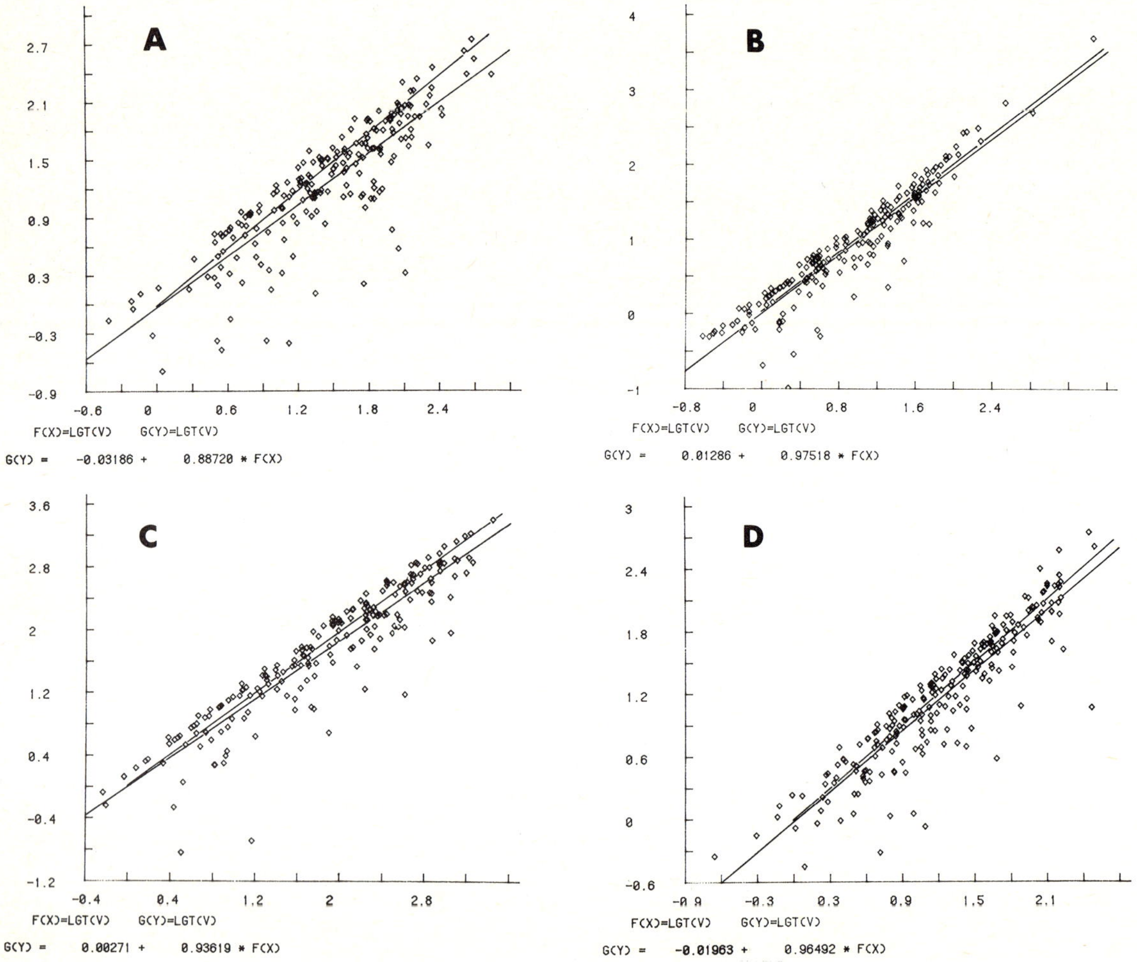

Fig. 3 . Regressions of individual stratum standard deviations (Y axis) against means, 1970-79. The upper line in each case is a reference line with a slope of 1. Means of zero were omitted. A. Gulf cod; B. Shelf cod; C. Gulf plaice; D. Shelf plaice.

Table 1. Regression and correlation coefficients for untransformed cod stratum standard deviations and means.

Year	Gulf b	Gulf r	Shelf b	Shelf r
1970	0.94	0.85	1.28	0.95
1971	0.16	0.43	1.25	0.99
1972	0.65	0.80	1.95	0.99
1973	0.95	0.92	1.96	0.99
1974	0.31	0.88	1.75	0.97
1975	0.86	0.87	1.29	0.97
1976	0.49	0.89	0.82	0.97
1977	0.60	0.82	0.84	0.82
1978	0.82	0.88	0.74	0.99
1979	0.59	0.81	1.0	0.98
$\bar{X}$	0.64		1.29	

annual mean within strata CV is lower in all 10 years, with an overall mean CV 30% lower than Shelf cod. Gulf plaice CV's average only 6% lower than Shelf plaice. The conclusion is that the estimates for cod derived from the Gulf survey are more precise than those from the Shelf survey while the precision of plaice estimates is rather similar in both areas.

Several factors could contribute to the higher precision of Gulf cod estimates. One might expect that the relatively even topography and semi-enclosed situation of the southern Gulf might produce a more uniform environment than the exposed and more variable (in depth) Shelf, resulting in a less contagious fish distribution. Migrations and schooling behaviour may also be a factor. Cod in the southern Gulf belong to a migrating stock residing in its summer spawning and feeding grounds. These fish may exhibit behaviour resulting in a different overall dispersion than the group of fish on the Scotian Shelf. These factors, however, are difficult to demonstrate and are not under the direct control of the surveyor. Two factors related to survey methodology which could have contributed to the enhanced results of the Gulf surveys are: (a) Stratification - greater within-stratum presicion could arise if the stratum boundaries were chosen, or happened to fall so that within- stratum variances are minimized, i.e., the Gulf scheme may be more efficient; and (b) Survey time - the Gulf survey is conducted only during daylight hours while the Shelf survey, like most groundfish surveys, is a 24-hour operation. Thus, the Gulf survey may eliminate much of the variance component due to diel vertical migration.

DISTRIBUTION AND STRATIFICATION OF COD AND PLAICE

The location of fishing stations is given in Fig. 4, and the distribution of cod in the Gulf from 1970-79 in Fig. 5. A recurring pattern is immediately apparent for cod, which tend to concentrate west of the boundary between strata 22 and 23, in strata 16-21. Catches in this area are visibly more uniform in size as well as larger than the more sporadic catches elsewhere.

In 1979 distribution was atypical in that larger catches were spread over the entire survey area, although a concentration in the western part was still apparent. Possibly the widespread distribution resulted from an earlier than usual migration from the western part of the area toward overwintering grounds off eastern Cape Breton. Distribution in both 1978 and 1979 was unusual in that relatively large catches were made along the edge of the Laurentian Channel north of Cape Breton. These fish could also represent an early contingent of migrants, or they may be an extension of the usual summer range of a Scotian Shelf stock, precipitated by unusual hydrographic conditions. In any case, these apparently anomalous patterns serve to illustrate the importance of considering distributional information before accepting abundance estimates verbatum. For example, if the catches along the channel edge represent another stock, they should be excluded from any biomass estimate of the southern Gulf stock. If the relatively large catches of 1979 in stratum 23 represent fish usually found in stratum 22, then biomass may be overestimated and biased because of the greater weighting factor applied to the larger stratum.

American plaice (Fig. 6) appear to have a slight tendency to congregate, like cod, in the western part of the survey area, but they are obviously more widespread over the entire southern Gulf. Both large and small catches are made regularly in all areas.

The division between strata 22 and 23 and the western edge of stratum 16 appears to delineate well the eastern edge of concentration and apparently less contageous distribution of cod. This is shown in Table 3 where, except for 2 years, stratum 22 has a lower CV, with an overall CV 50% lower, despite catches averaging four times higher, than stratum 23. Note that precision was higher in stratum 23 only in 1979 when cod were widely distributed and in 1970 when sample size was reduced to two sets per stratum and the estimates are less reliable. American plaice, being more widely distributed did not show this pattern. In fact, the trend is reversed, with relatively consistent higher precision in stratum 23 and what appears to be a less contageous distribution in the large central area around Bradelle Bank.

The distribution of cod and plaice on the Scotian Shelf is shown in Fig. 7 (taken from Scott, this issue). Note that neither species has a comparable area of concentration and consistently large catches well defined in a group of strata such as occurs for Gulf cod. While relatively large cod catches are made just northeast of Sable Island these occur only in parts of several strata, i.e., in the western part of strata 55-57 and the eastern half of stratum 58.

Table 2. Annual averages of stratum mean number caught and coefficients of variation for cod and plaice, untransformed data.

	Gulf			
	Cod		Plaice	
Year	$\bar{X}$	C.V.	$\bar{X}$	C.V.
1970	85.5	64.4	178.0	91.8
1971	35.5	70.0	150.7	102.3
1972	40.3	101.0	87.3	104.7
1973	43.5	84.9	126.4	100.1
1974	33.0	66.4	221.4	84.3
1975	31.3	86.6	216.5	92.6
1976	75.5	78.3	488.4	96.6
1977	50.4	90.1	454.7	76.6
1978	80.9	75.5	210.6	104.2
1979	153.5	82.5	411.2	78.4
$\bar{X}$	62.9	80.0	254.5	93.2

	Shelf			
	Cod		Plaice	
Year	$\bar{X}$	C.V.	$\bar{X}$	C.V.
1970	16.1	97.5	53.1	89.3
1971	18.2	95.1	34.3	88.5
1972	19.9	126.4	22.6	105.0
1973	174.0	120.6	30.3	101.9
1974	28.1	132.3	55.0	101.0
1975	13.3	112.6	44.8	110.2
1976	17.6	97.3	43.1	92.1
1977	25.3	121.4	23.7	99.7
1978	53.0	121.1	34.2	101.5
1979	30.3	99.3	39.3	103.2
$\bar{X}$	39.6	112.4	38.0	99.2

The distributional information is consistent with the hypothesis that some of the increased precision of Gulf cod is due to a more efficient stratification scheme. This is further substantiated in Table 4 which gives relative standard errors (Hennemuth 1976) of the stratified mean. Note that for cod this statistic averages 71% lower in the Gulf than on the Shelf, compared to 30% lower for the within-stratum coefficients of variation given in Table 2. For plaice the relative standard error and coefficient of variation in the Gulf are 10% and 6% lower, respectively. This implies that the greater difference in the stratified relative to the within-stratum estimates of precision between areas is due to differences in the stratification scheme itself.

Relative gain in precision due to stratification was calculated with a two-way analysis of variance between and within strata and the formula derived by Sukhatume and Sukhatume (1970)

$$\text{Relative gain} = \frac{k-1}{n}\left[\frac{\text{MS between strata}}{\text{MS within strata}} - 1\right]$$

Table 5. Relative gain in precision due to stratification for cod and plaice in strata 15-39 and for cod in strata 43-66.

	Strata 15-39		Strata 43-66
Year	Cod	Plaice	Cod
1970	-0.09174	0.22461	0.07310
1971	1.17087	0.04277	0.22997
1972	0.49012	0.07173	-0.05851
1973	0.42807	0.12336	0.02543
1974	4.83080	0.43680	-0.01518
1975	0.26402	0.36869	0.09797
1976	1.67839	0.33072	0.31132
1977	0.44229	0.17960	0.16978
1978	-0.30758	0.23480	1.75430
1979	0.29575	1.26250	0.25735
$\bar{X}$	0.92010	0.32756	0.28455

where k = number of strata
n = total number of samples
MS = mean square from analysis of variance.

The results are given in Table 5 for cod and plaice in the Gulf and for cod on the Shelf. For cod, the relative gain in precision is higher in the Gulf for most years and averages three times higher than the Shelf. However, comparison of this statistic between areas may not be valid and should be restricted to within areas (S.J. Smith, pers. comm.). Within the Gulf, cod had a greater relative gain for 6 of the 10 years and averaged almost three times higher than plaice, again suggesting that the Gulf stratification scheme is relatively efficient for cod. Note that the 3 years in which relative gain was greater than 1.0 for Gulf cod (1971, 1974 and 1976) correspond to the years when within-stratum precision as estimated by the slope of the regression between stratum standard deviatons and means (Table 1) was lowest. Similarly, the only year when relative gain was greater than 1.0 for Shelf cod and the lowest slope of the 10-year period both occur in 1978.

While Table 5 suggests some consistency in the greater efficiency of the Gulf stratification scheme for cod, the improvement is small on the average compared to the maximum relative gain achieved in any one year. The efficiency varies greatly from year to year and ranges from a negative effect in 1978 to a fivefold increase in 1974. This is due to differences in local distribution patterns from year to year and illustrates the problem of using a fixed stratification scheme to survey a mobile population. It is apparent that such a scheme benefits only some species in terms of actually reducing stratum variances significantly and then only sometimes, to varying degrees. It is perhaps largely a matter of good fortune that, in the Gulf, one of these species happens to be the most economically important. Plaice would, of course, benefit very little from such a stratification scheme because of their widespread distribution.

Table 3. Comparison of precision in strata 22 and 23 for cod and plaice.

	Stratum 22					Stratum 23				
		Cod		Plaice			Cod		Plaice	
Year	n	Mean	C.V.	Mean	C.V.	n	Mean	C.V.	Mean	C.V.
1970	2	120	0.77	272	1.38	2	60	0.17	249	1.28
1971	2	113	0.03	678	1.27	3	29	1.13	80	0.79
1972	3	148	0.36	277	1.47	4	21	0.83	402	0.95
1973	4	138	0.64	460	1.14	4	25	1.23	225	0.68
1974	3	71	0.22	864	1.12	3	7	0.62	730	0.32
1975	3	140	0.83	878	0.87	4	4	1.48	323	0.36
1976	3	438	0.55	2740	0.95	4	20	1.94	733	0.41
1977	3	50	0.57	1698	1.02	4	40	1.01	1497	1.08
1978	3	266	0.40	48	1.24	4	124	1.61	1248	1.10
1979	5	506	0.69	1643	0.52	4	146	0.44	880	0.66
$\bar{X}$		199	0.51	956	1.10		48	1.05	637	0.76

Table 4a. Stratified mean numbers caught, standard error and relative standard error for cod in Div. 4T (Strata 15-39) and 4VsW (Strata 43-66).

	4T			4 VsW		
Year	Y (st.)	S.E. (st.)	S.E./Y	Y (st.)	S.E. (st.)	S.E./Y
1970	78.11	23.27	29.8	13.96	3.83	27.4
1971	31.94	4.96	15.5	28.90	55.03	190
1972	34.05	6.10	17.9	26.21	22.32	85.1
1973	34.43	5.58	16.2	119.51	112.86	94.4
1974	30.10	2.87	9.5	24.93	10.71	42.9
1975	26.43	7.8	29.5	13.03	3.83	29.4
1976	59.48	14.35	24.1	19.23	4.07	21.1
1977	49.99	7.6	15.2	26.22	6.92	26.4
1978	77.39	24.94	32.2	34.42	46.45	135
1979	136.2	16.65	12.2	27.63	4.74	17.2
$\bar{X}$			20.2			66.9

Table 4b. Stratified mean numbers caught, standard error and relative standard errors for plaice in Div. 4T (Strata 15-39) and 4VsW (Strata 43-66).

	4T			4VsW		
Year	Y (st.)	S.E. (st.)	S.E./Y	Y (st.)	S.E. (st.)	S.E./Y
1970	193.0	197.15	102.15	55.44	9.24	16.67
1971	151.53	87.95	58.04	50.43	92.03	182.49
1972	127.98	44.66	34.90	38.52	8.05	20.93
1973	131.80	27.16	20.61	38.0	13.04	34.32
1974	313.32	57.26	18.28	71.46	13.0	18.19
1975	294.98	61.53	20.86	52.27	14.85	28.41
1976	523.38	154.07	29.44	77.53	40.91	52.77
1977	601.90	187.66	31.18	34.57	11.28	32.63
1978	321.02	176.26	54.91	40.25	11.92	29.62
1979	492.14	75.60	15.36	57.99	7.76	13.38
$\bar{X}$			38.6			42.9

DISTRIBUTION OF OTHER SPECIES

Species other than cod and plaice fall into three distinct distribution patterns: 1) species which are widely distributed over the entire area with no strong tendency to concentrate anywhere; 2) species which occur deeper than 50 fathoms along the slope of the Laurentian Channel; and 3) species which are found in shallow (30 fathoms) water around the Magdalen Islands, at either end of Prince Edward Island and in the Miscou-Chaleur Bay area. All species caught in large enough quantities to show a clearly defined pattern are so categorized in Table 6. Individual distribution maps of all these species are given elsewhere (Koeller, in preparation) but examples of the three distribution types are given in Fig. 6, 8 and 9. Relatively few species exhibit widespread distribution, plaice (Fig. 6) being the only one in this category which is important commercially and in terms of biomass estimates. Redfish (Fig. 9) belong to the deep living group and winter flounder (Fig. 8) represent the relatively large group of inshore species. Two things are apparent from all of the distribution maps of the Gulf: recognizable patterns recur from year to year; and the distribution of many species is highly localized within one depth stratum (i.e., 50 fathoms). The latter observation suggests that factors other than, or in addition to, depth are causing these localizations, or that many species have depth perferences more exact than the 50-fathom stratum ranges.

DISTRIBUTION OF WATER PROPERTIES AND FISH

Figure 10 gives a generalized view of the geographical distribution of bottom temperatures and salinities in the southern Gulf during the 10-year survey period. Contours were drawn using all individual observations from 1970-79 and can be considered typical of conditions at this time of year. A large area of very cold water covers much of the central part of the southern Gulf around Bradelle Bank. This water originates locally and represents the remnant of the upper mixed layer formed the previous winter (El-Sabh 1973). Most species avoid these extreme temperatures and, in fact, the area is sparcely populated. One notable exception is the American plaice which has a tolerance for low temperatures (Leim and Scott 1963). Temperatures increase and salinities decrease shoreward with the warmest water and lowest salinities occurring at either end of Prince Edward Island, around the Magdallen Islands and in the Miscou Island-Chaleur Bay area, the same areas where the inshore species concentrate. Temperatures and salinities both increase with bottom depth along the edge of the Laurentian Channel where the deep-living species are distributed. This saline warm water is thought to originate outside the Gulf (El-Sabh 1973). It is clear that each of the three species groups exists within a distinct physical regime, and that more than one regime exists within the <50 fathom stratum. This, together with the reocurring distribution pattern of species groups, indicates that for many species some benefit could be gained from a fixed stratification scheme which incorporates information on the distribution of fish and water properties as well as depth.

Table 6. Groundfish distribution patterns with associated species in the southern Gulf of St. Lawrence.

1. Widely distributed	2. Deep	3. Shallow inshore
Plaice	White hake	White hake
Thorny skate	Redfish	Winter flounder
Eelpout spp.	Greenland halibut	Yellowtail
Greenland cod	Witch flounder	Brill
Lumpfish	Longfin hake	Herring
Mailed sculpin	Angler	Gaspereau
	Black dogfish	Shad
	Grenadier	Smelt
	Haddock	Mackerel
	Pollock	Longhorn sculpin
	Smooth skate	Shorthorn sculpin
	Wolffish	Sea raven
	Illex	Winter skate

Considering that this information was not available at the time of its development, the present Gulf stratification comes remarkably close to what might have been drawn had it been available. The deep-living species are contained mainly in the deep strata at the edge of the Laurentian Channel. The inshore species are caught regularly in strata 21, 28, 32, 33 and 35 which were separated from adjoining strata partly by the 20-fathom contour, and partly by relatively arbitrary lines delineating geographic entities. All of these strata except 33 would, however, have been increased in size to include most catches from the inshore group.The appropriateness of the position of the line separating strata 22 and 23 has already been mentioned, and available information on cod distribution was apparently considered when it was drawn (A.C. Kohler, pers. comm.). Strata running in an east-west direction across the edge of the main cod concentration would, of course, have been inappropriate. The continued need for widespread sampling is clear because of the needed coverage for American plaice, the second most important species in terms of biomass estimates and commercial landings. More intense sampling in the area of cod distribution is also unwarranted since the precision of abundance estimates is already better than other surveys using similar methods. Given the same limited resources and the need to sample the entire area, an optimum sampling allocation based on stratum variances may not have changed the original allocation greatly. The Gulf survey appears reasonably well designed to meet the specific requirements of the area.

DIEL VARIATION IN CATCHES

The influence of diel variation in catch rate on abundance estimates was considered by an ICES symposium dealing primarily with commercial catch rates as a measure of abundance (Gulland 1964). Its influence on the variability of survey abundance indices, although always considered potentially important, has largely been ignored in groundfish survey design and subsequent analysis. This is due partly to economic constraints and partly to a lack of good information on diel effects. This information was, and still is, mainly restricted to gross comparison of day vs. night catches of various species which, if incorporated into the design, would have restricted sampling to one period, or required a considerable increase in sampling effort and complexity.

Light is generally considered the causative factor of diel changes in fish behavior and resulting changes in catch rates (Woodhead 1964a). However, its influence on fish behavior is complicated or overridden by other factors which include fish size, season, tide, depth and predator-prey interactions (Brunel 1965, 1972; Hempel 1964; Beamish 1966). Even if such complicating factors were not involved, the concept of day and night catches being relatively constant within each period and catches between periods differing by a relatively constant factor is an oversimplification. Studies which have examined diel changes in greater detail generally find more or less continuous changes throughout, with relatively short periods of equilibrium and constant catch rates (Woodhead 1964b; de Groot 1964; Boerema 1964; Parsons and Sandeman 1981).

In order to determine the general pattern of change in catch rate over 24 hours, the 10 years of data from each species and survey series was combined and the mean catch rate during each hour computed. The resulting means were highly variable because of the wide range of conditions encountered during each time period. The largest catch in each hour was eliminated if it contributed to more than half of the mean (9 tows were eliminated using this criterion) and the resulting figures smoothed with a 3-hour running average. The patterns which emerged (Fig. 11) are relatively well defined and generally agree with those previously observed. Cod catches on the Scotian Shelf averaged relatively low at night, peaked after sunrise, were relatively high during daylight, peaked again around sunset and then dropped off to nighttime lows (sunrise and sunset during the Scotian Shelf survey are at approximately 0500 and 2000, respectively). Woodhead (1964b) also found evidence of increased catch rates associated with dusk and dawn for arctic cod, and the general observation of larger cod catches by day during certain seasons is common (e.g. Beamish 1964; Brunel 1972). The pattern for Gulf cod is very similar. Catches fell off from a peak around sunrise to relatively high day values, then dropped off before sunset, the sunset peak apparently not falling within the survey period. The pattern for Shelf plaice is entirely different. Catches were generally higher at night and decreased to minimum values during daylight. Lower daytime catches for flatfish are common (Woodhead 1964b; Boerema 1964; Beamish 1966), probably because they are inactive and partly bury themselves in the sand at this time. This pattern appears to be reversed for Gulf plaice, but the data are too variable here for comparison.

Table 7. Annual averages of stratum means and coefficients of variation for Gulf cod after applying a "night-catch factor" of 0.25.

Year	$\bar{X}$	C.V.
1970	61.0	64.4
1971	21.2	79.1
1972	25.3	106.2
1973	26.2	83.1
1974	15.0	75.7
1975	18.6	92.6
1976	36.5	77.4
1977	33.9	98.5
1978	48.2	81.2
1979	102.2	89.1
$\bar{X}$	38.8	84.7

The important points to be made from Fig. 11 are: on the Shelf changes in catch rates for Shelf and Gulf cod are similar; on the Shelf changes in cod catches during the day appear to be as great as changes between day and night; and the difference between day and night catches is relatively small, the maximum being only a factor of about 2. Unfortunately, the present data are not amenable to detailed analysis which might estimate and compare variance components due to diel effects and horizontal dispersion, but the problem can be approached in another way. If the difference in day and night catches is great enough to cause a large added variance component to the Shelf data, then a simulated night-catch factor applied to Gulf data should lower its precision to Shelf levels. Observed night : day catch ratios for Gulf cod during late summer were summarized by Brunel (1972). This ratio is remarkably constant for five authors and averages at 0.67:1. A conservative ratio of 0.25:1 was applied to Gulf cod data in the following manner: on the average, 24-hour survey operations on the Shelf complete 8 sets per day, 4 during daylight and 4 at night. It was assumed that the Gulf surveys were completed without interruption. All sets were divided into groups of 4 in chronological order, the catch of all sets in every second group was multiplied by 0.25 and stratum means and coefficients of variation calculated as in Table 2. This conservative factor had little effect on the precision of stratum means (Table 7) and accounted for only 13% of the difference in precision between Gulf and Shelf cod.

The above results suggest that the daylight only method of the Gulf survey contributed relatively little to the higher precision of cod estimates. They do not, however, rule out the possibility that differences in the regularity of diel migrations could be responsible for the observed differences in precision. Brunel (1972) demonstrated a change in the vertical migration pattern of Gulf cod from relatively

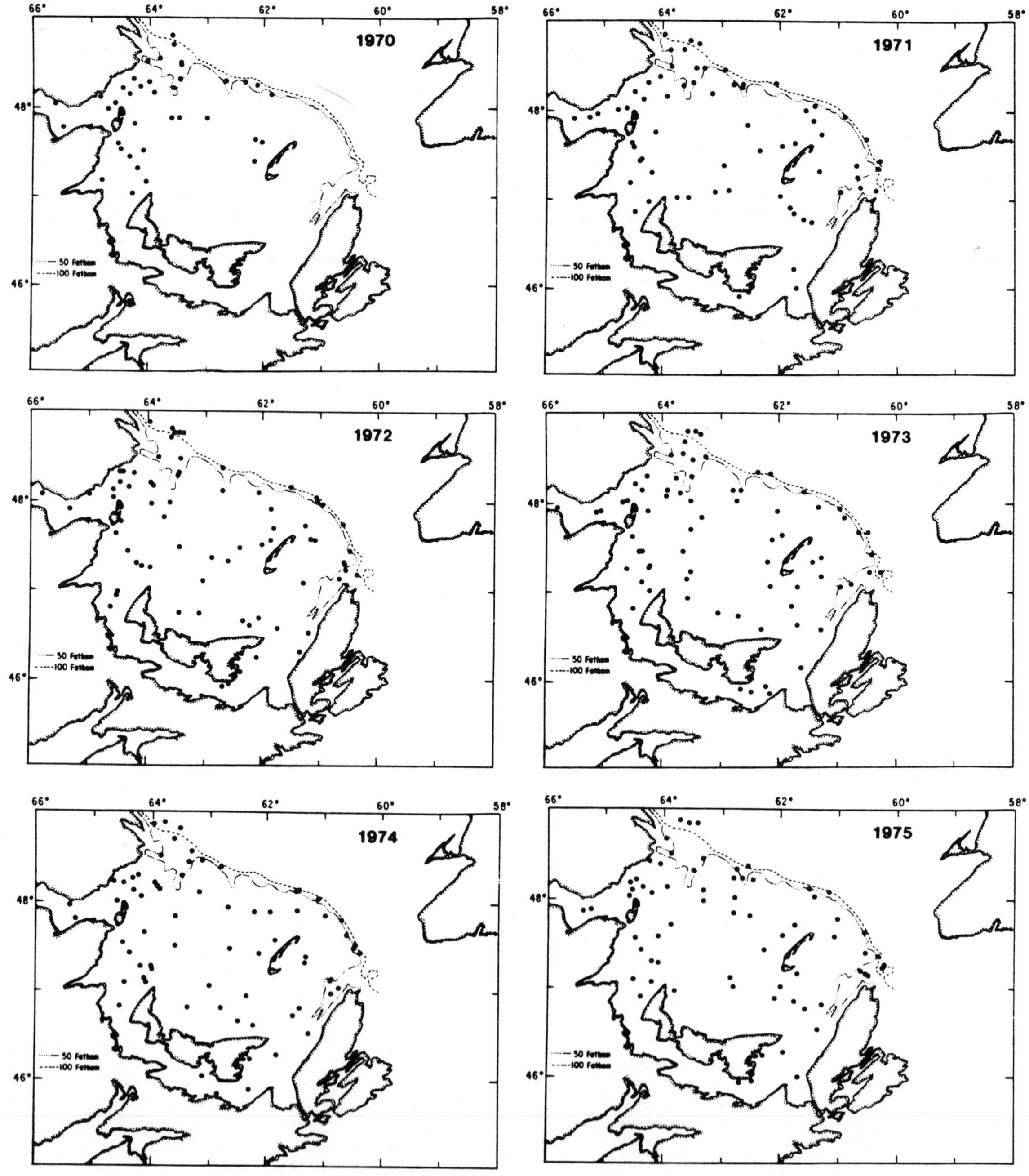

Fig. 4. The distribution of fishing stations for E.E. PRINCE fall groundfish surveys.

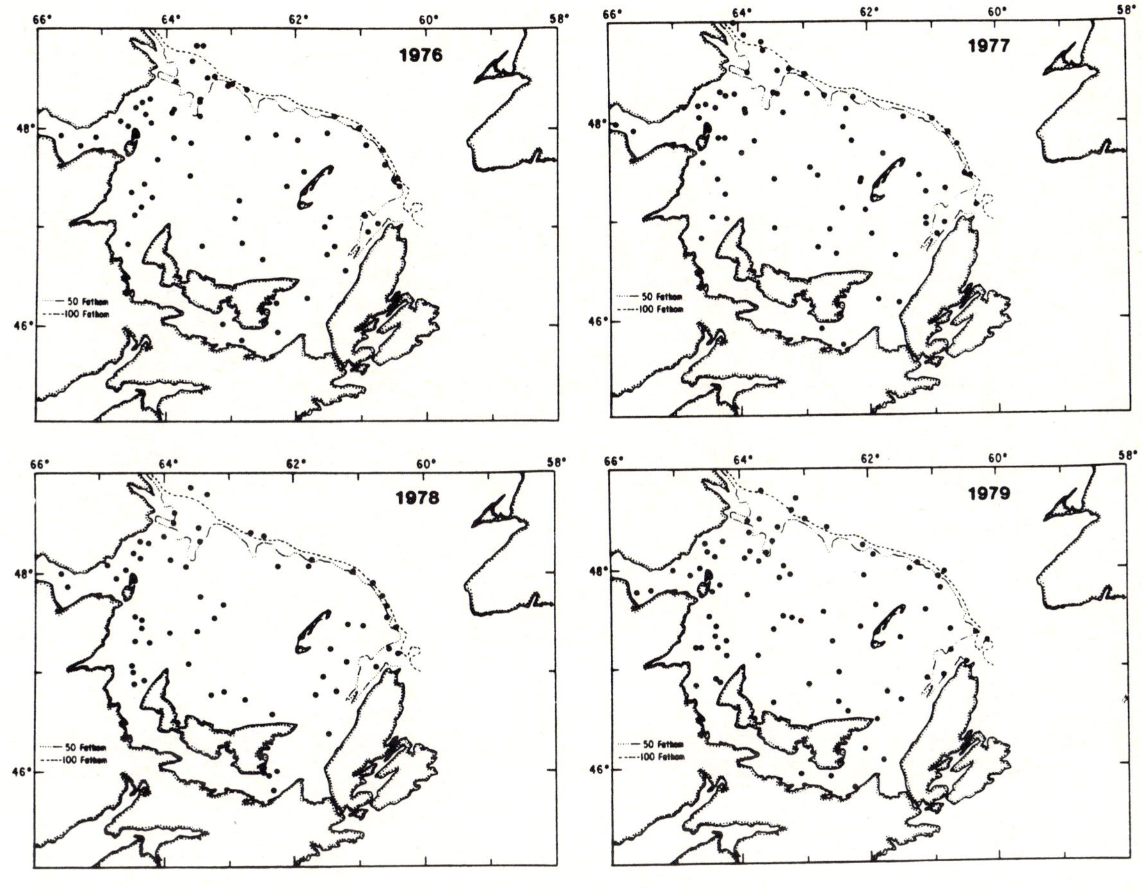

Fig. 4, cont'd

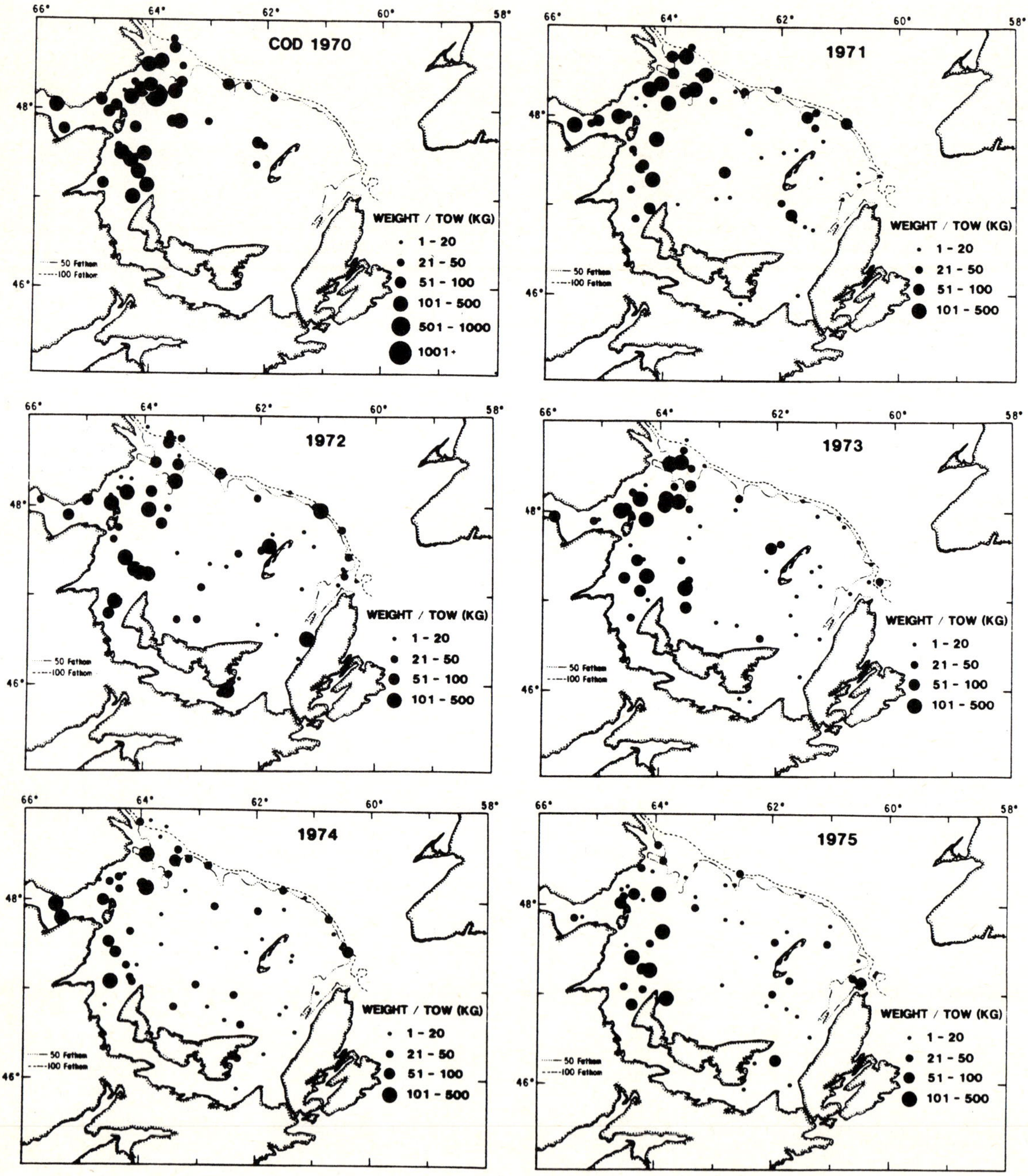

Fig. 5. Distribution of cod.

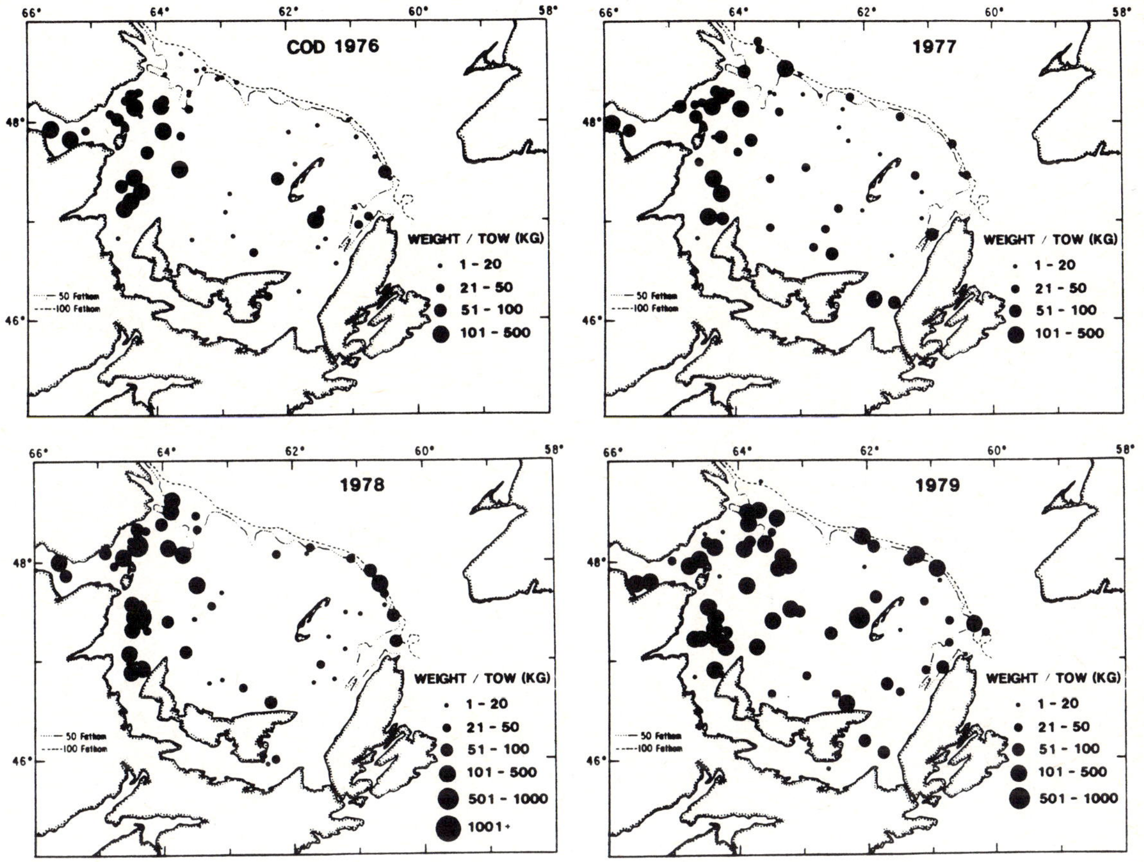
COD 1976
66°
64°
62°
60°
58°
48°
46°
WEIGHT / TOW (KG)
1 - 20
21 - 50
51 - 100
101 - 500
50 Fathom
100 Fathom
1977
66°
64°
62°
60°
58°
48°
46°
WEIGHT / TOW (KG)
1 - 20
21 - 50
51 - 100
101 - 500
50 Fathom
100 Fathom
1978
66°
64°
62°
60°
58°
48°
46°
WEIGHT / TOW (KG)
1 - 20
21 - 50
51 - 100
101 - 500
501 - 1000
1001+
50 Fathom
100 Fathom
1979
66°
64°
62°
60°
58°
48°
46°
WEIGHT / TOW (KG)
1 - 20
21 - 50
51 - 100
101 - 500
501 - 1000
50 Fathom
100 Fathom

Fig. 5, cont'd.

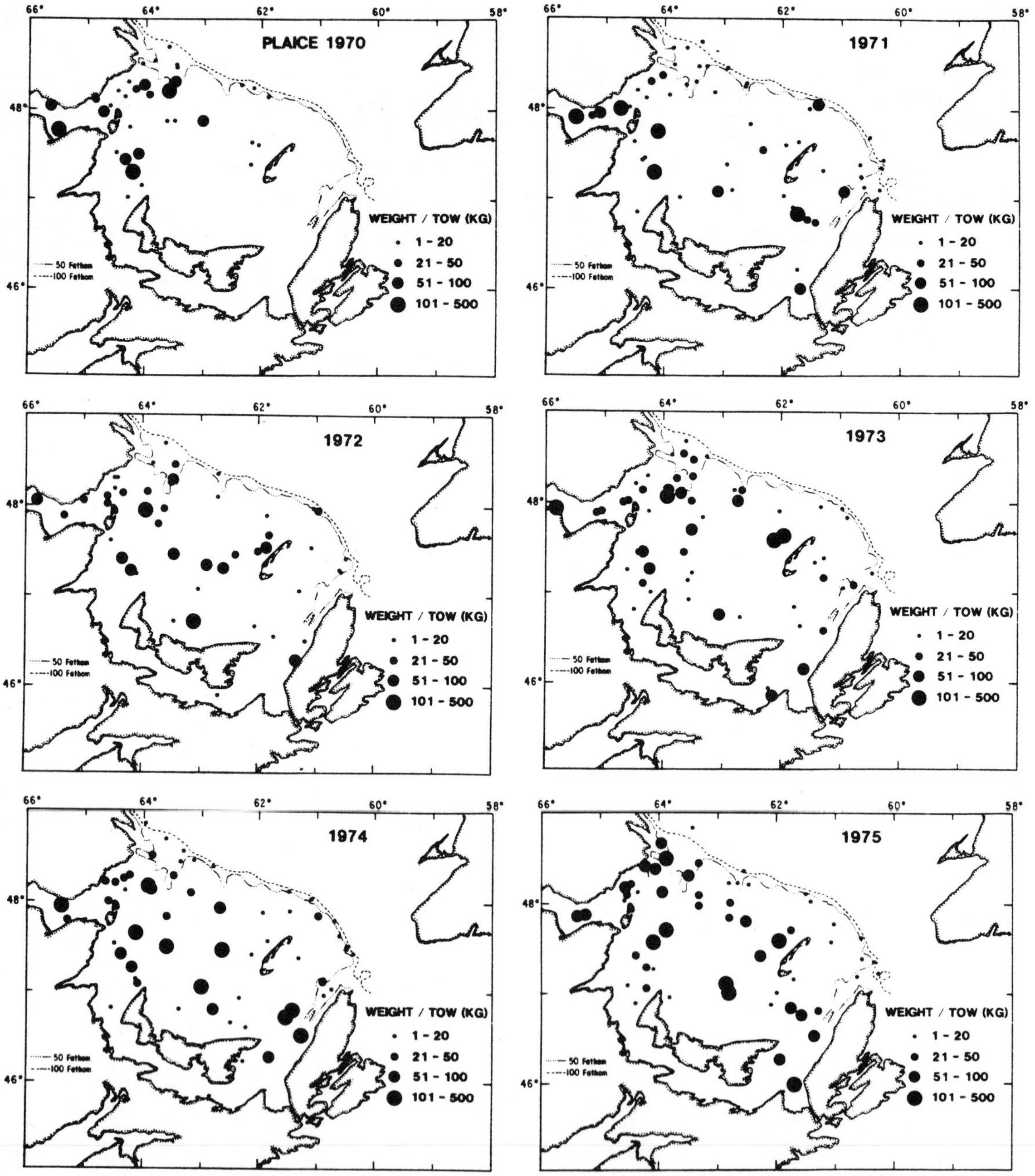

Fig. 6. Distribution of plaice.

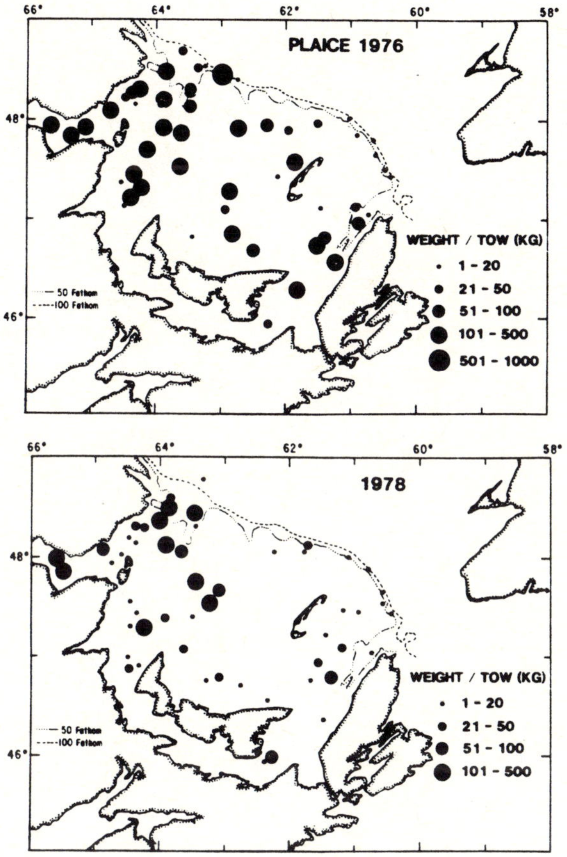
PLAICE 1976
1977
1978
1979
66°
64°
62°
60°
58°
48°
46°
WEIGHT / TOW (KG)
1 - 20
21 - 50
51 - 100
101 - 500
501 - 1000
50 Fathom
100 Fathom

Fig. 6, cont'd.

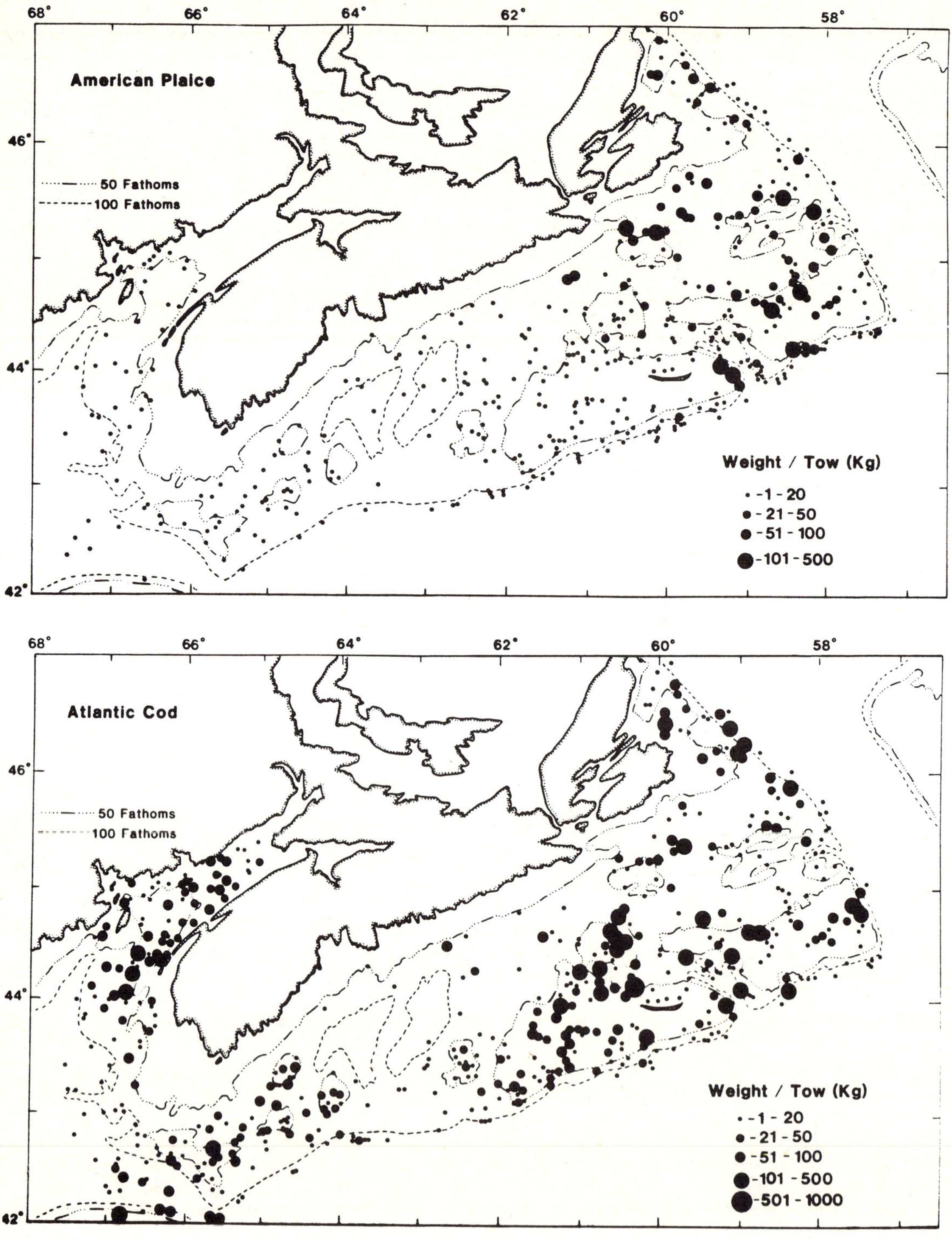

Fig. 7. Distribution of cod and plaice from *A.T. Cameron* July surveys on the Scotian Shelf 1975-79 (after Scott 1981).

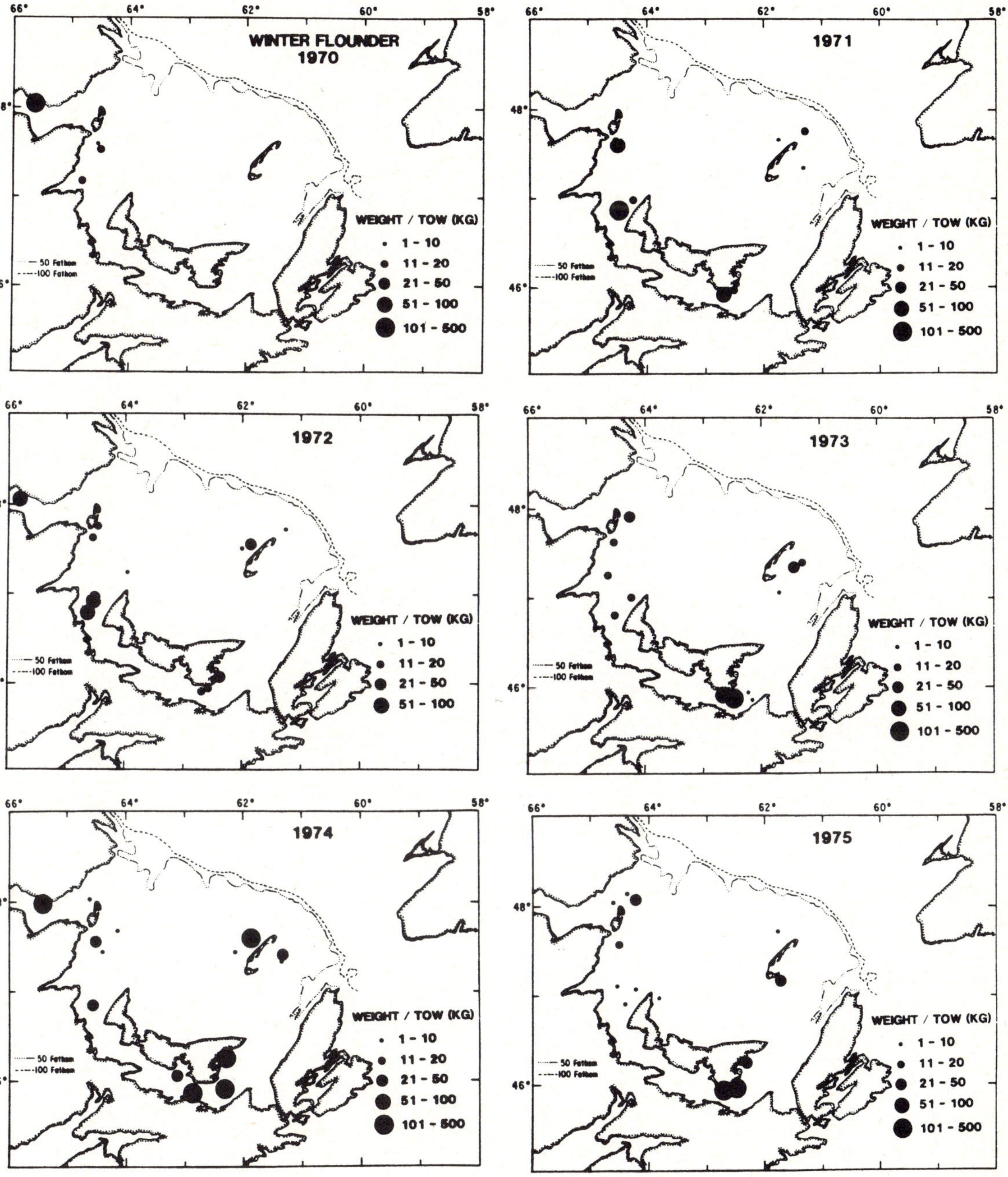

Fig. 8. Distribution of winter flounder.

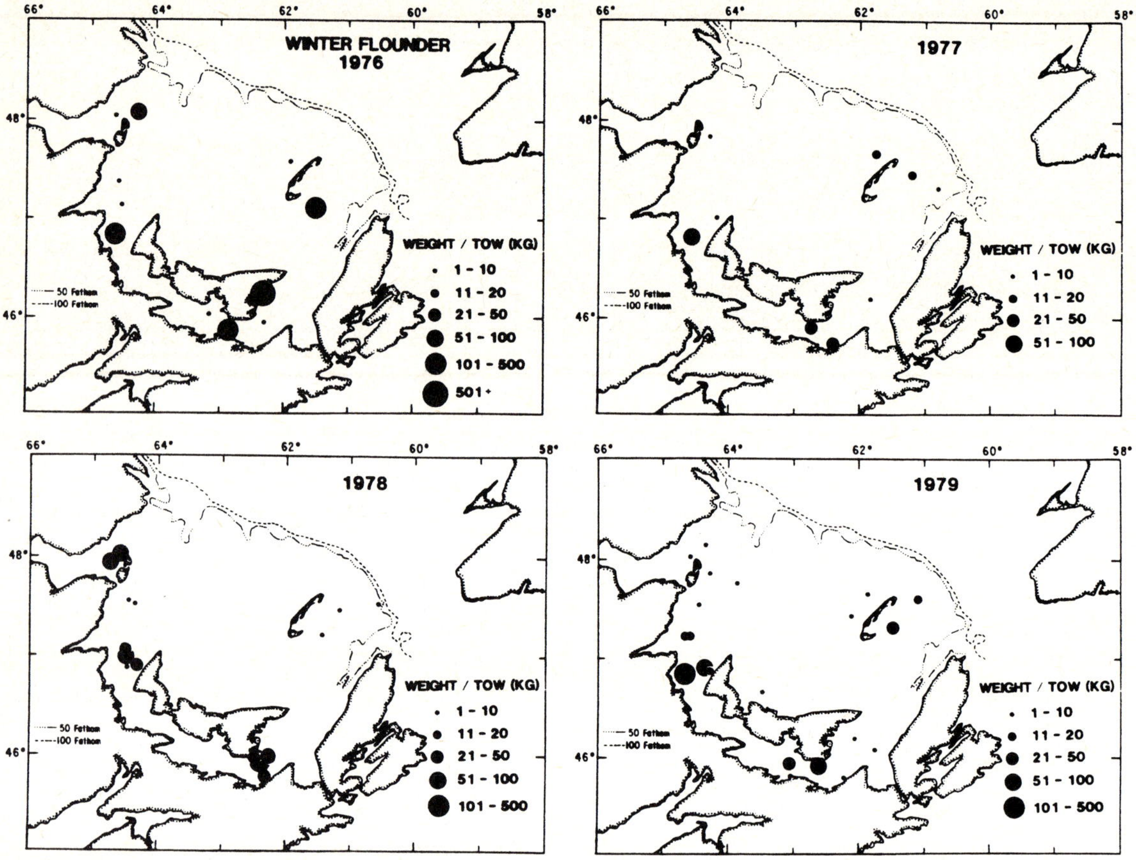
66°
64°
62°
60°
58°
48°
46°
WINTER FLOUNDER
1976
50 Fathom
100 Fathom
WEIGHT / TOW (KG)
1 - 10
11 - 20
21 - 50
51 - 100
101 - 500
501+
1977
WEIGHT / TOW (KG)
1 - 10
11 - 20
21 - 50
51 - 100
1978
WEIGHT / TOW (KG)
1 - 10
11 - 20
21 - 50
51 - 100
101 - 500
1979
WEIGHT / TOW (KG)
1 - 10
11 - 20
21 - 50
51 - 100
101 - 500

Fig. 8, cont'd.

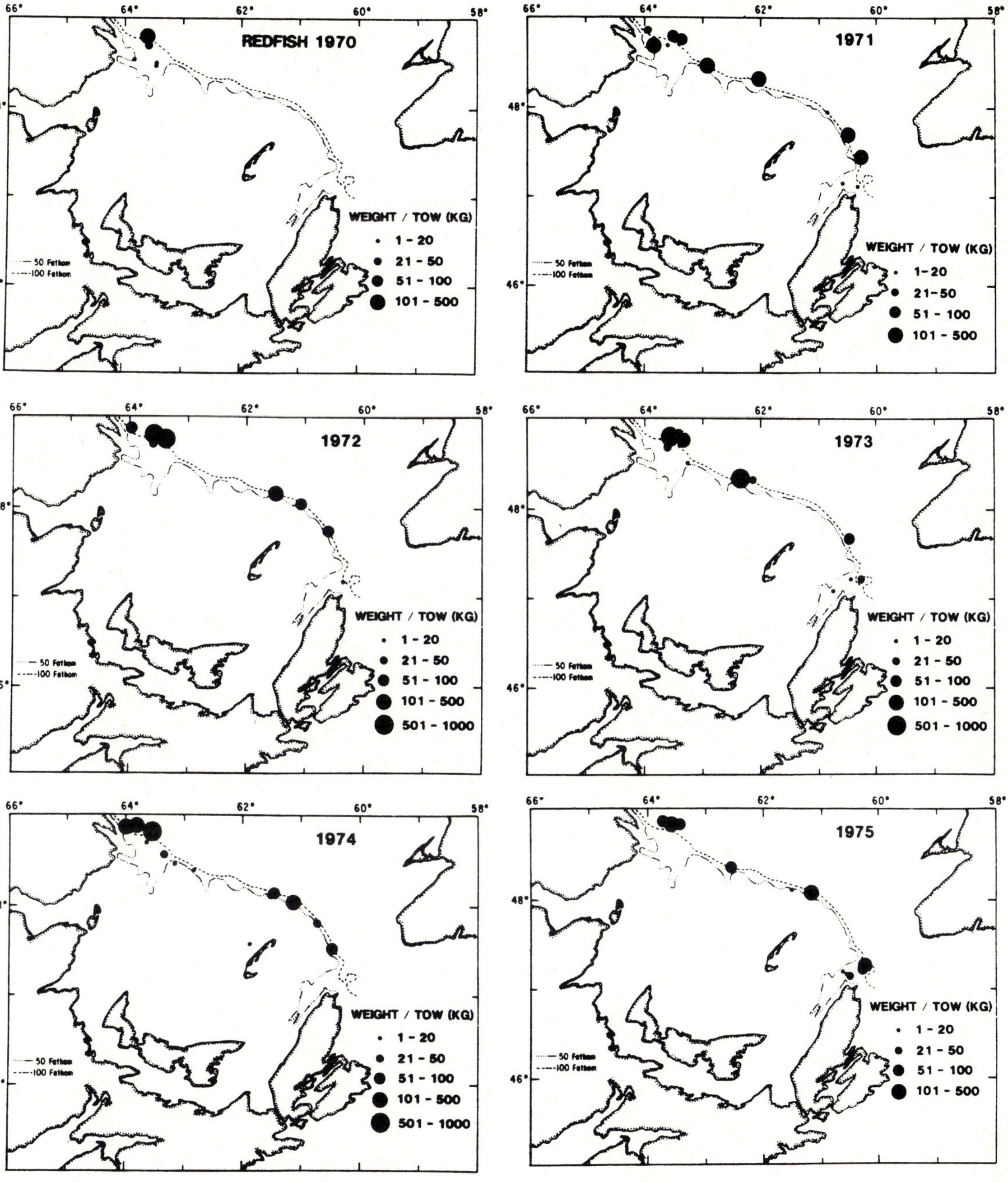

Fig. 9. Distribution of redfish.

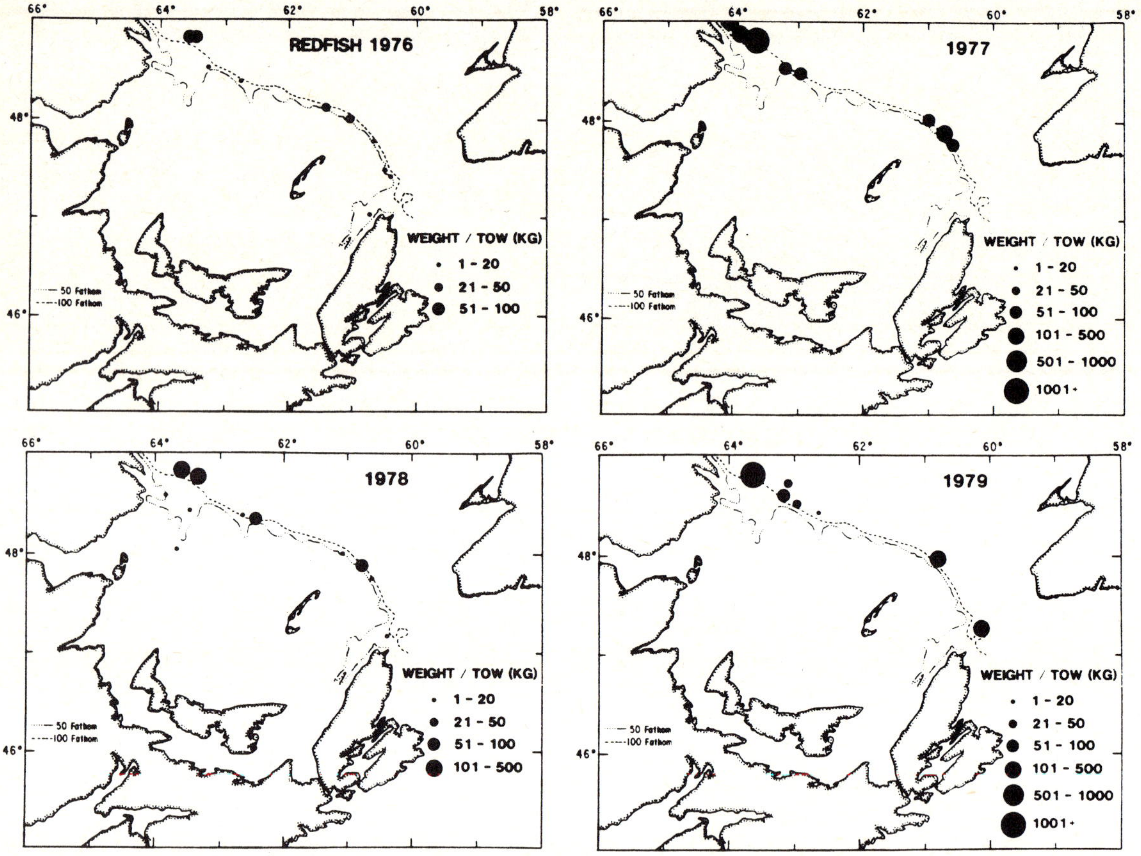

REDFISH 1976
1977
1978
1979
66°
64°
62°
60°
58°
48°
46°
WEIGHT / TOW (KG)
1 - 20
21 - 50
51 - 100
101 - 500
501 - 1000
1001+
50 Fathom
100 Fathom

Fig. 9, cont'd.

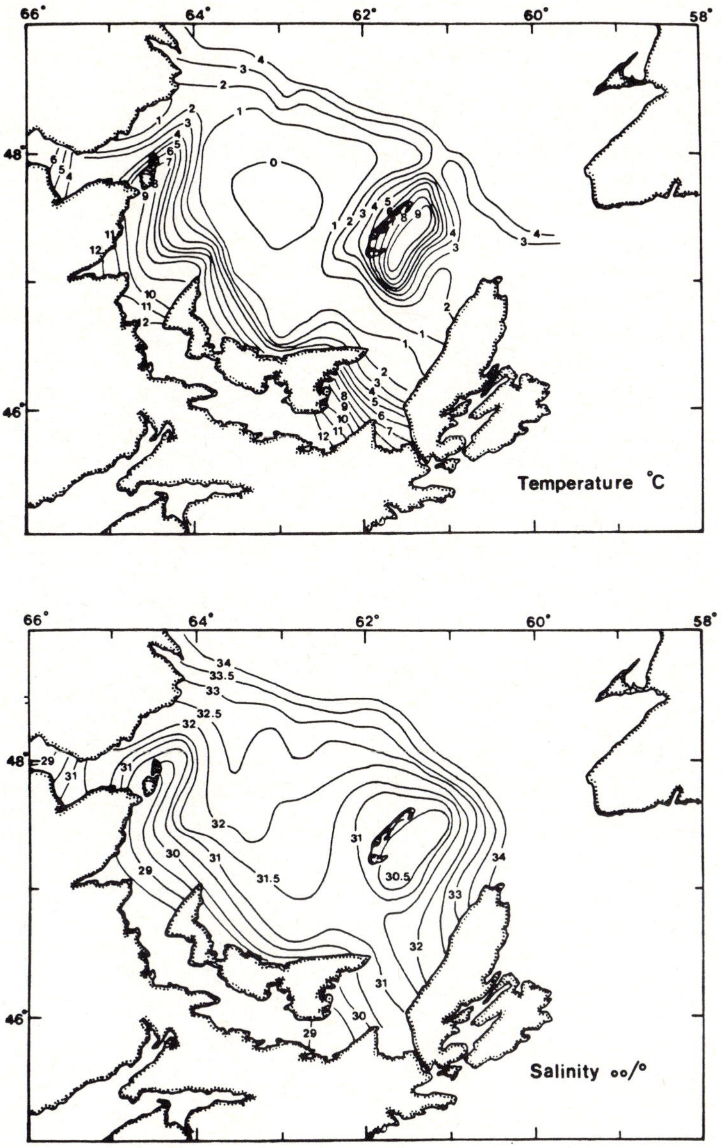

Fig. 10. Typical distribution of bottom temperature and salinity during September in the southern Gulf of St. Lawrence.

arhythmic in spring-early summer to regular diel migrations in late summer-fall. Since the Shelf survey is conducted during the former and the Gulf survey during the latter period, the regularity of migrations could well be an important factor contributing to the Gulf survey's enhanced results. The other factor to be considered is horizontal dispersion, which may also be related to vertical migration patterns. Brunel (1972) observed that the periods of most regular and intensive diel vertical migrations of Gulf cod coincided with periods of greatest horizontal migration (and possibly less contagious horizontal distribution).

In conclusion, it would appear that while some methodological changes, for example to the stratification schemes, may have a considerable effect on the precision of estimates for some species, it is fish behavior which ultimately determines the magnitude of the variances. The success of the Gulf survey for cod is probably a matter of being in the right place at the right time of year. The survey is, more by chance than intention, designed for cod. It demonstrates that with readily obtainable information on changes in horizontal and vertical distribution patterns over time, species-specific surveys could be designed which give results that meet the demands of present fisheries management techniques.

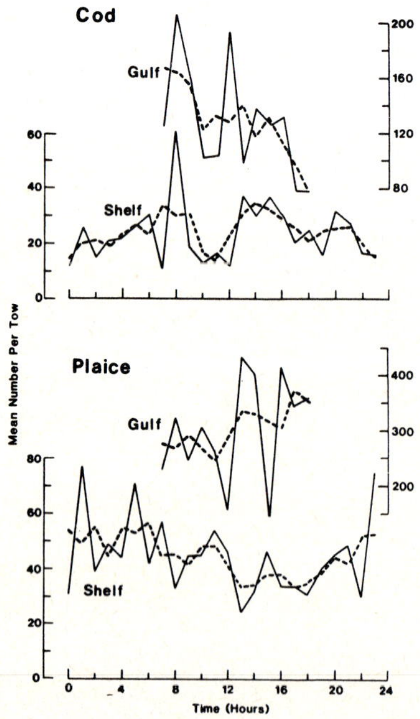

Fig. 11. Mean number of cod and plaice caught per tow during each hour of the Scotian Shelf (July) and Gulf of St. Lawrence (September) groundfish surveys, 1970-79. Solid line - adjusted mean numbers; dashed line - 3-hour running average.

BIBLIOGRAPHY

Beacham, T.D. 1980. 1980 assessment of cod in Division 4T and 4Vn (Jan.-Apr.). CAFSAC Res. Doc. No. 80/22.

Beamish, F.W.H. 1966. Vertical migration by demersal fish in the Northwest Atlantic. J. Fish. Res. Board Can. 23: 109-139.

Boerema, L.K. 1964. Some effects of diurnal variation in the catches upon estimates of abundance of plaice and sole. Rapp. Cons. Explor. Mer 155: 52-57.

Brunel, P. 1964. Food as a factor or indicator of vertical migrations of cod in the western Gulf of St. Lawrence. ICNAF Environmental Symposium, Rome 1964, Contribution No. C-2, p. 1-16.

________ 1972. The Gaspé cod ecosystem in the Gulf of St. Lawrence. III. The daily and seasonal vertical migrations of cod (Gadus morhua) in 1960-62. Nat. Can. 99: 287-357.

Cleary, L. 1979. Flatfish of the Scotian Shelf. CAFSAC Res. Doc. No. 79/27.

deGroot, S.J. 1964. Diurnal activity and feeding habits of plaice. Rapp. Cons. Explor. Mer 155: 48-51.

El-Sabh, M.I. 1973. Seasonal and log-term variations of the water properties in the Gulf of St. Lawrence. In Proceedings of Workshop of Physical Sciences in the Gulf and Estuary of St. Lawrence, Rimouski, Oct. 11-12, 1973.

Grey, D.F. 1979. 4VsW cod: background to the 1979 assessment. CAFSAC Res. Doc. No. 79/30.

Grosslein, M.D. 1969. Groundfish survey program of BCF Woods Hole. Comm. Fish. Rev. 31(8-9): 22-35.

________ 1971. Some observations on accuray of abundance indices derived from research vessel surveys. ICNAF Res. Doc. 71/59.

Gulland, J.A. (Ed.). 1964. Contributions to Symposium 1963 "On the measurement of abundance of fish stocks." Rapp. Cons. Explor. Mer 155: 1-223.

Halliday, R.G., and A.C. Kohler. 1971. Groundfish survey programs of the St. Andrews Biological Station, Fisheries Research Board of Canada - objectives and characteristics. ICNAF Res. Doc. 71/35.

Halliday, R.G., and P.A. Koeller. 1981. A history of Canadian groundfish trawling surveys and data usage in ICNAF Divisions 4TVWX. In W.G. Doubleday and D. Rivard (Ed.). Bottom Trawl Surveys/Relevés au chalut de fond. Can. Spec. Publ. Fish.

Aquat. Sci. /Publ. spéc. can. sci. halieut. aquat. 58. (this volume)

Hempel, G. 1964. Some observations on tidal effects on the catch of plaice (Pleuronectes platessa L.) and dab (Limanda limanda (L.)) in the German Bight. Rapp. Cons. Explor. Mer 155: 65.

Hennemuth, R.C. 1976. Variability of ALBATROSS IV catch per tow. ICNAF Res. Doc. 76/104.

Jones, B.W., and J.G. Pope. 1973. A groundfish survey of Faroe Bank. ICNAF Res. Bull. 10: 53-61.

Leim, A.H., and W.B. Scott. 1966. Fishes of the Atlantic coast of Canada. Bull. Fish. Res. Board Can. 155: 1-485.

Metuzals, K.I. 1980. Assessment of American plaice (Hippoglossoides platessoides F.) in NAFO Division 4T. CAFSAC Res. Doc. 80/41.

Parsons, D.G., and E.J. Sandeman. 1981. Groundfish survey techniques as applied to abundance surveys for shrimp. In W.G. Doubleday and D. Rivard (Ed.). Bottom Trawl Surveys/Relevés au chalut de fond. Can. Spec. Publ. Fish. Aquat. Sci. /Publ. spéc. can. halieut. aquat. 58. (This volume)

Scott, J.S. 1981. Summer distribution of groundfishes on the Scotian Shelf. In W.G. Doubleday and D. Rivard (Ed.). Bottom Trawl Surveys/Relevés au chalut de fond. Can. Spec. Publ. Fish. Aquat. Sci./Publ. spéc. can. halieut. aquat. 58. (This volume)

Sukhatme, P.V. and B.V. Sukhatme. 1970. Sampling theory of surveys with applications. Iowa State University Press, Ames, Iowa, USA, p. 1-452.

Woodhead, P.M.J. 1964a. Effects of light on the behavior and distribution of demersal fishes of the North Atlantic. ICNAF Environmental Symposium, Contribution No. A-15.

______ 1964b. Diurnal changes in trawl catches of fishes. Rapp. Cons. Explor. Mer 155: 35-44.

DONNÉES PRÉLIMINAIRES SUR LA DISTRIBUTION VERTICALE DE LA CREVETTE, PANDALUS BOREALIS, ET SES IMPLICATIONS SUR LES ESTIMATIONS DE STOCKS

par

J. Fréchette, S. Pilote et G. Chabot

Ministère de l'Agriculture, des Pêcheries
et de l'Alimentation
Direction générale des Pêches maritimes
Direction de la Recherche scientifique
et technique
2700 Einstein, Sainte-Foy, Québec
G2B 1J4

RÉSUMÉ

L'étude de la distribution verticale de la crevette Pandalus borealis fut effectuée à l'aide d'un échantillonneur étagé. La différence des densités de crevettes entre le jour et la nuit est très importante (de 2,8 à 5,8 plus grand le jour). Les captures durant le jour sont relativement plus élevées entre 1 et 3 m au-dessus du fond, pendant qu'elles sont plus faibles dans le premier mètre, ce qui laisse supposer que cette espèce est plus suprabenthique que benthique. La crevette est plus près du fond par temps ensoleillé que par temps couvert. Les classes d'âge dans la population sont représentées différemment selon la hauteur par rapport au fond avec proportionnellement plus de mâles dans les deux premiers mètres et une proportion plus grande de femelles dans les derniers mètres.

Durant la nuit, toutes les classes d'âge subissent une diminution d'abondance, ce qui démontre que mâles et femelles migrent verticalement. Proportionnellement c'est chez les mâles que l'on observe la diminution d'abondance la plus grande dans la couche d'eau échantillonnée (0-5 m du fond).

Les résultats de distribution verticale de la crevette durant le jour indiquent qu'en moyenne 50% des crevettes ne sont pas vulnérables au chalut YANKEE 41 utilisé dans les inventaires; le coefficient de vulnérabilité utilisé devrait donc être réévalué.

Mots-clés: crevettes, distribution verticale, relevés biologiques.

ABSTRACT

The study of the vertical distribution of the shrimp, Pandalus borealis, was carried out by means of a stage vertical sampler. The difference between day and night catches is very important (2.8 to 5.6 higher during the day). The catches during the day are higher in the II and III levels (1-3 m) and lower in the first level (closest to the bottom), which leads us to believe that the distribution of the species is more suprabenthic then benthic. The shrimp is closer to the bottom on sunny days and more dispersed on overcast days. The age class structure of the population differs from level to level above the bottom; proportionally more males are found close to the bottom (0-2 m) while females are more concentrated in the highest levels.

During the night the abundance of all age classes decreases due to the vertical migration of males and females. The decrease observed in the abundance of shrimps within the water layer sampled (0-5 m) is more important for male than for females.

Results about the vertical dispersion of shrimps during the day indicate that about 50% of shrimps are not catchable by means of a YANKEE 41 trawl used in the surveys; therefore the catchability coefficient should be revised.

Key words: shrimp, vertical distribution, biological surveys.

INTRODUCTION

L'estimation de l'abondance d'un stock de poissons ou de crustacés par la méthode des aires balayées comporte de sérieuses limitations telles que le soulignent Alverson et Pereyra (1969). Quoique l'emploi d'un schéma de stratification judicieux diminue pour une part la variabilité de l'estimation et pallie avec plus ou moins de succès le manque d'homogénéité dans les distributions des espèces à l'étude, le problème de la vulnérabilité réelle de l'organisme face à l'engin de pêche reste entier. Le coefficient de vulnérabilité se définit comme la proportion d'individus réellement capturés par le chalut en rapport avec la quantité totale d'individus présents dans la surface échantillonnée. Cette vulnérabilité se manifeste d'une part pour les individus accessibles au chalut, et d'autre part pour ceux qui ne sont pas accessibles parce qu'ils sont enfouis dans le sol ou qu'ils nagent au-dessus de la ralingue supérieure du chalut. Chez la crevette, Pandalus borealis, la vulnérabilité des individus accessibles au chalut est probablement de l'ordre de 1,0 puisque chez cette espèce et chez plusieurs espèces parentes, il n'y a de comportements de fuite qu'après un contact physique (High et al., 1969). Cette particularité a pour effet de limiter les fuites latérales et verticales et d'amoindrir le phénomène d'agrégation causé par l'action des panneaux et des fourches. Plus important chez cette espèce est le problème de l'évaluation du nombre d'individus non accessibles au chalut de fond standard, car il est bien connu que cette espèce effectue, selon un cycle nycthéméral, une migration verticale importante, tout comme plusieurs espèces de crevettes de la famille des Pandalidés (Pearcy, 1970, Beardsley, 1973, et Barr and McBride, 1967). La nuit, les individus sont dispersés sur une grande partie de la colonne d'eau, tandis que le jour cette distribution est beaucoup plus près du fond. Quelle est l'ampleur cependant de cette migration de nuit et jusqu'à quel point cette distribution est-elle suprabenthique le jour?

Afin de répondre à ces questions, nous avons amorcé en 1975 un projet de recherche sur la distribution verticale de cette espèce afin d'une part, de raffiner les estimations de biomasse produites en y incorporant un coefficient de vulnérabilité approprié et d'autre part d'optimiser l'efficacité des engins de pêche utilisés par les pêcheurs, en appliquant les résultats à la conception d'un chalut qui capture une plus grande part unitaire du stock.

MATÉRIEL ET MÉTHODES

L'engin de pêche utilisé en 1975 était en tout point semblable à celui utilisé par Beardsley (1973) chez Pandalus jordani et se composait d'un cadre métallique rigide subdivisé en compartiments de 30,5 cm par 61 cm qui permet d'échantillonner jusqu'à 1,83 m du fond. Il était cependant possible d'y fixer une extension permettant d'échantillonner jusqu'à 3,66 m du fond. À chacun de ces compartiments était fixé un filet permettant de recueillir les crevettes par étage d'un pied. Onze traits d'une heure furent effectués avec cet échantillonneur étagé dans la partie nord-ouest du golfe du Saint-Laurent (secteur de Sept-Îles), uniquement durant le jour. Le fonctionnement de cet appareil sur les fonds vaseux fut cependant erratique tel que l'indiquait la quantité de vase qui s'accumulait dans les compartiments les plus près du fond. Nous l'avons donc, par la suite, modifié considérablement, afin de poursuivre l'étude.

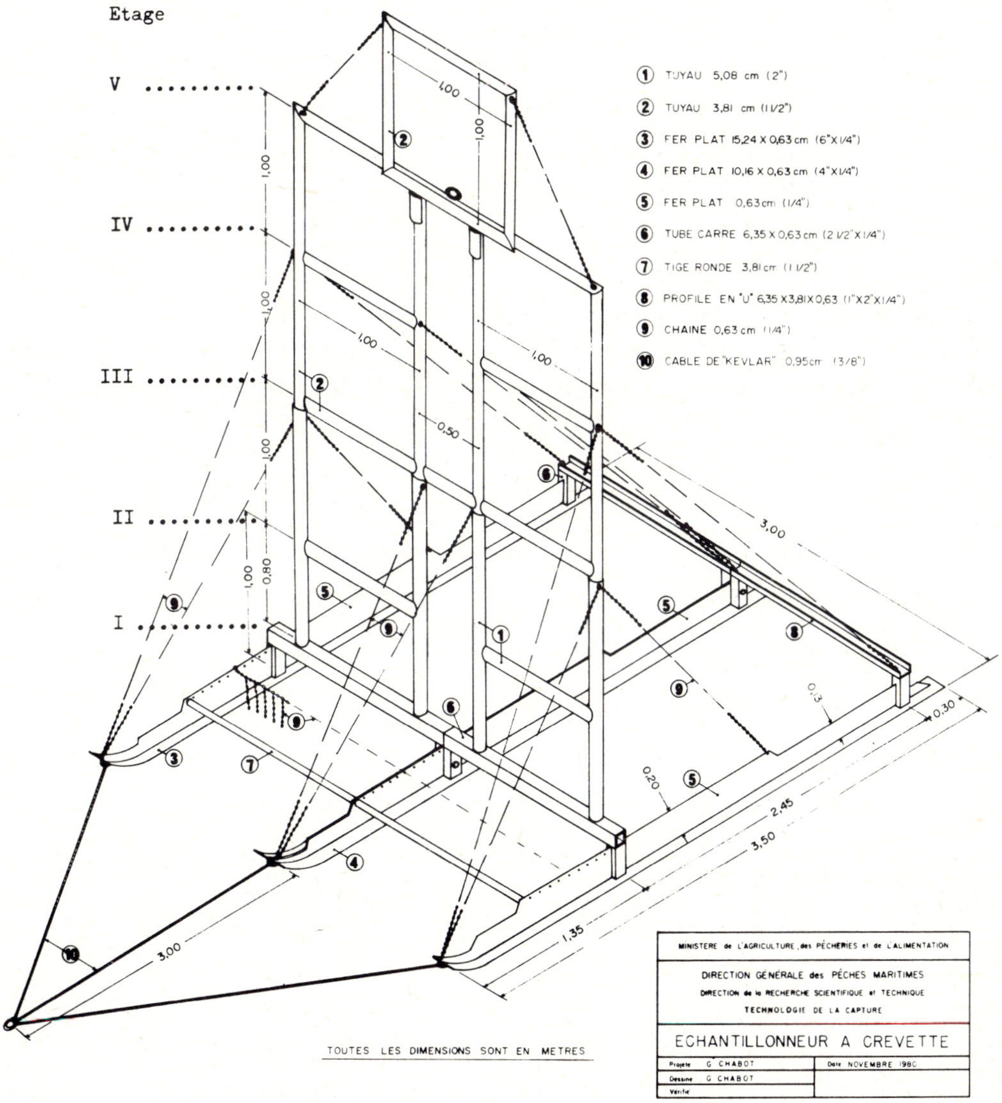

Fig. 1 . Plan de l'échantillonneur étagé à crevettes tel qu'utilisé en 1980.

Un prototype nouveau fut donc construit en 1979; ses nouvelles dimensions sont de 4 m en hauteur et 2,5 m en largeur (figure 1). Il fut modifié de nouveau en 1980, afin de porter sa hauteur à 5 m. Chaque étage de 1 m porte deux filets à mailles de 25 mm, sauf l'étage ajouté en 1980, qui ne porte qu'un seul filet. Chaque filet mesure 1 m de côté et 1,7 m de long se terminant par une poche de 1,7 m (figure 2). L'addition de trois skis de 15 cm de large sur lesquels est fixé l'échantillonneur, constitue la principale addition au concept original et nous permet de touer celui-ci en conservant une hauteur toujours égale de l'appareil par rapport au fond, tout en minimisant les risques de bris. Une chaîne racleuse, fixée à l'avant, permet de déloger les crevettes du fond. L'ajustement de cette chaîne à l'avant de l'échantillonneur a été effectué de façon à ce que les crevettes ne puissent fuir, croyons-nous, que dans le premier étage.

L'appareil était traîné sur le fond à la vitesse de 3,5 à 4,0 noeuds pendant une heure à l'aide d'une des fûnes de pêche. La longueur de fûne utilisée variait de 3,3 à 4,7 fois la profondeur verticale.

En août 1979, 20 traits furent complétés dans la région nord-ouest du golfe du Saint-Laurent, sur des fonds de vase et à des profondeurs de 183 à 234 m. Dans la même région, 42 traits furent effectués en 1980, à des profondeurs variant de 181 à 229 m.

Après chaque trait, les crevettes de chaque filet étaient comptées et mesurées par sexe (longueur du céphalothorax). On notait également les données relatives à la position, à l'heure du début et de la fin du trait et à la météo.

Des densités de crevettes par unité de volume furent par la suite calculées, en reliant les captures à la surface couverte par l'échantillonneur pour chacun des traits et à la surface pêchante de chacun des étages de l'appareil. Cette densité (nombre de crevettes/100 m^3) fut calculée pour chacun des traits et chacune des étages correspondant à des intervalles de profondeur au-dessus du fond.

RÉSULTATS

VARIATIONS JOUR-NUIT DES CAPTURES

Les résultats obtenus en 1980 (tableau 1) nous permettent de constater que la distribution de _Pandalus borealis_ est nettement différente la nuit comparativement au jour.

En 1980 la densité de crevettes par unité de volume pour tous les étages de l'échantillonneur vertical atteint un maximum entre 10:00 et 12:00 heures (1,99 crevette/100 m^3) et un minimum durant la nuit entre 20:00 et 24:00 heures (0,339 crevette/100 m^3).

Comparés aux résultats de 1980, ceux de 1979 ne diffèrent que très peu, le maximum de captures étant comparable en valeurs et survenant de plus aux mêmes périodes du jour et de la nuit (figure 3). Le rapport entre les captures du jour et celles de la nuit varie en 1980 de 5,87 à 2,85 et est de 2,42 en août 1979. Ces valeurs sont comparables à celles estimées par Carlsson et al. (1978) pour le mois d'août (3,21) pour le stock de crevettes de la partie est du détroit de Davis (valeur estimée par l'étude de traits de chalut commerciaux), et supérieures à celles calculées pour la côte du Labrador en 1978 qui varient de 1,36 à 1,56 (Axelsen et al., 1979).

DISTRIBUTION DE _PANDALUS BOREALIS_ AU-DESSUS DU FOND

En 1980 les densités moyennes obtenues par étage (tableau 2) permettent de déterminer l'abondance des individus par intervalle de profondeur au-dessus du fond.

L'étage I (0-1 m) ne rapporte pas autant d'individus que les étages II, III. En effet le maximum atteint à l'étage I est de 1,398 individus par 100 m^3 comparativement à 3,106 et 2,809 aux étages II et III. Cette tendance s'amplifie au lever et au coucher du soleil, alors que l'étage I capture le plus petit nombre de crevettes de tout l'échantillonneur. On observe un même patron de distribution verticale des crevettes au-dessus du fond en 1980, 1979 et 1975. En effet pour tous les essais effectués (figure 4), nous n'avons retrouvé que peu d'individus près du fond. Ces résultats nous portent à penser que _Pandalus borealis_ est une espèce dont la distribution est suprabenthique et est donc partiellement vulnérable aux chaluts de fond conventionnels. Des essais récents de pêche avec un chalut pélagique à des hauteurs du du fond de l'ordre de 2 m présentent d'ailleurs des résultats de pêche élevés (Tobey et Rycroft, 1978) et donnent donc plus de poids à cette hypothèse; ces résultats de pêche ne sont cependant qu'indicatifs, étant donné la très grande surface pêchante du chalut utilisé.

Ce sont les étages II (1-2 m) et III (2-3 m) qui capturent le plus d'individus par unité de volume durant le jour (tableau 2). Entre 10:00 et 12:00 heures, la densité de crevettes pour ces étages atteint un maximum qui représente de plus la plus forte densité enregistrée en fonction de l'heure du jour et de la hauteur du fond.

On remarque que les densités calculées dans les étages III, IV et V (2-5 m) diminuent graduellement pour atteindre des valeurs minimales à l'étage V, le plus éloigné du fond, (tableau 2) durant le jour.

DISTRIBUTION DE _PANDALUS BOREALIS_ AU DESSUS DU FOND PAR TEMPS COUVERT ET TEMPS ENSOLEILLÉ

Beardsley (1973) a constaté chez _Pandalus jordani_ que la distribution des individus de cette espèce au-dessus du fond est différente

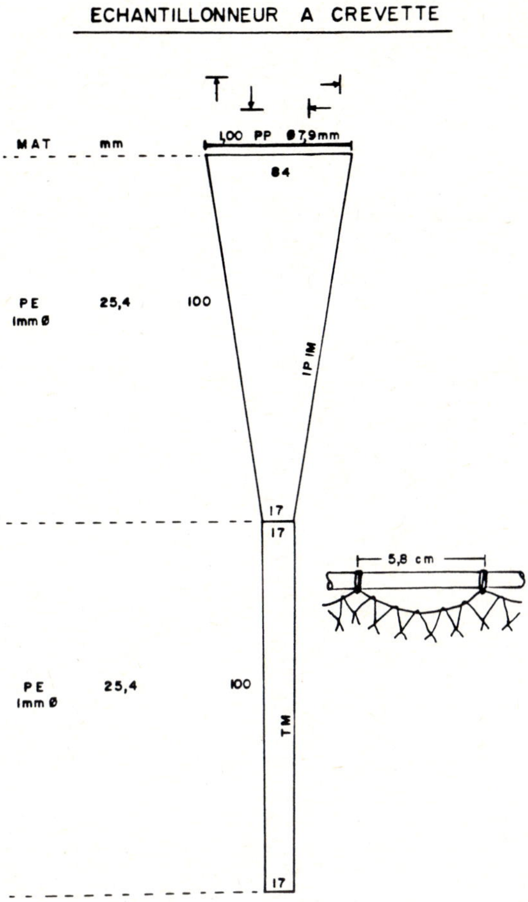

Fig. 2. Plan des filets de l'échantillonneur à crevettes tel qu'utilisé en 1979 et 1980.

selon les conditions de luminosité. Nos résultats (tableau 3), en 1980, nous permettent de supposer qu'il en est de même chez Pandalus borealis. Par temps couvert on observe en effet un déplacement des crevettes vers le haut; le maximum de concentration, observé entre 1 et 2 m par temps ensoleillé, se retrouve entre 2 et 3 m par temps couvert.

RAPPORT DES SEXES ET RÉPARTITION VERTICALE PAR CLASSE DE TAILLE

Le rapport des sexes (♂/♀) dans les captures par étage nous permet de constater que celui-ci est très élevé le jour à l'étage I et diminue graduellement quand on s'éloigne du fond (tableau IV). De l'étage I à V, il passe de 13,5 à 8,0 le jour, entre 07:00 heures et 19:00 heures. Le même phénomène est présent la nuit, mais de façon moins nette, de 6,2 à 4,4. Les mâles semblent donc occuper principalement les étages II et III le jour et les femelles les étages III, IV et V. On note que le rapport pour tous les étages, le jour est de 9,1 et la nuit de 5,1. Cette constatation indique que la migration doit affecter plus les mâles que les femelles.

Sur la base de ces résultats et tenant compte de l'inversion de sexe de mâle à femelle qui affecte tous les individus du stock, il semble que les jeunes individus mâles se distribuent de façon plus étendue au-dessus du fond la nuit que les plus vieux individus qui ne sont constitués que de femelles. Il est donc possible que la migration verticale affecte différemment les différentes classes d'âge présentes dans la population.

La figure 5 présente les distributions de taille observées le jour et la nuit pour différents intervalles de profondeur.

Tableau I - Captures de crevettes/100 m^3 en fonction de l'heure du jour (1980).

Heures	Densité (crevettes/100 m^3)	D.S.	Coefficient Jour/nuit	%
00:00 à 06:00	0,699	0,1588	2,85	35,1
06:00 à 10:00	1,159	0,3952	1,72	58,1
10:00 à 12:00	1,992	0,8985	1,00	100,0
12:00 à 14:00	1,943	0,7799	1,03	97,1
14:00 à 16:00	1,645	0,7509	1,21	82,6
16:00 à 18:00	1,358	0,3247	1,47	68,0
18:00 à 20:00	1,161	0,4673	1,72	58,1
20:00 à 24:00	0,339	0,0653	5,87	17,0

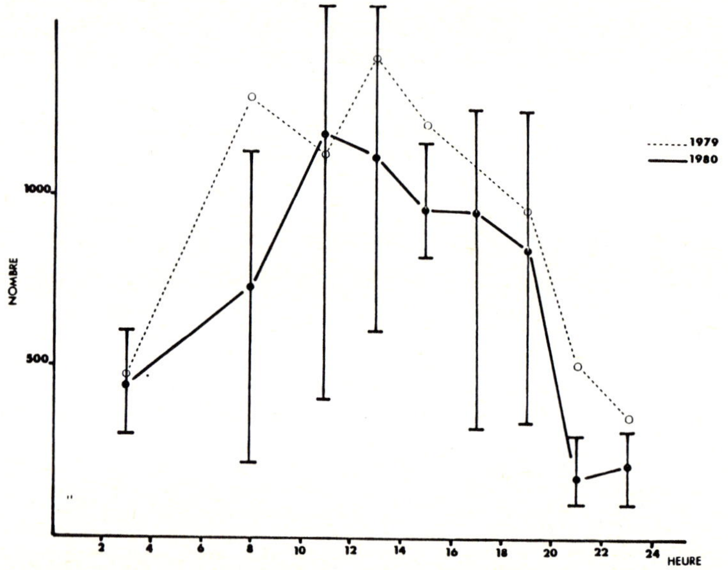

Fig. 3 . Captures totales de crevettes en 1979 et 1980 obtenues avec l'échantillonneur étagé à crevettes en fonction de l'heure du jour.

Tableau 2 - Captures moyennes de crevettes/100 m^3 par étage selon les heures du jour.

Heure:	00:00 06:00	06:00 10:00	10:00 12:00	12:00 14:00	14:00 16:00	16:00 18:00	18:00 20:00	20:00 24:00
Nombre de traits:	3	8	5	4	4	5	3	6
Étage:								
V (4-5 m)	0,642	0,571	0,931	0,912	0,631	0,902	1.011	0.252
IV (3-4 m)	0,890	1,030	1,806	1,576	1,231	1,445	1.340	0.382
III (2-3 m)	0,795	1,437	2,809	2,374	2,070	1,594	1.779	0.400
II (1-2 m)	0,699	1,589	3,016	2,966	2,578	1,690	1.177	0.375
I (0-1 m)	0,471	1,170	1,398	1,888	1,715	1,157	0.500	0.288
$\overline{M}$	0,669	1,159	1,992	1,943	1,645	1,358	1,161	,339

Quatre modes sont généralement présents et correspondent respectivement aux classes d'age 0 (11,4 mm), 1 (15,8 mm), II (19,2 mm) et III* (23,9 -24,2 mm). Tandis que les trois premières classes modales ne sont constituées pratiquement que de mâles, et la dernière ne comprend que des femelles. Cette structure particulière de population est généralement caractéristique de Pandalus borealis, (Axelsen et al., 1979, Fréchette et Dupouy, 1979). Il apparaît cependant que l'abondance de la classe d'âge des femelles est faible proportionnellement à celle des mâles. Cette particularité peut s'expliquer par le fait que tous les essais ont été effectués à faible profondeur où la proportion des mâles est plus grande. De plus, l'utilisation d'un maillage relativement petit pour cette espèce (25 mm) cause une représentation plus forte des petits individus mâles.

Toutes les classes d'âge sont représentées à tous les intervalles de profondeur durant le jour, exception faite de la classe 0 uniquement présente dans les étages 1, 2 et 3. On note cependant une préférence des plus vieux individus (femelles) à occuper les étages intermédiaires, pendant que les jeunes individus (mâles) se rencontrent plus près du fond.

Durant la nuit l'abondance de toutes les classes d'âge subit une diminution brusque. C'est chez les classes d'âge des mâles que ce phénoméne apparaît le plus important, particulièrement au niveau de la classe II. Les différences d'abondance observées pour les différentes classes d'âge entre le jour et la nuit démontrent que particulièrement au niveau des mâles (classes I et II), les échantillons de nuit ne représentent qu'imparfaitement la véritable structure de la population, l'abondance de la classe II étant nettement sous-évaluée. L'abondance de la classe III* subit de la même façon une diminution forte puisque très peu d'individus femelles de cette classe sont présents durant la nuit dans les couches d'eau échantillonnées.

IMPACTS DE LA DISTRIBUTION VERTICALE DE LA CREVETTE SUR LE CHALUTAGE EXPÉRIMENTAL

Le tableau 5 présente les pourcentages de captures moyennes par unité de volume par étage d'un mètre, pour différentes périodes du jour et de la nuit. La période de 10:00 - 12:00 heures a été choisie comme l'unité de base dans l'établissement des proportions de captures par période et par étage, puisqu'elle est celle où l'on a observé un maximum de captures.

Comme on peut le constater, il est certain que le choix du chalut de hauteur verticale effective plus ou moins importante influencera énormément la proportion de crevettes capturées dans l'aire échantillonnée. Le tableau 5 illustre ce fait. Les chaluts YANKEE 36 et 41 à crevettes utilisés dans le golfe du Saint-Laurent possèdent une ouverture verticale de l'ordre de 2.5 m (Carrothers et al, 1969). Nous avons eu l'occasion de vérifier nous-mêmes cette donnée pour le chalut YANKEE 41 à crevettes au cours de nos sorties en mer. Ce type de chalut n'échantillonne donc qu'une partie de la répartition verticale de la crevette, et ce même pendant le période du jour où cette répartition est plus près du fond (60.4% entre 12:00 et 14:00 heures en allouant de façon proportionnelle les captures du 3e étage).

Ces données remettent aussi en cause le choix des heures d'échantillonnage durant le jour et la nuit. Depuis 1974, les traits que nous avons effectués dans le golfe du Saint-Laurent, en vue de produire des estimés absolus d'abondance, se situent tous entre le lever et le coucher du soleil (Fréchette, 1978) afin de réduire le biais dû à la migration verticale des crevettes; cette stratégie est corroborée partiellement par les résultats obtenus puisque entre 07:00 et 18:00 heures, on observe une diminution lente des individus capturés par un chalut YANKEE; cette diminution est nettement plus accentuée par la suite durant les périodes de pénombre et celles d'obscurité totale. Tenant compte de l'efficacité minime qu'a le chalut de fond durant la nuit (8,7% des crevettes capturées de 20:00 à 24:00 heures, 15,7% de 00:00 à 06:00 heures), il apparaît difficile de convertir des résultats de pêche de nuit à l'aide d'un facteur de correction jour-nuit, puisque l'abondance des crevettes vulnérables au chalut est de 2,8 à 5,8 fois moindre la nuit (tableau I). Le facteur limitant est dans ce cas les fortes variations de captures enregistrées durant la nuit. Il est de plus évident que les structures de taille originant d'échantillonnage de nuit peuvent être biaisées, particulièrement au niveau de l'abondance des sexes et des différentes classes d'âge.

Quoique de jour, la proportion de crevettes au-dessus de 5 m nous soit inconnue, il est clair d'après les résultats obtenus, que dans le cas de cette espèce les estimations de biomasse produites en utilisant un chalut de fond doivent tenir compte d'un coefficient de capturabilité (vulnérabilité) qui tienne compte de la distribution verticale, si l'on veut se rapprocher le plus possible de la biomasse véritable du stock. Ce coefficient, estimé à 0,75 dans le cas du chalut YANKEE 41 (Fréchette, 1978) et pour des traits effectués de jour, devra être ré-évalué puisque la vulnérabilité des crevettes à ce type de chalut est au moins de l'ordre de 0,5 durant le jour (tableau 5).

Sur la base des résultats obtenus, il apparaît de plus hasardeux de comparer différents estimés de biomasses provenant de l'utilisation de types de chalut à hauteur verticale variable, sans tenir compte de la distribution verticale des individus, et ce particulièrement durant le jour. Des facteurs correctifs qui tiennent compte de cette particularité doivent être utilisés, ce qui équivaut à estimer des biomasses de crevettes par unité de volume plutôt que par unité de surface.

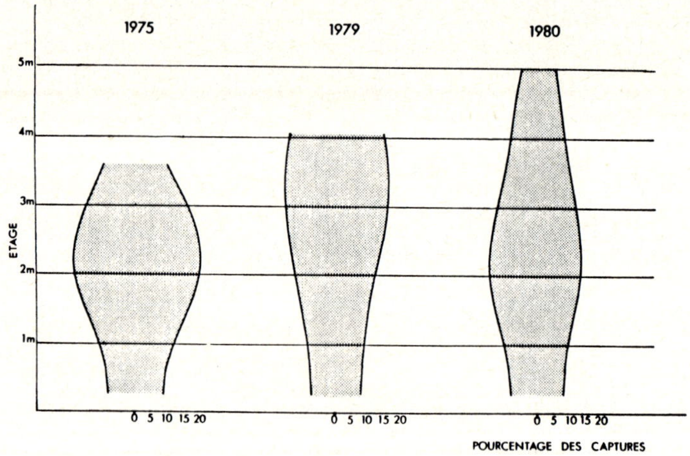

Fig. 4 . Pourcentage des captures par étage en 1975, 1979 et 1980.

Tableau 3 - Distribution de Pandalus borealis prés du fond par temps ensoleillé et temps couvert.

Étage	Temps couvert N: 16	D.S.	%	Temps ensoleillé N: 10	D.S.	%
V	0,896	0,347	12,2	0,704	0.522	8.9
IV	1,522	0,750	20,7	1,261	0.741	16.0
III	2,031	1,012	27,6	1,915	1.067	24.2
II	1,849	0,797	25,2	2,416	1.517	30.6
I	1,049	0,496	14,3	1,608	1.082	20.3
YANKEE 41 2,5 m (ouverture)			53,3			63,0

Tableau 4 - Rapport des sexes ♂/♀ (1980) en fonction du jour et de la nuit (par étage).

Étage	NUIT (19:00 à 07:00) N: 12 ♂	♀	♂/♀	JOUR (07:00 à 19:00) N: 26 ♂	♀	♂/♀
V	566	130	4,35	2 196	276	7,96
IV	714	169	4,32	3 814	590	6,46
III	762	121	6,30	5 730	681	8,41
II	636	115	5,53	6 413	595	10,80
I	414	67	6,18	4 028	298	13,52
TOTAL	3 092	602	5,14	22 181	2 440	9,09

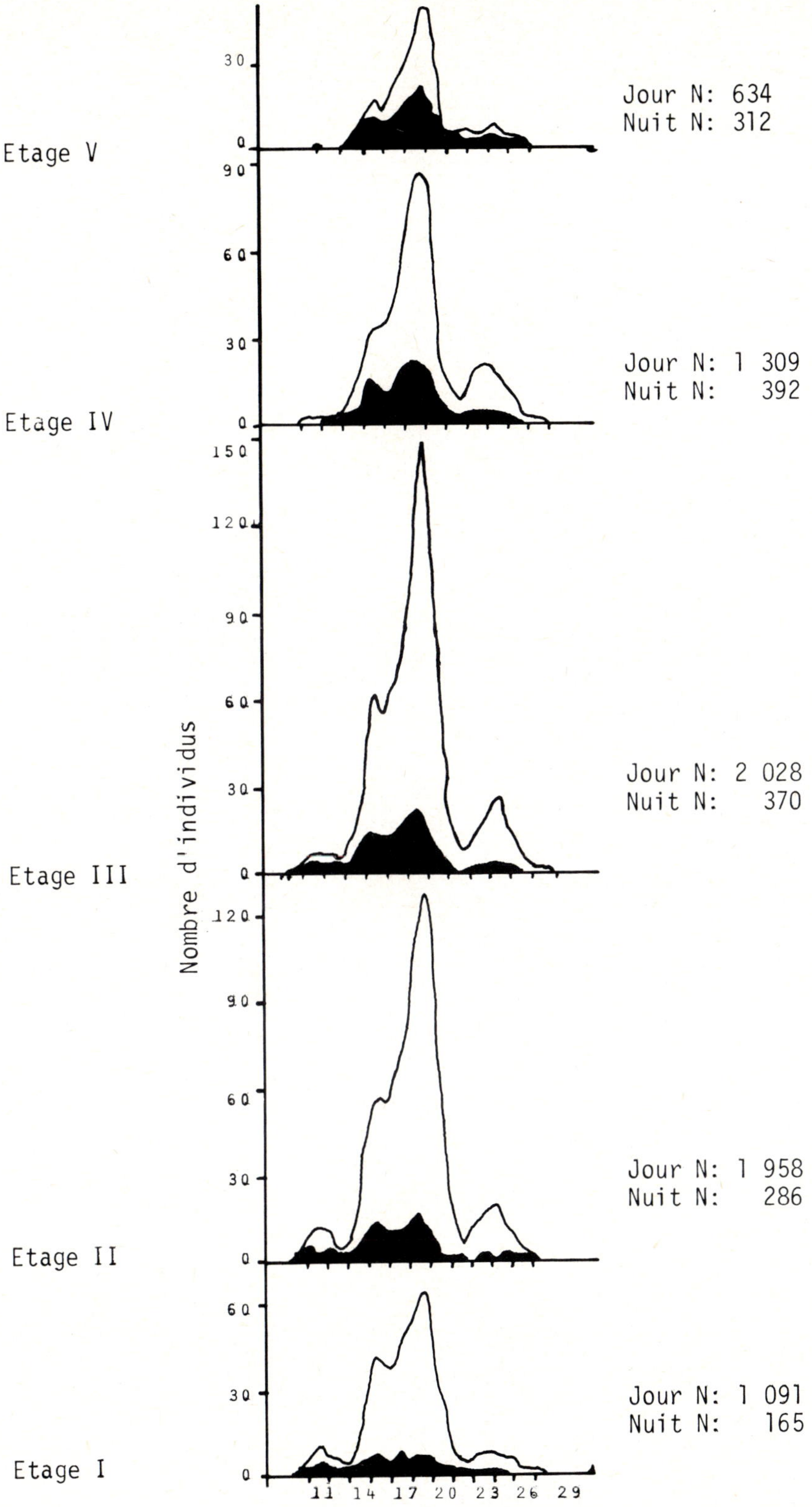

Fig. 5 . Captures totales par classe de taille en 1980 par intervalle d'un mètre du fond durant le jour (□) et la nuit (■).

Tableau 5 - Pourcentage cumulatif d'abondance par étage selon les périodes du jour (1980).

Heure:	00:00 06:00	06:00 10:00	10:00 12:00	12:00 14:00	14:00 16:00	16:00 18:00	18:00 20:00	20:00 24:00
Étage:								
V	6,4%	5,7%	9,3%	9,1%	6,3%	9,1%	10,2%	2,5%
IV	8,9%	10,3%	18,1%	15,8%	12,4%	14,5%	13,5%	3,8%
III	8,0%	14,4%	28,2%	23,7%	20,7%	16,0%	17,9%	4,0%
II	7,0%	16,0%	30,3%	29,7%	25,9%	17,0%	11,8%	3,8%
I	4,7%	11,7%	14,1%	18,9%	17,2%	11,6%	5,0%	2,9%
Chalut YANKEE 41 2,5 m	15,7%	34,9%	58,5%	60,4%	53,4%	36,6%	25,7%	8,7%

CONCLUSION

Les résultats obtenus ne peuvent être considérés que comme partiels, puisqu'il est bien connu que l'ampleur de la migration verticale de Pandalus borealis, varie en fonction du temps de l'année (Carlsson et al., 1978, Smidt, 1978). Cette particularité nécessite que des essais de pêche soient effectués avec l'échantillonneur vertical étagé à différentes périodes de l'année, si l'on veut estimer la vulnérabilité de l'espèce dans le temps.

RÉFERENCES

Alverson, D.L. and W.T. Pereyra (1969). Demersal Fish Explorations in the North Eastern Pacific Ocean - An Evaluation of Exploratory Fishing Methods and Analytical Approaches to Stock Size and Yield Forecasts. J. Fish. Res. Bd. Canada 26: 1985-2001.

Axelsen F., J. Fréchette et C. Tremblay (1979). Données sur la Crevette (Pandalus borealis) au large du Labrador. CAFSAC, Res. Doc. No 4: 1-33.

Barr, L. and R. McBride (1967). Surface-to-bottom Pot Fishing for Pandalid Shrimp. Spec. Sci. Rep. Fish., U.S. Fish Wildl. Serv. No 560: 7 p.

Beardsley, A.J. (1973). Design and Evaluation of a Sampler for Measuring the Near-bottom Vertical Distribution of Pink Shrimp, Pandalus jordani. Fish. Bull., 71 (1): 243-253.

Carlsson, D.M., Sv. Aa. Horsted and P. Kanneworff (1978). Danish & Trawl Surveys on the Offshore West Greenland Shrimp Grounds in 1977 and Previous Years. ICNAF Sel. Papers. No 4: 67-74.

Carrothers, P.J.G., T.J. Fowlkes, M.P. Connors and A.G. Walker (1969). Data on the Performance of Canadian East Coast Groundfish Otter Trawls. Fish. Res. Bd. Canada. Tech. Rep. No 125: 1-11.

Fréchette, J. (1978). Estimation de l'abondance des stocks de crevettes, Pandalus borealis, dans le nord-ouest du Golfe du Saint-Laurent et dans le chenal d'Anticosti. CAFSAC Working Paper, No 23: 1-24.

Fréchette, J. and H. Dupouy (1979). Preliminary Biological Data on the Shrimp Stocks of Davis Strait. NAFO SCR DOC., 79/X1/8: 1-15.

High, W.L., I.E. Ellis et C.D. Lusz (1969). A progress Report on the Development of a Shrimp Trawl to Separate Shrimp From Fish and Bottom-Dwelling Animals. Comml Fish. Rev. 31(3): 20-33.

Pearcy, W.G. (1970). Vertical migration of the ocean shrimp, Pandalus jordani: A Feeding and Dispersal Mechanism. Cal. Fish and Game 56: 125-129.

Smidt, E. (1978). Diurnal Variation in Shrimp Catches on the Offshore Grounds in ICNAF Divisions 1B and 1C. ICNAF Sel. Papers. No 4: 45-46.

Tobey, A. et J. Rycroft (1978). Mise au point d'un chalut pélagique à crevettes 1977, Golfe du Saint-Laurent. Service des Pêches et de la Mer, Rapp. tech. No 101: 1-49.

Sampling Techniques

Techniques d'échantillonnage

THE FISH CATCHING PROCESS RELEVANT TO TRAWLS

by

J.J. Foster, C.M. Campbell, G.C.W. Sabin*

NORDCO Limited
P.O. Box 8833
St. John's
Newfoundland
A1B 3T2

ABSTRACT

Groundfish otter trawl surveys suffer from high variability. Although the gear is an efficient commercial harvesting tool, there is some question about its suitability as a quantitative sampling method. Fish detect the approach of otter trawls and, in reacting, are herded into the path of the net. Modelling this interaction process and fitting the model to results of experiments have enabled identification of critical parameters. The model identifies that the efficiency of otter trawls is extremely sensitive to the geometry of the way in which the gear sets and suggests that, in practice, this may account for a significant part of the survey variability.

Key words: biological surveys, fishing gears, otter trawl, sampling methods.

RÉSUMÉ

Les échantillonnages de poisson de fond au moyen de chaluts à panneaux donnent des résultats très variables. Bien que ce genre d'engins soit très efficace pour l'exploitation commerciale, on se demande s'il est approprié comme méthode d'échantillonnage quantitatif. Le poisson peut déceler l'approche du chalut à plateaux et, en réagissant, se place en banc dans la trajectoire du filet. L'établissement de modèles de ce processus d'interaction et l'ajustement du modèle aux résultats des expériences a permis d'identifier des paramètres critiques. Le modèle permet de déterminer que l'efficacité des chaluts à panneaux est extrêmement sensible à la géométrie de l'orientation de l'engin et semble indiquer qu'en pratique, la variabilité des résultats de l'échantillonnage pourrait y être grandement attribuable.

Mots-clés: engins de pêche, chalut à panneaux, méthodes d'échantillonnage, relevés biologiques.

*On leave from Mathematics Department, Memorial University of Newfoundland

INTRODUCTION

In commercial fishing with trawls, gradual "improvements" in catch yield are believed to have occurred. Two significant innovations occurred during this evolutionary process: the first, when the otterboards were displaced from their positions on the wing ends by insertion of bridles in the form of two wires or a mixture of double and single wires; the second, more recent gain, when the vertical opening of bottom trawls was increased by a factor of 2 or 3 or more compared to the traditional bottom trawls.

At the time of the first of these innovations, according to very limited records, dramatic increases in catches, up to five times that of gears with the otterboards attached directly to the wing ends, were obtained. Adoption of this innovation was quick and almost universal; given the conservative attitudes of trawler men, one is forced to conclude that the improvement in catch rates must have been very large.

In the early 1960s, several countries invested in trawl gear research. In the U.K., for example, considerable effort was applied to new trawl design aimed at increasing catch rates through larger net and otterboard spread and using higher opening nets in order not to increase towing power requirements. The gear produced, the 'SARO' trawl, met the dimensional and hydrodynamic objectives; however, catch rates were not improved except for a very modest increase in catch rates of Sebastes. Similar, though less publicized, research was pursued in other countries with the same general results.

Understandably, emphasis was then directed to fish behaviour questions. Much of this work was summarized in a three-volume report, "Fish Behaviour and Fishing Tactics", presented at the Bergen F.A.O. conference in 1969. Certain basic information derived from comparative fishing experiments at sea, laboratory experiments and some direct observation by divers was emphasized; these findings form the core of the model presented in a following section, "A Mathematical Model of an Otter Trawl Catching Fish", and for the prototype first described at the Bergen conference.

The precise importance of bridles, otterboards and net rigging in the catching process was not understood; nor is it yet understood. Some general 'rules', however, emerged: catch rates seemed to increase pro rata with the increase in bridle length for total lengths greater than 50 m; at fixed bridle length, as the angle of attack of the bridle to the direction of motion was increased to about 18°, catch rates increased, while further increases in the angle produced lower catch rates; and very high (or low) trawl speeds produced low catch rates, but results between 2-3/4 and 4-1/2 knots seem to depend on the particular fishery, environmental considerations, etc.

Much further work on fish swimming performance and capability to detect stimuli (including directional sensitivity) has been carried out and is reported here in the following section. Of particular importance are the recent strides in direct observation of the way in which fish react to trawls; these observations are now possible with low-light television operated by divers towed in wet submersibles and by use of remotely-controlled towed underwater vehicles. These video tapes make it possible to examine what proportion of the fish which accumulate in front of the groundrope eventually fall back into the net; this is accomplished by simply counting the number escaping below the groundrope and those rising above the groundrope and swimming in the belly of the net. Crosschecks can also be made by comparing the 'average' number of fish accumulated with the total catch at the end of the tow. Computer-aided analysis of the tape is planned. Preliminary results, mainly on flatfish and using manual counting, suggest that approximately two-thirds of the fish which accumulate in front of the groundrope end up in the codend.

Further information on the reaction of fish to trawls comes from experiments conducted using fish marked with transponding tags and observed from sector scanning sonar equipment. This work, reported by Harden-Jones, is discussed further in the following section; unfortunately, the enormous cost associated with the technique has not led to its widespread use in research. An additional problem is the lurking suspicion that tagged fish may show atypical behaviour.

The general principles of gear performance, especially those confirmed by commercial fishing operations (e.g., the effect of changing the bridle length), together with direct and indirect information, have been used in providing coefficients or relationships for the model presented later in "A Mathematical Model of an Otter Trawl Catching Fish". Since there is always the danger of entering into circular arguments in such models, care has been taken to keep the basic equations general with the view towards further refinement of coefficients as more information becomes available.

FISH BEHAVIOUR CONSIDERATIONS

The model discussed here attempts to account for the sensitivity of fish to the approach of various parts of the otter trawl and, also, to account for some characteristics of the induced swimming response.

The aim of this section is to examine all known constraints on both swimming and sensory performance, including observations from field experience, in order to provide a critical evaluation of the parameters and functions used in the model. In pursuing this approach, it becomes evident that some of the biological constraints may be more important than others.

If the catching efficiency of an otter trawl is influenced by these characteristics of the fish, then it is evident that, during fishing, there may be selection of those least adapted to escape. This possibility, in conjunction with known characteristics of the trawling operation, demands a discussion of the suitability of the otter trawl as a sampling tool.

The swimming performance criteria which limit the chances of capture by an otter trawl seem to be the maximum speed, the manouverability and the endurance of the fish. Additional factors are the acceleration, the time fish take to recover from exhaustion and the nature of the avoidance reaction.

Analysis of the avoidance reaction indicates that the first stage is one of acceleration from rest or from the cruising or browsing state.

Weihs (1973) and Webb (1976) have studied the fast start response of fish. One remarkable fact that has been noted is that the acceleration rate of all species examined is relatively uniform - from 6 to 16 m/sec/sec (Webb, 1978). Webb (1976) showed that this acceleration rate was independent of fish size. It must be appreciated, however, that this acceleration phase is generally of the order of one-tenth of a second only; this suggests that all sizes of fish can begin an avoidance reaction in much the same way, irrespective of species or size. The significance of this stage to a flatfish partially covered with sand has not been studied as far as we know. Since the acceleration is claimed to be largely due to the first full stroke of the tail, it would seem that a swimming motion with a "push-off" from the solid substrate is hardly likely to be slower.

Manouverability appears to be a critical factor; if a fish makes a response to an approaching gear, the probability of escape will be lowered if the orientation it can achieve relative to the gear is limited in any way. Weihs (1972) drew attention to the fact that, in a fast start in which the fish body took an L-shape, the resultant acceleration was at a slight angle; in its initial acceleration, it was noted that the fish would achieve a slight turn to one side or the other. This would suggest that the need to make an avoidance turn need not be compromised since the initial acceleration could easily produce that required turn. Indeed, Webb (1976) found that trout were able to make a turn whilst accelerating; it was observed that this turn had a radius equivalent to less than 20 per cent of body length. In instances where a turning response would be undesirable, it seems that there is a fast start response which Webb (1976) called S-shaped. The resultant acceleration in these cases involves no commitment to turn. Webb (1976) also noted that for larger trout under observation, the frequency of S-starts was greater; however, it is not clear how good the data are. Thus, it is not clear whether or not this means that larger fish are limited in their ability to make an acceleration turn.

The endurance of fish is limited by their muscle physiology. The view that red (slow or aerobic) muscle is responsible for cruising movements and that white (fast or anaerobic) muscle is used for "emergency" power has been widely accepted for a long time. Bone (1978) summarizes information which suggests that this may be an oversimplification but is essentially an accurate description of what happens. Even though 35 to 67 per cent of a fish body is locomotory muscle, the content of muscle used in cruising swimming is said to range between 3 per cent (pollock) and 30 per cent (mackerel). The circulatory system, heart and gills, have only evolved a capacity to supply oxygen to support this small amount of the musculature and, even though there seems to be high blood volumes, haematocrit and haemoglobin content in the more active fish (Putnam and Freel, 1978), it is evident that this capacity is limited; given this, anaerobic procedures must be used for high-speed swimming. Wardle (1977) noted that cod swimming at 0.8 to 1.5 LS^{-1} (lengths per second) were able to operate aerobically and white muscle glycogen levels were maintained for over 100 hours steady swimming; however, saithe made to swim at 4-6 LS^{-1} used glycogen reserves and trout made to swim at a panic speed for two minutes used 50% of their muscle glycogen reserves. The metabolism of trout swimming at the maximum cruising velocity for one hour was 95% aerobic (Bennett, 1978).

Figure 1 shows some experimental data which indicate the loss of endurance which occurs with increasing speed of swimming, expressed in number of body lengths per second. These

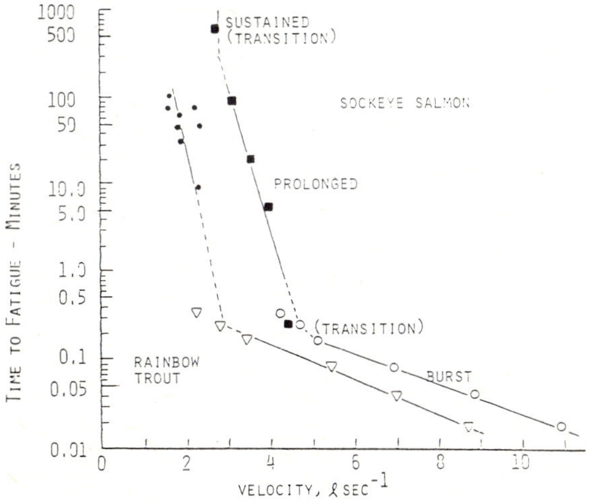

Fig. 1 . (Redrawn from Brett, 1964, J. Fish. Res. Board Can.). Identification of sustained, prolonged and burst speeds for rainbow trout, (Salmo gairdneri) and sockeye salmon (Oncorhynchus nerka), on the basis of their fatigue time at different swimming velocities. Results for rainbow trout obtained from Bainbridge (1960, 1962) and for sockeye salmon from Brett (1964).

findings indicate that the distance swum before a fish becomes exhausted must vary approximately with the length of the fish as was observed by Beamish (1966) for winter flounder and cod. He found that cod will be exhausted after 130 to 150, and winter flounder after 600, body lengths have been swum at high speed.

These relationships are not simple since, among other things, at higher speeds ventilation of the gills may be by ram effect (as used by mackerel all the time). Freadman (1979) suggested that this accounted for a discontinuity in the experimental increase in oxygen consumption with speed of striped bass or bluefish. At about 1.5 LS^{-1} ram ventilation made it unnecessary to use muscle activity to pump water over the gills. Hydrodynamics also may affect the relationship between speed and distance.

A factor which will affect endurance is the mode of avoidance of an object such as an approaching net. Priede and Holliday (1980) found that it was energetically inefficient for plaice to swim at less than 0.6 LS^{-1} and in fact observations at sea confirmed a minimum of about 0.9 LS^{-1} (approximately 0.6 knots for a 30 cm fish). It has been calculated that swimming in a sequence of bursts and glides may save up to 50 per cent of energy expended to cover a certain distance in a certain time and this would have a major impact on the way a fish avoids gear. High (1969) noted that divers had observed flatfish to swim away from fishing gear and settle back to the bottom 20 feet in front of the gear. Jones and Randall (1978) indicated that fish in velocity test experiments usually used some periods of burst swimming interspersed with periods of slower swimming. Fish with a tail, fin or body section giving high thrust (and also high drag) will do best swimming in this way. Both cod and flatfish have such a profile. This suggests that the 150 to 600 body lengths, already mentioned as a distance to exhaustion, may be minimal. Thus, a cod of 50 cm should be able to swim at burst speed for at least 75 metres, and a 30 cm flatfish should be able to swim at burst speeds over 180 metres before exhaustion, if they use a burst-glide mode.

Recovery of exhausted fish seems to take a minimum of 8 to 24 hours (Bennett, 1978). Wardle (1978) found that only 50 to 80 per cent of muscle glycogen was restored within eight hours for plaice. It seems that, normally, fish rest during this period. Though an exhausted fish might be able to swim in its cruising mode, because the anaerobic debt is restricted to the white muscle (Batty and Wardle, 1979), its ability to recommence burst activity would be extremely limited for a considerable period. Thus, an exhausted flatfish, settled on the bottom in the path of a trawl, may be able to swim up in a last response to the approach of the footrope and will be overtaken by the net.

Fig. 1 shows three phases of swimming activity exhibited by most fish that have been studied. Burst speed can usually be maintained for less than 15 seconds; prolonged swimming can usually be maintained for greater than 100 minutes; and sustained swimming seems to be maintained indefinitely. Clear cut division between burst and some form of cruising speed is always seen.

Fig. 2 shows maximum cruising speeds of some groups of fish related to their size and the speed of movement of nets and bridle components. Thus, a 20 cm cod has a cruising speed of about 2.5 to 3 LS^{-1} (i.e., 50-60 cm sec^{-1}), two LS^{-1} for a 30 cm fish (i.e., 60 cm/sec) and about 0.5 to one LS^{-1} for a 100 cm fish (i.e., 50-100 cm sec^{-1}). This decline in relative performance in both cruising and burst potential, relative to the size of the fish, may be linked to a proportional reduction in the mass of muscle with increased fish length (Wardle, 1977). This adaptation and a possible reduction of the speed of muscle contraction in larger fish may contribute to the limitation of forces on the skeleton. Under normal conditions, the high speeds attained by larger animals may not be necessary to escape from natural predators, but for smaller individuals a relatively high speed would give better protection of these more vulnerable sizes. The maximum speed seems to be a product of the speed of muscle contraction and some speed-dependent aspect of hydrodynamics (Videler and Wardle, 1978); the length of the body movement wave is also important. In fact, Wardle and Videler (1980) claim that the tail beat frequency is directly related to velocity for all species examined and that each complete tail beat cycle propels fish forward 0.7 body lengths when swimming in a steady state. These observations explain why a larger fish has a higher swimming speed.

This discussion has centred around how fish could respond to the stimulus of an approaching otter trawl but it has not considered what might be the stimulus that fish react to. Herding of fish into the path of nets does occur so what makes the fish react that way?

As far as vision is concerned, there is a limited understanding of the visual acuity and sensitivity of fish. Northmore et al. (1978) concluded that, at higher light levels, the contrast threshold of fish was only three to seven times higher than humans. By using some method of spatial summation at the expense of visual acuity, fish were able to reduce their detection threshold to one-tenth of human values for large objects. Lythgoe (1978) suggested that vision ceases to be a powerful sense under conditions of low light where spatial or temporal summation of the stimulus would be necessary. He felt that in addition to a loss in acuity, fish might also lose the ability to detect fast movement for these reasons. It would thus seem that vision may play a rather limited role in the interaction of fish with fishing gear. Fish can probably see the otter-boards and the net but detection of thin, bouncing warps is unlikely except in very shallow depths where light levels are high. Fish have been observed to be herded by the mud

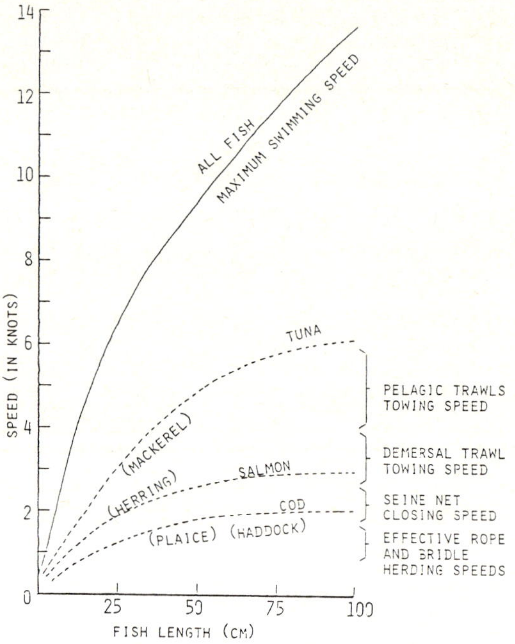

Fig. 2 . (Redrawn from Wardle, 1977). Fish swimming speeds, in knots, related to fish length. (100 cm = 39 inches): maximum swimming speed (continuous line) for all species and maximum cruising speed (dotted lines) for the fish types indicated. If a fish is made to swim at speeds below the appropriate line it will not become exhausted and can swim for long periods; at speeds above the dotted line a fish of that type is exhausted in minutes. The towing speeds of the different fishing gears are indicated down the right-hand margin.

cloud thrown up by the otterboards; this must clearly be a visual cue, but since this cloud is not likely to present any reference point, it becomes interpreted simply as a stimulus front which should provoke a reaction as near to right angles as possible. A technique of wrapping the trawl bridle in order to reduce wear results in an increase in its diameter; this may be the direct cause of the observed increase in catch rates. It is possible that under these conditions the larger bridle was more visible and helped provide a herding stimulus. Herding results when a fish responds to an approaching stimulus by maximizing the distance between itself and the stimulus. In the case of an approaching bridle, the fish does not appear to identify, or attempt to maintain, a position related to the gear and as a result tends to swim off at right angles to the line of the bridle.

Fish inside the trawl net have been observed to try to maintain their position relative to the gear in much the same way as has been observed in tank experiments where fish swam in order to maintain position relative to moving visual stimulus. The visual response to a moving object has been called pseudorheotropic, i.e., it is a response to maintain position in what has been interpreted as a condition of current flow; the response to the warp seems to be a general avoidance reaction to a stimulus detected in some other way. This may, however, be an oversimplification because Parrish (1969) noted that not all observations suggested that herding by bridles was as good at night as during daylight. Harden-Jones et al. (1977) stated that when fishing in shallow water, not all fish swam normal to the bridles; perhaps in these conditions of relatively high light intensity some fish adapted a "pseudorheotropic" response and tried to maintain their position relative to a visually detected bridle moving over a presumably featureless sandy sea bed. There has been some suggestion that bioluminescence might make gear more visible at night. While trawls are often brightly lit by phosphorescence when hauled, it is not clear whether this occurs simply at the surface. A gear that was covered with phosphorescent plankton on shooting might be visible even at depths.

There is a real shortage of information on the senses of hearing, pressure detection and vibration detection in fish but, because sound carries for extremely large distances in water, evolution of sensitive hearing could well have made up for some of the limitations on vision.

The acoustico-lateralis system is able to detect low frequency vibration by pressure waves (the inner ear) or by water movement (the lateral line). These signals are probably perceived only at short distances from the source since the detection threshold has been shown to be highly dependent on the distance from the source. The hydrodynamic pressure generated ahead of the gear components decreases asymptotically to zero with distance ahead of the gear. High (1969) observed that there was a pressure build-up in the water in front of the otterboards but the distance at which his measurements were made was not stated. Such a change in pressure might be detectable by fish. An observation which could support this argument or suggest that noise is important is that the use of highly hydrodynamically efficient otterboards seems to result in some loss of catch; this may indicate that sound or pressure, or both, may play an important role in herding fish into the net.

Hearing is much less distance-dependent than differential pressure detection and has been shown to be a rather precise sense in fish. Fay et al. (1978) showed that spectral sensitivity of goldfish was good and that their ability to distinguish sound frequencies was highly developed. Popper and Clarke (1979) also found that their temporal sensitivity was great and that the goldfish could distinguish tones which were separated by 5-10 milliseconds.

The sensitivity to noise has been found to be at frequencies lower than 400 Hz in all fish studied. There is a peak sensitivity at about 160 Hz for cod (Sand and Enger, 1973) and 100 to 150 Hz for plaice (Chapman and Sand, 1974). By studies in field conditions, it has been suggested that the limit in detection of lower frequencies is due, at least in part, to the fact that background sea noise is higher at these frequencies (Buerkle, 1969; Chapman and Hawkins, 1973; Chapman and Sand, 1974). The swim bladder in cod plays a role in this process (Sand and Enger, 1973), but the mechanisms are not fully understood; flatfish without swim bladders appear to have a low auditory threshold.

Horner et al. (1980) discussed the problem of detection of direction of the sound source. Since sound is transmitted almost as well through the flesh of the fish as through the water, the difference in times of detection of a sound wave by the two ears is insignificant; hence, it is likely that the direction of the sound sources is not discernible by the normal sense of hearing. If a single swim bladder is used as an aid in hearing, it is even less likely that a fish would be able to detect the direction of the sound source. If fact, it has been found that fish with a swim bladder are more sensitive to amplitude of sound than they are to direction. It is proposed that sensitivity to water particle motion by the ear may be important to the locating of sound sources (Chapman and Johnson, 1974). However this sensitivity is achieved, Horner et al. (1980) found that perch could detect 20° differences in direction in the horizontal plane, and Hawkins and Sand (1977) found that discrimination, by cod, in a vertical plane was 16°, only slightly less than the 20° they also detected in the horizontal plane. (This vertical discrimination is in fact far better than that possessed by humans.)

This background is integrated into our problem of interaction with fishing gear only with some difficulty. There is little published information on the frequency spectrum of noises generated by an otter trawl. Yoon (1975) stated that a wide range of frequencies was generated with most between 500 and 700 Hz. Olsen (1969) compared the propeller and transmission noise of two vessels to the auditory sensitivity of cod and suggested that, since most of the noise had frequencies of less than 400 Hz, cod would detect a vessel at 80 metres. Thus, it would seem that fish may be able to develop a pretty clear picture of approaching gear from the noise; indeed, Saetersdal (1969) noted that catches, in shallow water, by a diesel trawler were much lower than that predicted from examination of echo sounder traces. More recent studies by Chapman (1977) have suggested that cod might be able to detect trawlers up to five miles away, and de Silva (pers. comm.) noted that Chapman's controlled experiments were often disrupted if fishing vessels passed within half a mile of his underwater test site.

In conclusion, we suggest that auditory sense among fish is precise enough to allow them to accurately estimate the position of a stimulus and to make an escape movement. If the distance at which fish detect an approaching gear is as great as suggested above, it seems highly probable that some fish might be stimulated to move away from the area of the approaching gear. Pair trawling operations, with no noisy otterboards or mud clouds, are known to be very successful; is it possible that the noise of the vessels fightens fish into swimming into the path of the net? If the noise of the approaching vessel and gear does frighten fish away, then the otter trawl will be exposed to a lower density of fish than was initially present. If this is so, the efficiencies considered by the model described here would be greater than those found in practice.

What may be concluded from the above review of sensitivities and response capabilities and what are the practical implications to the model we propose? It is evident that fish are not simply swept up by the approaching gear since direct observations do not show panic. We suspect that through some combination of sensitory mechanisms highly attuned to life in low light conditions and their three dimensional environment, fish detect the fishing operation and react to it.

As far as the path of the net is concerned, fish respond by attempting to escape in the same direction as the net or close thereto (Foster, 1969). At this point, they can escape only by outdistancing the net and swimming at an angle eventually moving out of its path (either upwards or under the footrope or the bridles). At this stage, fish will be obliged to use at least some burst swimming, since trawls generally have a velocity of about 2 metres/second. This means that those fish swimming with the gear will, at some point, become exhausted and eventually be overtaken by the gear. Indeed, Beamish (1966) found that 70 to 78 per cent of haddock caught by otter trawling died in a few hours after capture, presumably from extreme exhaustion.

The possibility that fish escape upward or under the footrope may not be great. Flatfish have a basic behavioural mechanism which they use to hide; they blend into the sea bed by partially burying themselves. It would seem that they would take this approach as a last resort; for example, High (1969) mentioned that flounder repeatedly swim and settle in front of the footrope. Cod and other groundfish with swim bladders will use the least energy when they swim at depths to which they are equilibrated. Thus, the closer they approach exhaustion, the less likely it would seem that they would move from this depth. No direct evidence can be cited to support this. Fish do escape, however; Harden-Jones et al (1977) found only a 60 per cent yield from this portion of the net, and fish have been observed to pass under the footrope. It seems unlikely that many would swim forward and under or over the bridles and mud cloud because these have been observed to herd fish towards the path of the net.

The data on time to exhaustion presented earlier for salmon and trout indicated that any kind of burst speed swimming activity resulted in exhaustion in less than a minute. If cod or flatfish are exhausted after 150 or 600 body lengths, and if they were swimming at four body lengths per second, then they would be exhausted after only one-half to two minutes of fast swimming. Thus, there has been strong selection pressure for fish to evolve escape mechanisms or develop avoidance reactions which maximize escape possibilities by conserving this burst speed swimming reserve. To this end, a response involving a mixture of rapid and slower swimming or coasting seems to allow an efficient use of energy and, at the same time, holds the reserves of energy necessary for manouvering or burst speed swimming for as long as possible. In addition, it has been confirmed by observations that fish tend to move in a direction at right angles to the front of any attacking influence; thus, Foster (1969) showed that most herring and cod swam directly away from an approaching trawl net. High (1969) showed that the same action was made by flatfish. Harden-Jones et al. (1977) indicated that not all plaice swam at right angles to bridles; those that did swim into the path of the net were those which had responded by swimming at right angles to the path of the otterboard. These latter observations contrast with those of Hemmings (1969) and Wardle (1976) who observed that the fish reaction to the bridle was normally to swim directly away from it, i.e., at right angles to it; the larger number of such film observations does lend more support to the work of Hemmings and Wardle.

Movement at right angles to the stimulus (mud cloud, bridle, otterboard or footrope) maximizes the time or distance to the next contact. By swimming at this angle, fish do not need to swim above their cruising speed when the speeds of towing of the trawl and bridle angles are normal. This means that the herding process does not produce panic nor does it require that the animal use significant quantities of its energy reserve to arrive at the net path. Thus, given the way that the otter trawl is normally used, few fish would be exhausted before reaching the net path. If the bridle angle is large, then the forward vector of bridle movement is bigger and fish would have to swim further and faster to reach the net path. Under these conditions, fish might become exhausted and be overtaken by the wires.

The model presented here does not take into account the possibility that the otterboard presents some form of curved stimulus front such that fish swim off at all radii in response. In this case, fish swimming close to the track of the board may become exhausted and be overtaken by the gear without even moving significantly from this track. Other fish moving at greater angles to the track might be able to swim slightly slower and remain outside this sphere of influence but still become exhausted without ever moving into the net path.

Since it is not clear what distance this zone would cover, it is difficult to estimate the size of this effect; the model considers simply that all fish move towards the midline. If the detection distance of the boards is indeed only a few metres, the effect would be very small because this represents such a small part of the spread of the gear.

The model has attempted to look at the components of catch efficiency in order to facilitate comparison of fishing gear performance on an individual species, purely on geometric terms, and ultimately to allow surveys by two or more vessel/otter trawl combinations to be indexed to a common ideal. Such an approach could allow use of several vessels or indeed could allow corrections to be applied for individual vessels in the commercial fleet. This would require quantification of all parameters for each gear and vessel combination. These comparisons could be made on the basis that, though some of the indices and probabilities of performance of a species are not known, they are assumed to be constant for that species. This approach would only become feasible when it was clear that the model considered all significant factors controlling the size and the composition of the catch.

If the model proves accurate, it may indeed be possible to establish the characteristics and probabilities of the response of the fish; it might then be possible to make actual estimates of gear efficiency based on a simple geometric description. Such a correction applied to survey samples could facilitate an independent direct estimate of biomass if the distribution of the stock is known.

What are the other general influences on how a trawl catches fish, and how might those impact on the use of a trawl as a sampling tool? Water temperature particularly influences the cruising speed of fish and their duration of swimming at burst velocities. This could have at least two contrasting effects: fewer fish may become exhausted by herding (probably a marginal effect); alternately, water temperatures might enchance endurance levels, allowing fish to swim for longer periods ahead of the net and thereby increasing their chances of escape. Seasonal effects on speed and endurance could be due to temperature, light or the physiological state of the fish; a heavily developed gonad just prior to spawning could considerably affect the swimming performance, particularly of females. It is quite possible that behaviour might also vary seasonally. There have been demonstrations of diurnal fluxes in catch rates which fit with the idea that fish move outside the depth range of the gear. These are factors which could contribute to overall sampling variation associated with surveys.

The selectivity of the otter trawl is a complex matter. Because speed and endurance are partly related to size, larger fish will be more able to remain swimming ahead of the gear for longer periods. By prolonging this phase the possibilities of escape are increased. Equally, smaller fish are more likely to become exhausted during herding and be overtaken before they reach the path of the net. However, the range of fish sizes over which the effect occurs is large and is usually restricted to young animals. These two processes suggest that some of the largest and smallest fish in a population do not find their way into the net.

Selection continues to occur in the net. Fish have been observed to swim around in the net and to find holes or to pass through the mesh. High (1969) observed that water velocity in the net was very low, particularly toward the codend, so that even a fish whose energy reserves allow only cruising speed can swim about and look for a suitable opening for escape. Flatfish have actually been observed to swim through the meshes of the bottom of four panel trawls. Again, it would be the larger fish with their higher cruising speeds which have the greatest possibilities to escape, providing the meshes in netting are sufficiently large.

Another stage in the fishing process where larger fish may have greater possibilities for escape is during "knock out" and hauling of the gear. During this phase, the trawl may nearly stop in the water and larger, faster swimming fish can escape most easily by swimming out of the stalled gear. Differences in the way that gear is hauled, particularly between stern and side trawlers, could thus produce large catch variations or reduce overall catch efficiency. The process would obviously introduce a bias into the size composition of catches. It may be possible to counter this effect, at least partially, by introducing some sort of trapping device into the trawl.

Currents can be expected to have a variety of effects on the performance of an otter trawl. When trawling into a current, the speed of the ship and the trawl over the sea bed will be reduced, as will the area of sea bed sampled per unit time; one possible result could be an underestimate of biomass. The converse would be true when trawling with the current. Further, if gear speed over the sea bed is maintained while trawling against the current, the swimming speed through the water required of the fish during herding would be much greater than normal, resulting in earlier exhaustion, particularly of smaller individuals who may not reach the net path.

From the above discussion of the model, it is evident that the geometry of the gear plays a major role in herding of the fish into the net path. In a cross-current, there may be such extensive crabbing of the gear that the bridle angles differ between the two sides causing differential herdings. The overall catch efficiency would change dramatically so that the catch rate may be seen to fluctuate dramatically during a tidal cycle.

Thus, we can see from these approaches to the question of how a trawl catches fish that even relative comparisons of catch rates made with the same vessel and gear may be valid only if considerable care is taken in shooting and hauling the gear, and if close attention is given to conditions of tide and current. If different vessels and gears are used, then the model suggests ways in which they may ultimately be standardized. If the model remains valid during further experimental trials, then study of the behavioural interaction between the fish and the gear could establish the parameters of the reaction distances, probabilities of herding, and distances swum in response to stimuli for each species. This would allow estimation of the catch efficiency by species and gear which could then be used to estimate directly the biomass of each species.

A MATHEMATICAL MODEL OF AN OTTER TRAWL CATCHING FISH

INTRODUCTION

Four categories of fish encounters with an otter trawl are assumed: (1) fish directly in the path of the net mouth; (2) fish in the direct path of the bridle, but not within the range of otterboard influence; (3) fish affected by the boards; and (4) fish within the range of the boards, but not affected by them.

These possible encounters are indicated in Fig. 3. The catching power of the gear on one side only of the centreline has been included in the diagram. If the gear is symmetric with respect to this line (y=o), the total catch will be twice that predicted by the model. The following further assumptions are made: the density of fish (the number of fish per unit area of sea bed) is uniform in the path of the gear; there is no interaction between fish (except possibly in the direct path of the net mouth); the influence of the otterboard is not so great as to extend to fish in the direct path of the net mouth.

The overall yield from a particular fishing gear is determined by summing the catch components. The four catch components of the total yield (C_1, C_2, C_3, C_3') which represent the number of fish per unit time that arrive in the region of the net mouth (see Fig. 4) are calculated first.

FISH IN THE DIRECT PATH OF THE NET

The potential catch rate, C_1, in this case is given as

(1) $C_1 = \rho V_T Y_N$

where ρ is the area density of the fish, V_T is trawl speed, and Y_N is the half width of the net mouth opening.

FISH WITHIN THE DIRECT PATH OF THE BRIDLE, BUT NOT WITHIN THE RANGE OF BOARD INFLUENCE

Fish in this region are assumed to react to the bridle by swimming a distance, s, in a direction normal to it, if they do not escape. The assumption that this direction is normal must be considered as a mean direction. It provides for the longest time, T, before a subsequent encounter with the bridle, as indicated by the equation

(2) $T = \left(\frac{s}{V_T \sin\theta}\right) \sin\phi$

where θ is the angle between the bridle and the direction of tow and ϕ is the angle of the path of flight and the bridle.

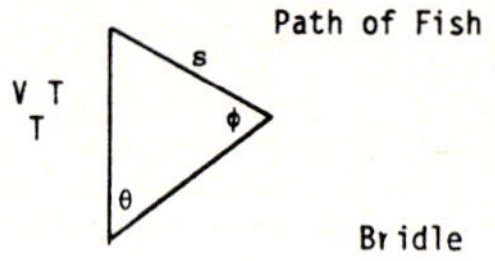

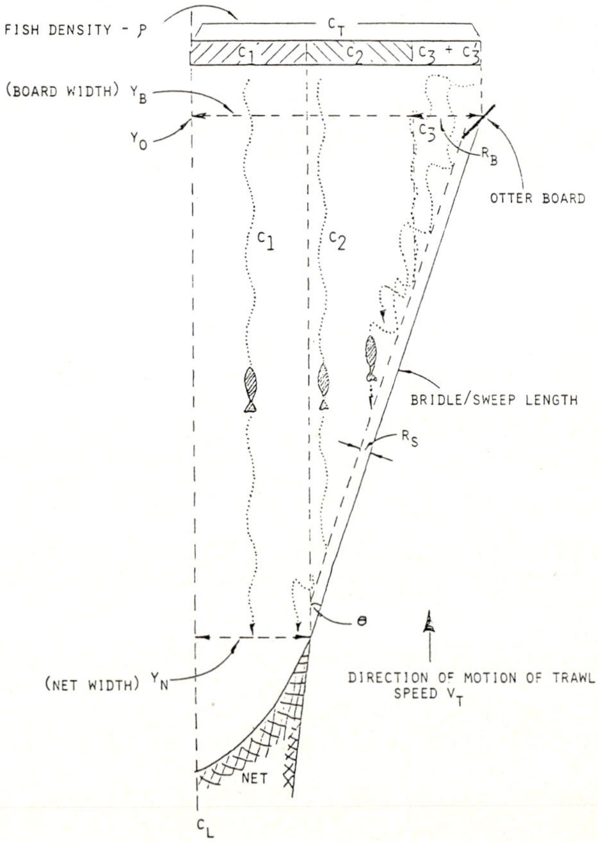

Fig. 3 . Alternative paths of fish relative to the trawl gear when influenced by different components of the gear.

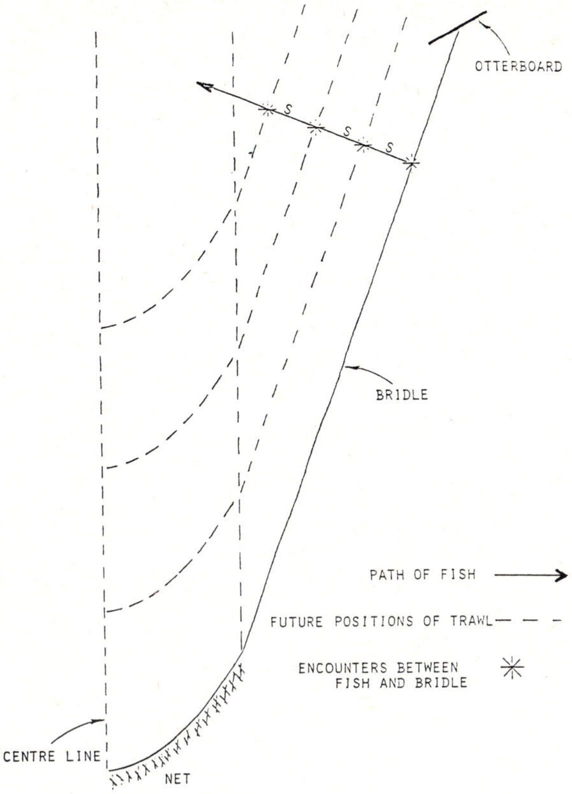

Fig. 4 .

We assign the probability that a fish does not escape when it first encounters the bridle, the variable e_{so}. If a fish has a subsequent encounter at some position y, we assign a probability it will not escape, e_s, such that,

(3) $e_s = e_{so} - \beta\,(y^1 - y)$

where y^1 is the position of the first encounter and β is a small parameter which indicates unit change in e_s per change in y. While the value of β is assumed to be small, its sign is an open question. A negative value for β would suggest the bridle acts as a herding device while a positive value would say that the probability of escape would grow with subsequent encounters. The number, n, of possible future interactions (see Fig. 4) for any particular fish is directly related to the distance from the centreline at initial contact between the fish and the gear and the distance moved in response to each contact; more precisely,

(4) $n = \left[(y^1 - y_N)/(\,s \cos\theta\,)\right]$

where $[x]$ represents the greatest integer function. The probability that a fish beginning at some point, y^1, will not escape, but will be directed into the path of the net, is simply the product of probabilities of all its encounters,

$$e_s(y^1) = e_{so}(e_{so} - \beta\ s\cos\theta)(e_{so} - 2\beta s\cos\theta)\ \ldots.$$

$$(e_{so} - n\beta\, s\cos\theta).$$

Using the assumption that β is small, we find that

(5) $e_s(y^1) \simeq e_{so}^{\,n+1}\ \left[\,1 - \beta\, n(n+1) s\cos\theta/(2e_{so})\right]$

In this section, y^1 is in the interval between y_N and $(y_B - R_B)$ where y_B is half the spread between the otterboards and R_B is the range of influence of a board (see Fig. 3). For any element for this path swept by the bridle, a number of fish (dependent on density, trawl speed and the reactions to the bridle) will be herded into the path of the net. The total number of fish per unit time herded into the path of the net (C_2) is merely the sum from these elements, i.e.:

(6) $C_2 = \int_{y_N}^{y_B - R_B} \rho\, V_T\ e_s(y')dy'.$

Substituting equation (5) into (6), we define explicitly the relationship between the catch from the path swept by the bridle and the variables and assumptions as follows:

(7) $$C_2 = \rho\, V_T\, s\cos\theta\ \{\ \sum_{j=1}^{N} e_{so}^{\,j} + (N_2 - N)e_{so}^{\,N+1}$$

$$- \beta\, s\cos\theta\ \left[\ \sum_{j=1}^{N-1} j(j+1)e_{so}^{\,j+1} + (N_2 - N)(N+1)\, N\, e_{so}^{\,N+1}\ \right]/(2e_{so})\ \}$$

where

(8) $N_2 = (y_B - R_B - y_N)/(s\cos\theta)$ and $N = [N_2]$.

Note if $\beta \to 0$ and $e_{so} \to 1$ (i.e., 100 per cent bridle shepherding efficiency) then

(9) $C_2 = \rho V_T s \cos\theta N_2$

$$C_2 = \rho V_T (y_B - R_B - y_N).$$

FISH WHICH ARE INFLUENCED BY THE BOARDS AND ARE STIMULATED TO MOVE

Fish which are within the influence of the board must be at a position y^1 such that $(y_B-R_B) < y^1 < y_B$. We assume that the board's effect is to stimulate movement of a proportion of these fish to the edge of its influence, i.e., $y=y_B-R_B$. From this point they interact with the bridle in the same manner as fish in the above section. The probability that fish at $y=y_B-R_B$, will not escape is given by equation (5) as

(10) $$e_s(y_B-R_B) = e_{so}^{N+1} [1-\beta(N+1)N s \cos\theta /(2e_{so})].$$

If we represent the probability that a fish within this region will react to the board as e_B, those fish which eventually arrive per unit time in net mouth (C_3) can be written as

$$C_3 = \rho V_T R_B e_B e_S(y_B-R_B)$$

(11) $$C_3 = \rho V_T R_B e_B e_{so}^{N+1} \times (1 - \beta (N+1)N s \cos\theta /(2e_{so}))$$

where N is given by (8). Again, if we let $\beta \to 0$ and $e_{so} \to 1$ then

(12) $C_3 = \rho V_T R_B e_B$

FISH WHICH COME WITHIN THE RANGE OF THE BOARDS, BUT ARE NOT STIMULATED TO MOVE

In this section, we consider those fish which come within the range of the otterboards but are not stimulated to move beyond its influence. Noting the definition of e_B in the above section, we see that this group of fish is represented by the proportion $(1-e_B)$ of all fish which come into range of possible influences of the otterboard. Of this fraction, $1-e_B$, we distinguish two proportions: e_{BB}, those fish not affected by the board or herded by the bridle; and $1-e_{BB}$, those fish not affected by boards but are herded by the bridle, i.e., we have now divided all fish which come within the range of the board into three groups:

$$e_B, (1-e_B)e_{BB}, (1-e_B)(1-e_{BB})$$

where of course,

$$e_B + (1-e_B)e_{BB} + (1-e_B)(1-e_{BB}) = 1.$$

The first group has been analyzed in the above section and the second group has no further interaction with the fishing gear and are considered to have escaped. The last group is the proportion of fish within the range of influence of the boards which have not moved in response to the board but which are herded by the bridle, $(1-e_B)(1-e_{BB})$. We assume these fish interact with the bridle in the same manner as those in "Fish Within the Direct Path of the Bridle, but not Within the Range of Board Influence". The number of these fish eventually arriving in the path of the net (C_3) can be calculated adapting results (6) and (7) to the case at hand. We obtain, using equation 10,

(13) $$C_3' = (1-e_B)(1-e_{BB}) e_{so}^{N+1} (1 - \beta N(N+1) s \cos\theta /(2e_{so})) \cdot \rho V_T s \cos\theta\{ \sum_{j=1}^{M} e_{so}^{j} + (N_3-M) e_{so}^{M+1} - \beta s \cos\theta [\sum_{j=1}^{M-1} j(j+1)e_{so}^{j+1} + (N_3-M)(M+1)Me_{so}^{M+1}] /(2e_{so}) \}$$

where

(14) $N_3 = R_B/(s \cos\theta)$ and $M = [N_3]$.

If we keep only constant and linear terms in β then (13) simplifies to

(15) $$C_3' = \rho V_T s \cos\theta (1-e_B)(1-e_{BB}) e_{so}^{N+1} \{ \sum_{j=1}^{M} e_{so}^{j} + (N_3-M) e_{so}^{M+1} - \frac{\beta s \cos\theta}{2 e_{so}} \cdot [N(N+1)(\sum_{j=1}^{M} e_{so}^{j} + (N_3-M) e_{so}^{M+1}) +$$

$$\sum_{j=1}^{M-1} j(j+1)e_{so}^{j+1} + (N_3-M)(M+1)Me_{so}^{M+1}] \} .$$

In the limiting case where $\beta \to 0$, $e_{so} \to 1$ and $e_{BB} \to 0$ we find

(16) $C_3' = \rho V_T R_B (1-e_B)$.

Further note that in this limiting case, from (1), (9), (12) and (16), we have

(17) $C_1 + C_2 + C_3 + C_3' = \rho V_T y_B$.

OVERALL YIELD

The components C_1, C_2, C_3, C_3 calculated in the above sections describe the number of fish which have arrived in the region of the net mouth (per unit time). Up to this point, the possibility of fish interaction was ignored. However, we must now account for this possibility which arises because of the higher densities of fish present. Further, we have to recognize the fact that all fish do not arrive at the net mouth in the same physical condition. Those fish whose first encounter with the gear was with the otterboard may be in a partially exhausted state compared to those initially in the path of the net. We define Y, the total yield, to be given as

(18) $Y = e_{g1} C_1 + e_{g2} C_2 + e_{g3} C_3 + e'_{g3} C'_3$

where e_{gi} is the proportion of C_i which gets into the codend. From the above comments, we deduce that

$$e_{g1} \leqslant e_{g2} \leqslant e_{g3} \leqslant e'_{g3} \leqslant 1.$$

ANALYSIS OF YIELD EQUATION

Equation (18) with the aid of equations (1), (7), (11) and (15) describes a mathematical model of an otter trawl catching fish. This model contains fifteen variables of which seven relate to physical quantities (V_T, ρ, y_N, y_B, θ, R_B, s) and eight are proportions or probabilities (e_{so}, β, e_B, e_{BB}, e_{g1}, e_{g2}, e_{g3}, e'_{g3}). To be able to use this model in any predictive mode, we must be able to determine values for as many of these variables as possible. This task is immediately made easier by the observation that V_T and ρ appear only as constant multipliers. This is not to say that some of the other variables do not depend on V_T. However, lacking a specific linking equation, we choose a realistic value for V_T and keep it constant. We let ρ equal 1. The model can be examined further by the following three methods: (1) ranking variables of importance; (2) comparing against actual test data; and (3) testing known general phenomena.

Ranking the Variables

One way of studying the model is to let each of the variables in turn take on a set of values while the other variables remain at realistic constant values. The results of this analysis reveal which variables affect the yield or efficiency of the gear and which are relatively unimportant. It was found (see tables and their discussion) that the following variables consistently played a minor role: e_B, e_{BB} and β. Since the outcome was not changed significantly by changes in values to these variables, it was decided that they be assigned the following values:

$$e_B = 0.9;\ e_{BB} = 0.1 \text{ and } \beta = 0.001$$

In this type of analysis, it is not necessary to include the variables e_{gi} as they are directly proportional to the components C_i. Hence, since the C_3 and C_3' components are quite small compared to the other components, their coefficients e_{g3} and e'_{g3} are not of significance and the model would be insensitive to large changes in their values. Further, the effect of a change in e_{g1} or e_{g2} can be examined by considering the relationship of C_1 and C_2. For example, if C_1 was twice C_2 then a 20 per cent change in e_{g1} would cause approximately a 13 per cent change in the overall yield. Of the remaining variables, the ranking of importance in general was (from most important to least): y_N, e_{so}, y_B, s, R_B, θ.

Comparing Against Actual Test Data

Test data suitable for this model are scarce or non-existent. One study which can be used to further determine some of the variables is that by Harden-Jones (1977). A simulation of their experiment is discussed in the next section.

Testing Against Known General Phenomena

It is generally known that the yield increases dramatically as the otterboard is moved out from the wing ends of the net. To obtain a similar response from this model, it was necessary to modify it to accommodate the case where the otterboard influenced fish directly in the path of the net. It is argued that, in this case, the otterboard has a negative effect on the yield; this effect decreases to zero as it moves out from the net end. In examining this phenomenon, it was found that e_{so} must have a fairly high value if the model is to produce the effect, i.e., $e_{so} \geqslant 0.7$. We note that the two-dimensional movement of the fish is not a limitation of the model. If a fish leaves the plane, it may still be caught. If the fish does escape, then that is the same as fish travelling under the groundrope or the bridle as far as the model is concerned.

DISCUSSION OF TABLES

Table 1a shows what effect the variation in the angle the bridle makes with the direction of motion of the trawl and the probability, e_{so}, that a fish will not escape on its first encounter with the bridle, for fixed bridle length. The efficiency factor here is simply the percentage the yield is of the total number of fish encountered by the fishing gear. In all cases examined, it can be seen that the efficiency factor (the second number) decreases steadily with an increase in angle. The actual yield numbers vary little and seem to have one or more small maxima points. Table 1b compares the effect of varying bridle length and the probability, e_{so}. In general, the model indicates that the efficiency of the gear decreases with increasing bridle length for the values of the parameters chosen. In order to have the yield increase with an increase in bridle length (an observed phenomenon), the value of e_{so} must be greater than or equal to 0.6. Table 2 indicates how the model varies with appropriate values of the variables e_{BB}, e_B, β, and R_B. The important point to note is that the variation in yield and efficiency is small for all of these variables. Hence, in fitting the model to any particular set of data, each of these variables can be left at some realistic constant value. Table 3 shows how the model changes with variations in e_{so} and s. It can be seen from the examples that these variables play a significant role in the model and their values have to be chosen with great care.

Table 4 is a simulation of the experiment conducted by Harden-Jones, et al. (1977). While he specified most of the physical parameters of his gear, there was a variation in the half board spread, y_B, from 17.5 to 20 m. We have taken this into account and considered six cases by varying y_B. The values of the parameters specified by Harden-Jones were:

$$y_N = 9m.; \; R_B = 3m.; \; V_T = 1.8m/s; \; BL = 25.6 \; m.$$

From this data it was possible to estimate that $e_{g1} = 0.606$; $\rho = 2.35 - 1.82$; $\theta = 19.39 - 25.45$. The estimates of density and bridle angle cannot be given exactly since their calculation depends on y_B which was not defined precisely. In simulating the experiment, we left the remaining variables constant at the following values: $e_B = 0.9$; $e_{BB} = 0.1$; $\beta = 0.001$; $e_{g2} = e_{g3} = e'_{g3} = 0.606$; s = 5m. It was found that his results could be duplicated by making a small change in e_{so} from 0.6, the value discussed earlier. In fact, as y_B varies from 17.5 m to 20 m, e_{so} varies from 0.49 to 0.52. Larger values of e_{so} fit if smaller values of s are assumed.

CONCLUSION

Evolution of trawl design has occurred by empirical processes and dedicated research has not generally led either to improved catching efficiency or to a clear understanding of the mechanisms by which fish are caught. Despite this lack of understanding, modern otter trawling is widely accepted as an efficient fishing method. It has recently been adopted extensively for use as a sampling tool for estimation of population densities to aid in fisheries assessment by calibrating models of fish populations. These surveys have been found to suffer greatly from variability. This paper looks at the knowledge of trawl performance and fish behaviour in an attempt to show that small changes in performance of this gear could be the cause of at least part of this problematical variability.

A review of the sensory systems of fish shows that fish have the capability to detect the location of fishing gear components. Observations have shown that fish make more or less organized responses to those components of fishing gear which are designed to herd them in front of the net.

In discussing the swimming performance of fish relative to the movement of the components of an otter trawl, it becomes clear that herding works because fish are not stimulated in such a way that they become exhausted before they come into the path of the net. However, since the distance which a fish can swim before becoming exhausted is size dependent, there is a potential for some size selection during herding.

Evidence from field trials suggests that the performance of otter trawls is sensitive to the bridle angle and the bridle length. By modelling the probabilities of capture of fish encountering various parts of the otter trawl, it has been possible to simulate this sensitivity. This approach has defined limits of some parameters of the model. When the model is applied to an experiment, it has been possible to account for the experimental estimates of efficiency, using the geometric parameters of the gear employed, the limits of parameters estimated from underwater observations of fish, and the limits determined by the requirements of the model to fit the two empirical rules discussed.

The sensitivity of estimates of catching efficiency by the model to minor variations in critical geometric factors draws attention to the fact that such minor variations occurring during deployment of otter trawls in routine survey work could indeed account for a significant part of the variability found in groundfish trawl surveys.

Table 1a. Yield and Efficiency For Varying Θ and e_{so}.

Θ/e_{so}	0.4		0.5		0.6		0.7	
10.0	152.7	28.3	172.2	31.9	195.0	36.1	221.1	41.0
12.0	146.6	24.0	165.8	27.1	190.1	31.1	220.6	36.1
14.0	149.1	21.8	170.9	25.0	199.1	29.2	235.1	34.4
16.0	145.4	19.3	165.4	21.9	193.0	25.6	230.7	30.6
18.0	143.9	17.5	162.8	19.8	189.6	23.0	227.7	27.6
20.0	143.1	16.0	161.4	18.1	187.3	21.0	225.3	25.2
22.0	142.8	14.8	161.4	16.8	188.5	19.6	229.2	23.8
24.0	142.0	13.8	159.9	15.5	185.9	18.1	225.5	21.9

Table 1b. Yield and Efficiency for Varying Bridle Length and e_{so}.

BL/e_{so}	0.5		0.6		0.7		0.8	
150	165.7	33.2	185.8	37.2	208.9	41.8	235.0	47.0
240	162.8	23.5	188.0	27.1	221.7	31.9	266.4	38.4
420	162.2	15.0	189.4	17.5	231.1	21.3	297.6	27.5

Values of variables unless otherwise specified (feet sec. units)

$\beta = 0.001$, $s = 15$, $y_N = 25$, $BL = 300$, $\Theta = 18°$, $e_B = 0.9$,

$e_{BB} = 0.1$, $e_{g1} = e_{g2} = e_{g3} = e'_{g3} = 0.6$, $\rho = 1$, $V_T = 7$.

Table 2a. (feet/sec units) Variation of E_{BB}.

theta	bl	yb	yn	ebb	eb	eso	rb	s	beta	c1	c2	c3	c3p	yield	
18.0	242.7	100.0	25.0	0.50	0.90	0.60	30	15.0	0.0010	175.0	117.0	21.0	0.5	188.1	26.9
18.0	242.7	100.0	25.0	0.90	0.90	0.60	30	15.0	0.0010	175.0	117.0	21.0	0.1	187.9	26.8
18.0	242.7	100.0	25.0	0.10	0.90	0.60	30	15.0	0.0010	175.0	117.0	21.0	1.0	188.4	26.9

Table 2b. (feet/sec units) Variation of E_B.

theta	bl	yb	yn	ebb	eb	eso	rb	s	beta	c1	c2	c3	c3p	yield	
18.0	242.7	100.0	25.0	0.10	0.10	0.60	30	15.0	0.0010	175.0	117.0	2.3	8.7	181.9	26.0
18.0	242.7	100.0	25.0	0.10	0.50	0.60	30	15.0	0.0010	175.0	117.0	11.7	4.9	185.1	26.4
18.0	242.7	100.0	25.0	0.10	0.90	0.60	30	15.0	0.0010	175.0	117.0	21.0	1.0	188.4	26.9

Table 2c. (feet/sec units) Variation of Beta.

theta	bl	yb	yn	ebb	eb	eso	rb	s	beta	c1	c2	c3	c3p	yield	
18.0	242.7	100.0	25.0	0.10	0.90	0.60	30	15.0	-.0010	175.0	121.8	28.0	1.3	195.7	28.0
18.0	242.7	100.0	25.0	0.10	0.90	0.60	30	15.0	0.0000	175.0	119.4	24.5	1.1	192.0	27.4
18.0	242.7	100.0	25.0	0.10	0.90	0.60	30	15.0	0.0010	175.0	117.0	21.0	1.0	188.4	26.9

Table 2d. (feet/sec units) Variation of R_B.

theta	bl	yb	yn	ebb	eb	eso	rb	s	beta	c1	c2	c3	c3p	yield	
18.0	242.7	100.0	25.0	0.10	0.90	0.60	24	15.0	0.0010	175.0	122.5	16.8	0.8	189.1	27.0
18.0	242.7	100.0	25.0	0.10	0.90	0.60	30	15.0	0.0010	175.0	117.0	21.0	1.0	188.4	26.9
18.0	242.7	100.0	25.0	0.10	0.90	0.60	36	15.0	0.0010	175.0	110.8	45.5	1.9	200.0	28.6

where $\rho = 1$, $V_T = 7$, $e_{g1} = e_{g2} = e_{g3} = e'_{g3} = 0.6$

Table 3a. Variation of e_{so} (feet/sec units) $\rho = 1$, $V_T = 7$, $e_{g1} = e_{g2} = e_{g3} = e'_{g3} = 0.6$.

theta	bl	yb	yn	ebb	eb	eso	rb	s	beta	c1	c2	c3	c3p	yield	
18.0	242.7	100.0	25.0	0.10	0.90	0.10	30	15.0	0.0010	175.0	10.9	0.0	0.0	111.5	15.9
18.0	242.7	100.0	25.0	0.10	0.90	0.20	30	15.0	0.0010	175.0	24.3	0.2	0.0	119.7	17.1
18.0	242.7	100.0	25.0	0.10	0.90	0.30	30	15.0	0.0010	175.0	41.0	1.1	0.0	130.2	18.6
18.0	242.7	100.0	25.0	0.10	0.90	0.40	30	15.0	0.0010	175.0	61.5	3.8	0.1	144.2	20.6
18.0	242.7	100.0	25.0	0.10	0.90	0.50	30	15.0	0.0010	175.0	88.6	9.8	0.4	163.0	23.3
18.0	242.7	100.0	25.0	0.10	0.90	0.60	30	15.0	0.0010	175.0	117.0	21.0	1.0	188.4	26.9
18.0	242.7	100.0	25.0	0.10	0.90	0.70	30	15.0	0.0010	175.0	153.7	39.8	2.3	222.5	31.8
18.0	242.7	100.0	25.0	0.10	0.90	0.80	30	15.0	0.0010	175.0	197.4	89.1	4.9	287.8	38.3
18.0	242.7	100.0	25.0	0.10	0.90	0.90	30	15.0	0.0010	175.0	248.9	112.2	9.4	327.4	46.8

Table 3b. Variation of s (feet/sec units) $\rho = 1$, $V_T = 7$, $e_{g1} = e_{g2} = e_{g3} = e'_{g3} = 0.6$.

theta	bl	yb	yn	ebb	eb	eso	rb	s	beta	c1	c2	c3	c3p	yield
18.0	242.7	100.0	25.0	0.10	0.90	0.60	30	10.0	0.0010	175.0	88.8	12.4	0.5	166.0 23.7
18.0	242.7	100.0	25.0	0.10	0.90	0.60	30	15.0	0.0010	175.0	117.0	21.0	1.0	188.4 26.9
18.0	242.7	100.0	25.0	0.10	0.90	0.60	30	20.0	0.0010	175.0	136.8	36.9	1.9	210.4 30.1

Table 4. Simulation of Harden-Jones Experiment (All measurements metric)

total possible catch 65.52

theta	bl	yb	yn	ebb	eb	eso	rb	s	beta	c1	c2	c3	c3p	yield
25.5	25.6	20.0	9.0	0.10	0.90	0.52	3	5.0	0.0010	29.5	10.8	2.4	0.1	25.9 39.5

$\rho = 1.82$

total possible catch 66.69

theta	bl	yb	yn	ebb	eb	eso	rb	s	beta	c1	c2	c3	c3p	yield
24.2	25.6	19.5	9.0	0.10	0.90	0.52	3	5.0	0.0010	30.8	10.8	2.5	0.1	26.8 40.2

$\rho = 1.9$

total possible catch 68.4

theta	bl	yb	yn	ebb	eb	eso	rb	s	beta	c1	c2	c3	c3p	yield
23.0	25.6	19.0	9.0	0.10	0.90	0.51	3	5.0	0.0010	32.4	10.7	2.5	0.1	27.7 40.5

$\rho = 2.0$

total possible catch 70.263

theta	bl	yb	yn	ebb	eb	eso	rb	s	beta	c1	c2	c3	c3p	yield
21.8	25.6	18.5	9.0	0.10	0.90	0.50	3	5.0	0.0010	34.2	10.6	2.5	0.1	28.7 40.9

$\rho = 2.11$

total possible catch 71.928

theta	bl	yb	yn	ebb	eb	eso	rb	s	beta	c1	c2	c3	c3p	yield
20.6	25.6	18.0	9.0	0.10	0.90	0.49	3	5.0	0.0010	36.0	10.4	2.6	0.1	29.7 41.4

$\rho = 2.22$

total possible catch 74.025

theta	bl	yb	yn	ebb	eb	eso	rb	s	beta	c1	c2	c3	c3p	yield
19.4	25.6	17.5	9.0	0.10	0.90	0.49	3	5.0	0.0010	38.1	10.6	2.7	0.1	31.2 42.2

$\rho = 2.35$

where $V_T = 1.8m$, $e_{g1} = e_{g2} = e_{g3} = e'_{g3} = 0.606$

BIBLIOGRAPHY

Bainbridge, R. 1960. Speed and stamina in three fish. J. Exp. Biol., 37(1), 129-153.

Bainbridge, R. 1962. Training, speed and stamina in trout. J. Exp. Biol., 39(4), 537-556.

Batty, R.S. and C.S. Wardle. 1979. Restoration of glycogen from lactic acid in the anaerobic swimming muscle of plaice, Pleuronectes platessa L. J. Fish. Bio. 15, 509-519.

Beamish, F.W.H. 1966. Swimming endurance of some northwest Atlantic fishes. J. Fish. Res. Bd. Canada 23, 341-347.

Beamish, F.W.H. 1978. Swimming capacity. In. Fish Physiology VII Ed. W.S. Hoar and D.J. Randall. Acad. Press, N.Y.

Bennett, A.F. 1978. Activity metabolism in the lower vertebrates. Ann. Rev. of Physiol. 40, 447-469.

Blaxter, J.H.S. 1969. Swimming speeds of fish FAO Fish. Rep. 62(2), 69-100.

Brett, J.R. 1964. The respiratory metabolism and swimming performance of young sockeye salmon. J. Fish Res. Bd. Canada 21, 1183-1226.

Bone, Q. 1978. Locomotor muscle. In: Fish Physiology, Vol. VII, Eds. W.S. Hoar and D.J. Randall. Academic Press.

Buerkle, U. 1969. Relation of pure tone thresholds to background noise level in the Atlantic cod (Gadus morua). J. Fish. Res. Bd. Canada 25, 1155.

Chapman, C. 1977. Quoted in: Cod (and their ears) are sharper than you think. New Scientist 76 (1079) 496.

Chapman, C.J. and H.D. Hawkins. 1973. A field study of hearing in the cod, Gadus morhua L.J. Comp. Physiol. 85, 147-167.

Chapman, C.J. and O. Sand. 1974. Field studies of hearing in two species of flatfish, Pleuranectes platessa (L) and Limanda limnanda (L) (family pleuronectidae) Comp. Biocheml. Physiol. 47A, 371-386.

Chapman, C.J. and Johnstone. 1974. J. Exp. Biol. 61, 521-528.

Fay, R.R., W.A. Ahroon and A.A. Arawski. 1978. Auditory masking patterns in the goldfish (Carassius auratus): psychophysical tuning curves. J. Exp. Biol. 74, 83-100.

Freadman, M.A. 1979. Swimming energetics of striped bass (Morone saxatilis) and bluefish (Pomatomus saltatrix): Gill ventilation and swimming metabolism. J. Fish Biol. 15(4), 417- 423.

Foster, J.J. 1969. The influences of fish behaviour on trawl design with special reference to mathematical interpretations on the swimming speeds of fish and results of c.f. experiments. FAO Fish. Rep. 62(3), 731-773.

Harden-Jones, R., A.R. Margetts, M. Greer Walker and G.P. Arnold. 1977. Efficiency of the granton otter trawl determined by sector scanning sonar and acoustic transponding tags. J. Cons. 170, 45-51.

Hawkins, A.D. and O. Sand. 1977. Directional hearing in the median vertical plane by the cod. J. Comp. Physiol. 122(1), 1-8.

Hemmings, C.C. 1969. Observations on the behaviour of fish during capture by the Danish seine net and their relation to herding by trawl bridles. Fish Rep. FAO, 62(3), 645-655.

High, W.L. 1969. Scuba diving, a valuable tool for investigating the behaviour of fish within the influence of fishing gears. FAO Fish Rep. 62(2), 253-265.

Horner, K., O. Sand and P.S. Enger. 1980. Binaural interaction in the cod. J. Exp. Biol. 85, 323-331.

Jones, D.R. and D.J. Randall. 1978. The respiratory and circulatory system during exercise. In: Fish Physiology, Vol. VII, Eds. W.G. Hoar and D.J. Randall, Academic Press.

Lythgoe, J.N. 1978. Fishes: vision in dim light and surrogate senses. In: Sensory Ecology. Review and perspectives. Ed. M. Ali, Plenam Pres.

Northmore, D., F.C. Volkman, and D. Yager. 1978. Vision in fishes. Color and pattern. In: the behaviour of fish and other aquatic animals. Ed. D.I. Mostofsky. Academic Press.

Olsen, K. 1969. A comparison of acoustic threshold in cod with recordings of ships noise. FAO Fish. Rep. 62(2), 431-453.

Parrish, B.B. 1969. A review of some studies of fish reaction to stationary and moving objects of relevance to the fish capture process. FAO Fish. Rep. 62(2), 233-245.

Popper, A.N. and N.L. Clarke. 1979. Non-simultaneous auditory masking in the goldfish (Carassius auratus). J. Exp. Biol. 83, 145-158.

Priede, I.G. and F.G.T. Holliday. 1980. The use of a new tilting tunnel respirometer to investigate some aspects of metabolism and swimming activity of the plaice (Pleuronestes platessa L.) J. Exp. Biol. 85, 295-309.

Putnam, R.W. and R.W. Freel. 1978. Hematological parameters of five species of marine fish. Comp. Biochem. 61A(4), 585-588.

Saetersdal, G. 1969. Review of information on the behaviour of gadoid fishes. FAO Fish. Rep. 62(2), 201-216.

Sand, O. and P.S. Enger. 1973. Evidence for an auditory function of the swimbladder of cod. J. Exp. Biol. 59, 405-414.

Videler, J.J. and C.S. Wardle. 1978. New kinetic data from high speed cinefilm recordings of swimming cod (Gadus morhua L.). Netherlands J. Zool. 28, 465-484.

Wardle, C.S. 1976. Fish reactions to fishing gears. Scottish fisheries bulletin 43, 16-20.

Wardle, C.S. 1977. Effects of size on swimming speeds of fish. In: Scale effects in animal locomotion. Ed. T.J. Pedley. Academic Press.

Wardle, C.S. 1978. Non-release of lactic acid from anaerobic swimming muscle of plaice (Pleuronectes platessa L). A stress reaction. J. Exp. Biol. 77, 141-155.

Wardle, C.S. and J.J. Videler. 1980. How do fish break the speed limit. Nature 284 (5755), 445-447.

Webb, P.W. 1976. Effect of size on fast start performance for Rainbow Trout, J. Exp. Biol. 65, 157-177.

Webb, P.W. 1978. Hydrodynamics In: Fish Physiology, Vol. VII, Eds. W.S. Hoar and D.J. Randall, Academic Press.

Weihs, D. 1973. The mechanism of rapid starting of slender fish. Biorheology 10, 343-350.

Yoon, G.D. 1975. The sea noise of the moving trawl net. Bull. Korean Fish. Soc. 8(1), 1-6.

APPENDIX 1: LIST OF PRINCIPAL SYMBOLS

C_1 The catch component arising from fish initially in the path of the net mouth.

C_2 The catch component arising from fish in the path of a bridle, but which are not influenced by the boards.

C_3 The catch component arising from fish which are influenced by the boards.

C_3 The catch component arising from fish which are not influenced by the boards, although passing within the range of board influence.

N Number of bridle interactions between y_B - R_B and y_N less 1.

M Number of bridle interactions between y_B and y_B - R_B less 1.

R_B A fish has to approach a board to within this distance in order to have a chance of reacting to it.

R_S A fish has to approach a bridle to within this distance in order to have a chance of reacting to it.

s Distance a fish swims when it is stimulated or scared at time t.

t Time variable.

V_T Speed of the trawl.

y, y^1 Point coordinates referred to a horizontal axis perpendicular to the direction of motion of the trawl.

y_B y-coordinate of an otterboard.

Y_N y-coordinate of a wing end.

β Change to e_s per unit change in y.

e_B The proportion of fish in the path of the board influence area which react to the board so that the y-coordinate of the fish changes to a value $y_B - R_B$.

e_{BB} The proportion of fish in the path of the board influence area which are not affected by the board and are also not affected by the bridle for reasons other than those associated with the factor e_s.

e_{g1} The proportion of fish in C_1 which are collected by the codend.

e_{g2} The proportion of fish C_2 which are collected by the codend.

e_{g3} The proportion of fish in C_3 which are collected by the codend.

e'_{g3} The proportion of fish in C'_3 which are collected by the codend.

θ Angle between a bridle and the direction of tow.

ρ Number of fish per unit area of sea bed (see text).

e_{so} The proportion of fish that do not escape on their first encounter with the bridle.

BL Bridle length.

e_s The proportion of fish that do not escape when they encouter the bridle at y.

ϕ The angle between the bridle and the path a fish takes after an encounter with the bridle.

CATCH VARIABILITY DUE TO VARIATIONS IN GROUNDFISH OTTER TRAWL BEHAVIOUR AND POSSIBILITIES TO REDUCE IT THROUGH INSTRUMENTED FISHING GEAR STUDIES AND IMPROVED FISHING PROCEDURES

by

P.J.G. Carrothers
Marine Fish Division
Department of Fisheries and Oceans
Biological Station
St. Andrews, New Brunswick
EOG 2XO

ABSTRACT

Groundfish survey trawls are flexible structures whose shapes vary with changes in towing conditions. In this way, variations in survey catch results are caused not only by changes in the area or volume fished but also by changes in the species specific reactions to the gear. Fishing technology can be used to improve survey fishing procedures, to ensure more consistent control over the gear to reduce variance in catch results, and to better interpret the catch results in terms of the indigenous fish populations. Instrumented calibration of survey trawls will be required, and it is likely that the speed of the trawl through the water, rather than vessel speed, will prove to be a critical controlling factor. International standards are available for the unambiguous specification of survey trawls to reduce biases in catch results caused by variations in trawl construction.

Key words: biological surveys, fishing gears, otter trawl, sampling methods.

RÉSUMÉ

Les chaluts pour l'échantillonnage du poisson de fond sont des structures souples dont les formes varient selon les conditions de remorquage. En ce sens, les variations des résultats de l'échantillonnage dépendent non seulement de la zone ou du volume des prises, mais aussi des modifications des réactions précises des espèces face à l'engin. Certaines techniques de pêche peuvent être utilisées pour améliorer les procédures d'échantillonnage tant pour obtenir un contrôle plus uniforme de l'engin en vue de réduire les variations des résultats des prises, que pour obtenir une meilleure interprétation des résultats des prises en ce qui a trait aux populations de poisson indigènes. Il faudra étalonner les chaluts d'échantillonnage au moyen d'instruments et il est probable que la vitesse de remorquage du chalut dans l'eau, plutôt que la vitesse du bateau, constituera un facteur de contrôle vital. Il existe des normes internationales pour les spécifications précises des chaluts d'échantillonnage, en vue de réduire les écarts dans les résultats des prises causés par les variantes de construction des chaluts.

Mots-clés: engins de pêche, chalut à panneaux, méthodes d'échantillonnage, relevés biologiques.

GROUNDFISH TRAWLS ARE FLEXIBLE STRUCTURES WITH VARIABLE CATCHABILITY

Otter trawls (Figure 1) used for groundfish resource inventory are flexible structures whose particular shape at a given instant depends not only on the structure and rigging of the gear but also on the equilibrium of the static and dynamic forces acting on and in the structure at that time. The trawl does not catch all the fish in its path. The catchability of the trawl, or the fraction of the fish initially in the path of the trawl during the tow which is caught and retained by the trawl, very much depends on the shape and movement of the trawl, before and during capture, in relation to the characteristic behaviour of the species and the age and condition of the specimens in question. Therefore, any attempt to understand the trawl as a quantitative sampling tool and to interpret its catch results rationally in terms of the fish population being sampled must include consideration of trawl behaviour and how that behaviour can be monitored and controlled.

During the course of a tow, the trawl is subjected to continually changing conditions as it strikes various objects, as it encounters various types of sea bed and as the trawler pitches and rolls. Because the trawl is a flexible structure, these changing conditions cause the trawl shape, and hence its catchability as defined above, to fluctuate with time. For example, rough sea bed causes the footrope to oscillate vertically, particularly if it is fitted with the relatively light steel bobbins, affecting the escape of fish under the footrope. When the footrope becomes caught, even temporarily, or when a door is knocked out of its normal working attitude, the wing spread, and therefore the width of the trawl path and the numbers of fish available for sampling, is reduced.

Some trawl behaviour variables can fluctuate quite widely. For example, it is not unusual for warp tensions to range 50% above and below the mean. There have been very few studies of these short-term variations in trawl behaviour. Most quantitative trawl technology studies dampen or average these fluctuations and consider the trawl as being under pseudo-steady-state conditions. The same practice should also be adequate for quantifying survey trawl behaviour, but random variation and its effect on the confidence in experimental results must be recognized.

More important to quantitative trawl surveys than these short-term fluctuations are the variations in trawl behaviour between tows caused by different general towing conditions, such as the speed of the trawl through the water, the strength and direction of ocean currents and the type of sea bed. These uncontrolled and unmonitored differences in towing conditions from tow to tow cause appreciable, unknown differences in trawl behaviour from tow to tow, resulting in differences in trawl catchability between tows and bias in catch results. Because this bias is unknown, it shows up as a component in the between-tow variability of catch results which undoubtedly could be reduced, if not eliminated, by the proper application of fishing technology in trawl survey methodology.

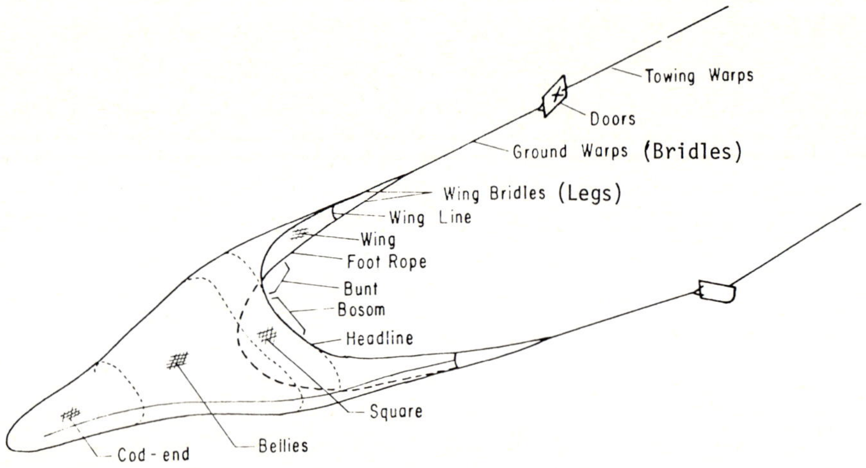

Fig. 1. Diagram of typical groundfish otter trawl.

Past instrumented studies of groundfish otter trawls have shown that the parameters of trawl behaviour correlate much more closely with the speed of the trawl through the water than with the speed over the sea bed or with the speed of the vessel through the water. This can be expected because a dominant group of forces which determines the trawl configuration is the hydrodynamic forces which, within limits, vary as the square of the speed of the trawl through the water. In general, ocean currents cause the trawl/water speed to be different from the ground speed and from the vessel/water speed. For example, a surface current of 0.8 knots (0.4 m/s), which is not unusual on Emerald and Western Banks, could be accompanied by a current at the trawl of 0.2 knots (0.1 m/s), and these currents could be running at right angles to one another. At any instant these speeds can be related vectorially to one another, but there is no functional dependence which can be used to predict or calculate one velocity from another.

Usually, the speed during a survey tow is set according to the ship's log. Not only is this instrument usually insufficiently accurate at ±0.5 knots (±0.25 m/s) for adequate control of trawl behaviour, but also it usually measures ship speed through the water, which is the wrong variable. Because ocean currents cause the ship/water speed generally to be different from the trawl/water speed, conditions at the trawl, and hence the trawl behaviour, are not controlled. Alternately, the positions of the vessel at the beginning and at the end of a survey tow are usually recorded for purposes of areal expansion of catch results. These positions, in conjunction with the duration of the tow, can be used to calculate the speed of the trawl over the sea bed after the tow. This procedure, however, does not provide control over the trawl during the tow, does not take into account the effect of bottom currents on the gear, and could involve corrections for bias in catchability caused by uncontrolled speed variations. Even accepting these limitations, if the positions are taken from the satellite navigator (SATNAV), then their accuracy is only as good as the relatively inaccurate ship's log which is used to sustain the SATNAV data between satellite fixes, and if the SATNAV updates its fix during the survey tow, then the SATNAV positions at the beginning and the end of the tow may bear no relation whatsoever to one another.

In appropriate geographic locations, Loran and Decca fixes are more consistent, even though their potential for accuracy may not be so great as that of the SATNAV. However, for this estimate of ground speed, it is essential that the time and both position coordinates at each end of the tow be taken at the same instant. Very often ship's officers, who are accustomed to relatively approximate navigation on the high seas, do not appreciate the accuracy required for a half-hour tow, particularly where differences in time and position are required. With the fishing tactics used during present surveys, trawl behaviour as affected by speed is neither controlled nor known, leaving much room for improvement.

The direction of the current relative to the direction of tow affects trawl behaviour. The effect of current components parallel to the direction of tow, which alter trawl behaviour when towing at a given ground or ship/water speed, can largely be eliminated by towing, instead, at a given trawl speed through the water. Current velocity components normal to the direction of tow are harder to handle. Windage and current forces on the side of the vessel can be compensated by giving appropriate helm, but transverse forces on the warps and on the doors distort warp planform and alter door orientation, destroying trawl symmetry and usually reducing door spread and, consequently, the area sampled. This can be compensated to some extent by differentially adjusting the warp scopes, that is, the respective veered lengths of the port and starboard warps. The best answer to cross-current effects is to orient the direction of tow parallel to the direction of the current but, because the current direction is not usually known on first arrival at the survey site, this variable in trawl behaviour is usually ignored, with correspondingly increased variation in catch results.

Incidentally, there is an essential technical difference, which is often ignored in research survey data, between course and vessel heading. The vessel heading is the direction in which the vessel points, and this can usually be read with adequate accuracy from the ship's compass. The course is the direction in which the vessel and gear travel. This cannot be determined until after the tow and, because of cross winds and ocean currents, it is generally different from the ship's heading. The difference between course and heading of a side trawler while fishing is substantial because of the helm used to compensate the towing force at the block being offset, usually to starboard, from the centre of propulsion.

The warp scope, or length, affects the inward component of the warp tension on the trawl doors, shorter warps causing smaller door spreads and, hence, smaller area sampled. This is compensated to some extent by using larger scope ratios (warp scope/depth) in shallower water, but it is another variable which causes bias in trawl performance and which is not taken into account in present survey procedures.

The upward component of the warp tension, acting on the door brackets, has a profound effect on door behaviour and, therefore, on trawl behaviour. A reduced upward component allows the doors to fall forward, whereas an increased upward tension component causes the doors to lean backward. Depending on the original trim of the doors, this alters not only the spreading or sheer force exerted by the doors, but also the vertical hydrodynamic force and ground friction on the doors. This affects door performance in a complex way and, consequently, also affects the behaviour and catchability of the whole trawl. The upward component of the warp tension on the doors is affected principally by the warp scope ratio and by the towing speed of the trawl relative to the water. Therefore, the trawl/water speed should be selected and carefully controlled, then the warp scope ratios selected for each depth to provide optimum door performance at that speed, rather than selecting warp scope ratios by some intuitive or empirical procedure.

The type of sea bed also has a profound effect on trawl performance. The effect of rough bottom on the behaviour of the footrope and doors, and on related fish escapement, has already been discussed. If the footrope is fitted with rubber bobbins (which are substantially heavier in water than are steel bobbins) for better conformance of the footrope to rough sea bed, it should be remembered that these heavier bobbins tend to dig into soft bottom, experiencing considerable drag, distorting the net and reducing the width of the fished path. Similarly, the trim of the doors considerably affects their tendency to dig into soft bottom with corresponding effect on trawl performance. A relationship between fish distribution and sea-bed type has been identified. There is also a relationship between trawl catchability and sea-bed type which can colour fish distribution studies based on trawl survey results.

The type of vessel and the ability of the fishing captain and crew also profoundly affect the performance of the trawl, particularly under the relatively uncontrolled fishing procedures now used during research surveys. Some of these biases between surveys must be accepted for practical reasons, but others can be avoided. For example, a given survey trawl will perform differently on a side trawler than on a stern trawler, partly because the gallows spacing is different and different manouvers during shooting and hauling are required. One type of trawler should be used for all surveys. Also, if a trawl is to perform properly, it should be reasonably well-matched to the vessel handling it. The gear and the vessel should be regarded as a complete fishing unit with its own, individual fishing characteristics. It is a mistake to put a traditional, small, standard sampling trawl on a large vessel; in addition to handling problems and more severe gear damage, its fishing characteristics will likely be inferior to those on the smaller survey vessel for which it was designed.

Groundfish trawls are flexible structures whose shapes and fishing characteristics are strongly influenced by the prevailing fishing conditions. Different fishing conditions between tows, therefore, introduce bias in catch results between tows which, with present survey procedures, increases the apparent variability in catch results. Much can be done to develop more closely controlled fishing procedures to reduce some differences in fishing conditions and to reduce the resulting variation in catch results between tows. Other differences in fishing conditions can be monitored and methods developed for correcting their effect on catch results.

FISH BEHAVIOUR IS A MAJOR FACTOR IN TRAWL CATCHABILITY

Survey trawls are sometimes considered to sample only those fish which normally occur in the water actually filtered by the net and the catch to contain all those fish which initially occurred in the water swept at the time of the survey tow. This concept is naive in the extreme.

When otter boards or trawl doors were first fitted to trawl nets about 60 years ago (v. Brandt 1972), they were attached directly to the wing tips. (This practice still prevails with shrimp trawls.) It was soon discovered, however, that setting the trawl doors ahead of the wing tips on ground warps or bridles increases the catch rate of finfish, even though some loss of headline height usually results. The bridles herd fish into the path of the net and this action appears to be stronger for flatfish than for roundfish. According to observations made by the Marine Laboratory of Aberdeen, the fish tend to swim at right angles to the bridle and are apparently insensitive to its forward motion. The effectiveness of this herding is affected by the angle of the bridle to the direction of tow. In British commercial practice, this angle is about 12°; in Canadian practice it is closer to 15°. Larger angles than this result in increased escapement of fish over the bridle. Towing speed also affects this herding action in a manner which varies considerably with the species and size of the specimens. If attempts are made to make the fish swim too fast, then they either tire or panic with resulting evasive action. This partial herding of fish in the path of the gear between the doors and the wing tips was recognized by Treschev (1978) when he divided his "active fishing region" of a groundfish trawl into a "fished region" actually swept by the net and a "covered region" between the doors (Figure 2). The catch (C) consists of specimens which originally were in the fished region in the path of the net itself (N), plus some of the specimens which were in the paths of the bridles between each wing tip and its respective door (B), less specimens which evaded or escaped from the trawl in one way or another. Algebraically,

$$C = a(N + b \cdot B)$$

where a = fraction of all "fished" specimens retained by the net; and

b = fraction of fish in the covered region herded into the path of the net.

The composition of the catch is thus very much a function of the structure and the particular coincidental behaviour of the trawl during the tow plus the reaction of the fish to the fishing process. Thus, the estimation of numbers of indigenous fish (N) and (B) from the catch (C) in the presence of unknown and variable catchability parameters (a) and (b), as is required for areal or volumetric expansion of survey results, must be regarded as precarious.

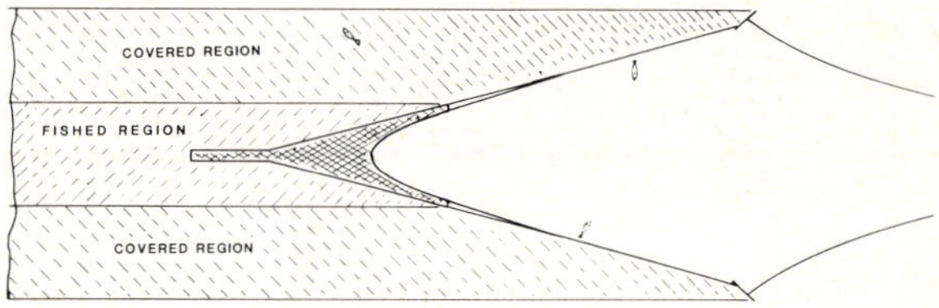

Fig. 2. The active fishing region of a groundfish trawl.

Groundfish trawl doors are hydrodynamically very inefficient. They are operated at angles of 30-40° to the direction of tow, well into the hydrodynamic "stall" region, so that appreciable energy is consumed generating turbulent wakes. These wakes contain dirt and detritus stirred off the sea bed, and it is probably no coincidence that these wakes nearly follow the bridles to the wing tips of the net. According to observations made by the Marine Laboratory in Aberdeen, fish tend to avoid these clouds generated by the doors, so that the door wakes complement the herding action of bridles and improve the catchability of the trawl. About 20 years ago, Saunders-Rowe in U.K. developed a hydrodynamically improved groundfish trawl, complete with cambered doors, but this trawl, despite its greater size, caught no more fish than a corresponding traditional trawl. At least part of this fishing failure is attributed to the fact that the wake from these more "efficient" doors passed outside the wing tips and failed to herd fish fully into the path of the trawl.

Over the past decade, "rope" trawls have been introduced successfully into commercial groundfish fisheries. In these, the forward parts of the trawl nets are replaced by longitudinal pieces of rope. This reduces hydrodynamic resistance of the trawl so that a larger trawl can be handled by a given vessel. The increased number of fish influenced by this larger trawl more than offsets any fish that escape between the ropes. More recently, good commercial fishing success has been gained using very large meshes (up to 16 m in midwater trawls) in the fore part of the trawl, and it is believed that the diagonal mesh bars more effectively herd fish than do the longitudinal ropes. This large-mesh netting is set into the trawl so that, during fishing, the mesh openings remain long and narrow rather than the more usual 60° (approximately) diamond. Despite the fact that most fish could escape through the netting, a majority is herded.

If the trawl is improperly tailored so that there are areas of slack netting, then these slack areas tend to balloon out under the influence of dynamic water pressure and create an area of netting at a relative large angle of incidence to the direction of tow, where the meshes are relatively open. The herding of fish by such areas is substantially reduced by both the large angle of incidence and the open (nearly square) mesh, resulting in escapement of potential catch. Also, some species of fish have been observed to be particularly sensitive to holes in the netting. Even one broken mesh bar provides enough discontinuity in a sheet of netting that some fish head for it and escape. This disruption of herding by discontinuities in the netting is particularly important with large mesh netting which otherwise successfully herds fish which are small enough to escape through normal meshes.

Small-mesh netting liners usually inserted into the aft parts of groundfish survey trawls have considerably greater hydrodynamic resistance than does normal trawl netting. This generates abnormal pressures in the trawl and deflects some of the water flow from the lined part of the net to unlined parts further forward. Depending on the tailoring of the net, this increased flow in the forward part of the net could increase ballooning and escapement of fish ahead of the liner.

In addition to this selective herding and escapement of fish by size and species, there is selective evasion of the trawl. There is evidence that at least some species react to the passage of the trawler overhead, long before the trawl reaches their position. However, this action and its effect on catch results have not been studied. The hydrodynamic resistance of the trawl generates an increased pressure ahead of the trawl and it is likely that some specimens sense this pressure and take evasive action. Also, Schuijf (personal communication) reports that fish are physiologically better able than humans to identify the position of sound sources. Certainly, fish have been observed photographically to swim over the headline of a trawl.

Many groundfish species are naturally distributed vertically in the water column to a certain extent, with some specimens further above the sea bed than the headline of the survey trawl. Obviously these higher specimens are not candidates for the survey sample and are usually ignored, even though they may be members of the relevant population, with resulting error in the inventory. The headline height above the sea bed, in addition to being influenced by structural parameters such as amount of flotation and wing-bridle length, is very sensitive to tow conditions. In particular, headline height varies with the speed of the trawl through the water, decreasing with increasing speed. The trawl/water speed is the controlling factor, with the result that, as a consequence of different ocean currents, towing at constant speed over the sea bed or at constant vessel/water speed as is common practice, results in different headline heights and different sampling intensities between tows. More important, the effect on fish population sampling of the different headline heights of different survey trawls in relation to the vertical distribution of the fish must be taken into account when comparing survey catch results of different gears.

The footropes of commercial flatfish trawls are usually wrapped with cordage or fitted wholly with rubber discs so that the footrope references well with the sea bed and minimizes the escapement of fish under the trawl. Unfortunately, this type of footrope becomes very easily caught on sea bed obstructions and the close proximity of the lower parts of the net to the ocean floor results in severe damage on rough sea bed. For more general application, particularly in random surveys, the design of the survey trawl must be compromised by fitting bobbins to the footrope for gear survival on rough sea bed. The fishing line, rimming the lower mouth of the trawl, is usually 250-300 mm above the sea bed, and this undoubtedly allows escapement of some fish under the net, probably selectively as a result of different behaviour characteristics of different species. Associated with this effect, netting made of polyethylene or polypropylene fibres is buoyant in sea water (5-8 kg light per 100 kg in air), whereas nylon netting sinks (12 kg heavy per 100 kg in air). Consequently, the first two types of netting tend to rise, clearing the sea bed more than the last, and encouraging fish escapement under the net. On the other hand, the buoyant netting is somewhat less subject to tear-ups in the lower wings and bellies and there is therefore less escapement of fish through the resulting holes in the net.

In some groundfish trawls, such as the Engel and the Atlantic Western designs, the netting in the lower wings is cut back (see Figure 6) to reduce tear-ups on the sea bed in this very vulnerable part of the trawl. In this area, the footrope is depended upon to herd fish into the net near the sea bed, as already described for the bridles, and the door wakes and netting in the upper wings are depended upon to herd fish higher in the water column into the net. This herding is also probably selective in a species-specific way but, as with bobbin gear, a compromise must be reached between this escapement and unpredictable escapement through holes caused by tear-ups.

These considerations of variations in trawl behaviour, caused by the present, inadequately controlled, fishing procedures, plus considerations of variations in the reactions of fish to the fishing operation, indicate that the catchability of the gear is subject to considerable fluctuation, not only in the short term where data can be smoothed but also in the long term where between-tow variations can occur. Trawl selectivity depends on much more than the size of the mesh in the cod-end, so that results of comparative fishing and selectivity experiments experience unnecessary variance if the fishing conditions are not closely controlled, or at least monitored, during the fishing experiments.

TRAWL BEHAVIOUR HAS BEEN MEASURED

The relatively qualitative discussion so far, concerning the behaviour of groundfish otter trawls and the behaviour of fish in relation to their capture by groundfish trawls, leaves many questions unanswered, particularly concerning the quantitative importance of various effects. Many of these questions have been addressed in relation to the prosecution of commercial fisheries and it is worth considering the quantitative techniques used there.

Instrumented studies of fishing gear and fishing gear components were first reported 60 years ago. This work originated in Japan (Tauti et al. 1925) and in USSR (Baranov 1948) with studies on the drag of netting. However, these gentlemen were not hydrodynamicists and their fundamental concepts were wrong. This led to a series of publications during the 1930s which started "According to Tauti ...." and proceeded to analyze experimental results incorrectly. Fortunately, many contained basic data which could be reworked.

There are scattered references to single instruments being used to check a specific variable of trawl behaviour, but the first report of an attempt to study the trawl comprehensively was by de Boer (1959) in the Netherlands, followed immediately by the very thorough study at Saunders-Rowe in U.K. by Crewe (1964). All these studies depended heavily on the development of original, specialized instrumentation (eg., Nicholls 1964); suitable instrumentation for this work is still very much a problem.

French (1968) describes a sonic instrument system for measuring trawl dimensions under fishing conditions, and it is understood that a system of this kind is currently used by the National Marine Fisheries Service at Woods Hole to calibrate its survey trawls. All survey trawls should be calibrated to assure they are fishing properly and to identify any idiosyncrasies. This calibration must be done under conditions which are as near as possible to average fishing conditions experienced during survey tows, in order to minimize biases in catch results such as have already been identified as being caused by differences in trawl behaviour. Even then, there will be variations in trawl behaviour, to a greater or lesser extent, depending on the degree of control exercised over the fishing operation during the survey tows. If, in addition to trawl dimensions, the forces which control the trawl shape are measured during the calibration tows, this information is useful in predicting the effect on trawl behaviour of changes in towing conditions.

Also, in Seattle, another trawl dimension instrument has been developed by Acker and Brune (1974), but it is understood that this instrument is being used primarily for commercial fishing operations to optimize gear construction and rigging and to assist in guiding the trawl while fishing commercially.

In St. Andrews, an engineering study of commercial groundfish trawls was undertaken at the time when "fishing efficiency" was a popular interest. A comprehensive set (Figure 3) of relatively simple instruments (see Carrothers 1968) was developed which, with careful use, produced quite good results. Basic data obtained over the period 1965-1968, after primary reduction, have been published (Carrothers et al. 1969). Additional trawls of different designs have been measured since then and a computerized method has been developed and applied to all data to provide a comprehensive statement of the trawl geometries and vector force matrices under a range of towing conditions (unpublished). More recently, a trawl instrument system has been developed, under contract by the Nova Scotia Research Foundation, which displays and records on magnetic tape at the vessel information sensed at the trawl on two dimensions (e.g., headline height and wing spread), six line loads (e.g., tensions in wing legs), hydrodynamic pressure, hydrostatic pressure, and time; this system, however, remains to be checked out and proven. This complement of data, coupled with concurrent data on ocean currents and data from instruments at the ship on warp lengths, warp tensions, warp angles, trawl depth, heading, course and ship speed, is the minimum required for a definitive statement of trawl behaviour. Additional data on door behaviour are also desirable.

One of the biggest problems with instrumentation for technical studies of groundfish otter trawls is the severe conditions under which these instruments must function. High ambient pressures require special housings and watertight seals and cause instrument calibration problems. The ever-present, moist, salt atmosphere is corrosive to mechanical components and disastrous to electronic components. The rough, physical treatment unavoidably experienced, both during shooting and hauling the gear and while fishing, requires a ruggedness in construction which usually compromises accuracy. Another problem is to keep the size and weight of the instruments sufficiently small that they cause negligible distortion of the fishing gear. Standard, commercial instruments are not available for many of the required measurements under these conditions. There has been a marked acceleration in recent years in the interest in instrumentation for ocean engineering, particularly in relation to exploitation of offshore mineral resources. Also, the miniaturization of electronics has been phenomenal. It should be possible to draw on these technologies to develop instruments for technical research on trawl behaviour and for improved control of the trawl during survey tows, catchability studies, comparative fishing and gear selectivity measurements, which are much better than the instruments used historically.

TRAWL INSTRUMENTATION FOR BETTER SURVEY CATCHES

The instrumentation, such as that shown in Figure 3 (from Carrothers et al. 1969), so far developed for technical trawl studies and adaptable for survey trawl calibration, is awkward to use. Considerable time is required

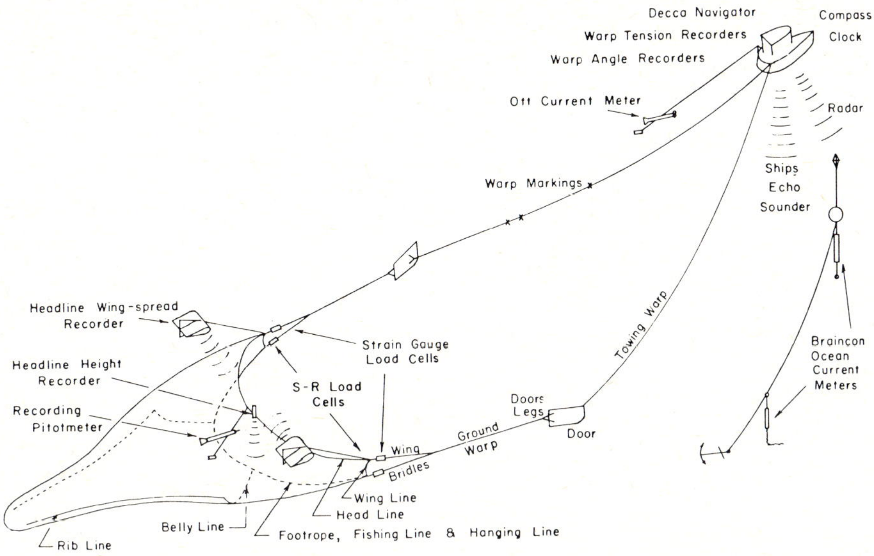

Fig. 3. Instrumentation for comprehensive trawl studies.

before each tow to set up the instruments and check calibrations. The instrumented trawl must be set and hauled carefully to assure that the instruments are not fouled and to avoid instrument damage. Much of the information on trawl behaviour is not available until after the tow, and often not until the records are inspected after returning to shore. Thus, with present technology, it is not possible to monitor trawl behaviour during survey tows, nor is it possible to adjust towing conditions according to trawl behaviour on a real-time basis. However, it is possible to calibrate survey trawls. This should be done for each type of trawl and is preferably done for each trawl. Calibration consists of instrumenting the trawl comprehensively and towing it for technical calibration data, independent of any fishing activity. Calibration must be done on the survey vessel in question and under typical fishing conditions if the data are to be representative. Similar trawl behaviour can then be assumed for survey tows, particularly if towing conditions are carefully controlled.

Past engineering studies of groundfish trawls indicate that, for any given trawl construction and set of towing conditions, many behaviour characteristics of the trawl relate closely to one another, even though this may be in a very complicated way. Figure 4 presents data from Carrothers et al. (1969) on the dependence of headline height of a Yankee 41 polyethylene trawl on hydrodynamic pressure. There are three replicate tows (distinguished by different symbols) with each of two pairs of doors, and in each set of replicates two are exceedingly close to one another while the third gives somewhat lower headline heights for reason or reasons not yet established. The effect of increased door sheer to decrease headline height is obvious, both within and between door types.

The implication of these correlations is that after a given trawl has been calibrated, only one or two variables relating to trawl behaviour need be monitored during survey tows as an index of the overall behaviour of that trawl under those conditions. Because hydrodynamic pressure is a major force determining the shape of a given trawl, it is probable that this will prove to be the best "indicator" variable to monitor. Hydrodynamic pressure varies as the square of the speed of the trawl through the water, so that either the hydrodynamic pressure or the trawl/water speed could be measured by a sensor at the headline of the trawl. Such a sensor could be combined physically with the net sounder transducer, which should be used during all survey tows, and the hydrodynamic pressure or the trawl/water speed data transmitted to the vessel in real time via the net sounder. For more consistent trawl behaviour, it will probably prove to be advisable to tow the trawl at a given, constant speed through the water during all survey tows, rather than at an approximate, specified, vessel/water speed as at present. The fishery resource inventory could still be based on the distance travelled over the sea bed as at present.

The development of improved and more consistent fishing techniques such as this for

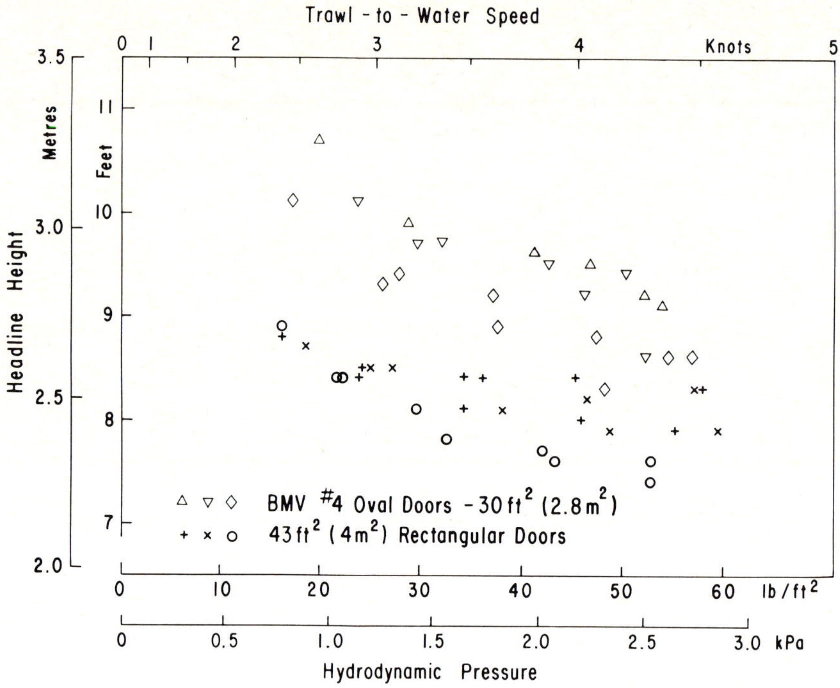

Fig. 4. Variation in headline height with hydrodynamic pressure (trawl-to-water speed), showing three replicate sets of results for each of two door types. (Data from Carrothers et al., 1969.)

research surveys requires, first, an instrument development program, followed by a study of existing trawl data and an in-depth technical study of existing survey trawls to quantify the correlations between trawl behaviour variables. It should then become routine procedure to calibrate all survey trawls, to assure they are fishing properly, and to quantify their behaviour as an aid in the interpretation of survey catch results.

Another aspect of trawl survey technology that requires attention is the optimization of survey trawl design and rigging. Most survey trawls used today for sampling adult populations are standard commercial trawl designs, with additional specifications covering those structural features which are otherwise subject to variations between different suppliers and different fishing captains. These trawl designs have undoubtedly been optimized to some extent for commercial fishing by practical, trial-and-error experience. However, the objectives of commercial fishing and of research surveys are different. Commercial fishing tries to maximize the catch of marketable fish, whereas the research survey tries to quantify the resident population, including pre-recruits, by taking small but representative samples. Thus, the optimization of a survey trawl is different from that of a commercial fishing trawl. For example, a commercial trawl which guides the fish smoothly past the bellies into the cod-end may be distorted by the hydrodynamic resistance of the liner in the cod-end of the corresponding survey trawl, such that the cod-end is constricted and the bellies balloon, permitting increased escapement through the bellies of those juveniles which the cod-end liner was inserted to retain.

If survey trawls are to be understood and their catch results interpreted rationally, much more must be learned quantitatively about their behaviour and about the reaction of fish to various, measured behaviour characteristics of the trawl. Survey trawls should be designed and operated not only for consistent trawl behaviour but also for minimum evasion by the fish, for quantified herding in the regions outside the wing tips, and for quantified catchability in the water column. Comparative fishing and selectivity experiments and work with other forms of population truthing such as photography and underwater television should be accompanied by an instrumented trawl study so that the behaviour of the trawl during these fishing measurements is known quantitatively.

STANDARDIZATION FOR BETTER COMMUNICATION AND CLOSER CONTROL IN RESEARCH PROCEDURES

Commercial trawl plans are seldom complete or definitive. They usually leave much to the interpretation, skill and artistry of the net maker. Consequently, each trawl is a "masterpiece" with the individuality and personality that makes one net-maker better than another in the true tradition of the crafts. Likewise, fishing captains are "artists" who modify and handle the trawls, each in his own way, according to his qualitative skills as a professional fisherman. No matter how commendable this individuality may be, it is not conducive to consistent fishery resource surveys. So far, we have been satisfied to insist that surveys be conducted on research vessels rather than on commercial vessels, we have tried to maintain consistent command of these research vessels, and we have drawn up "standard" plans, usually arbitrarily, for the survey trawls. However, there is still considerable latitude in the rigging and operation of the gear, and inspection of the gear to assure it is to specification is generally quite lax. Much more can be done to tighten up technical procedures, even though operations staff may object, and this should reduce the variations in catch results which originate in variations in gear catchability (that fraction of the fish in the path of the trawl which is retained in the catch).

Various national and international standards are available whose recognition would reduce ambiguities and misunderstandings in communication and which provide uniform procedures for describing and defining fishing gear in an unambiguous way.

In 1960, the International Standards Organization (ISO) established a subcommittee (SC9) on fishing gear materials (netting and twines) under its technical committee on textiles (TC38). This subcommittee was quite active for about a decade and developed several standards which have been accepted internationally (ISO 1969-1976) with the more recent revisions of the standards resulting primarily from subsequent metric conversion. This list also includes ISO standards developed by other subcommittees but which have relevance to fishing gear. The only outstanding work on ISO/TC38/SC9 books is a draft standard on the method for measuring mesh size. This is in abeyance at present pending further advice from ICES on the effect of mesh load during measurement on the results of selectivity experiments.

In 1958, the Canadian Government Specifications Board (now the Canadian General Standards Board) published a standard on netting for fishing gear. This originated primarily in problems with mesh size stability in the regulation of drift gillnet fisheries in the Great Lakes. It is limited in scope and is now very much out of date. However, metric conversion has provided the opportunity to revise this Canadian Standard and expand it also to include the essential features of the ISO Standards, as required to give legal force to these latter. A draft of this revised Canadian Standard is being prepared by CGSB and DFO for consideration by the re-constituted CGSB Committee on Specifications for Fishing Gear. Representatives of the federal and provincial governments, the fishing industry and fishing gear suppliers have been invited to sit on this committee.

The scope of the draft standard is:

1. Terms and definitions with cross-reference to other recognized glossaries.
2. Unambiguous and definitive designation of twines and netting, including fibre type, construction and size.
3. Methods and conditions for test of:
    - Twine thickness;
    - Mesh size;
    - Dimensional stability to wetting, loading, dyeing, etc.;
    - Load-elongation characteristics;
    - Strength and elasticity (resistance to tearing).
4. Specification of fishing gear construction and components.

As an example, Figures 5 and 6 give the trawl plan and rigging of the Maritimes Region, Atlantic Western IIA, groundfish survey trawl drawn according to the procedures laid down in ISO Standard 3169-1975 and used in the FAO fishing gear catalogues (FAO 1972, 1975). All mesh counts and cutting rates are shown, as are the methods of joining and hanging. There are no ambiguous proprietary twine numbers; instead the twine designation given in ISO Standards 858-1973 and 1144-1969 is used. All materials and dimensions are specified. There is very little scope for "poetic licence" in the construction of the gear without violating the specifications.

The use of standard definitions of technical terms as given in ISO Standards 1107-1974, 1530-1973, 1531-1973 and in other international and Canadian standards should be used in all communications relating to research and regulation in the fisheries, to minimize confusion and to avoid ambiguity.

It is hoped that the eventual revised version of Canadian Standard 55-GP will contain all the relevant technical information from pertinent ISO Standards in one or, at the most, two documents for ready reference and that, with the legal force of a Canadian Standard in the purchase of fishing gear and gear materials, it will be useful in developing and maintaining more consistent trawl survey gear.

It is suggested that the trend to standardization which is seen with respect to the specification of fishing gear be extended to the procedures used in resource inventory fishing. The intention, at least at first, should be simply to "tighten" survey procedures in order to reduce catch variability now generated by relatively uncontrolled trawl behaviour, without substantially altering the inherent biases in gear catchability. New catch data should then still be comparable, and more precisely so, with historical data. Substantial changes in procedures to improve catchability should be approached with more caution. It is

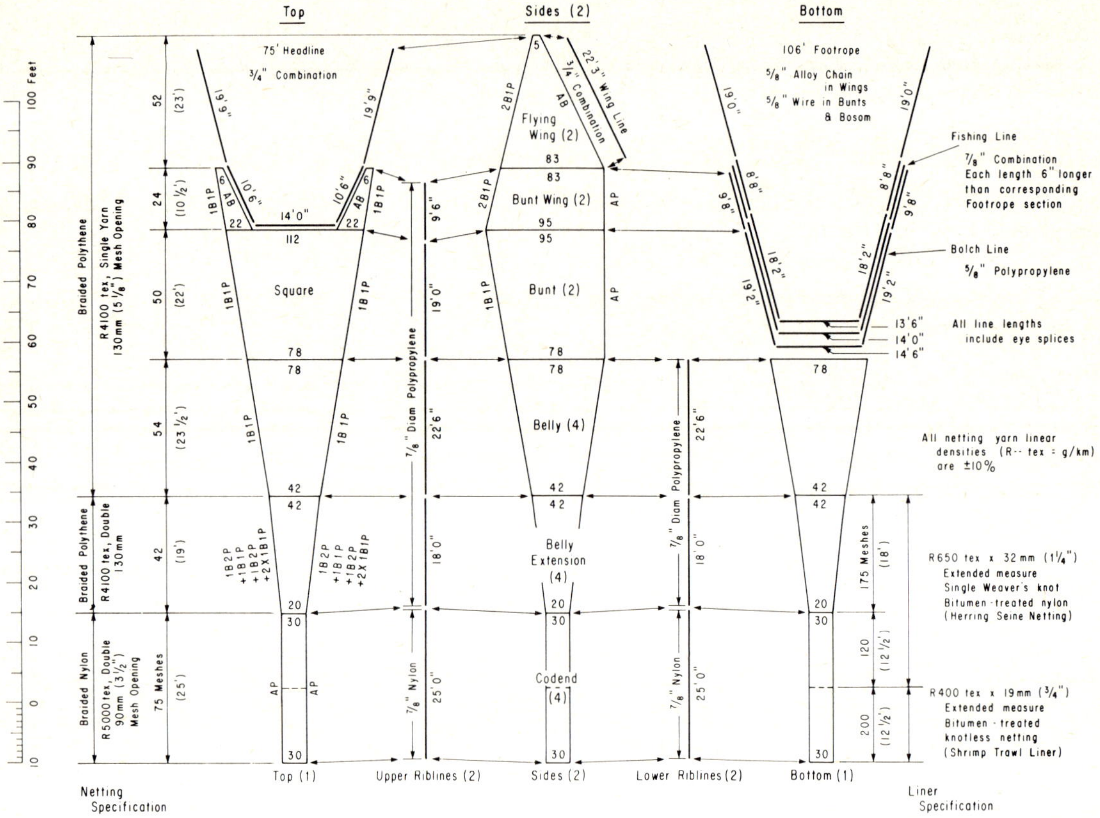

Fig. 5. Atlantic Western IIA Groundfish Survey Trawl - Netting and Frame Lines.

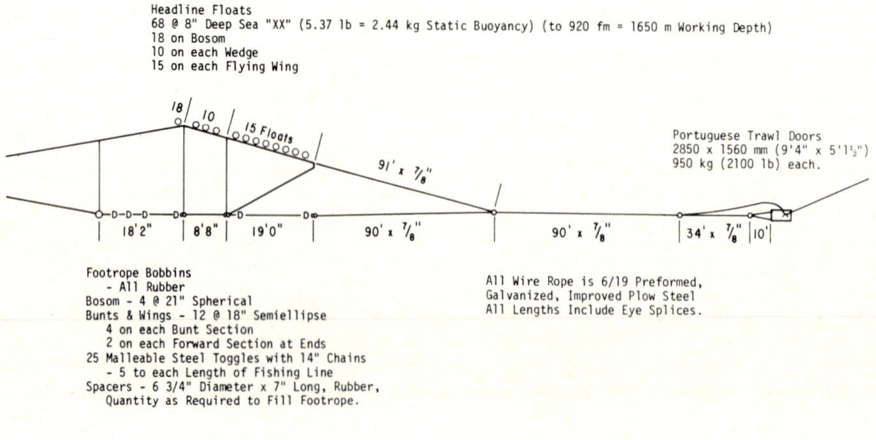

Fig. 6. Atlantic Western IIA Groundfish Survey Trawl - Attachments and Working Lines.

recognized that this standardization will require more research on the implications to catches of the variations in trawling procedures discussed in this document.

REFERENCES

Acker, W.C., and F.A. Brune. 1974. Electroacoustic measurement of trawl net parameters. "Ocean '74", Collected papers of the IEEE International Conference on Engineering in the Ocean Environment, Vol. 2, pp. 75-77. The Institute of Electrical and Electronic Engineers, Publ. 74 CN0873-0 OCC.

Baranov, F.I. 1948. Theory and calculation of fishing gear. Moskva, Pishchepromizdat.

Carrothers, P.J.G. 1968. Instrumentation for the engineering study of otter trawls. Fish. Res. Board Can. Bull. 163, 45 p.

Carrothers, P.J.G., T.J. Foulkes, M.P. Connors, and A.G. Walker. 1969. Data on the engineering performance of Canadian east coast groundfish otter trawls. Fish. Res. Board Can. Tech. Rep. 125, 100 p.

Crewe, P.R. 1964. Some of the general engineering principles of trawl gear design. In FAO, Modern Fishing Gear of the World 2, pp. 165-180. Fishing News (Books) Ltd.

de Boer, P.A. 1959. Trawl gear measurements obtained by underwater instruments. In Kristjonsson, H., Modern Fishing Gear of the World, pp. 225-233. Fishing News (Books) Ltd.

FAO 1972. FAO catalogue of fishing gear designs. Fishing News (Books) Ltd., 155 p.

FAO 1975. FAO catalogue of small-scale fishing gear. Fishing News (Books) Ltd., 191 p.

French, L.E. 1968. Sonic system for determining distances between related points of an otter trawl. U.S. Fish Wildl. Serv., Fish. Indust. Res. 4(3): 113-125.

ISO Standard 858-1973. Fishing nets - designation of netting yarns in the tex system.

ISO Standard 1107-1974. Fishing nets - netting - basic terms and definitions.

ISO Standard 1139-1973. Textiles - designation of yarns.

ISO Standard 1144-1973. Textiles - universal system for designating linear density.

ISO Standard 1530-1973. Fishing nets - description and designation of knotted netting.

ISO Standard 1531-1973. Fishing nets - hanging of netting - basic terms and definitions.

ISO Standard 1532-1973. Fishing nets - cutting knotted netting to shape ("tapering").

ISO Standard 1805-1973. Fishing nets - determination of breaking load and knot breaking load of netting yarns.

ISO Standard 1806-1973. Fishing nets - determination of mesh breaking load of netting.

ISO Standard 2060-1972. Textiles - yarn from packages - determination of linear density (mass per unit length) - skein method.

ISO Standard 2062-1972. Textiles - yarn from packages - method for determination of breaking load and elongation at breaking load of single strands.

ISO Standard 2075-1972. Cutting netting to shape - determination of the cutting rate.

ISO Standard 2947-1973. Textiles - integrated conversion table for replacing traditional yarn numbers by rounded values in the tex system.

ISO Standard 3090-1974. Netting yarns - determination of change in length after immersion in water.

ISO Standard 3169-1975. Fishing nets - drawings- general directives.

ISO Standard 3660-1976. Fishing nets - mounting and joining of netting - terms and illustrations.

ISO Standard 3790-1976. Fishing nets - determination of elongation of netting yarns.

Nicholls, J. 1964. Trawl gear instrumentation and full-scale testing. In FAO, Modern Fishing Gear of the World 2, pp. 497-512. Fishing News (Books) Ltd.

Tauti, M., M. Teinosuke, and K. Sugii. 1925. Resistance of plane nets in water. J. Imperial Fish. Inst. 21(2): 11-12.

Treschev, A.I. (rev. and ed. by P.J.G. Carrothers). 1978. Application of the fished volume method for measuring fishing effort. ICES Coop. Res. Rep. No. 69, 54 p.

v. Brandt, A. 1972. Fish catching methods of the world. Fishing News (Books) Ltd., 240 p.

FACTORS AFFECTING VARIABILITY OF RESEARCH VESSEL TRAWL SURVEYS

by

C.J. Byrne, T.R. Azarovitz and M.P. Sissenwine
National Marine Fisheries Service
Woods Hole Laboratory
Woods Hole, Massachusetts 02543

ABSTRACT

The results of research vessel bottom trawl surveys are inherently variable. Some of the variability is associated with the natural patterns in distribution of the populations sampled by the trawl gear. Additional variability is introduced by survey protocol, e.g., ship factors, gear factors, and gear operation factors. Variability in survey protocol is analogous to measurement error. Together, variability associated with population distribution and measurement errors result in 95% confidence intervals of ± 50% of the mean for most species in areas such as Georges Bank where 70 tows are taken per survey. Occasionally, there are anomalous survey results which (with hindsight) are clearly further from the mean than are normally caused by the sources of variability noted above. Such anomalous results are probably related to environmental variability between surveys and its effect on fish behaviour and gear performance.

In this paper, we discuss spatial, environmental, and measurement variability within and between surveys. Much of the discussion is illustrated by examples from Northeast Fisheries Center surveys.

Key Words: biological surveys, research surveys, trawl surveys.

RÉSUMÉ

Les résultats des relevés au chalut de fond effectués par les navires de recherche sont intrinsèquement variables. Une partie de cette variabilité est due aux fluctuations naturelles de la répartition des populations échantillonnées par le chalut. Il vient s'y ajouter les conditions des relevés, c'est-à-dire les facteurs relatifs au navire, à l'engin et au fonctionnement de l'engin. La variabilité liée au protocole des relevés est analogue à l'erreur de mesure. Ensemble, la variabilité liée à la répartition de la population et les erreurs de mesures se traduisent par des intervalles de confiance de 95 pour cent à plus ou moins 50 pour cent de la moyenne pour la plupart des espèces, dans des zones comme le banc de Georges où on effectue 70 traits de chalut par relevé. Parfois, en rétrospective, on obtient des résultats anormaux qui se révèlent à l'évidence beaucoup plus éloignés de la moyenne qu'ils ne devraient l'être normalement, même en tenant compte des sources de variabilité mentionnées ci-dessus. Ces résultats anormaux sont probablement liés à la variabilité du milieu naturel, d'un relevé à l'autre, et à ses effets sur le comportement du poisson et le rendement de l'engin.

Dans le présent document, nous examinons la variabilité spatiale et l'erreur de mesure au sein d'un même relevé, et la variabilité d'un relevé à l'autre due au milieu naturel. La plus grande partie de l'examen est illustrée par des exemples tirés de relevés effectués par le "Northeast Fisheries Center".

Mots-clés: relevés biologiques, relevés scientifiques, relevés au chalut.

INTRODUCTION

Bottom trawls are often selected as samplers for resource assessment surveys. Many fish of economic and ecological importance are sampled quantitatively by some form of bottom trawl. Bottom trawls do not capture all of the fish over the area of sea bottom sampled by the gear: some fish flee and escape the approaching trawl; others escape through the mesh. For species distributed throughout the water column, only the portion of the population near bottom (usually within a few metres) is vulnerable to the gear. Thus, fish density (abundance per unit area) is underestimated by a bottom trawl survey. If the factors causing underestimation (vertical distribution of the fish in the water column, behavioural response of the fish to the trawl, and the performance of the trawl) are constant over time, then survey catch rate will be proportional to actual density. Therefore, survey catch rate is a useful index of population abundance (Clark 1979, 1981). If ancillary information on true abundance is available during a portion of the time series, survey results may be calibrated by estimating trawl efficiency (Sissenwine et al. 1981).

Of course, the factors which result in less than 100% trawl efficiency (the proportion of fish over or on the sea bottom area sampled which are actually caught) are not constant. Variability in trawl efficiency is one component of the variance of bottom trawl survey catch rate. Even if trawl efficiency was constant, survey catch rate would be variable as a result of the contagious distribution of the fish being sampled. Variability in environmental conditions during and between surveys also adds to the variability of bottom trawl survey results. Thus, bottom trawl survey catch rate is an imprecise measure of relative abundance because of the contagious distribution of the fish (spatial variability), variability in the efficiency of bottom trawls as a sampler (measurement variability), and variability in environmental conditions between and within surveys (environmental variability). Each component of variability is discussed in greater detail below.

SPATIAL AND MEASUREMENT VARIABILITY

Grosslein (1971) and Pennington and Grosslein (1978) examined the precision of the Northeast Fisheries Center (NEFC) survey mean catch per tow for several important species. NEFC survey results are probably representative of the level of precision obtainable elsewhere with similar attention to standardization and a compatible sample size. According to the aforementioned papers, 95% confidence intervals are generally about ±50% of the mean for a single survey.

Confidence limits about the mean of a single survey reflect spatial variability and measurement variability. The variance associated with spatial variability may be reduced by refinement of stratification. More rigorous control and standardization of gear performance and survey method could reduce measurement variability.

SPATIAL VARIABILITY

The stratified random sampling design has gained wide recognition as an acceptable protocol for multi-species bottom trawl surveys over a large area. Stratified sampling is applied in order to reduce the variance of survey catch rate resulting from the underlying heterogeneous distribution of the fish. Strata are designed so that fish distribution is less variable within strata than between strata. The methods used at the NEFC are described by Grosslein (1969, 1974) and Azarovitz (1981). Careful examination of the NEFC bottom trawl survey design indicates that the component of variance resulting from spatial variability could be further reduced.

Some NEFC strata are large while others are quite small (Figure 1). Since a minimum of two stations is required in each strata in order to calculate variance, the small strata receive a disproportionate number of stations (based on the number of stations per unit area) when compared with the large strata. Table 1 indicates the number of square miles per station area for each strata of a recent NEFC bottom trawl survey. Stratified random sampling with station allocation disproportionate to the area of each stratum may negate (depending on the within stratum variances) the gains in precision virtually certain to accompany stratified random sampling with proportional allocation. Since the contribution to the total variance of the sample mean by small strata is relatively low, disproportionate allocation of stations in the NEFC survey is probably of minor importance.

There is also a problem associated with large strata. For some large strata, the distribution of fish within the strata may remain quite heterogeneous. For example, Figure 2 indicates the catch of haddock within stratum 16 (on Georges Bank) during a series of NEFC surveys. Under the assumption that the distribution pattern observed during 1963-1980 represents the typical pattern for future years, this stratum could be subdivided in order to obtain a more homogeneous distribution of haddock within this stratum, thus increasing the precision of survey results.

MEASUREMENT VARIABILITY

Numerous factors are related to trawl performance and fish behaviour and therefore influence trawl efficiency. Changes in trawl efficiency increase the mean square error. Some of these factors result in systematic errors in measurement (bias) and others increase the variance.

<u>Factors Contributing to Systematic Error</u>

Characteristics of the towing vessel (e.g., vessel type, length, weight, thrust, noise, winches, trawl handling equipment, officers and crew) influence survey data through effects on trawl performance. Vessel characteristics become more important when more than one vessel is used either during a survey or over a series of surveys.

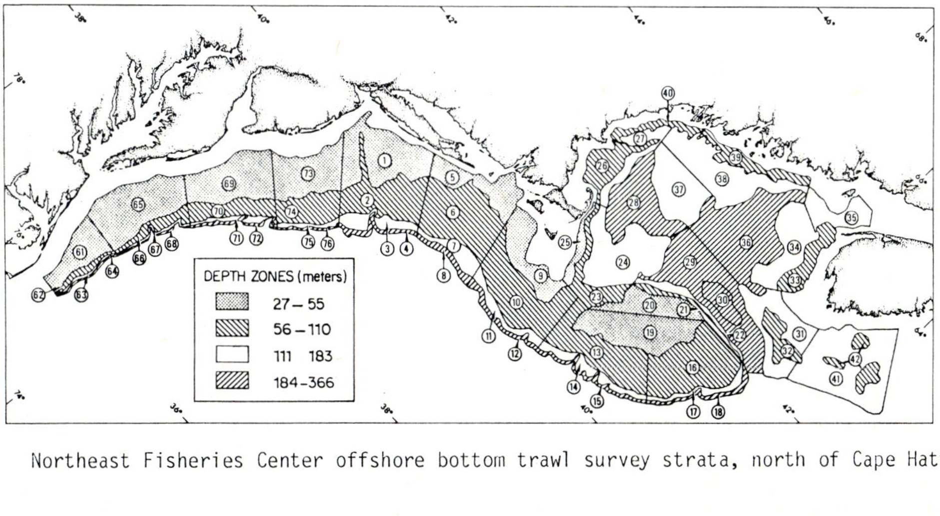

Fig. 1 . Northeast Fisheries Center offshore bottom trawl survey strata, north of Cape Hatteras.

Table 1. Number of stations occupied in each offshore Northeast Fisheries Centre stratum, north of Cape Hatteras, during the 1980 autumn bottom trawl survey. The number of square nautical miles (nmi^2) in each stratum and the number of (nmi^2) represented by each station in these strata are also presented.

Stratum	# of Stations	# of Square Miles	Square miles/ station	Stratum	# of Stations	# of Square Miles	Square miles/ station
1	7	2516	359.43	34	6	1766	294.33
2	7	2078	296.86	35	4	1097	274.25
3	3	566	188.67	36	8	4069	508.63
4	3	188	62.67	37	5	2108	421.60
5	5	1475	295.00	38	5	2560	512.00
6	8	2554	319.25	39	5	730	146.00
7	3	514	171.33	40	3	578	192.67
8	3	230	76.67	41	6	1570	261.67
9	5	1522	304.40	42	2	156	78.00
10	8	2722	340.25	43	4	860	215.00
11	3	622	207.33	44	5	934	186.80
12	3	176	58.67	45	2	150	75.00
13	9	2374	263.78	46	2	247	123.50
14	4	656	164.00	47	4	1159	289.75
15	3	230	76.67	48	4	1184	296.00
16	10	2980	298.00	49	3	198	66.00
17	4	360	90.00	61	3	1318	439.33
18	3	172	57.33	62	2	243	121.50
19	9	2454	272.67	63	2	86	43.00
20	6	1221	203.50	64	2	60	30.00
21	4	424	106.00	65	7	2832	404.57
22	4	454	113.50	66	3	555	185.00
23	5	1016	203.20	67	2	86	43.00
24	6	2569	428.17	68	2	52	26.00
25	4	390	97.50	69	6	2433	405.50
26	5	1014	202.80	70	4	1024	256.00
27	4	720	180.00	71	2	281	140.50
28	7	2249	321.29	72	2	105	52.50
29	8	3245	405.63	73	5	2145	429.00
30	3	619	206.33	74	4	1273	318.25
31	7	2185	312.14	75	2	139	69.50
32	5	655	131.00	76	2	60	30.00
33	4	861	215.25				

Overall length and weight of each vessel are significant in determining how the vessel reacts to sea state. A smaller and/or lighter vessel will roll and pitch more than either a larger or heavier one. Increased vessel motion is transferred to the bottom trawl via the trawling warps and can increase variability in trawl performance.

The NEFC uses the R/V ALBATROSS IV and R/V DELAWARE II to conduct bottom trawl surveys. Table 2 lists the autumn surveys each vessel has participated in since 1963. During three of these surveys both ships were used; during three surveys the DELAWARE II was used; and during the remaining twelve, the ALBATROSS IV was used. These vessels are both stern trawlers but are dissimilar in many respects. Some of the more significant dissimilarities are indicated in Table 3. In addition to the items indicated in Table 3, the towing point on the ALBATROSS IV is higher off the water than the DELAWARE II and major equipment (e.g., generators) are different and likely to emit different noises.

The two vessels handle the gear differently due to different types of winches. The DELAWARE II has winches that are driven directly and the trawl and wire are paid out at maximum speed permitted by the motor. The ALBATROSS IV has winches with free-spooling drums and wire is paid out as fast as the setting speed of the ship. The DELAWARE II, on the other hand, has sufficient deck area to haul the trawl aboard without taking a bite, while the ALBATROSS IV does not have as much deck area and must retrieve large trawls in bites.

Recognizing that there are significant differences between these ships, the NEFC undertook to determine the relative fishing power of the two vessels during May 1980. The results indicated no significant difference in fishing power (Noble, McBride and Byrne, in preparation). However, this may be a reflection of the excellent weather conditions during the experiment. On the other hand, since both vessels are relatively large, the vessel differences may be masked by the size of the gear used relative to ship size. The fishing power of the R/V ALBATROSS IV and R/V BELOGORSK was compared during experiments conducted from 1973 to 1975. In this case, a significant difference in fishing power was indicated between the two vessels using the same type of trawl (Sissenwine and Bowman 1978).

Chapman and Hawkins (1969) and Parrish (1969) both felt that noise, particularly ship's noise, could influence catch. In deep water, vessel noise may be masked by the noise of the gear. In shallow water, noise may be more significant. As a result, these could cause differential reactions to noise based on depth. During a tow, changes in engine speed, pitch setting, rudder direction, starting and stopping of auxiliary machinery could contribute to variability. There are, however, no data suitable for assessing the impact of vessel noise upon survey catches.

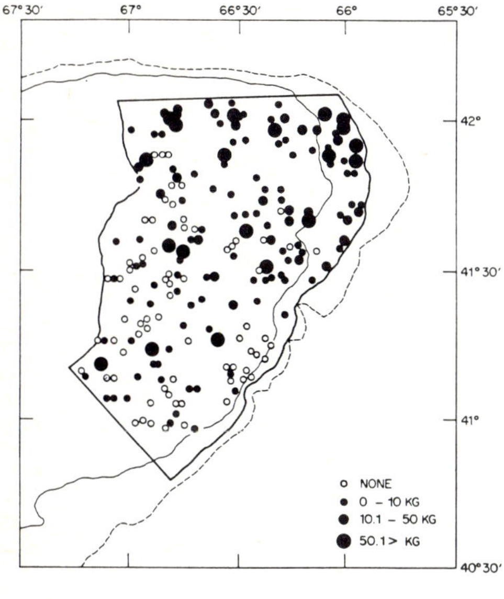

Fig. 2 . Distribution of haddock (Melanogrammus aeglefinus) in Northeast Fisheries Center offshore stratum 16 during autumn bottom trawl surveys during 1963-1980 combined.

The catch efficiency of a bottom trawl is, of course, a function of the design of the trawl gear. Trawls selected as standard sampling gear should be designed to catch the primary target species with relatively high efficiency; they should be easy to build and maintain, made of components that are fairly common and thus readily available, durable and able to survive rough handling; and they should behave reliably and predictably under a variety of conditions. Detailed construction specifications must be adhered to if variability in short-term and long-term performance is to be held to a minimum. Even small deviations from standard specifications can lead to considerable differences in the resulting data.

As with the trawl, trawl doors should be standardized and carefully maintained. Doors which are mismatched, damaged, or even worn will affect the performance of the trawl dramatically.

Even with rigorous adherence to design standards, artistic factors come into play when actually constructing the trawl. Furthermore, differences in interpretation of trawl specifications may also result in variability of the final product. Thus, it becomes apparent that it is highly desirable to limit the number of individuals involved in standardized net construction.

The NEFC has established specifications for two standard survey trawls. A standard #36 Yankee otter trawl has been used since 1963 on all autumn trawl surveys, on all summer surveys (starting in 1977), and on all spring surveys from 1968 to 1973. Since 1973, a modified two-seam, high-opening #41 Yankee otter trawl has been used on spring surveys. A detailed description of both trawls is given by Bowman (MS 1976) along with some of the reasons for switching from the #36 to #41 trawl during spring bottom trawl surveys.

Since starting these standardized surveys, considerable effort has been directed towards maintaining the standardized specifications. However, a few deviations have occurred. These are the results of limited availability of components or reliance on a company to maintain specifications of their products. NEFC trawl specifications call for tan twine to be used throughout the trawl. Yet, during the Arab oil embargo of 1973, tan twine was unavailable. White was the only available colour and the change was made. Zijlstra (1969) observed differences in escapement through different colour panels, within the same trawl. With this in mind, it is probable that the change in colour twine affects trawl survey data for at least some species.

Another problem in maintaining standard specifications is associated with trawl doors. Both NEFC trawls are fished using BMV oval trawl doors. These trawl doors are patented and it was expected that the design and construction would not change. However, the company has "improved" the doors for commercial fishing purposes. The effect on NEFC bottom trawl survey data is unknown.

Factors Contributing to Variance

A number of sources of measurement error in bottom trawl surveys are associated with the fishing protocol used during the surveys. During trawling operations, many dynamic factors interact to affect trawl performance. Such things as direction of tow, tow speed, duration of tow, and speed of setting and retrieving of the trawl affect trawl performance. Carrothers (1981) discusses many of these factors and the following comments are intended to complement his discussion and highlight its relevance to the NEFC survey program.

Table 2. Vessels used to conduct autumn bottom trawl surveys during 1963 through 1980.

Year	Vessel	Areas Covered (if not entire area)
1963	ALBATROSS IV	
1964	ALBATROSS IV	
1965	ALBATROSS IV	
1966	ALBATROSS IV	
1967	ALBATROSS IV	
1968	ALBATROSS IV	
1969	ALBATROSS IV	
1970	ALBATROSS IV DELAWARE II	Nova Scotia - New Jersey New Jersey - Cape Hatteras
1971	ALBATROSS IV	
1972	ALBATROSS IV	
1973	ALBATROSS IV	
1974	ALBATROSS IV	
1975	ALBATROSS IV DELAWARE II	Nova Scotia - New Jersey New Jersey - Cape Hatteras
1976	ALBATROSS IV	
1977	DELAWARE II	
1978	DELAWARE II	
1979	ALBATROSS IV DELAWARE II	Western Gulf of Maine Cape Hatteras - Nova Scotia
1980	DELAWARE II	

The NEFC bottom trawl survey tow duration is 30 minutes. According to Pennington and Grosslein (1978), this duration is nearly optimal when considering both the current status of the stocks and the multispecies aspect of the survey. The tow duration of 30 minutes represents the time during which the trawl is fished, excluding the time necessary for setting and hauling the gear. During periods of setting and hauling, the trawl is fishing (probably at reduced efficiency). Variability in the amount of time required to set and haul the trawl adds to variability of survey results. The amount of time necessary for setting and hauling is related to water depth and the line speed of the winches. Thus, a systematic error may be introduced.

The direction of tow can significantly affect trawl performance. Bottom topography and water currents affect the trawl differently based on the angle of attack of the trawl. Because the direction of water current near the bottom is unknown, the NEFC tow direction is random. The direction of tow is usually toward the next station. Saila and Mowbray (1972) found that the direction of tow relative to bottom current significantly affected the yield for some species. Against and across the current was found to be most efficient for flounders. Tows with the current were least efficient for flounders. For lobsters, towing with and across the current was significantly more efficient than towing against the current. When one considers the randomized tow direction employed during surveys and the importance of direction of tow in relation to bottom currents, the introduction of variability from this source is unquestionable.

The speed at which a trawl is towed through the water affects the performance and efficiency of the trawl as a sampler. As speed decreases, the trawl opens higher and the wing spread is reduced. Furthermore, the trawl may skip off bottom at higher speeds. Thus, at low

Table 3. A summarization of significant differences between Northeast Fisheries Centre research vessels ALBATROSS IV and DELAWARE II which may contribute to variability in bottom trawl survey data.

	ALBATROSS IV	DELAWARE II
Length	57.0 m	47.2 m
Displacement	987.9 m tons	687.6 m tons
Shaft horsepower	1,130	1,230
Number of main engines	2	1
Propeller type	Variable pitch	Fixed pitch
Rudder	Kort nozzle	Standard
Main winch, line pull	7257 kg	9072 kg
Main winch, line rate	65.5 m/min	36.3 m/min
Trawl warp diameter	22.2 mm	25.4 mm
Officers	NOAA Corp	Civilian
Towing point	Hydraulic gantry	Fixed gallows

speeds the trawl has a high probability of catching bottom tending species (like flounder). As speed increases, and the trawl skips off bottom, some demersal species are missed, but the increased speed relative to swimming speed may increase its efficiency at catching more pelagic species. Thus, variability in the tow speed of the trawl through the water ultimately is an important source of variability in bottom trawl survey results (Aron and Collard 1969).

Of course, the speed of the towing vessel through the water or over the bottom does not necessarily correspond to the tow speed of the trawl through the water. Trawl performance is probably most dependent on hydrodynamic forces (related to speed through the water). The area sampled by the trawl is dependent on tow speed of the vessel and thus trawl speed over the bottom. Both tow speed over the bottom and through the water cannot simultaneously be standardized. Furthermore, it is usually difficult to measure tow speed of the trawl through the water (which does not necessarily correspond to tow speed of the vessel through the water because of differences in bottom and surface currents).

The NEFC has monitored both vessel speed through the surface water and vessel speed over the bottom. Prior to 1976, an electromagnetic log was used to monitor the speed of the ship through the water. Since 1976, the Doppler Speed Log has been used to monitor vessel speed over the bottom. Overholtz and Lewis (1978) used Doppler Speed Log data to examine variability in NEFC bottom trawl survey tow speed (over bottom) and tow distance for 1976 spring and autumn surveys (Figures 3 and 4). They found that tow speed over bottom ranged from 1.0 to 4.6 knots during one cruise and from .8 to 5.0 knots during the other. For both cruises, the mode was approximately 3.2 knots. During another cruise, when an electromagnetic log was used to monitor speed, Overholtz and Lewis (1978) calculated actual tow speed over bottom based on vessel position at the beginning and end of each tow. The results are shown in Figure 5. Again, tow speed was highly variable, but in this case with no apparent mode. Speeds were fairly evenly distributed about the desired 3.5 knots. Thus, the actual area sampled during a standardized NEFC bottom trawl tow is highly variable. This variability is likely to be reflected in survey results.

Of course, with the Doppler Speed Log, it is possible to standardize tow speed over bottom and distance of tow. If this is done, speed of trawl through the water will differ between tows, thus introducing another source of error in survey results. Ideally, speed of trawl through the water should be monitored and standarized, and survey catch rate (weight per unit time) should be corrected to take account of variability in area sampled.

Light level (day vs. night) affects trawl efficiency. Using NEFC survey gear, Sissenwine and Bowman (1978) found that, in general, demersal species were significantly more vulnerable to trawl gear during night than during day, while the converse was true for pelagic species. These results probably reflect both diel migration of fish (Bowman 1980) and visually dependent avoidance or herding by trawl gear (Blaxter and Parrish 1966).

Most bottom trawl surveys of offshore fishing grounds are conducted around the clock. Therefore, random variation in proportion of tows during day and night increases the variability in survey results. If a large number of tows are made, the proportion of tows during each light level should remain relatively constant. On the other hand, the number of tows within some relatively small areas of critical habitat to some species is likely to be small enough so that fluctuations in the proportion of tows made during either day or night will cause a significant source of error in survey results.

In some cases, the diel difference in trawl efficiency may result in a systematic error in survey results. In recent years, within the NEFC trawl survey area, fixed fishing gear (particularly for lobsters) has become increasingly abundant. As a result, in an attempt to avoid the gear, research vessels have tended to enter these areas only during daylight. Thus, over a period of time, trawl efficiency for demersal species is probably decreased while trawl efficiency for pelagic species has probably increased. Although this occurs only in a relatively small portion of the total survey area, the effect could be significant for some species.

ENVIRONMENTAL VARIABILITY

Differences in environmental conditions during and between surveys may affect the performance of sampling gear and spatial distribution of fish. The availability of fish to the sampling gear may be related to fish distribution. Thus, the results of any survey may have been different if conducted under different environmental conditions, even with the same size population and rigorous standardization. Since random sampling with respect to environmental conditions is impossible, an estimate of the environmental component of variance is not available. Nevertheless, this source of variability may be important in particular years when environmental conditions are anomalous.

In an effort to reduce some aspects of environmental variability, NEFC bottom trawl surveys are conducted during the same general time period each year. However, within these periods, temporal variations in sampling can occur. Figure 6 illustrates both the historic dates and period of sampling for a stratum (number 6) in the southern New England strata set. It is apparent that there is considerable variation in both when the stratum was sampled and the period of time over which samples were taken within the stratum during each survey.

Temperature is one of the most obvious environmental variables which can affect bottom trawl survey results. Hela and Laevastu (1962) felt that temperature influenced virtually all aspects of fish behaviour and life processes. Temperature influences reaction time, schooling behaviour, spawning behaviour, distribution, and migration of fish. Thus, variability in the temperature regime between surveys may greatly influence survey results.

The sensitivity of survey results to the environmental variable of temperature is illustrated by examining NEFC spring survey results for Atlantic mackerel. Anderson and Almeida (1977) observed a northeasterly shift in the geographic distribution of mackerel during the spring months from the mid-Atlantic area to the southern New England - Georges Bank area. The shift coincided with a general warming trend which occurred at that time. Anderson and Almeida also observed a migratory anomaly in the spring of 1969, when migrations were apparently delayed by a temperature difference in the mid-Atlantic area of only 0.3°C from one year to the next (Figure 7). The spring distribution of mackerel for 1968 through 1970 is illustrated in Figure 8.

The 1969 anomaly in temperature and mackerel distribution is also reflected in the catch rate of mackerel during NEFC spring bottom trawl surveys (Figure 9). Relative abundance of mackerel as indicated by these surveys is in general agreement with data from the commercial fishery if the 1969 survey is ignored. It is important to note that the departure of the 1969 point from the trend line is far greater than can be explained based on the sample variance calculated from data collected during the survey. This occurs because the sample variance for each survey only reflects spatial and measurement variability, not environmental variability between surveys.

NEFC bottom trawl surveys proceed, generally, from south to north, and, as a result, parallel the spring migratory pattern of Atlantic mackerel which move northerly and inshore. With this being the case, a relatively small temporal deviation in either when the survey is conducted or when the mackerel migration occurs can significantly affect survey results.

Sea state is another form of environmental variability which may affect trawl performance and survey results. Since an otter trawl depends on the forward thrust of the vessel for its configuration, any extensive movement of the vessel in addition to the forward movement due to towing will influence the trawl. Although water depth and currents affect sea state, wind speed and direction are probably the most important factors in determining wave height. Wind conditions vary significantly during surveys and between years. Table 4 illustrates the differences in wave height that were encountered both within and between surveys. This table presents the mean wave height (in metres) for each NEFC stratum on Georges Bank during 1975 through 1979. The range of wave heights is from 0.2 to 2.6 metres. In general, sea conditions during 1975 were relatively severe, while during 1979 they were relatively calm. To date, the relationship between sea condition and trawl efficiency has not been

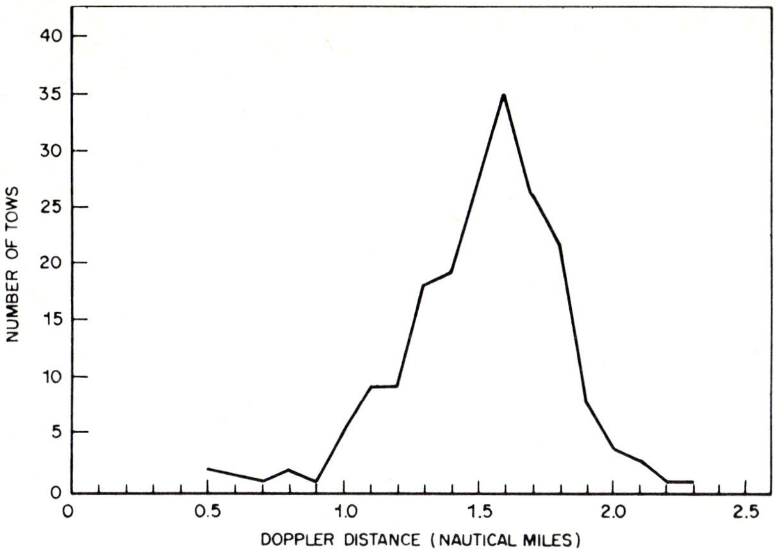

Fig. 3 . Doppler distances for the 1976 spring bottom trawl survey aboard the R/V ALBATROSS IV (from Overholtz and Lewis 1978). Tows were 1/2 hour in duration.

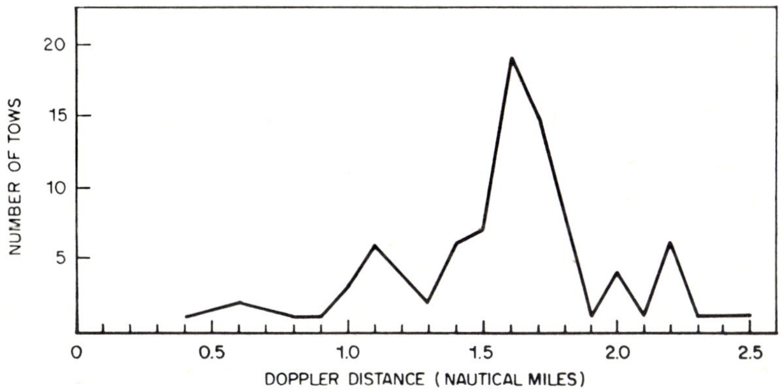

Fig. 4 . Doppler distances for the 1976 autumn bottom trawl survey aboard the R/V ALBATROSS IV (from Overholtz and Lewis 1978). Tows were 1/2 hour in duration.

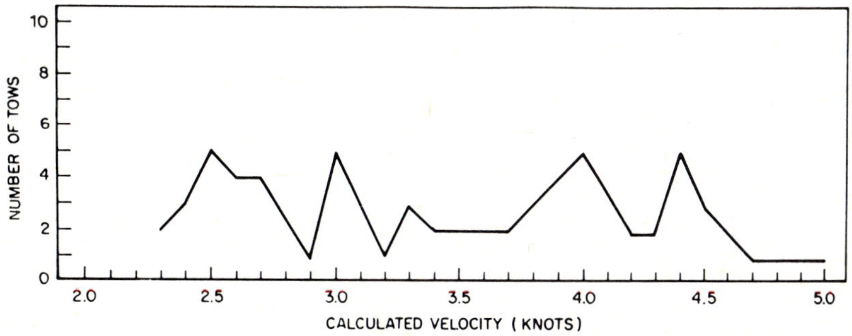

Fig. 5 . Calculated towing speed of the R/V ALBATROSS IV during the 1975 summer bottom trawl mensuration cruise.

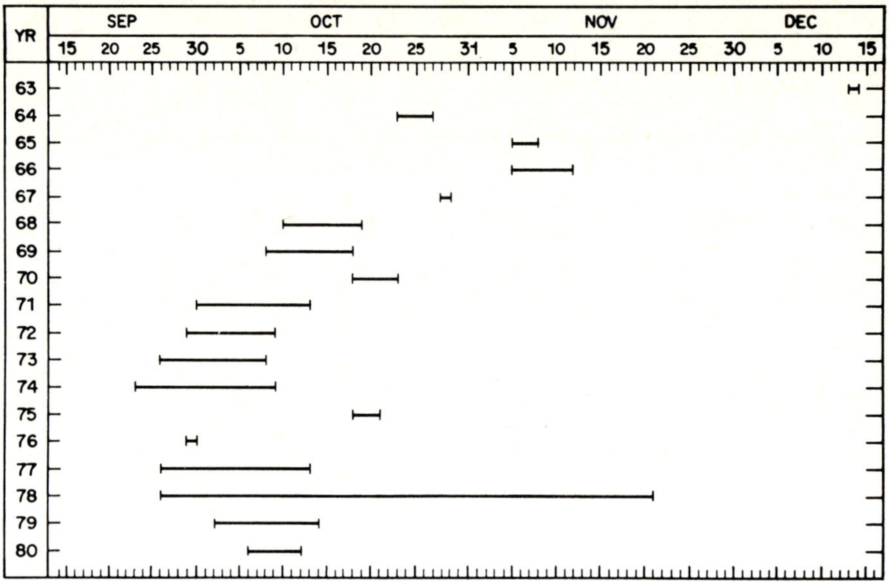

Fig. 6 . Periods that Northeast Fisheries Center offshore stratum 6 was sampled during autumn bottom trawl surveys from 1963 through 1980.

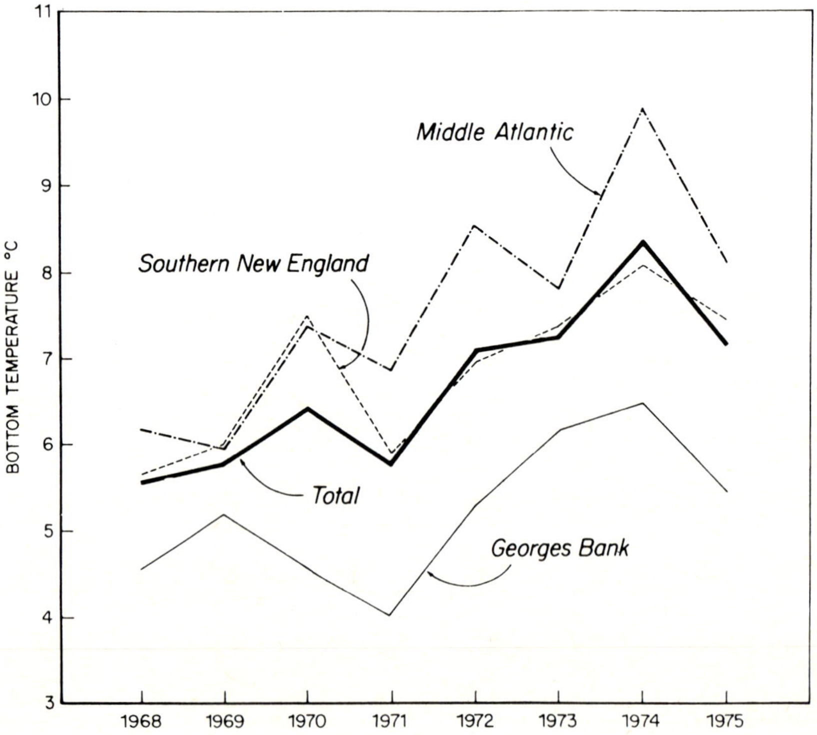

Fig. 7 . Mean bottom water temperatures in the Middle Atlantic-Georges Bank area during Northeast Fisheries Center spring bottom trawl surveys from 1968 through 1975. From Anderson and Almeida 1977.

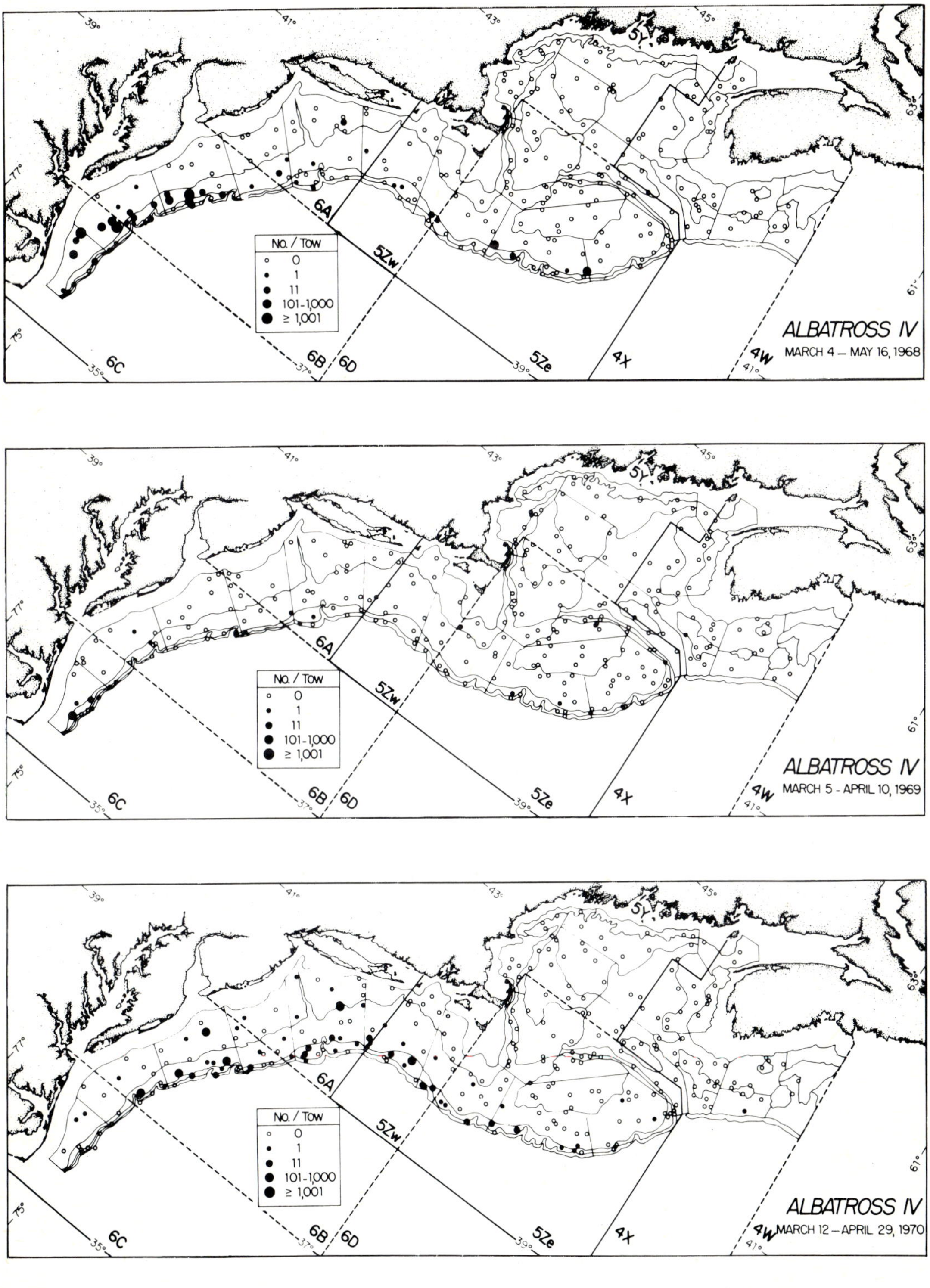

Fig. 8 . Distribution of Atlantic mackerel caught (number per tow) during the 1968, 1969, and 1970 Northeast Fisheries Center spring bottom trawl surveys. From Anderson and Almeida 1977.

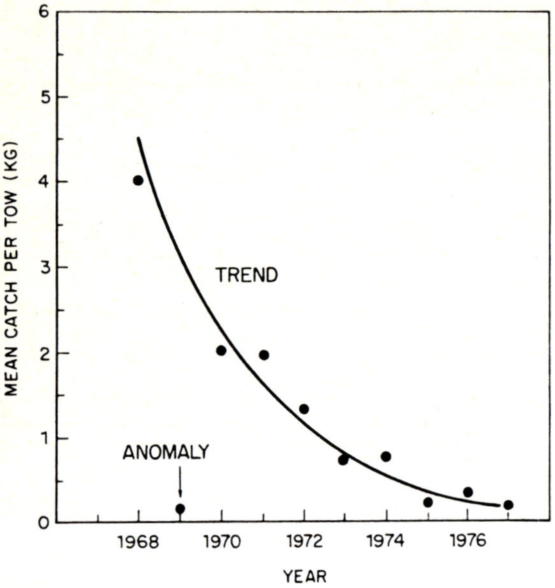

Fig. 9 . Northeast Fisheries Center spring bottom trawl survey catch per tow of Atlantic mackerel. The trend line is in general agreement with commercial fisheries data. After Anderson (1979).

documented. Nevertheless, it is likely that trawl efficiency varies with sea state. Thus, environmental variability in sea state may be an important source of error in resource assessment surveys.

Often, the factors causing anomalous survey results are unknown. For example, during a period of general decline of the yellowtail flounder population of southern New England, the 1972 NEFC bottom trawl survey catch rate increased sharply relative to previous years. The increase contradicts data from the commercial fishery and was not substantiated by subsequent trawl surveys. Figure 10 indicates the mean catch per tow for night, day, and dawn-dusk periods along with the regression line indicating the general trend in population size. The apparent anomalous catch rate occurred during night and dawn-dusk, not during daytime. The actual factors responsible for the anomaly remain unknown.

Survey results for Gulf of Maine redfish during 1976 also appear anomalous. In Figure 11 the length composition of NEFC autumn catches of redfish in the Gulf of Maine are given for a series of surveys. For 1971 through 1975, a distinct length mode corresponding to the 1971 year class is apparent. In 1976, the total catch of redfish declined sharply, and the length mode corresponding to the 1971 year class is no longer apparent. Fortunately, the 1971 year class reappeared in subsequent surveys (1977-1978). There is no explanation for the anomaly of 1976.

Survey results for species which exhibit annual patterns of migration are probably most sensitive to environmental variability. The availability of these species to the bottom trawl may vary significantly between years. Differences in migratory patterns are probably linked to environmental conditions. In order to compare results from one survey to another it is important that surveys are conducted under similar environmental conditions; otherwise, differences in catch rate may reflect differences in spatial distribution (and therefore availability to sampling gear) instead of abundance.

Obviously, it is impossible to exactly match environmental conditions from one survey to the next. Thus, the best approach is to conduct the survey during the season when the distribution of important species is most stable. Where there are several important species it may be necessary to compromise or to conduct more than one survey per year. Even when such precautions are taken, survey results may be susceptible to an unknown amount of environmental variability.

CONCLUDING REMARKS

Bottom trawl surveys are widely used as a means of monitoring trends in relative abundance of populations inhabiting the near-bottom region. The results of bottom trawl surveys are highly variable because of environmental variability, spatial variability in the distribution of fish, and variability in gear performance (measurement error).

The variance associated with spatial variability may be reduced by refinement of stratification and station allocation, but the improvement is likely to be minimal for multi-species surveys. More rigorous control and standardization of gear performance in survey method could probably reduce measurement variability. Rigorous standardization and control of survey method and gear performance is probably more important in order to prevent a systematic error (bias over time).

The confidence limits about the mean catch rate of a single survey reflect spatial variability and measurement variability. For important species collected during NEFC surveys, 95% confidence limits are generally about ± 50% of the mean. Unfortunately, the magnitude of a major source of variability in survey results remains unestimated, i.e., environmental variability.

Differences in conditions within and between surveys may affect the performance of the sampling gear and the spatial distribution of fish, thus adding variability to survey results. The potential magnitude of this component of error is indicated by apparent anomalies (such as for Atlantic mackerel, yellowtail flounder, and redfish) observed during particular years of research vessel

Table 4. Mean wave height (m), by stratum, encountered during spring bottom trawl surveys, conducted on Georges Bank during 1975-1979.

Stratum	1975	1976	1977	1978	1979
13	0.97	0.94	0.63	1.20	0.97
14	0.83	1.03	0.66	1.44	0.75
15	0.90	1.50	0.80	1.20	0.90
16	1.74	1.62	0.94	0.90	1.25
17	1.90	1.60	1.35	1.13	1.28
18	1.80	1.20	1.05	0.70	1.20
19	1.43	1.43	0.77	1.04	0.90
20	2.30	0.40	0.62	0.75	0.46
21	2.60	0.63	1.28	0.68	0.84
22	2.03	0.83	1.03	1.14	0.79
23	1.30	1.33	0.20	0.27	0.79

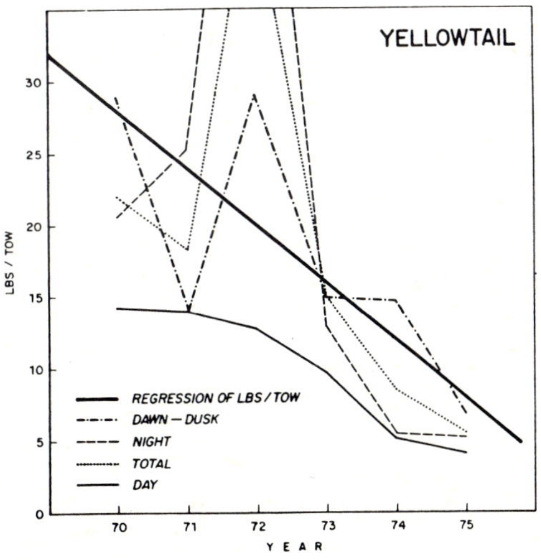

Fig. **10** . Mean catch per tow for tows during night, day, dawn and dusk combined, and all periods combined for yellowtail flounder, along with the regression of total catch during 1970-1975 autumn bottom trawl surveys. From Pennington and Grosslein (1978).

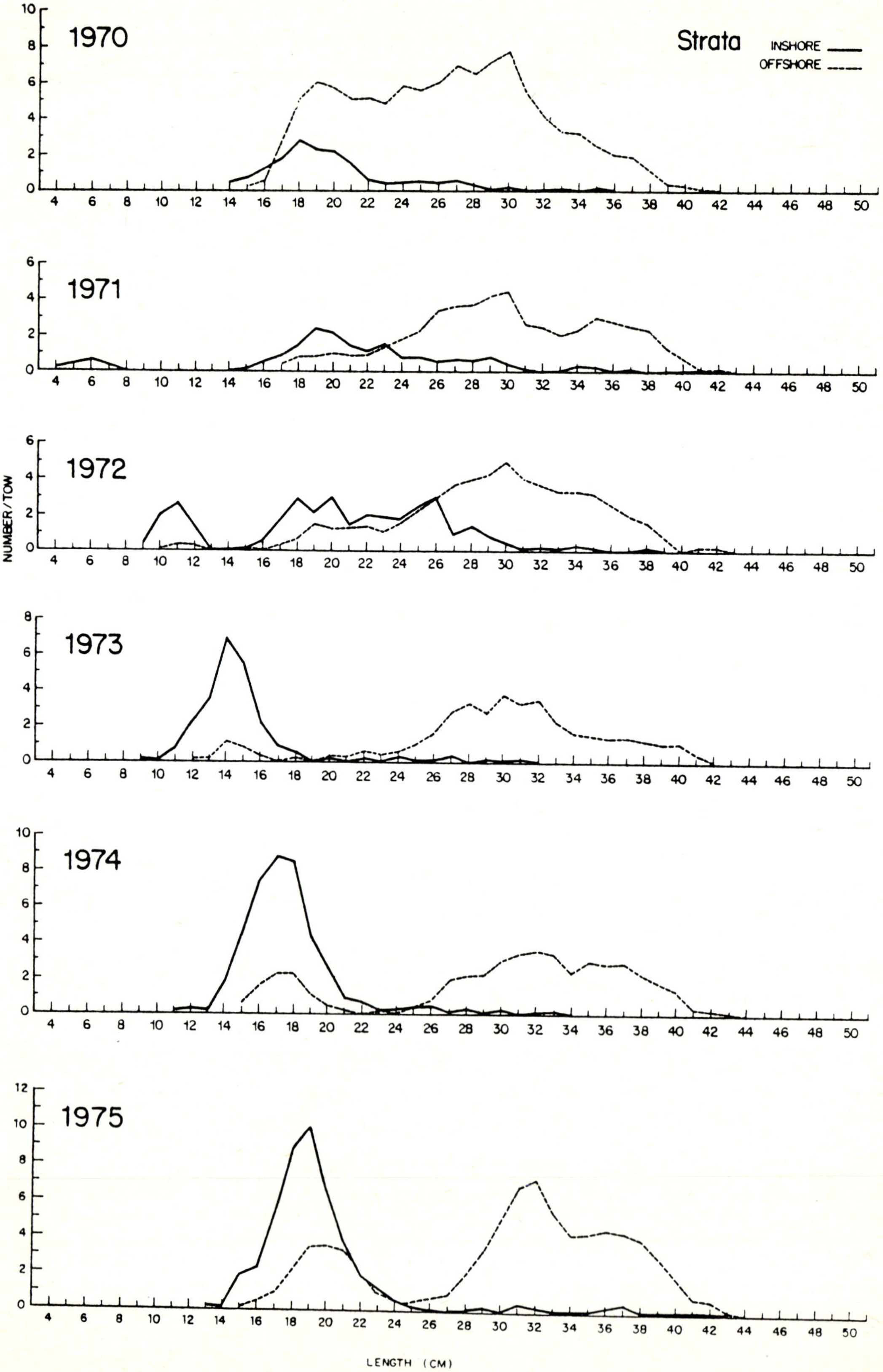
1970
Strata
INSHORE
OFFSHORE
1971
1972
1973
1974
1975
NUMBER / TOW
LENGTH (CM)

Fig. 11...

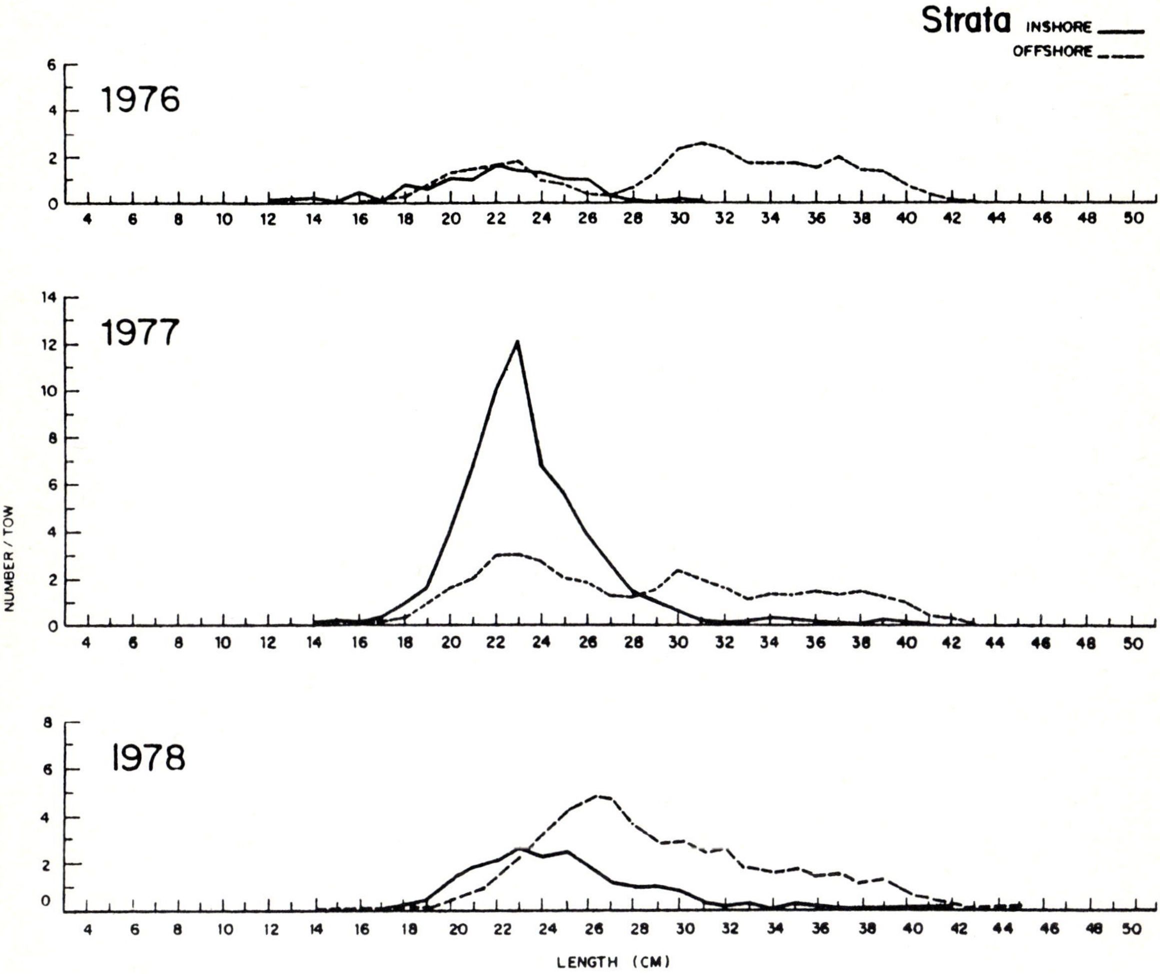

Fig. 11 Length frequency distribution of redfish observed during Northeast Fisheries Center autumn bottom trawl surveys conducted in the western Gulf of Maine between 1970 and 1978. Note the relative absence of 1971 year class fish from the 1976 survey results. (After Mayo 1980)

surveys. The particular environmental characteristic that causes the anomalies may be unknown. Thus, it is important to evaluate trends in abundance based on a series of surveys and not to rely exclusively on the results of any single survey.

REFERENCES

Anderson, E.D. 1979. Assessment of the northwest Atlantic mackerel, Scomber scombrus, stock. NOAA Tech. Rep. NMFS SSRF-732, 13 p.

Anderson, E.D. and F.P. Almeida. 1977. Distribution of Atlantic mackerel in ICNAF subarea 5 and statistical area 6 based on research vessel spring bottom trawl surveys, 1968-76. Int. Comm. Northw. Atl. Fish., Sel. Pap. No. 2: 33-44.

Aron, W. and S. Collard. 1969. A study of the influence of net speed on catch. Limnol. Oceanogr. 14(2): 242-249.

Azarovitz, T.R. 1981. A brief historical review of the Woods Hole Laboratory trawl survey time series. In W.G. Doubleday and D. Rivard (Ed.), Bottom trawl surveys/Relevés au chalut de fond. Can. Spec. Publ. Fish. Aquat. Sci./Publ. spéc. can. sci. halieut. aquat. 58. (This volume)

Blaxter, J.H.S. and B.B. Parrish. 1966. The reaction of marine fish to moving netting and other devices in tanks. Dept. of Agriculture and Fisheries, for Scotland. Edinburgh, Scotland. Marine Res. No. 1. 15 p.

Bowman, E.W. MS 1976. The design, development and standardization of a two-seam high opening modified No. 41 Yankee bottom trawl for groundfish surveys. (unpublished) NOAA, NEFC, Woods Hole Laboratory, Woods Hole, MA.

Bowman, R.E. 1980. Diurnal Periodicity in the feeding and catchability of some marine fish and squid. NOAA, NMFS, NEFC, Woods Hole Lab., Woods Hole, MA. Laboratory Reference Document No. 80-17. 24 p.

Carrothers, P.J.G. 1981. Catch variability due to variations in groundfish other trawl behaviour and possibilities to reduce it through instrumental fishing gear studies and improved fishing procedures. In W.G. Doubleday and D. Rivard (Ed.), Bottom trawl surveys/Relevés au chalut de fond. Can. Spec. Publ. Fish. Aquat. Sci./Publ. spéc. can. sci. halieut. aquat. 58. (This volume)

Chapman, C.J. and A.D. Hawkins. 1969. The importance of sound in fish behaviour in relation to capture by trawls. FAO Fish. Rep. 62(3): 717-729.

Clark, S.H. 1979. Application of bottom trawl survey data to fish stock assessment. Fisheries 4(3): 9-15.

Clark, S.H. 1981. Use of trawl survey data in assessments. In W.G. Doubleday and D. Rivard (Ed.), Bottom trawl surveys/Relevés au chalut de fond. Can. Spec. Publ. Fish. Aquat. Sci./Publ. spéc. can. sci. halieut. aquat. 58. (This volume)

Grosslein, M.D. 1969. Groundfish survey program of BCF Woods Hole. Comm. Fish. Rev. 31(8-9): 22-35.

Grosslein, M.D. 1971. Some observations on accuracy of abundance indices derived from research vessel surveys. Int. Comm. Northw. Atl. Fish., Redbook 1971, III: 249-266.

Grosslein, M.D. 1974. Bottom trawl survey methods of the Northeast Fisheries Center-Woods Hole, Mass. USA. Int. Comm. Northw. Atl. Fish. Res. Doc. 74/76. 27 p.

Hela, I. and T. Laevastu. 1962. The influence of temperature on the behaviour of fish. FAO Fisheries Biology Technical Paper No. 22: 83-103.

Mayo, R.K. 1980. Exploitation of Redfish, Sebastes marinus (L.), in the Gulf of Maine - Georges Bank Region, with Particular Reference to the 1971 Year-Class. J. Northw. Atl. Fish. Sci., Vol 1: 21-37.

Noble, A.W., M.M. McBride, and C.J. Byrne. In preparation. An analysis of fishing effectiveness between the R/V ALBATROSS IV and R/V DELAWARE II.

Overholtz, W.J. and R.R. Lewis. 1978. Effects of environmental factors on trawl survey operations and catches as evidenced by a doppler speed log. U.S. Dept. of Commerce, NOAA, NMFS, Northeast Fisheries Center, Woods Hole, MA. Laboratory Ref. No. 78-08. 19 p.

Parrish, B.B. 1969. A review of some experimental studies of fish reactions to stationary and moving objects of relevance to fish capture processes. FAO Fish. Rep. 62(2): 233-245.

Pennington, M.R. and M.D. Grosslein. 1978. Accuracy of abundance indices based on stratified random trawl surveys. ICES Statistics Committee C.M. 1978/D:13. 35 p.

Saila, S.B. and W.H. Mowbray. 1972. Trawl studies based on bottom current measurements. Mar. Fish. Rev. 34(11-12): 32-47.

Sissenwine, M.P. and E.W. Bowman. 1978. An analysis of some factors affecting the catchability of fish by bottom trawls. ICNAF Res. Bull. 13: 81-87.

Sissenwine, M.P., T.R. Azarovitz and J.B. Suomala. MS 1981. Determining the abundance of fish. To be published in Experimental Biology at Sea, A. MacDonald, Editor. Academic Press Inc., London.

Zijlstra, J.J. 1969. On the escapement of fish through the upper part of a herring trawl. FAO Fish. Rep. 62(3): 671-680.